U0056210

永久保存版

布手作基礎 & 應用BOOK

這是一本集結了大量的
裁縫基礎知識到應用方法的永久保存版工具書。
不管是第一次想嘗試布藝手作的人，
或是原本有自己的獨門作法，卻無法更加精進的老手，
都能從本書中發現一定用得到的豐富資訊和靈感。
將這本書收藏在縫紉機或針線盒附近，
有什麼不懂的時候就能立刻拿出來參考喔！

永久保存版

布手作基礎 & 應用BOOK

Contents

基礎篇
basic item & technique

basic item

basic technique

應用篇
arrange technique & practice work

arrange technique

practice work

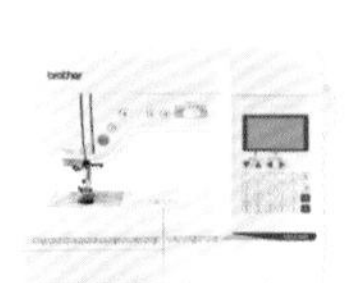

basic item

p6

基礎篇

基礎篇中，匯集了布料及道具的挑選方法，
紙型的描繪方法，拉鍊、斜布條、抽細褶等
應該學會的基本縫紉法。
在作業途中突然不知道該怎麼辦的時候，
只要回到這裡，一定都能找到解決的方法！

basic technique

p38

- 流程中出現的數值單位是cm。
- 為了容易理解所以在說明時改變了線的顏色，實際製作時請使用和布料相配的顏色。

布料

布藝手作主角不用說，就是布料。不管在實體或網路商店購買時，種類總是多到令人眼花撩亂呢。首先就來了解一下挑選布料的重點吧。

布料的基本

直紋、橫紋、布邊、斜紋等，都是經常出現在作法解說中，和布料相關的基本用語。

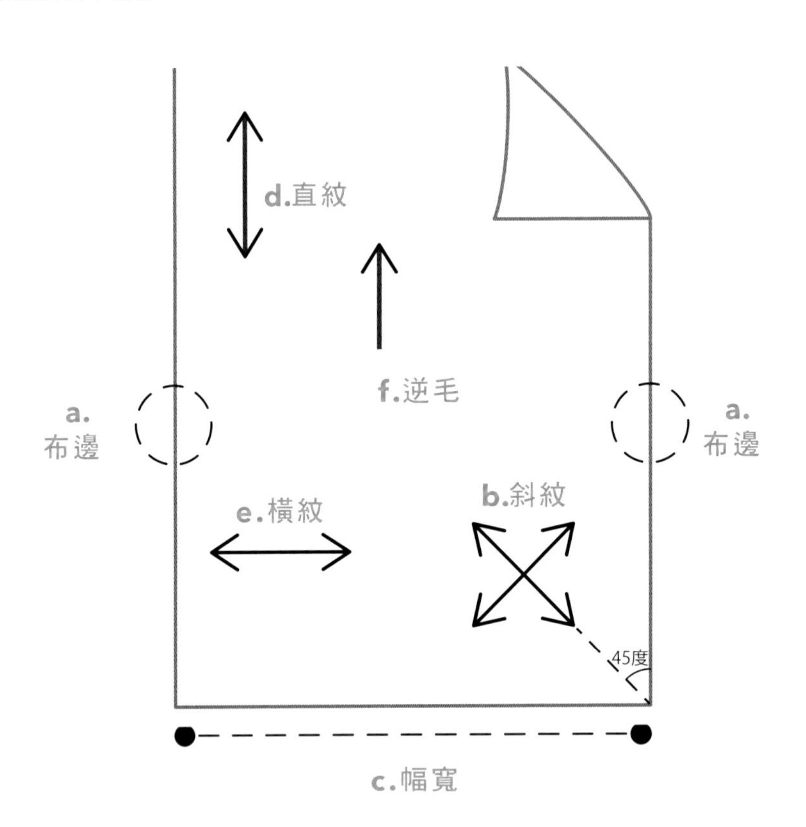

a.布邊

位在布料兩側不會鬚邊的部分。

b.斜紋

和布邊呈45度角的方向。伸縮性最佳。
滾邊條利用的就是這個特性。

c.幅寬

從布邊到布邊的寬度。

d.直紋

布料的經紗方向。和布邊是平行的。
紙型上的布紋線（P10）要和這個方向保持一致。

e.橫紋

布料的緯紗方向。和布邊是垂直的。

f.逆毛

燈芯絨或天鵝絨等，絨毛是由上往下倒的布料，大多會刻意以逆毛方式（用手掌撫過時，絨毛逆向豎起的方向）進行裁剪。有多個部件時，裁剪要注意所有絨毛的方向相同。

和順毛相反的方向。絨毛會逆向豎起，顏色會比順毛來得深。

用手掌撫過時會變得滑順的方向。

代表性的布料

布料會因為紗線、織法以及加工方式等而有不同的特徵。接著就來介紹適合用於製作小物或衣服的基本布料。

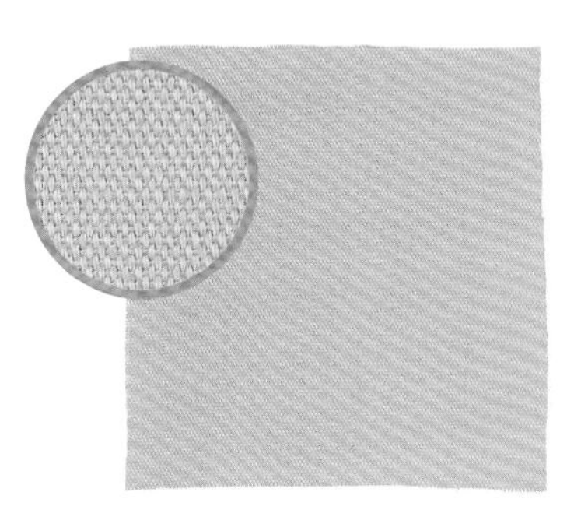

牛津布

以同樣支數的經紗和緯紗交互地交叉成格子狀的平織布料，英文的名稱是Oxford cloth。花色相當豐富，也經常被當成家飾布使用。

葛城斜紋布

布料的表面有斜向突起條紋的斜紋布料。厚而結實，但和同樣厚度的帆布比較起來質感更加柔軟。顏色種類就不用多說了，花樣也十分豐富。

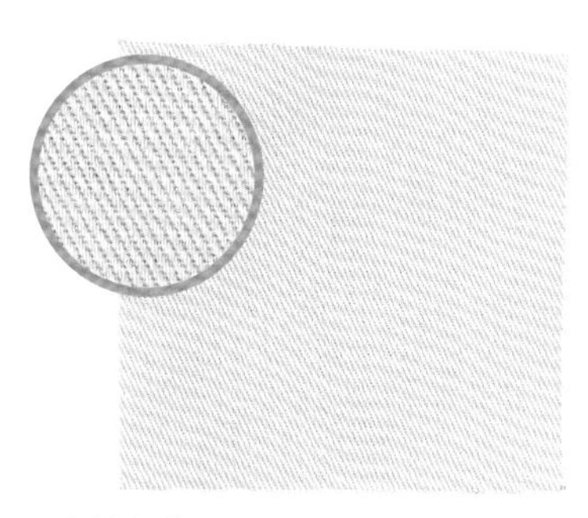

斜紋布

和葛城斜紋布一樣，有斜向突起條紋的斜紋布料。由於織度緊密而顯得較厚，但質感柔軟，並具有不易起皺的特徵。

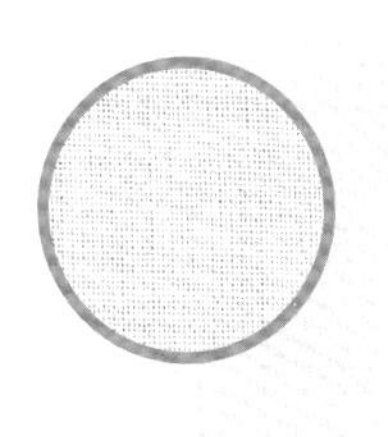

細棉布

織目細密的薄平織布，因為輕而柔軟，所以經常被用於襯衫等。有時布料名稱會附帶數字。數字越大代表的是用越細的紗線織成。

平布

平織的布料，廉價的製品經常被專家在立裁或假縫等時候拿來當成實際布料的代替品。日本幼稚園或小學生的作業提袋所使用的鋪棉布也有很多是用這種布料製成。

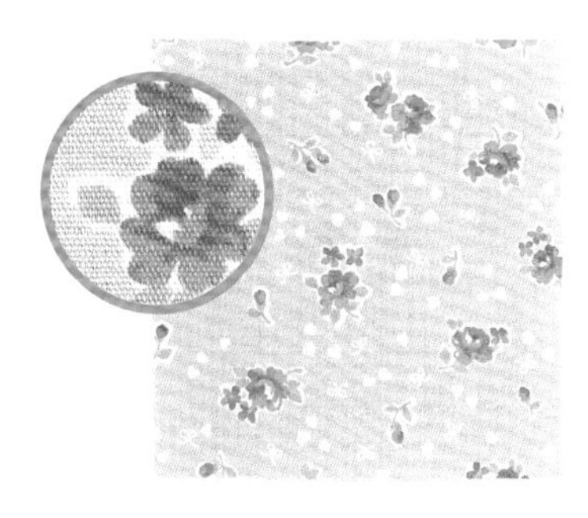

絨面呢

主要指的是織度緊密的平織布，也有改變經紗和緯紗密度來織出橫向突紋的產品。質地薄而柔軟，從衣著、小物到拼布作品都被廣泛地使用。

利伯緹印花布的花樣有上下之分

↑ 上

下 ↓

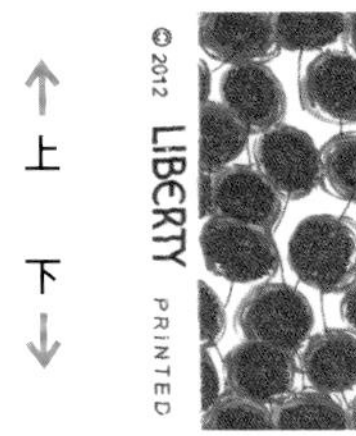

zoom

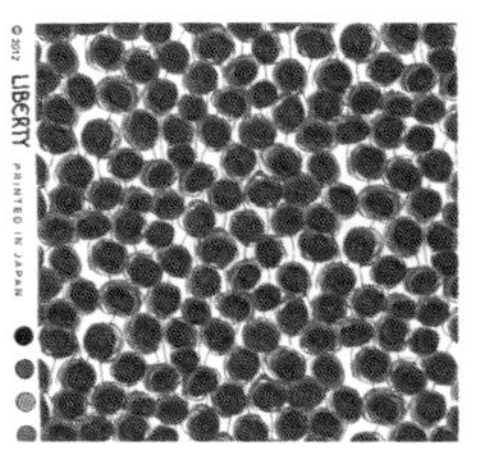

以薄而柔軟的「塔納棉」聞名的利伯緹印花布。即使是整面都布滿小花樣的布料仍然有上下之分。分辨的方法在布邊。若是印有「LIBERTY」商標的話，L就是花樣的上方，而Y是下方。（※也會有沒印商標的情況）。

布料正反面的分辨方法

正

反

布邊上的小孔（針孔）呈突出狀的一面基本上就是正面，但也不能一概而論。因為有些布料如平織布等是沒有正反之分的。由於用哪一面作為正面都不會有強度等問題，所以在比較過色澤、花樣的清晰度，以及能否清楚看到條紋等重點之後，把覺得更好的一面當作正面就行了。

取材協力／Tomato

過水・整布

剛買回家的布，出乎意料地會有很多都是歪斜的，有些在清洗過後甚至會縮水或褪色。
因此在裁剪之前必須先做好過水・整布處理才能避免這些情況。

過水

為了避免作品在完成之後因清洗等而出現縮水、褪色的情況，在裁剪之前先將布料泡水的動作就稱為「過水」。由於縮水情況會隨著材質而有所不同，因此這個步驟對於不同素材的拼接來說尤其重要。

過水的方法

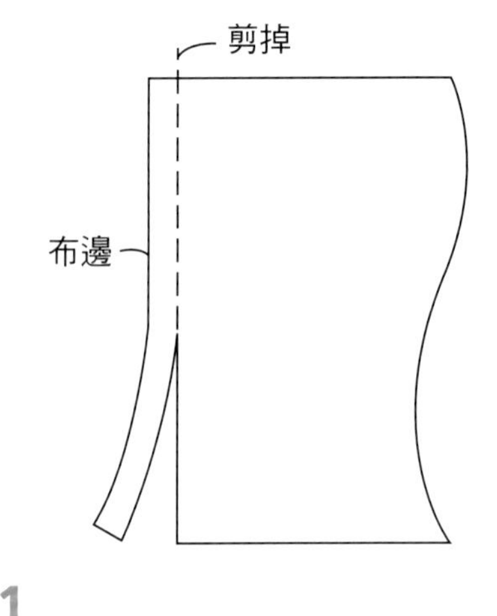

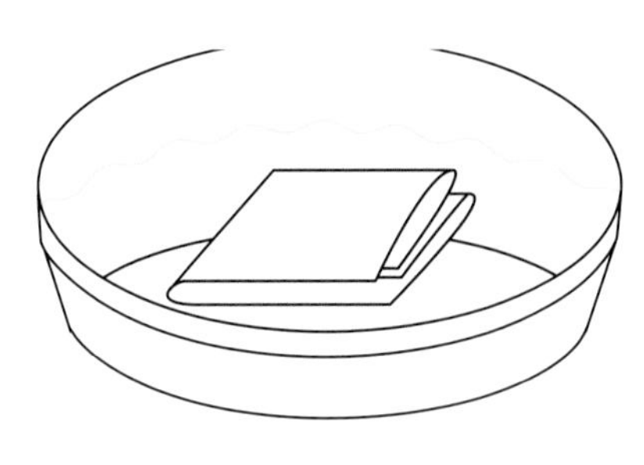

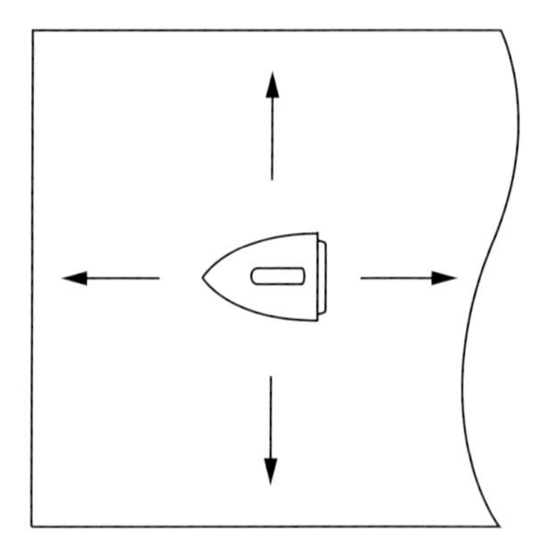

1

把位在布料兩側的布邊剪掉。

2

浸泡在水裡一晚左右。水的量只要足以讓布料潮溼變色，均勻地滲透到每個部分就OK了。用洗衣機稍微脫水。要注意，過度脫水會讓布料產生皺褶。避免造成織目歪斜，以布料的直紋和曬衣桿垂直的方式把攤平掛好，晾到半乾即可。

3

參照P9的「棉・麻等的整布方法」3，邊整理布紋邊用熨斗燙至完全乾燥為止。

掉色的情況

照片是140㎝寬的布料50㎝浸泡數小時後的情況。為了防止印花圖案或有色織物等出現掉色、染色的情況，最好先做過水的處理。

小裁片或沒時間的時候

小的裁片建議先用蒸氣熨斗燙過。另外，若是沒時間泡水的話，也可以用噴霧器噴上大量的水再用熨斗燙過來取代過水的動作。

整布

布料在經紗和緯紗交叉成直角時是正確的狀態，但有時候也會出現並非交叉成直角的歪斜狀態。直接拿來製作的話，很可能一下子就會恢復成原來的狀態，而導致變形或不平衡。為了防止這些狀況發生，在裁剪之前先將經紗和緯紗整理好的動作就是「整布」。

熨斗的溫度設定

以下列表僅供參考。請先在不起眼的地方試試看再開始熨燙。

材質	適當溫度
棉・麻	高溫（180度～210度）
毛・絲	中溫（140度～160度）
化纖（尼龍、聚酯纖維、嫘縈、壓克力纖維等）	低溫（80度～120度）

※蒸氣熨斗的情況，由於某些機型是「只限高溫」等，並非所有的溫度都可使用，所以請參照說明書分別處理。另外，噴霧器建議挑選能噴出細緻水霧的類型。

棉・麻等的整布方法

1

以目測方式確認經紗和緯紗的織目。格子布的歪斜很容易看出來。照片是緯紗朝左下方歪斜的例子。直接進行裁剪的話，成品的花樣也會跟著歪斜。

2
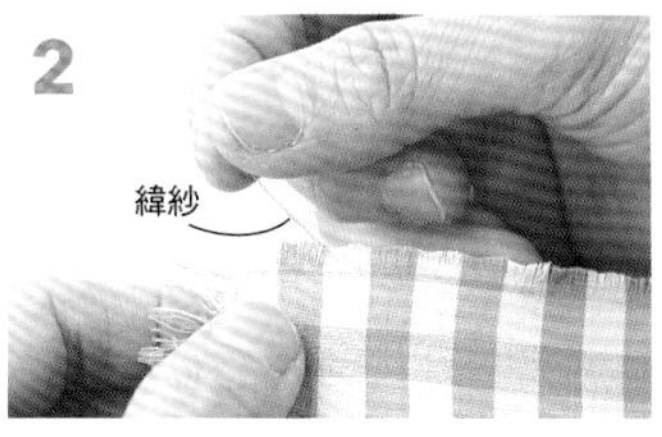

從邊端到邊端，小心地抽出緯紗，直到完全抽掉為止。抽空的部分會形成一條淡淡的線。

3
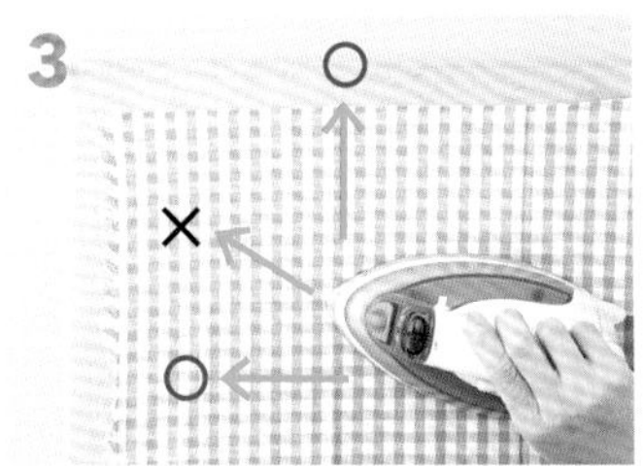

用手拉扯布料，讓經紗和緯紗交叉成直角。從布料的反面，順著布紋縱向、橫向地移動熨斗。如果是朝著斜向（斜布紋方向）熨燙的話，可能會把布料拉開，請務必留意。

4

熨燙到不再歪斜，經紗和緯紗呈直角交錯就完成了。

羊毛及化纖的整布方法

需要乾洗的羊毛及部分化纖布料，請不要過水，用以下的方法來整布。

1
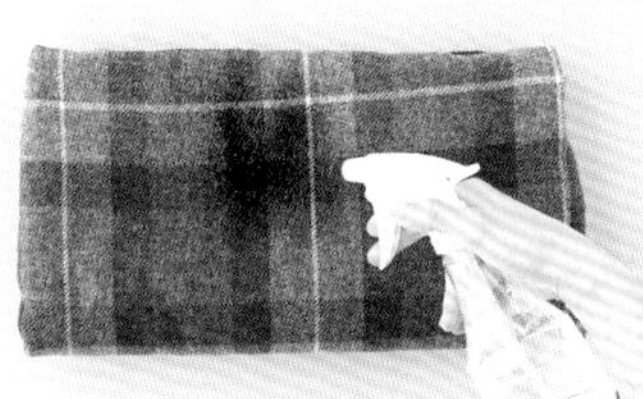
用噴霧器在布料上全面地噴灑水霧。

2

把1放進大型的塑膠袋中以免水分蒸發，靜置一晚。

3
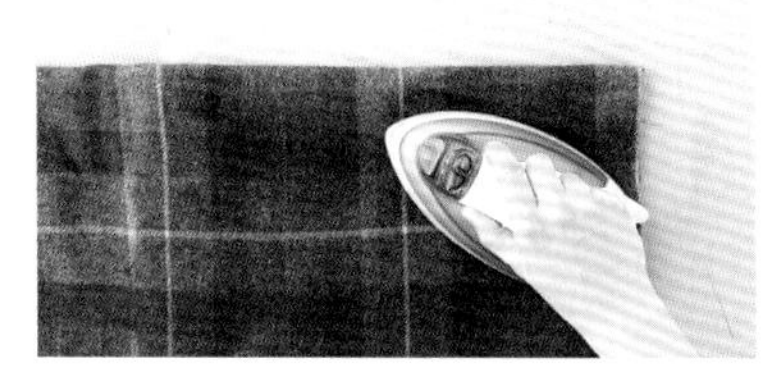
用熨斗熨燙，整理織目。

無法整理織目的布料的例子

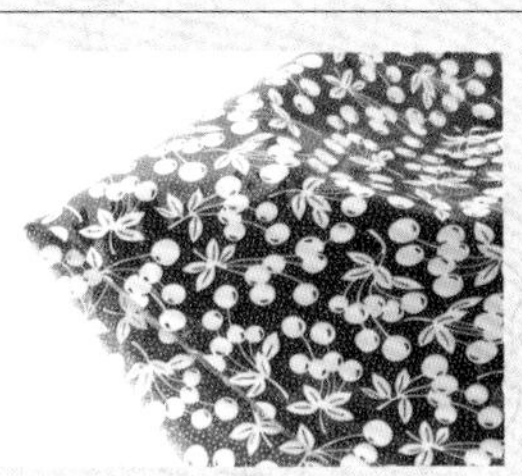
防水布
經過塑料塗層加工，布紋無法移動，所以無法整布。格子圖案等若布紋在加工當下已是歪斜狀態的情況，就要以花樣為優先考量。

鋪棉布
由於是在布與布之間夾入襯棉再車縫固定的狀態，所以不可能做整布的動作。把重點放在適合作為正面的布紋，直接進行裁剪。

紙型

備妥正確的紙型，能讓後續的作業變得順暢，做出來的成品也會更加美觀。
現在就來學習熟練地製作紙型的技巧，以及描繪的訣竅。

紙型的基本

寫在紙型上的用語及記號，具有引導作業進行的作用。雖然會因解說書的不同而有些許的差異，但若能記住一般常用的配件名稱及代表性的記號的話，對於製作紙型會很有幫助。

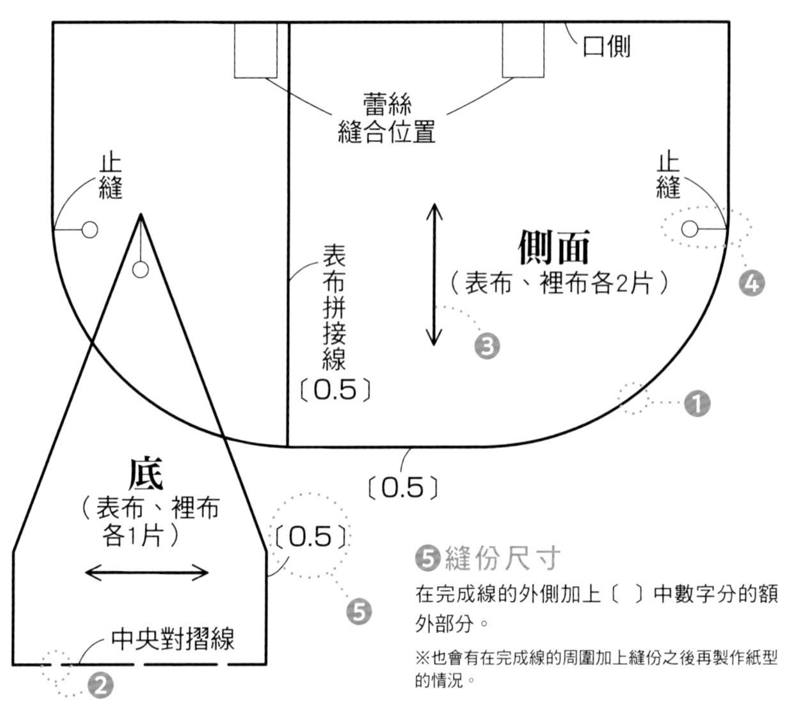

❶完成線
標示作品完成時的位置。

❷對摺線
以「對摺線」為界線，左右對稱或上下對稱的意思。把摺疊起來的布料的對摺線和紙型的「對摺線」對齊之後進行裁剪。

對摺線

❸布紋線
標示布料的經線方向。指示紙型在布料上該如何放置的線。

❹合印
把2個以上的部件縫合時防止錯位的記號。通常是把2個合印記號對齊來使用。做記號時要先畫在布料上。

❺縫份尺寸
在完成線的外側加上〔　〕中數字分的額外部分。

※也會有在完成線的周圍加上縫份之後再製作紙型的情況。

其他的用語和記號

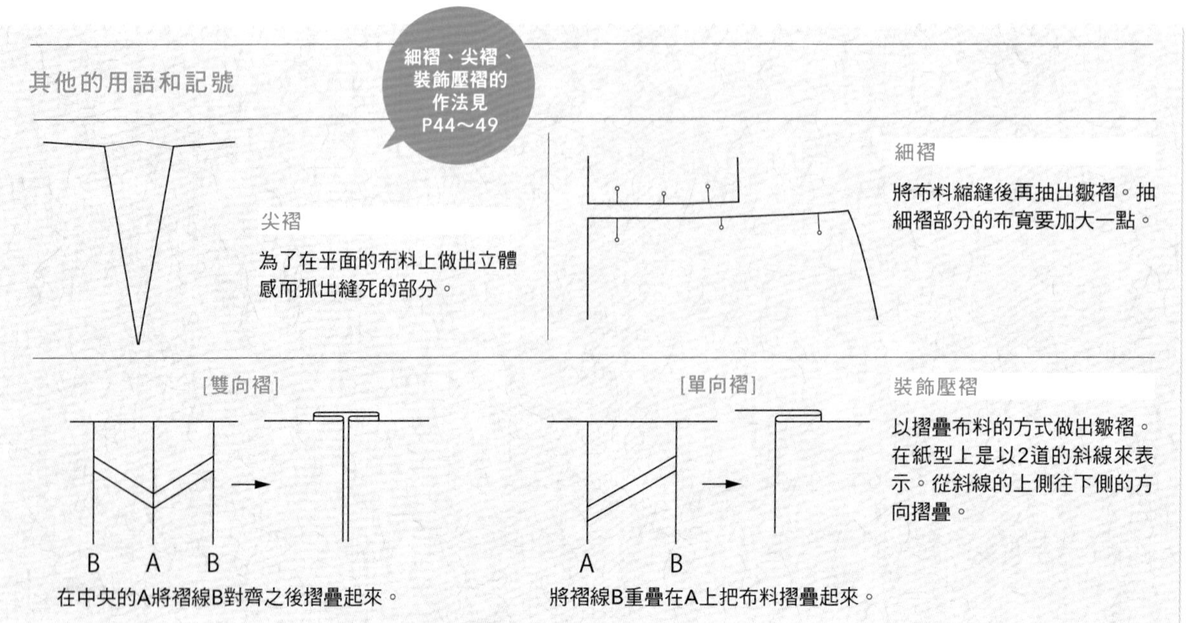

細褶、尖褶、裝飾壓褶的作法見P44～49

尖褶
為了在平面的布料上做出立體感而抓出縫死的部分。

細褶
將布料縮縫後再抽出皺褶。抽細褶部分的布寬要加大一點。

裝飾壓褶
以摺疊布料的方式做出皺褶。在紙型上是以2道的斜線來表示。從斜線的上側往下側的方向摺疊。

[雙向褶] 在中央的A將褶線B對齊之後摺疊起來。

[單向褶] 將褶線B重疊在A上把布料摺疊起來。

製作紙型

實物大紙型，常常會有好個紙型重疊在一起，遇到這種情況的時候，就不能直接使用。挑出要用的紙型，將完成線及記號正確抄寫在牛皮紙等紙張上，再用剪刀剪下來使用。

※本書附錄中的實物大紙型可直接剪下來使用。

需要的用具

鉛筆

把筆芯削尖以便畫出細線。建議可選擇標準～偏硬的筆芯。使用自動鉛筆亦可。

布鎮（文鎮）

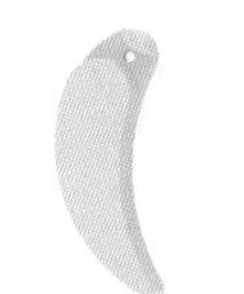

用來壓住牛皮紙以防止移動的道具。

方格尺

縱、橫都有等間隔的刻度標示，若是包含45度線的話在製作斜布條時會更方便。

牛皮紙

使用時光滑面要朝下。

工作用剪刀

剪紙要準備專用的剪刀。由於剪紙又剪布會導致裁布時的銳利度變差，所以不能與裁布剪刀混用。

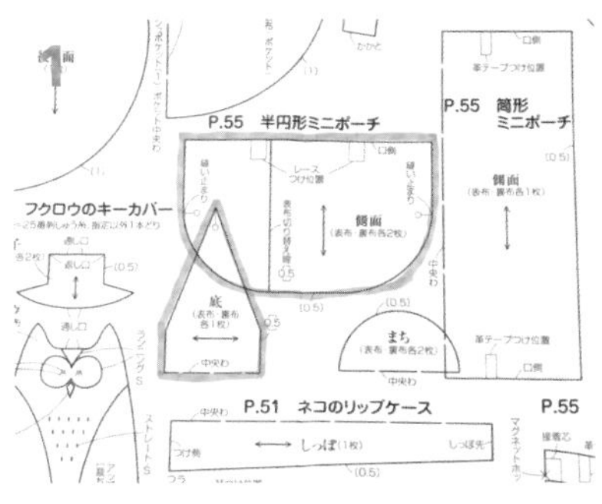

紙型重疊在一起的情況，在描繪的過程中一不小心就會出錯。若先用麥克筆著色的話就很容易辨識。

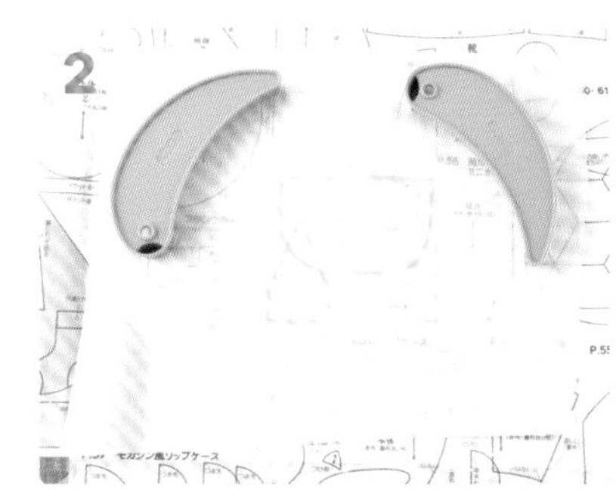

放上能夠在紙型周圍留出空白的牛皮紙，用布鎮壓好。沒有布鎮的情況，也可以用美紋膠帶貼住。

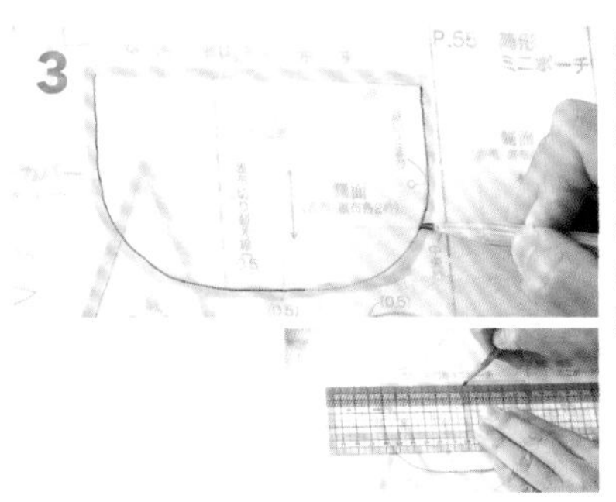

把重疊在一起的部件獨立出來，用鉛筆描繪完成線。直線部分要用直尺來畫。含有對摺線只顯露半邊的部件，也可以攤開來製作紙型。

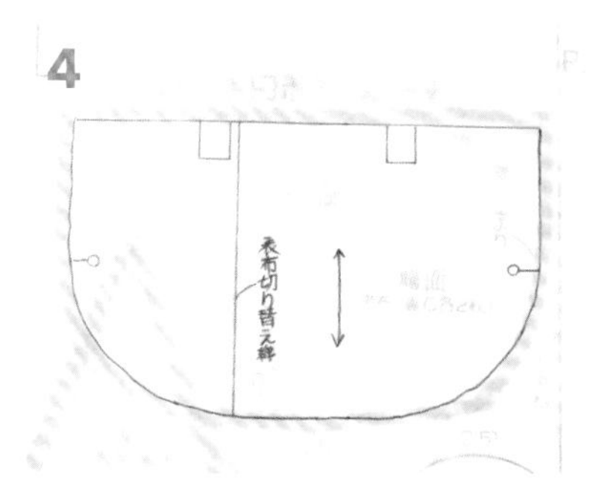

標上合印及布紋線等記號。把布紋線畫長一點的話，裁布時才容易對齊布紋。

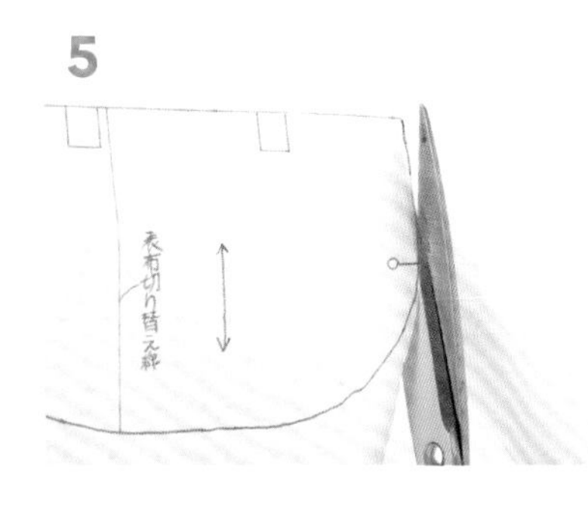

確認過沒有遺漏的部分之後就可剪下。把剪刀的刀口垂直地對準紙張剪下的話，就不容易偏移。

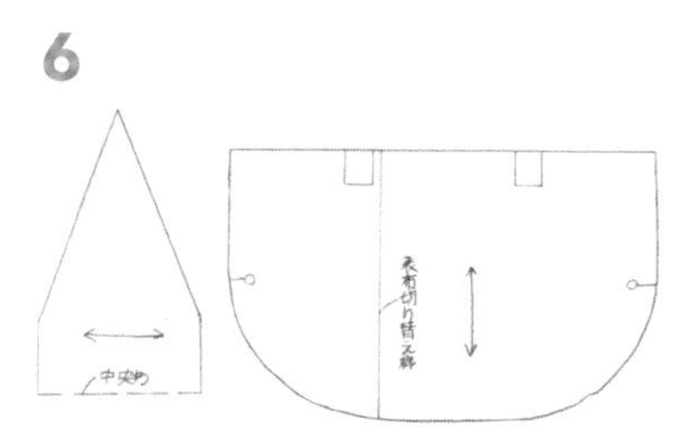

以同樣的方式完成所有部件的紙型。

複印紙型

紙型做好之後，接下來就是複印到布料上。把完成過水等事前處理的布料準備好，留出寬敞的空間之後就可以開始作業了。把紙型放在布料的反面進行複印是基本原則。

※這裡是以不加縫份的紙型來進行說明。

需要的用具

粉土筆

除了市售的粉土筆之外，也可以用鉛筆等來代替。要選擇能在布料上清楚地看到線條及記號的顏色。

直尺

紙型的直線部分等，用直尺來畫會更輕鬆。加上縫份時也很方便。

珠針

針尖細小或呈薄片狀的類型能夠輕易放上直尺，使用起來非常方便。

1. 把紙型放在布料上

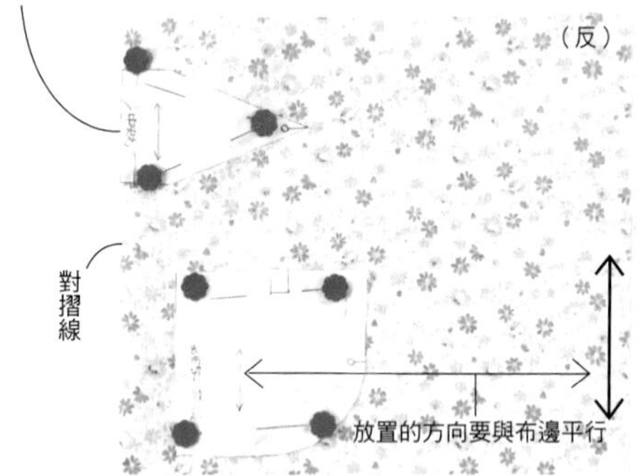

畫在紙型上的布紋線，要擺放成和布料的直紋平行的方向。利用到對摺線的紙型，或同樣的部件必須準備好幾片的情況，要將布料正正相對摺成兩半來排放。由於周圍需要加上縫份，因此這個部分也得充分預留。決定好位置之後，用珠針把紙型固定好。

把對摺線攤開來製作紙型的話……

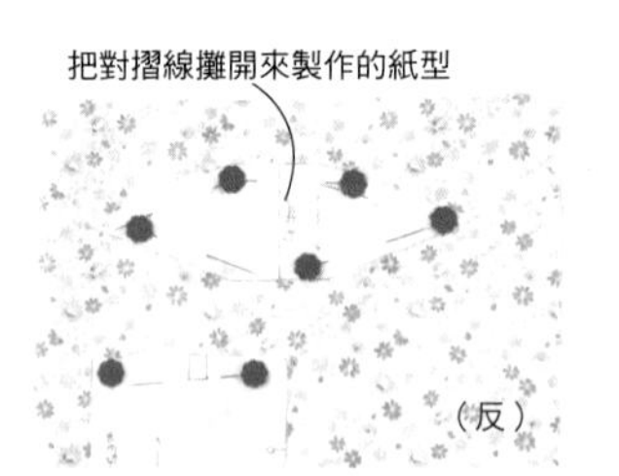

把紙型的對摺線事先攤開來製作的情況，和其他的部件一樣排放好就行。

花樣具有方向性的情況

素色或整面都是圖案的情況不必擔心對花的問題，若是具有方向性或規則性的花樣，在配置時就得留意。

※為了容易理解所以使用加了縫份的紙型，並在布料的正面進行配置。

NG

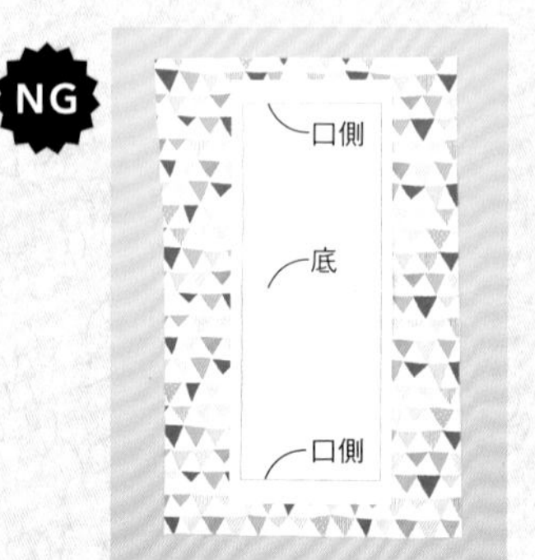

以底部相連的紙型來裁剪的話，前後面的花樣會變成顛倒的。

OK

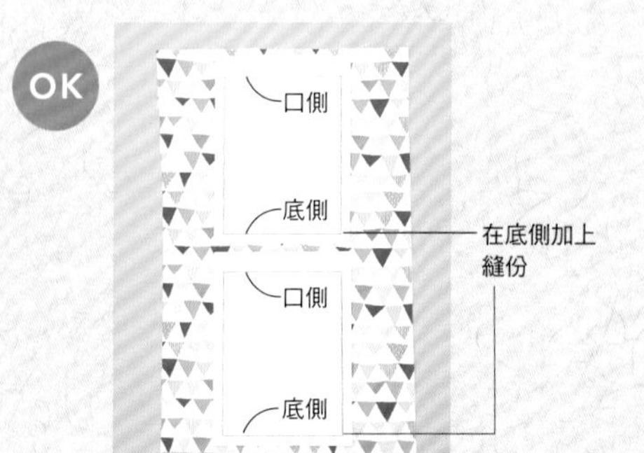

製作2片紙型，擺放成同一方向，再把底接合起來。

2. 畫出縫份

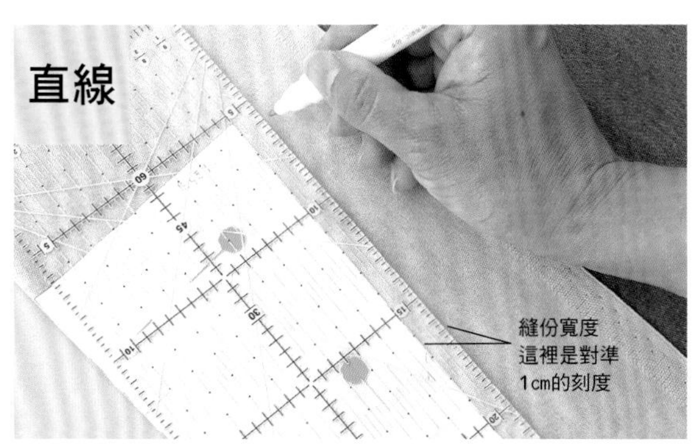

由於縫份線與完成線（紙型的周圍）是平行的，所以直線部分可以用方格尺來畫。把指定的縫份寬度對準刻度之後再平行地畫出線條。

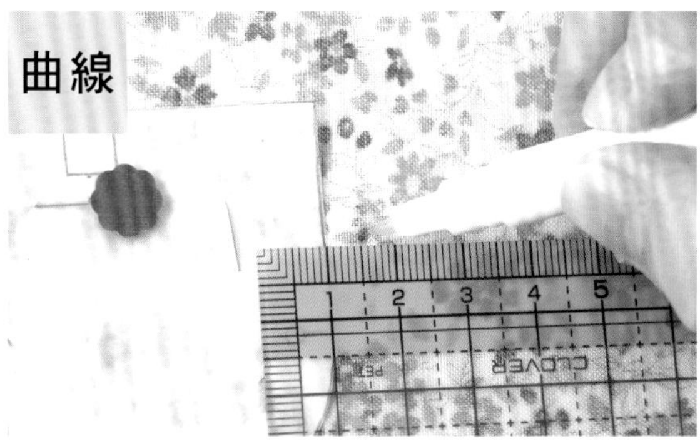

曲線部分是在完成線的外側，平行地把指定的縫份寬度用粉土筆一點一點做記號，然後再連接成線條。

3. 抄寫紙型的資訊

便利的工具見P14～15

沿著紙型的周圍畫出完成線的時候，線條要盡量畫細一點以免尺寸有所偏差。拿掉紙型之前，別忘了把合印、鈕釦縫合位置、蕾絲縫合位置等用粉土筆抄寫上去。

左右對稱地畫線，或是在紙型的內側畫線的時候可利用粉土紙與點線器

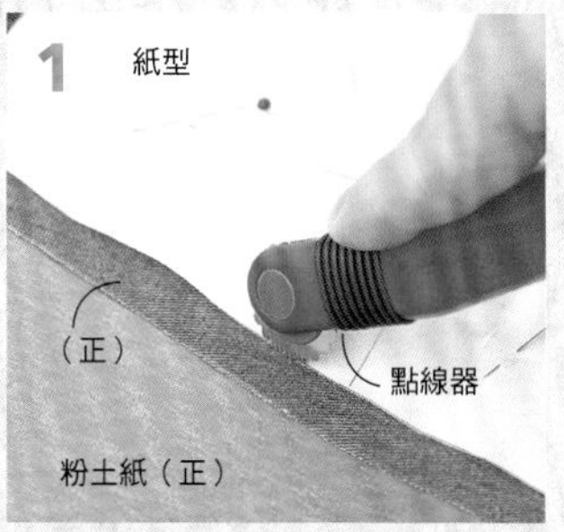

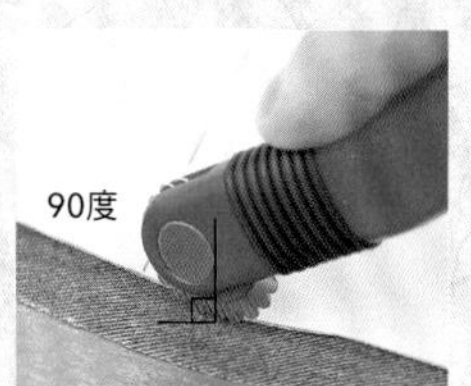

點線器和紙型（布料）必須保持垂直。

在依縫份裁剪的布料的反面，左右對稱地畫出完成線。把雙面型粉土紙（或將單面型的粉土紙反面對反面對摺）夾在反面對反面對摺的布料之間，用點線器沿著完成線（紙型的周圍）做記號。

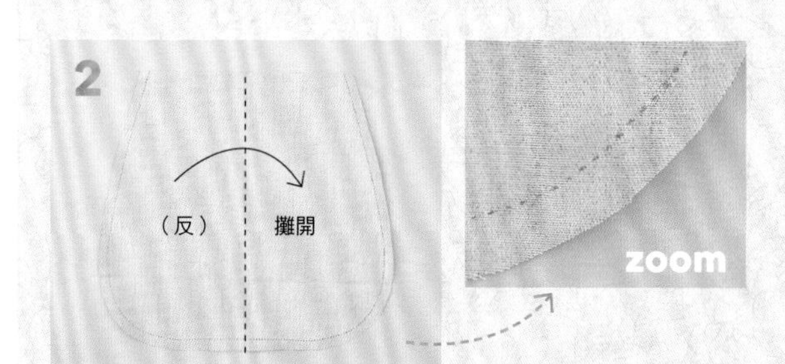

布料攤開的樣子。完成線已經左右對稱地畫好了。

也可以用單面粉土紙在布料的正面畫線

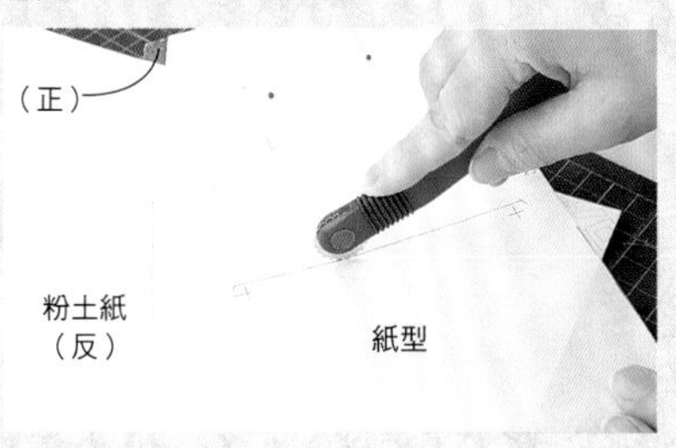

當需要在布料的正面畫上口袋位置等的記號時，可將單面型粉土紙反面朝下，夾在紙型和布料之間，用點線器來做記號。

記號工具

把紙型複印至布料時所使用的工具種類其實相當豐富。配合布料及使用方式，挑選自己覺得好用的東西來使用的話，作業流程會更加順暢。

粉土&記號筆

粉土是一種類似粉筆的物質。用洗衣皂或中性洗劑就能清除記號，但是要注意，若是在清除號記之前熨燙或乾洗的話，就會清除不掉。

三角粉土

做成三角形的固形化粉土。直接用手拿著使用。附有專用的削粉土器，可簡單地把粉土削尖。

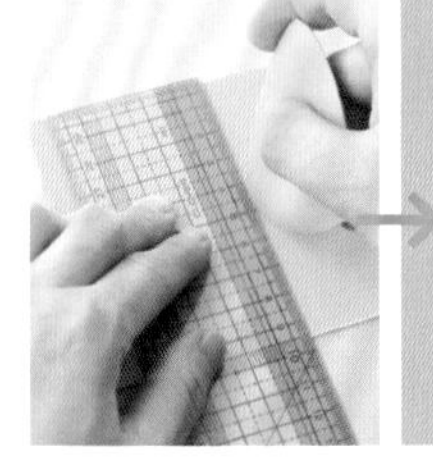

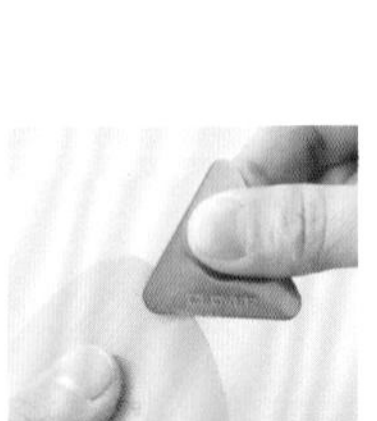

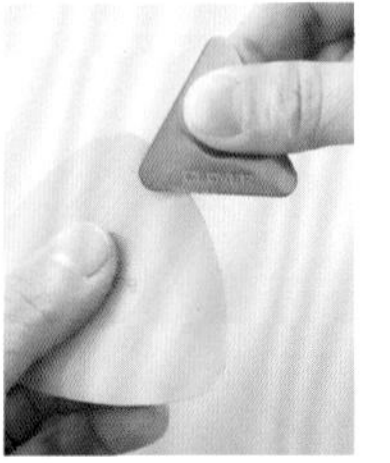

粉式記號筆

粉末式的筆型粉土。前端細小，操作靈活，稍微用力就能畫出漂亮的直線或曲線。看得到粉末殘量，能隨時掌握更換補充罐的時機。

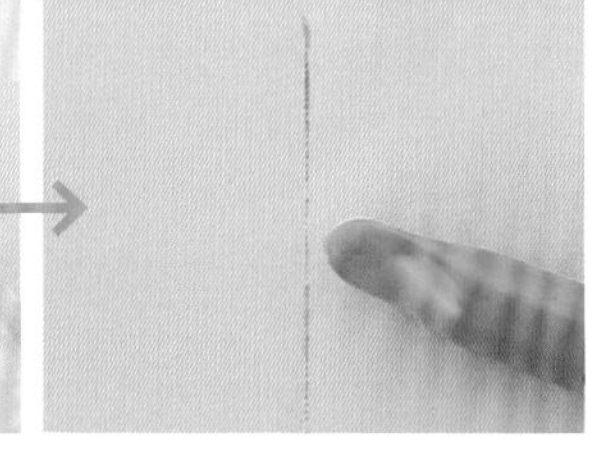

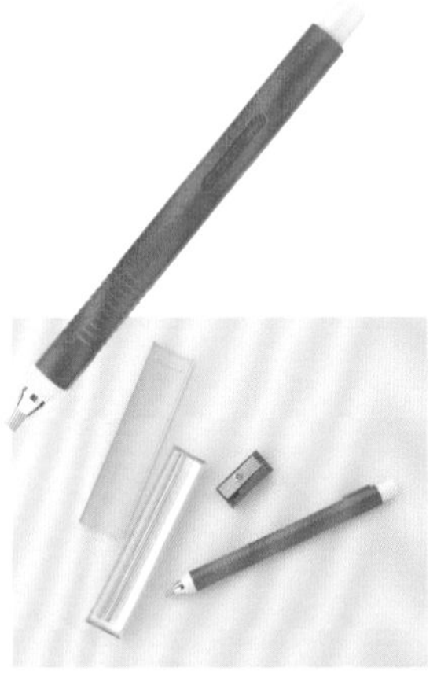

自動粉土筆

好拿、好用的自動粉土筆。筆芯長度可調節，並能配合布料更換筆芯顏色（藍、白、粉紅色等），非常方便。

水溶性粉土筆

鉛筆式的粉土筆。用沾了水的毛巾或布就可以把記號擦掉。由於筆芯柔軟，所以削的時候必須使用小型的削鉛筆器。

水性消失筆

筆型的水性消失筆。筆尖有極細（適用於精細圖案、拼布）、細（適用於刺繡。一般手工藝）、粗（裁縫）三種規格。墨水的顏色有遇水即消的藍色，以及自然消失的粉紅色及紫色。也有專用的消去筆。還有1支具備2種功能的兩用型。

 取材協力／Clover

粉土紙及其他工具

粉土紙要搭配點線器或鐵筆一起使用。

水溶性複寫紙

最適合用來複印刺繡圖案或縫紉記號的粉土紙。有單面型和雙面型兩種。顏色包括藍、粉紅、灰等相當豐富。需利用鐵筆或點線器等來做記號。記號可用水清除。但要注意，在清除之前熨燙或乾洗的話就會清除不掉。

虛線點線器

齒尖為圓形，不會劃破紙型或粉土紙，能夠做出漂亮的記號。

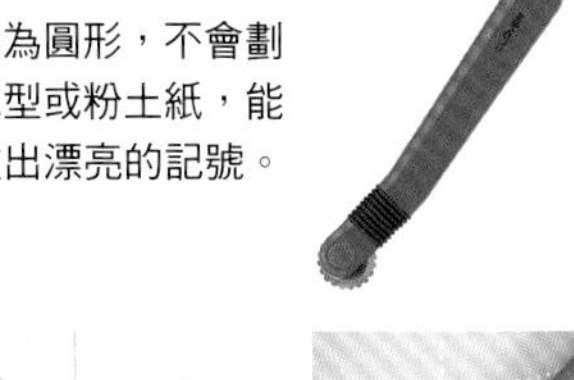

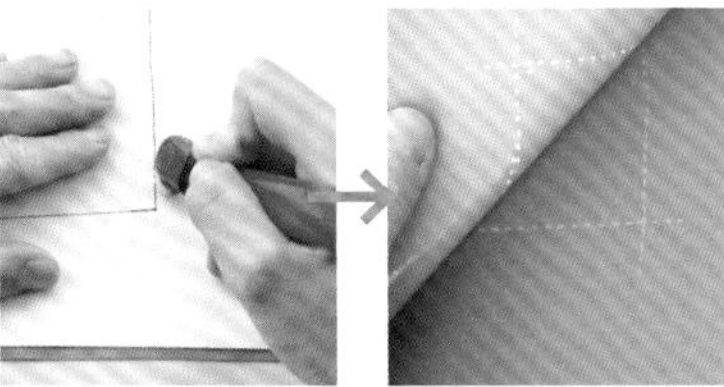

把粉土紙的顏料面對著布料疊好，在上面放上紙型之後用點線器描繪。在壓住的食指上施力的話，齒輪就會轉動。

鐵筆

不會劃破圖案或粉土紙，能滑順地進行描繪的圓珠式筆尖。可安裝細線用的0.7㎜和粗線用的1.0㎜筆尖的兩用型。

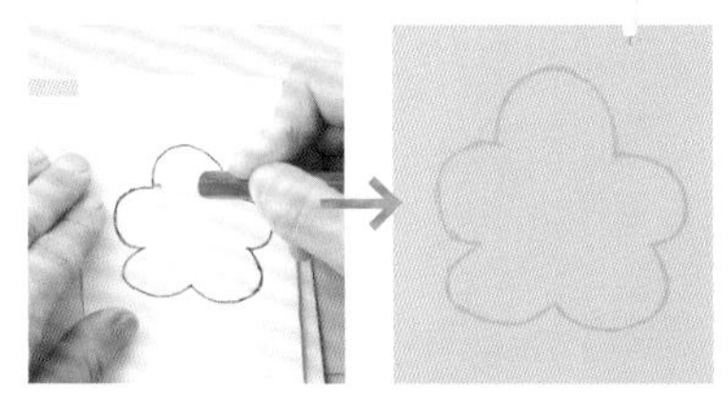

把粉土紙的顏料面對著布料疊好，在上面放上紙型之後用鐵筆描繪的話，就能做出線狀的記號。

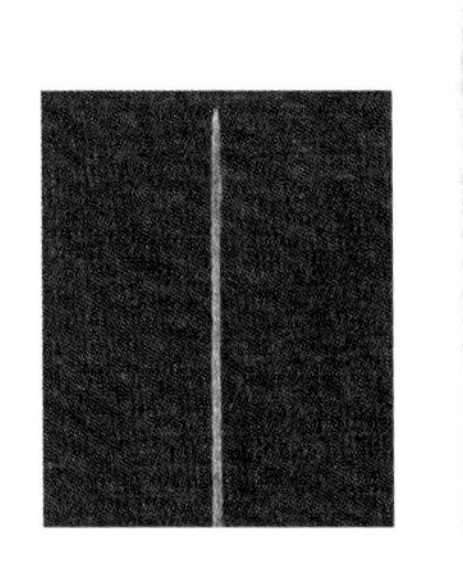

熱消粉土筆

可利用熨斗的熱度或水洗的方式來消除記號。白色筆型。做完記號之後線條會慢慢出現。建議用在黑色或深色的布料上。

熱轉印鉛筆

轉印刺繡、貼布繡、玩偶等的圖案時非常方便。可轉印在紙、布、木頭等材質上。圖案要以反轉的狀態來處理。由於轉印後的圖案不會消失，所以要使用在完成後會被布・線等隱藏住的地方。

在想要轉印的圖案的上面放上描圖紙，用熱轉印鉛筆把圖案描繪下來。把描繪好的圖案放在布料上，用熨斗熨燙（乾燙）。

骨筆

可利用直尺等直接在布料上做記號。適用於在記號時沾上顏色的話會造成困擾的材質。做出摺痕時也可使用。

身邊的東西也能用來替代

擦擦筆

利用摩擦的熱度來消失的擦擦筆，在遇到熨斗的熱度時也同樣會消失，所以在需要畫細線或做記號時，用水消筆會看不清楚的情況都可使用。

油性筆

大量地製作作品時，裁剪線用油性筆來畫的話會更順暢。也可以使用原子筆。

鉛筆、彩色鉛筆

粉土筆容易折斷的時候，可以用鉛筆來替代。建議使用2B以上的柔軟筆芯。彩色鉛筆能夠配合布料的顏色來使用，也很方便。

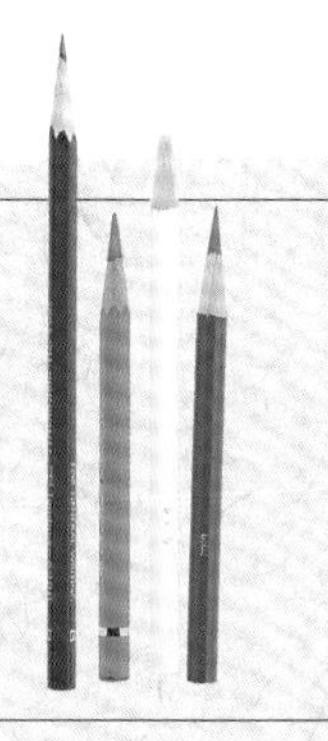

乾掉的原子筆

寫不出字的原子筆可當作鐵筆來使用。

熨斗

在開始縫製之前使用熨斗是當然的，若是在作業途中也能勤快使用的話，完成度將會有很大的差別。現在就來學習在必要時的正確使用要點吧。

滑動

在作業之前把布料的皺褶燙平，或是整理布紋矯正歪斜之時，熨斗一般的使用方法都是「滑動」的方法。若是搭配蒸氣功能或噴灑水霧來使用的話，滑動起來會更順暢。

把皺褶燙平

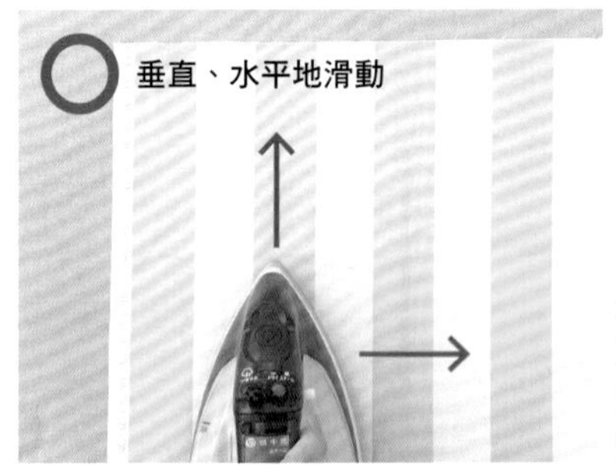

沿著布料的紗線以垂直、水平地滑動的方式熨燙的話，就能確實地把皺褶燙平。

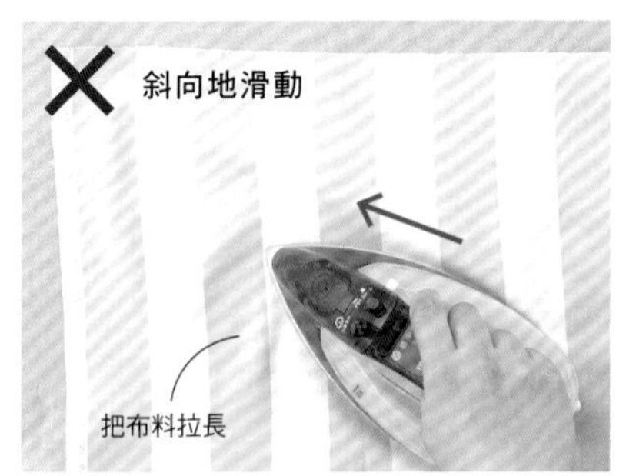

如果以斜向（斜布紋方向）拉扯布料的方式熨燙，反而會把布料拉長並造成歪斜，要小心。

按壓

在縫紉中最常使用的，就是用熨斗「按壓」的方法。不要滑動，只在必要的部分用熨斗按壓是訣竅所在。不管是做出摺痕、整理邊角，在作業的途中若能勤快使用，不只後續的步驟會變得順暢，成品也會更加美觀俐落。

做出摺痕

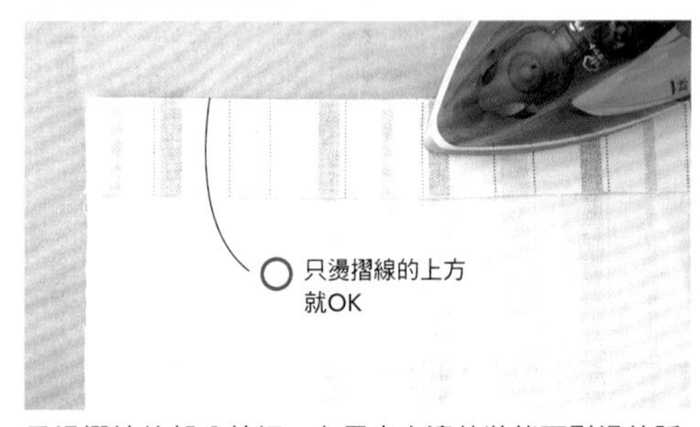

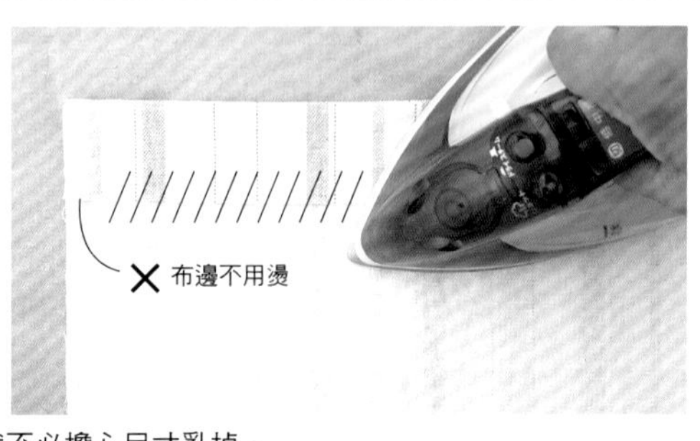

只燙摺線的部分就好。在露出布邊的狀態下熨燙的話，就不必擔心尺寸亂掉。

也可以夾入厚紙板

需要做出直線的摺痕時，可將厚紙板的直線部分對齊摺線再將布料摺好，從上方用熨斗按壓。帶有方格的「熨斗用定規尺」也很方便。

什麼時候需要使用墊布？

貼上貼布繡圖案或布襯的時候使用墊布，可防止熨斗被膠水等弄髒。另外，一燙就容易發亮的布料也要使用墊布才安心。

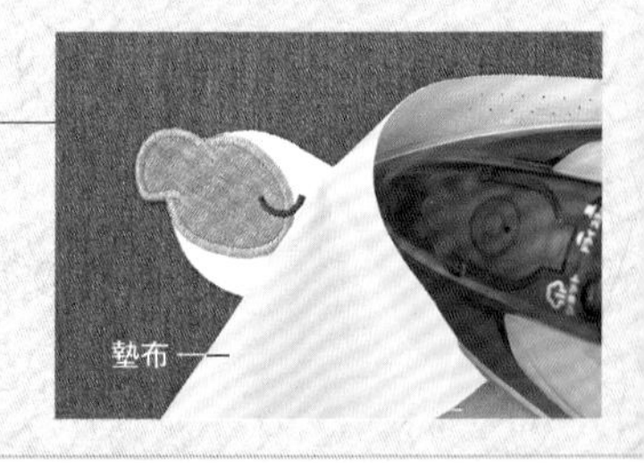

整理縫份

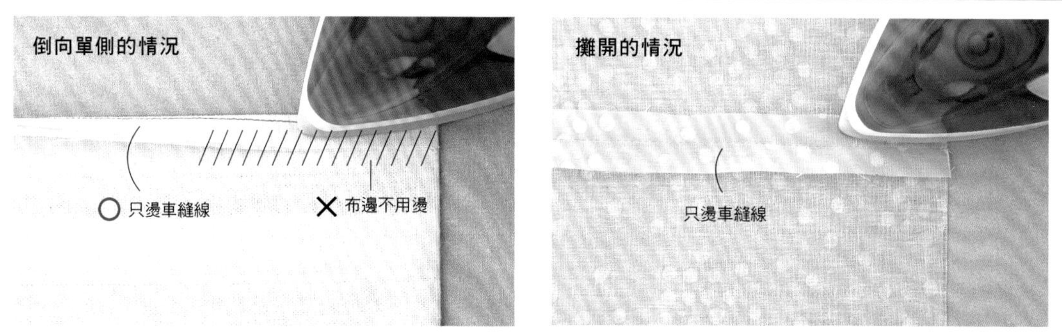

利用熨斗的尖端或邊緣，以按壓車縫線的方式，將縫份倒向單側（或是攤開）。

做出漂亮的角度

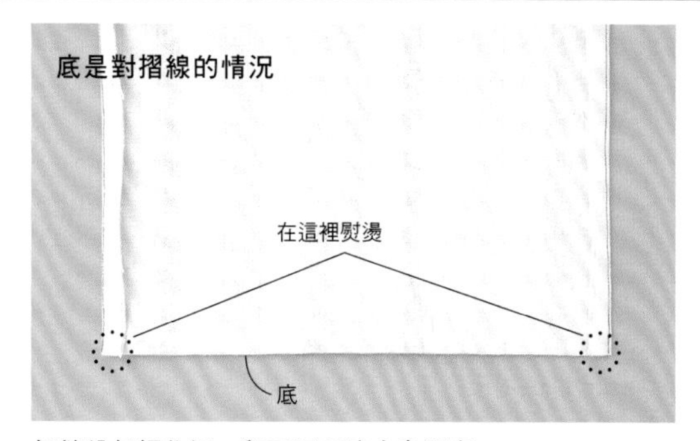

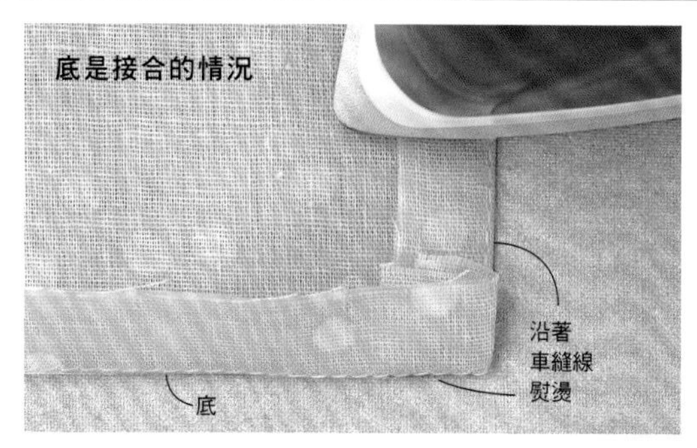

把縫份仔細收好，翻回正面時才會漂亮。

讓作業更輕鬆的便利熨燙小物

布用耐熱玻璃珠針／Clover

頭部是玻璃材質，所以用熨斗熨燙也OK。直徑0.5mm的極細針體，在穿刺過布料之後不容易留下痕跡。

熨斗清潔劑／KAWAGUCHI

用於中溫程度的熨斗，將布襯的膠水等污垢清除掉。使用過後的熨斗在熨燙時會更滑順。

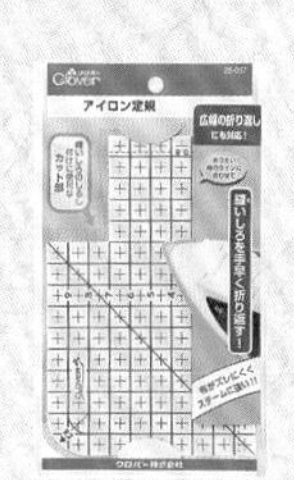

熨斗用定規尺／Clover

擺上定規尺之後，就可一邊摺布料一邊用熨斗燙好，所以能摺出正確的縫份或漂亮的摺痕。

Melter熱接著線7g（約100m）／FUJIX

遇熱即熔的細線。夾在布料之間用熨斗燙過的話，車縫之前就不需先做疏縫。

剪刀

依照紙型正確地裁剪布料，是做出完美作品最重要的重點。下面要介紹的是裁布剪刀的挑選與使用方法，以及在不同的用途下所使用的剪刀。

裁布剪刀的挑選方法

裁布剪刀在材質、尺寸、重量、造型、價格等方面都是千差萬別。請以自己用得順手與否，以及想要製作的東西為考量來挑選。另外，由於使用方式會影響到銳利度，所以要慎重地使用。

各部名稱

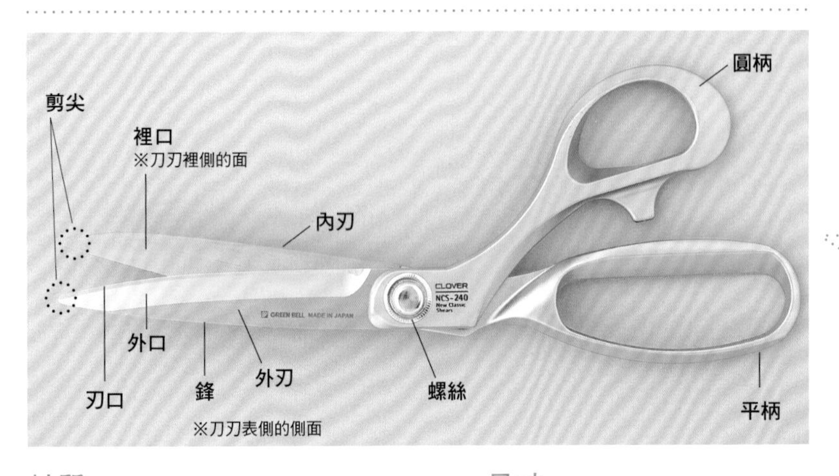

左撇子專用

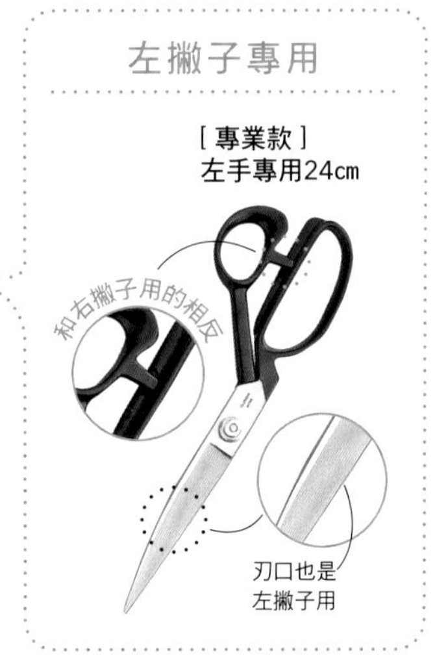

材質

裁布剪刀的材質大致可區分為自古就有的鋼材和不鏽鋼2種。不鏽鋼以擁有近似於鋼的硬度和鋒利度以及不易生鏽為特色。想要長期使用、又重視鋒利度的話就選鋼製品，若追求的是容易保養及輕巧度的話就選不鏽鋼製品。

尺寸

一般的裁布剪刀的尺寸是24cm，由於每個人的手掌大小以及想做的東西不同，適合的剪刀也是因人而異。可能的話最好實際拿拿看，先確認過手感之後再購買。

各式各樣的剪刀

發揮剪刀的特色善加利用的話，作業流程會更順暢！

線剪／紗剪

黑刃紗剪

收尾剪線的時候往往都是精細作業，所以挑選時要以鋒利度為考量。

手藝剪刀

「HOBBY」手藝剪刀

靈活好用、全長10.5cm的小巧剪刀。最適合用來剪細小部分。剪繡線等線材時也可使用。

剪紙剪刀

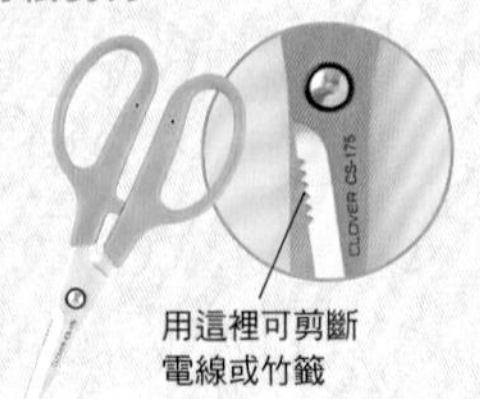

剪紙剪刀175

所有紙類材質都可使用。握柄柔軟，即使用來剪鐵絲或電線等硬物手也不容易痛。

貼布繡用

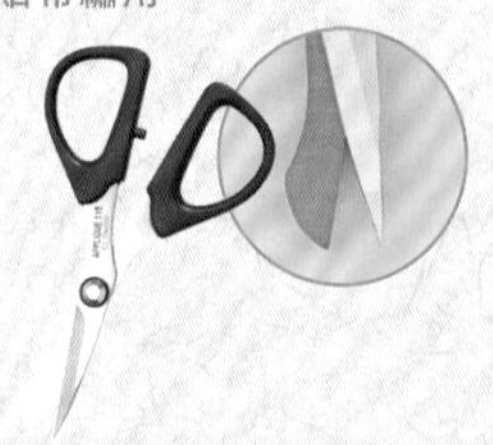

貼布繡專用剪刀115

圓頭的刀刃是特徵所在。貼布繡或莫拉拼布（mola）等，只需裁剪重疊布料的上層的時候，不會傷害到下層布料。

 商品協力／Clover

剪刀的使用方法

以垂直於布料的角度把剪刀拿好，正對著裁剪方向來裁剪的話，就能剪得又直又漂亮。將剪刀的平柄和峰靠著桌面，一手壓住布料避免移動，剪長直線時用刀刃的中央，剪細小部分時用刀刃的尖端等，視情況使用不同的裁剪位置也是訣竅所在。

裁剪方向
剪刀是垂直的
布料不能移動
柄和鋒靠著桌面

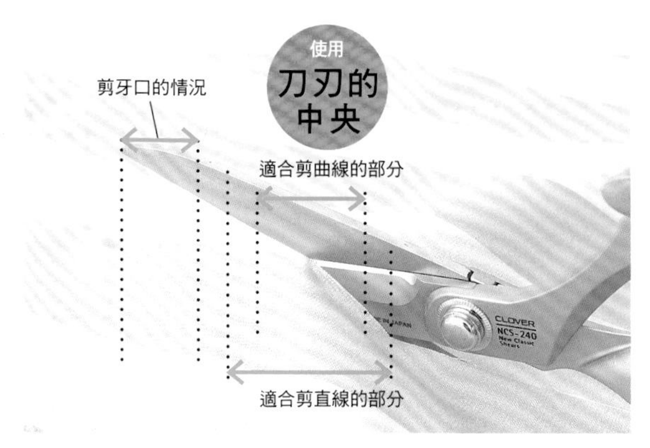

直線是將刀刃的中央部分對著布料來裁剪。剪到刀刃尖端閉合為止的話，剪出來的線條會變成一段一段的，要注意。

在布料或剪刀懸空的狀態下裁剪的話，可能會導致裁剪線彎曲或布料扭曲。

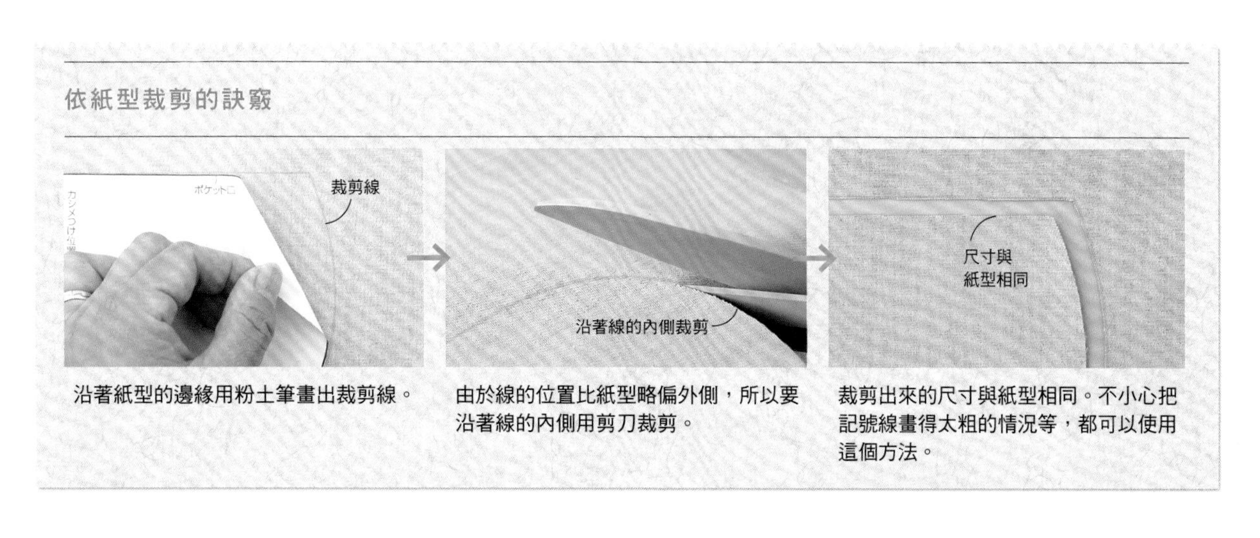

依紙型裁剪的訣竅

沿著紙型的邊緣用粉土筆畫出裁剪線。

由於線的位置比紙型略偏外側，所以要沿著線的內側用剪刀裁剪。

裁剪出來的尺寸與紙型相同。不小心把記號線畫得太粗的情況等，都可以使用這個方法。

確保剪刀的鋒利度

需要注意的事情

用裁布剪刀剪紙，或是什麼也沒剪只是讓刀刃開開合合地「空剪」等，都是刀刃受損的原因。另外，不小心掉在桌上也可能會造成刃口缺損，螺絲變鬆，影響到鋒利度或耐用性，這些都要注意。還有，要養成用完剪刀之後確實把刀刃閉合的習慣。

保養的方法

鋼製剪刀若長時間放著不用的話是很容易生鏽的。所以使用過後，要記得把沾附在剪刀上的手部油指或纖維粉塵等用乾布擦掉，並放在溼度較低的地方保管。用久變鈍的剪刀，只要到專門的修理店重新研磨就能恢復，可至附近店家洽詢。

珠針

裁縫的必需品，珠針。市面上的商品琳瑯滿目，挑選起來實在很傷腦筋。
以下是看似相像又獨具特色的珠針的種類、以及基本的使用方法的說明。

各式各樣的珠針

珠針從頭部的形狀、針體的粗細、長度到材質等都是五花八門。基本上只要依照縫製的東西或是布料的厚度來區分使用就行了。另外，難以用針穿刺的布料，用夾子取代珠針也很方便。

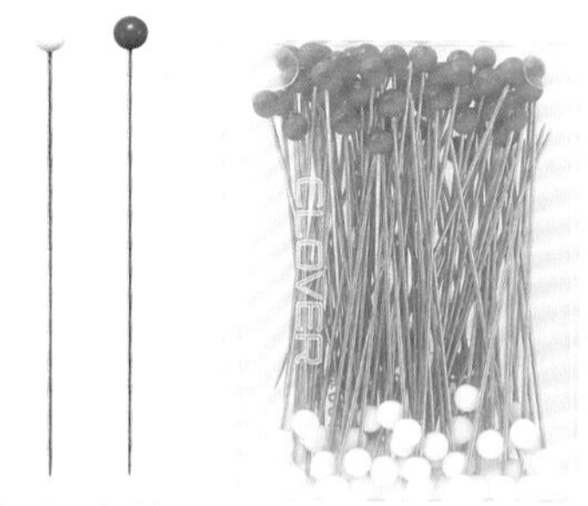

布用耐熱玻璃珠針

穿布力佳、不易損傷布料的經典款珠針。1盒約100支入，最適合會大量用到珠針的服裝製作。

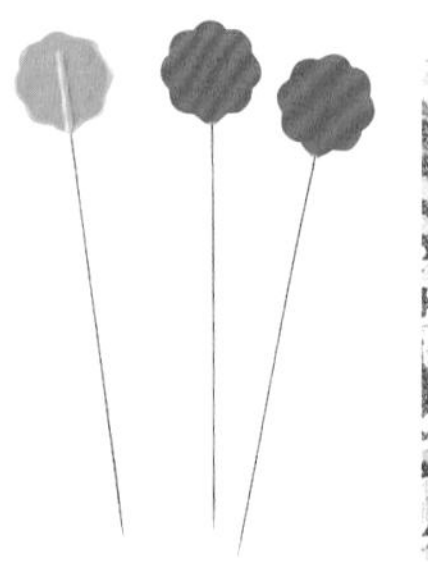

梅花待針

頭部又大又平的長銷商品。頭部好拿又醒目，還可防止忘了拿掉。由於正反面的顏色不同，所以能夠配合布料的深淺或花色來區分使用，非常方便。

也有厚布用的種類

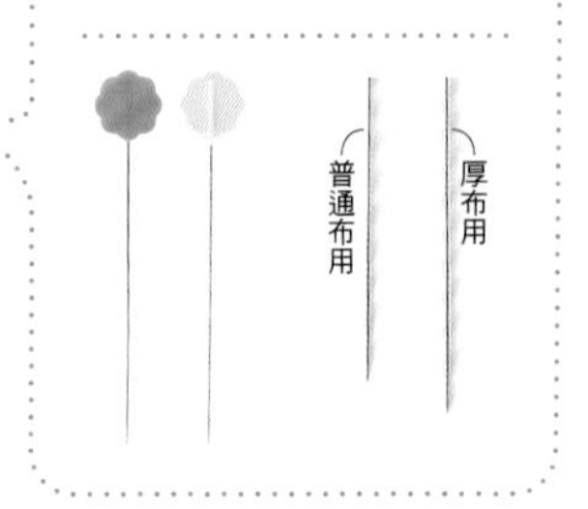

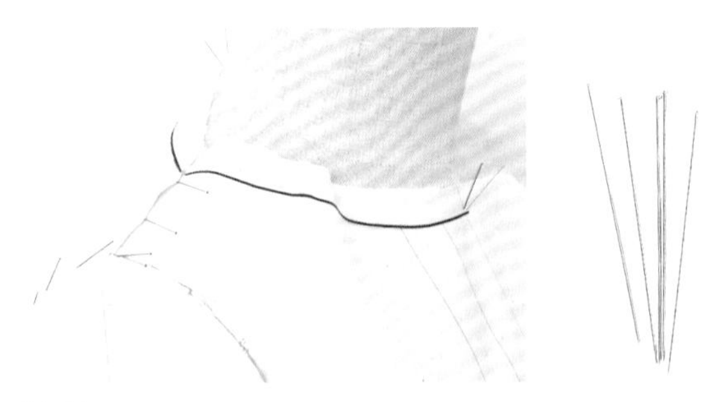

絲針

主要是服裝設計師或打版師在假縫或立裁時所使用的東西。為了避免在精細的作業中模糊重點，把頭部做成不起眼的造型。

貼布繡用珠針

做貼布繡或細緻的拼縫時，要選擇頭小針短的珠針。這樣接合的時候才不會被珠針妨礙到。

「疏縫固定夾」

用來暫時固定無法以珠針穿刺的皮革，或經過防水塗層加工的布料等的方便道具。背面的線條可當作尺規來使用。

什麼是耐熱型珠針？

需要在別上珠針的狀態下熨燙的情況，就要使用耐熱型珠針。尤其是珠針頭，若是使用不耐熱的材質，很可能會因熱熔化而沾黏在布料或熨斗上。耐熱型是玻璃材質，所以不必擔心。

取材協力／Clover

珠針的別法

要順利地別上珠針，就得注意穿刺的角度和順序。針要垂直刺入布料，並將正反面的車縫線對齊。另外，在兩端、中央、以及兩端和中央之間平均地別上珠針也是重點所在。

基本的別法

1

把針垂直地刺入完成線之後挑起布料（如果縫份1㎝的話就挑0.5～0.6㎝）。

2

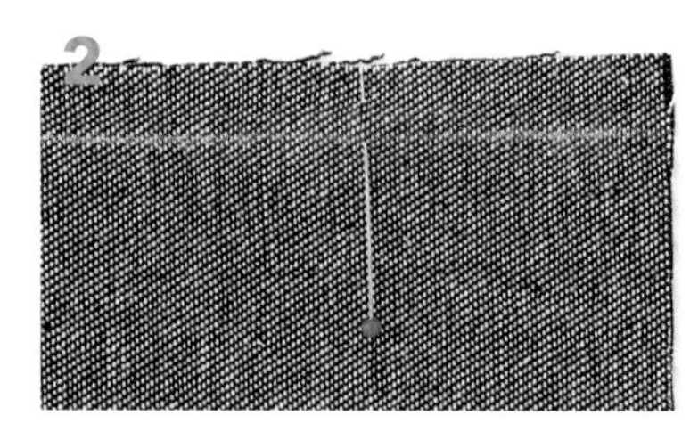

針尖與縫份寬齊平（不可超出）。

3

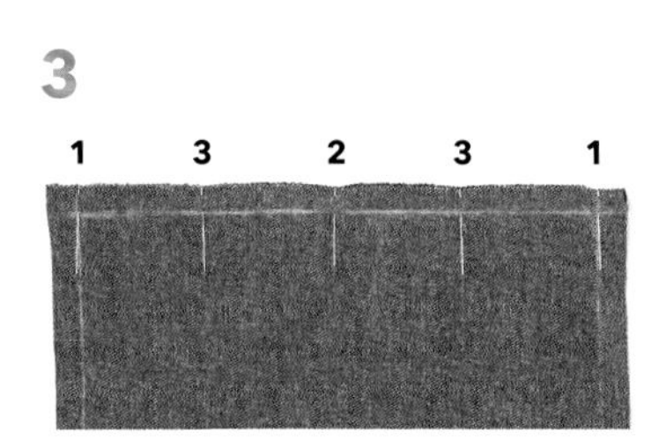

先把兩端固定好，其次是中央，然後是兩端與中央之間，依照這個順序在珠針和珠針之間平均別上珠針加以固定。

4

由於2片的完成線已經準確地固定好了，所以能夠漂亮地車縫起來不會偏移。

對花的方法

1

先把珠針刺入靠近自己的1片，然後如照片所示在穿過布料的狀態下確認另一側的花樣。

2

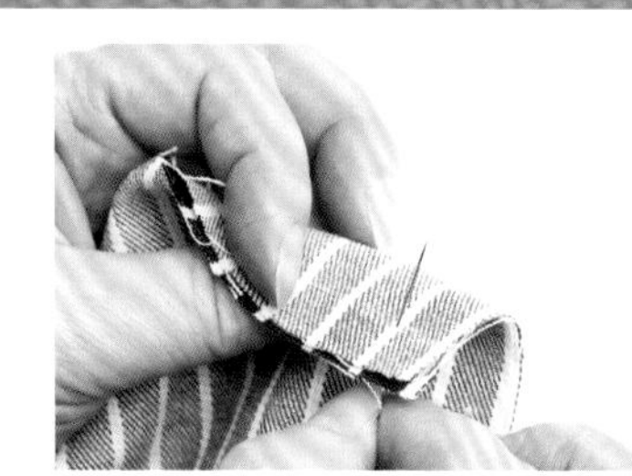

把針尖從完成線上穿出。

3

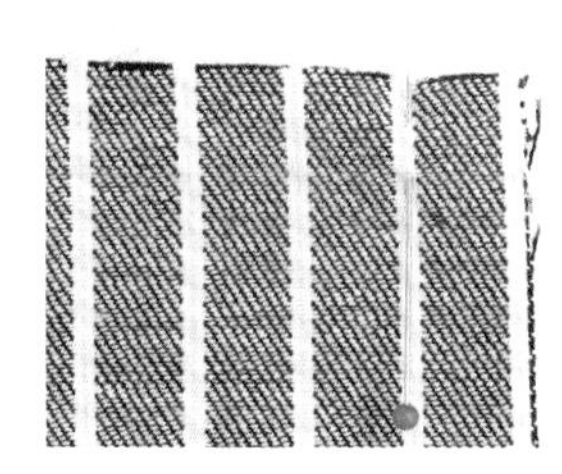

按照1、2的要領，以上述的基本的別法之順序一一別上珠針。

自製針插的填充物是？

珠針本身雖然大多經過防鏽處理，若想自己製作針插的話，最好選擇能夠增進針的滑順度，並具有防鏽效果的填充物。容易取得的羊毛、羊毛材質的毛線以及乾燥的咖啡渣等都可塞入。

折斷的針該如何處理？

折斷或彎曲而無法使用的針，請依照各地政府的規定處理。另外，有些手藝店的店面有回收服務，也可以在每年一次的針供養活動時拿去供養。

手縫針

平時自然而然地就會用到的手縫針。若能配合用途、
以及和布料、縫線的匹配度來挑選的話，縫紉時就能順暢地穿透布料，毫無壓力。

西洋針和日本針

手縫針因為起源的不同，可大致用「西洋針」和「日本針」這兩種名稱來區分。由於兩種針各有不同的JIS規格，因此各自的商品系列在長度及粗細上也有著微妙的差異。現在由於使用方法沒什麼差別，而且不管哪種針都不容易折斷、彎曲，所以選擇好用的就行了。

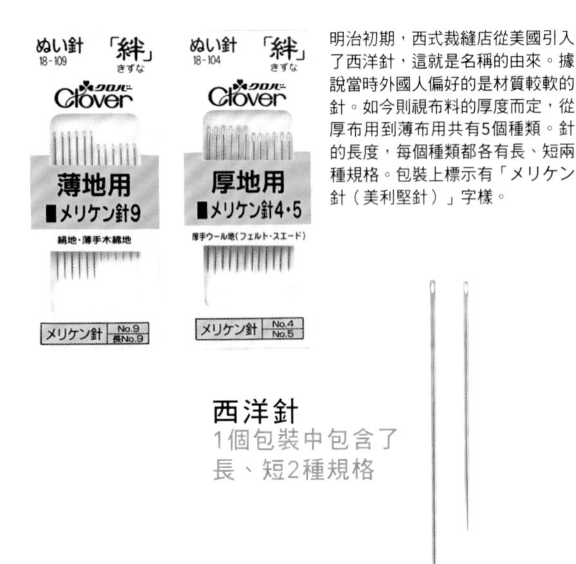

明治初期，西式裁縫店從美國引入了西洋針，這就是名稱的由來。據說當時外國人偏好的是材質較軟的針。如今則視布料的厚度而定，從厚布用到薄布用共有5個種類。針的長度，每個種類都各有長、短兩種規格。包裝上標示有「メリケン針（美利堅針）」字樣。

西洋針
1個包裝中包含了長、短2種規格

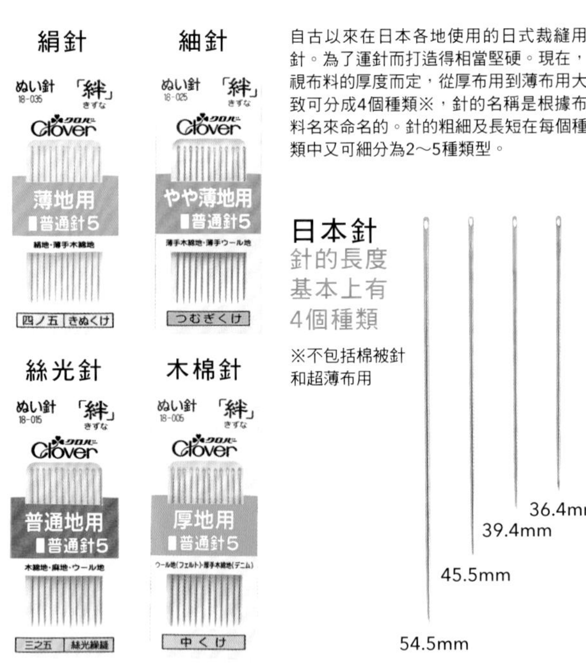

自古以來在日本各地使用的日式裁縫用針。為了運針而打造得相當堅硬。現在，視布料的厚度而定，從厚布用到薄布用大致可分成4個種類※，針的名稱是根據布料名來命名的。針的粗細及長短在每個種類中又可細分為2～5種類型。

日本針
針的長度基本上有4個種類

※不包括棉被針和超薄布用

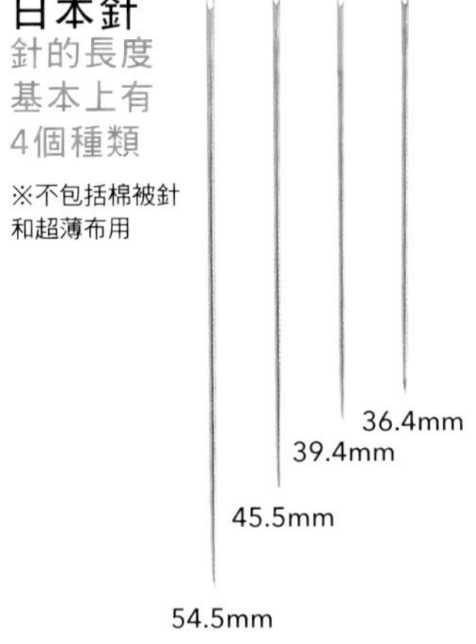

針孔的形狀也是各式各樣

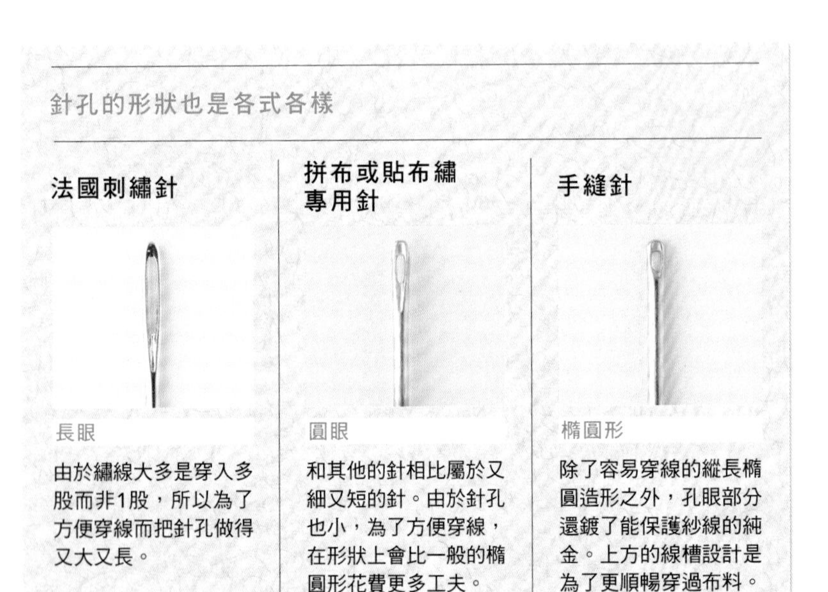

法國刺繡針
長眼
由於繡線大多是穿入多股而非1股，所以為了方便穿線而把針孔做得又大又長。

拼布或貼布繡專用針
圓眼
和其他的針相比屬於又細又短的針。由於針孔也小，為了方便穿線，在形狀上會比一般的橢圓形花費更多工夫。

手縫針
橢圓形
除了容易穿線的縱長橢圓造形之外，孔眼部分還鍍了能保護紗線的純金。上方的線槽設計是為了更順暢穿過布料。

營業用語及舊名

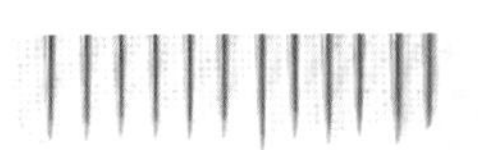

所謂的「絲光繰縫」是由布料＋用途組合而成，也就是繰縫（縫線不露於外側的縫紉方法）棉紗表面用瓦斯火焰燒過的光滑絲光紗製成的織物的意思。除此之外還有「木棉縫紉」、「紬繰縫」等。「三之五」代表的是長度和粗細。三＝第三粗的針（木棉針）、五＝一吋五分（45.5mm）。諸如此類包含數字的針就叫作「印針」。這是裁縫店為了防止使用的針在粗細・長度上出錯而制定的稱呼。

 取材協力／Clover

針的挑選方法

不管是依照用途、素材或是自己的手指長度也好，都會讓手縫針的挑選方法出現差異。在針的包裝上，都會標示出適合使用的布料厚度或布料種類，請以此作為參考。

依布料的厚度來選擇

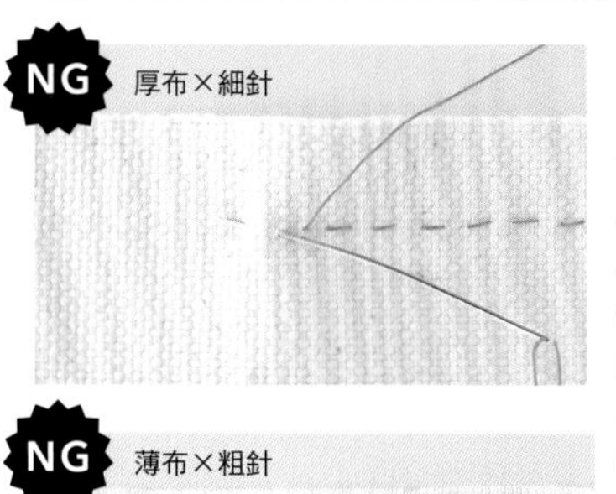

手縫的時候之所以會出現手縫針彎曲或折斷的情況，是因為對布料的厚度來說，使用的針太細了。相反地，用粗針縫薄布的話，除了在布料上留下超出必要的針孔之外，也可能會損壞布料。

依針腳的長度來選擇

無論是用短針做長針腳的疏縫，或是用長針做細針腳的小布塊拼接，都會出現不容易挑布，縫起來很困難的情況。選擇針的長短時，若能把針腳的長度一併考量進去的話，不只作業會更順暢，縫起來也不容易感到疲勞。

依自己手指的長來選擇

以大人和小孩為例，手的大小以及手指的長度就有很大的差異。另外，由於也會牽涉到所謂使用感的感覺部分，所以最好多多試用，以便找出最喜歡的針。

各種情況的選針標準

貼布繡

和布料厚度相配的手縫針當然沒問題，也很建議使用貼布縫針。這種針又細又尖銳，最適合用於細緻的作業。

藏針縫

做裙子下擺等的藏針縫時，由於挑起的布量很少，選擇薄布用的9號短針即可。

縫鈕釦

隨著布料的厚度而有不同，上衣或襯衫的話可選擇普通布用的9號短針，外套的話可選擇厚布用的5號普通針。

針和線的搭配方法

對手縫針來說，和布料的搭配就不用說了，和線的搭配也非常重要。線不容易穿過針孔的時候，請先確認線的粗細。

針	適合使用的線
厚布用	棉線／20～30號、絹線／16號、聚酯纖維線／鈕釦手縫線
略厚布用	棉線／30～50號、絹線／9號、聚酯纖維線／手縫線
普通布用	棉線／30～50號、絹線／9號、聚酯纖維線／手縫線
略薄布用	棉線／50～60號、絹線／9號、聚酯纖維線／手縫線
薄布用	棉線／50～60號、絹線／絹疏縫線8～9號、聚酯纖維線／手縫線（細）
超薄布用	棉線／60～80號、絹線／絹疏縫線8～9號、聚酯纖維線／手縫線（細）

輕鬆穿線的便利道具

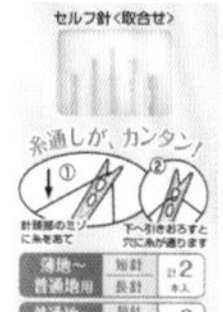

「自穿針」

如照片所示把線放在針頭部的溝槽，向下一拉後線就穿進針孔裡了。

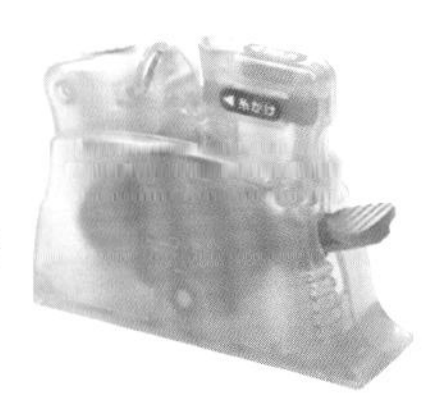

「桌上型穿線器」

只需要把針和線安裝好再按下按鈕，就能簡單地把線穿好。

錐子

錐子是用來輔助手指觸及不到的部分的強力幫手。最好隨時備妥，需要的時候才能善盡其用。同樣地，越用越覺得方便的拆線器也在此一併介紹。

錐子的種類

錐子有很多不同的種類，就連尖端也有彎曲或圓頭等各種不同的形狀。請找出適合自己手感的尺寸、或容易使用的形狀來使用。

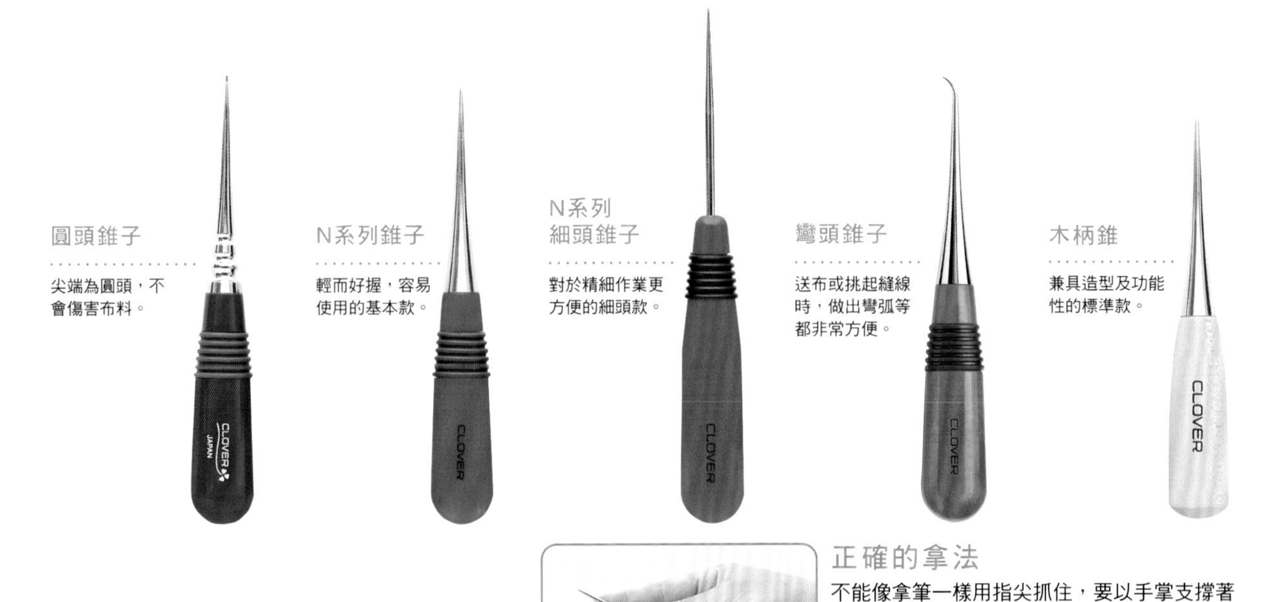

圓頭錐子
尖端為圓頭，不會傷害布料。

N系列錐子
輕而好握，容易使用的基本款。

N系列細頭錐子
對於精細作業更方便的細頭款。

彎頭錐子
送布或挑起縫線時，做出彎弧等都非常方便。

木柄錐
兼具造型及功能性的標準款。

正確的拿法

不能像拿筆一樣用指尖抓住，要以手掌支撐著握柄的方式握住。如此一來，才能輕鬆使力，讓尖端的動作保持穩定。選擇長度及造型最能吻合自己手型的款式，使用起來才會順手。

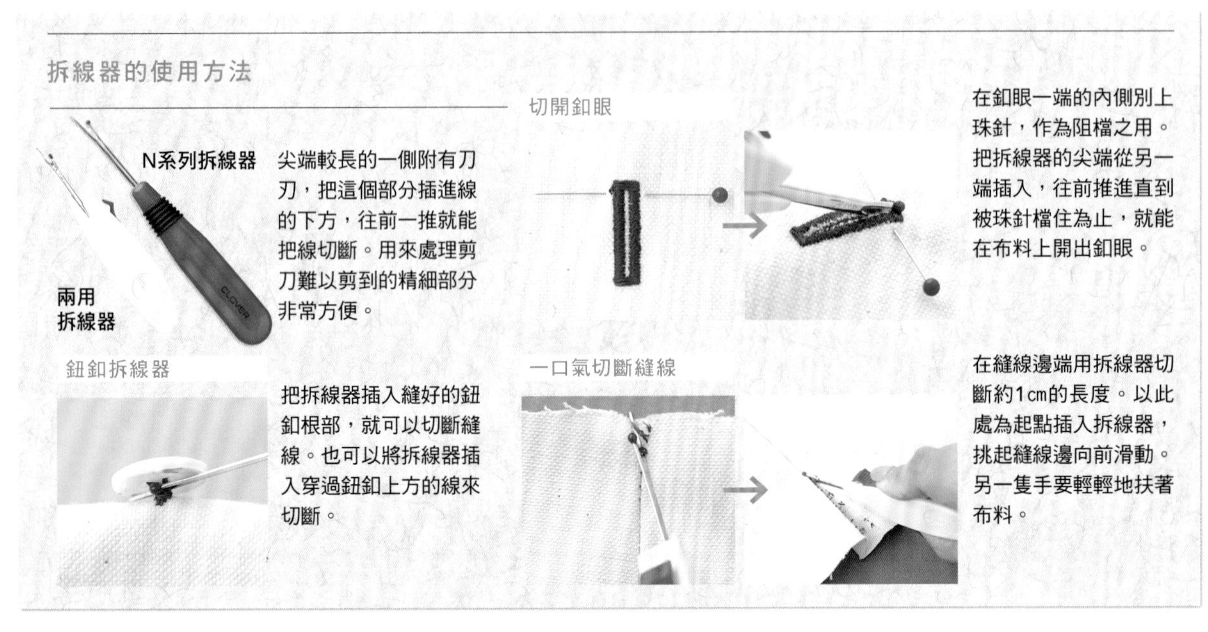

拆線器的使用方法

N系列拆線器
兩用拆線器

尖端較長的一側附有刀刃，把這個部分插進線的下方，往前一推就能把線切斷。用來處理剪刀難以剪到的精細部分非常方便。

鈕釦拆線器

把拆線器插入縫好的鈕釦根部，就可以切斷縫線。也可以將拆線器插入穿過鈕釦上方的線來切斷。

切開釦眼

在釦眼一端的內側別上珠針，作為阻擋之用。把拆線器的尖端從另一端插入，往前推進直到被珠針擋住為止，就能在布料上開出釦眼。

一口氣切斷縫線

在縫線邊端用拆線器切斷約1cm的長度。以此處為起點插入拆線器，挑起縫線邊向前滑動。另一隻手要輕輕地扶著布料。

 商品協力／Clover

錐子的便利使用方法

錐子除了用來鑽洞之外，在車縫時送布、拆開縫線、整理邊角等各種場合也能派上用場。搭配上各種的使用方法之後，作品的完成度應該會大幅提升才對。使用時要小心，別被銳利的尖端弄傷。

整理縫合物品的邊角

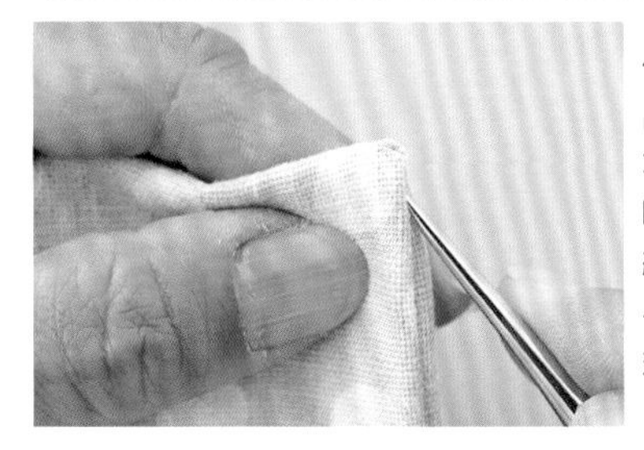

例如袋角等，縫合後的物品邊角要用錐子整理過，才會有漂亮的外觀。這個時候，由於用錐子挑起縫線部分的話，很容易把線弄斷，因此要以推出縫份邊角的方式來整理。

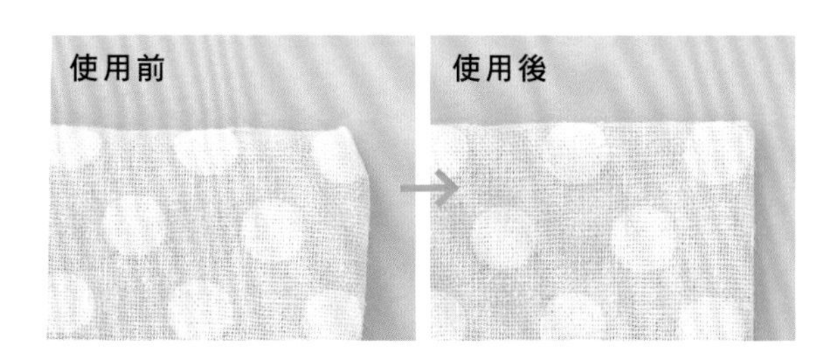

輔助車縫

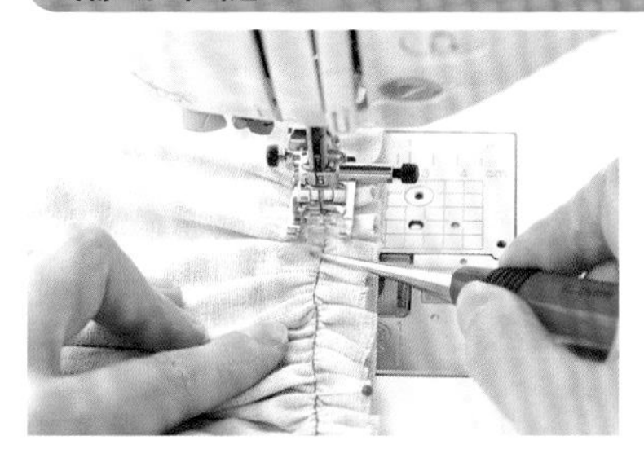

抽細褶時用來輔助送布

把錐子的尖端橫擺，壓住浮起的布料來進行車縫。皺褶在壓布腳的位置卡住的時候，可以用錐子的尖端來推送布料。

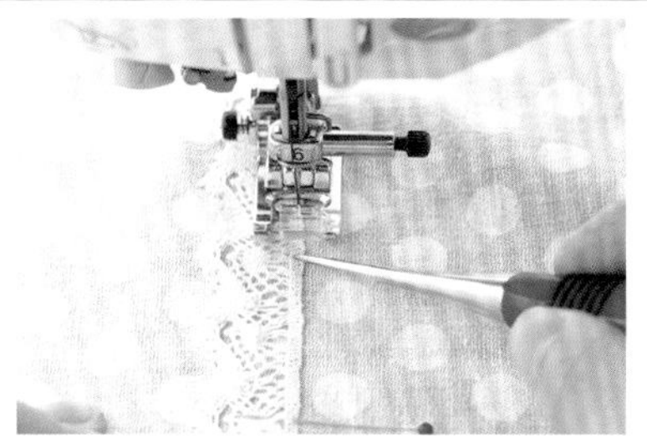

車縫蕾絲或織帶的時候

為了防止蕾絲的邊緣移位或捲起，可將錐子的尖端放在珠針與珠針之間的部分，一邊壓著蕾絲邊進行車縫。

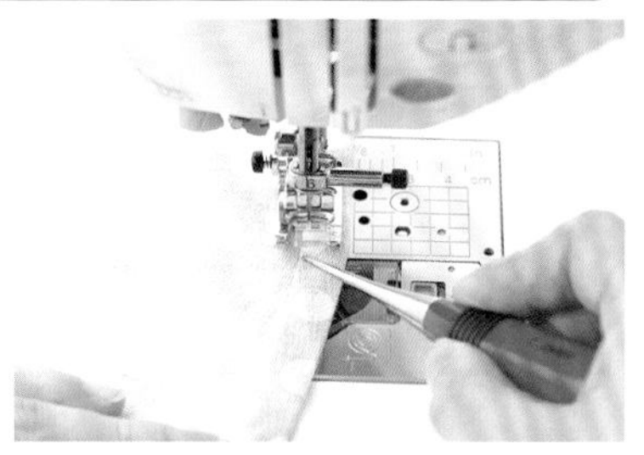

車縫曲線的時候

把錐子的尖端放在距離車針位置2～3㎝之前的位置，配合車縫的速度幫忙送布話，就能順利地車縫。

要不傷布料地拆除縫線的時候

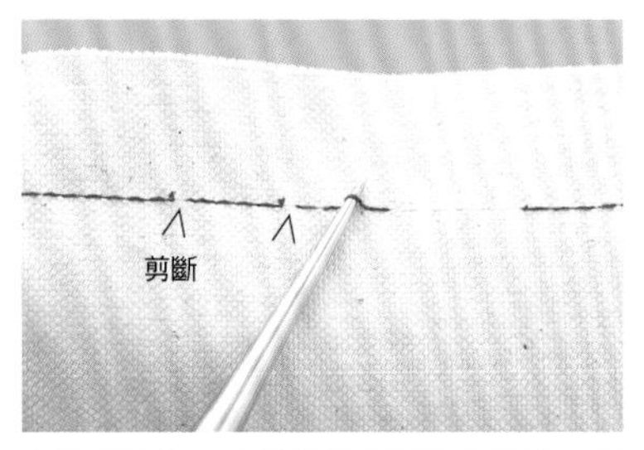

在想要拆掉的車縫線各處用線剪剪斷，把剪斷的車縫線的上線用錐子的尖端挑起來向上一拉，就能快速地把線抽掉。

在口袋或鈕釦的位置做記號

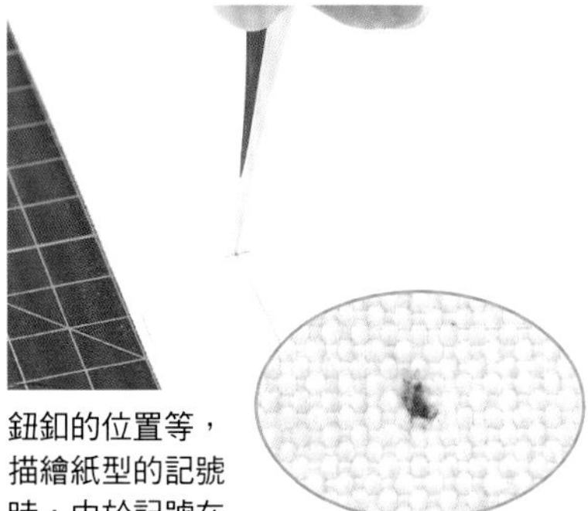

鈕釦的位置等，描繪紙型的記號時，由於記號在部件的內側而無法使用粉土筆的情況，可以用錐子在紙型上面按壓，在布料上做記號。之後再用粉土筆在記號處上色的話就更清楚了。

在針織布料上開洞的時候

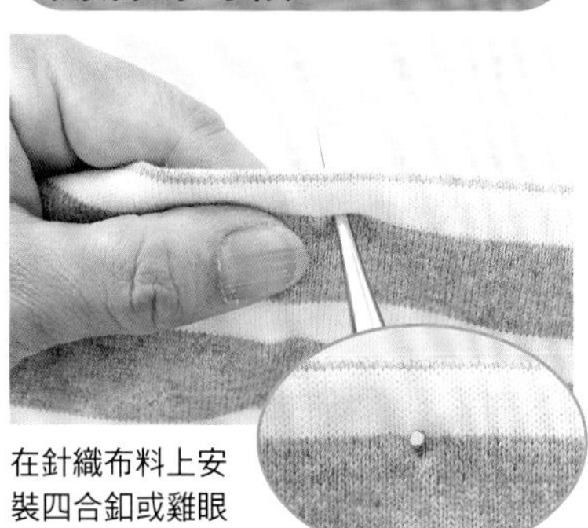

在針織布料上安裝四合釦或雞眼釦的時候，若是將織目切斷的話，一旦拉開布料就會讓孔洞變大，導致雞眼釦等位移脫落。所以要用錐子深深地刺入，以撐大織目的方式來開洞。

布襯

**布襯是布藝手作不可缺少的材料，但要挑出符合理想的東西卻相當困難。
接著就來學習如何高明地挑選適合作品的布襯，以及貼布襯時需要留意的重點。**

布襯是什麼

這是一種在織物或不織布等材質的襯料上塗抹樹脂黏膠製成的物品，因此利用熨斗的熱度加以熔化之後，就能黏著在布料上。貼上布襯能讓布料變得硬挺，可做出漂亮的線條。相對於只在貼邊等地方部分地使用的西服來說，小物則是在布料反面整體貼滿的情況居多。

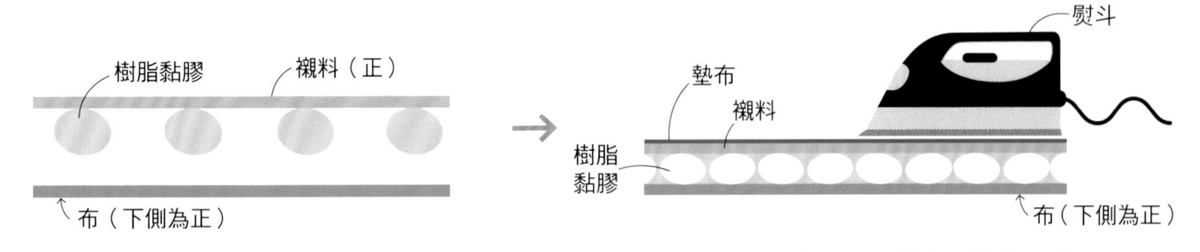

把布襯的黏膠側（較有光澤的一面），對著需要貼襯的布料的反面重疊鋪好。

鋪上墊布，在布襯側用熨斗加熱，把樹脂熔化加以黏合。

不織布型

大多用於手提包或化妝包等的小物作品。不易變型，初學者也能輕易操作。合理的價格也是一大魅力。

織布型

一直以來都是使用於西服的製作居多，但最近適合小物製作的商品也越來越多。和不織布相比，厚度的種類更是多種多樣。

除此之外還有各式各樣的襯料

含膠鋪棉

含膠鋪棉是經過和布襯同樣處理的商品。帶光澤的一面塗有樹脂黏膠，所以這一面要貼在布料的反面。

鋪棉

在夾入鋪棉的作品當中，很多時候使用的都是非黏著型的鋪棉。夾在表布和裡布之間，進行車縫壓線。不管是蓬鬆感或運針的流暢度都以鋪棉的一方更佳。

史萊瑟襯

貼紙型的布襯。除了可簡單黏貼之外，硬度也比布襯更強，即使用普通布都能做出可獨自站立的包包。不易用針穿刺，所以必須沿著襯的邊緣車縫。

牽條（襯條）

以類似斜布條的狀態販售，牽條的反面塗有樹脂黏膠。適合用在經常開開關關受力拉扯的拉鍊部分等。

 取材協力／JAPAN VILENE　商品協力／Clover

布襯的挑選方法

布襯有不織布型和織布型，厚度也各不相同。具有襯墊性質的含膠鋪棉，能帶來柔軟的印象。挑選的時候，最好能實際地用手摸過確認厚度。這樣才能為製作的東西找到最適合的襯。

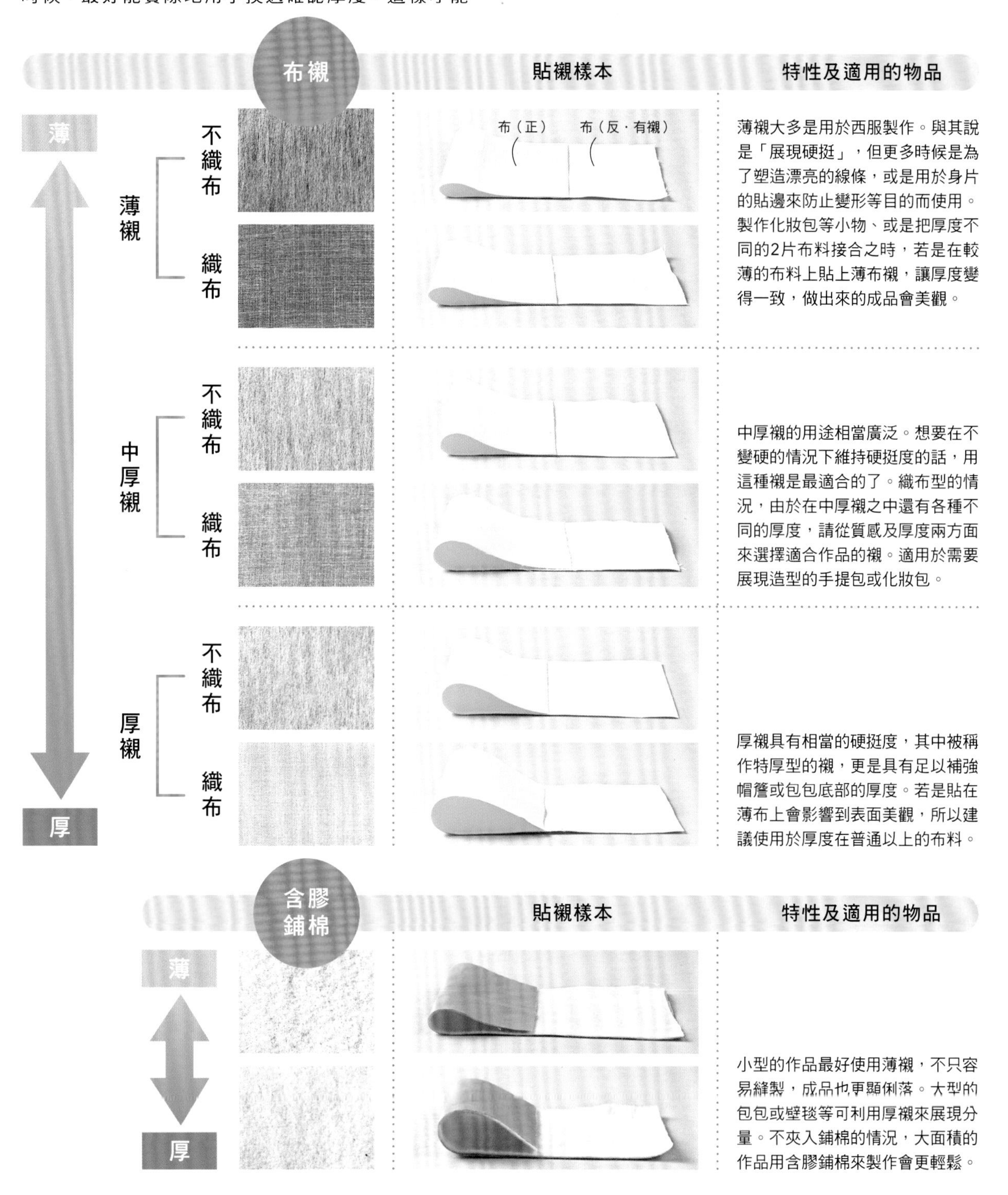

薄襯大多是用於西服製作。與其說是「展現硬挺」，但更多時候是為了塑造漂亮的線條，或是用於身片的貼邊來防止變形等目的而使用。製作化妝包等小物、或是把厚度不同的2片布料接合之時，若是在較薄的布料上貼上薄布襯，讓厚度變得一致，做出來的成品會美觀。

中厚襯的用途相當廣泛。想要在不變硬的情況下維持硬挺度的話，用這種襯是最適合的了。織布型的情況，由於在中厚襯之中還有各種不同的厚度，請從質感及厚度兩方面來選擇適合作品的襯。適用於需要展現造型的手提包或化妝包。

厚襯具有相當的硬挺度，其中被稱作特厚型的襯，更是具有足以補強帽簷或包包底部的厚度。若是貼在薄布上會影響到表面美觀，所以建議使用於厚度在普通以上的布料。

小型的作品最好使用薄襯，不只容易縫製，成品也更顯俐落。大型的包包或壁毯等可利用厚襯來展現分量。不夾入鋪棉的情況，大面積的作品用含膠鋪棉來製作會更輕鬆。

※為了容易看懂，所以照片是在襯的下面鋪了黑紙。

布襯的貼法

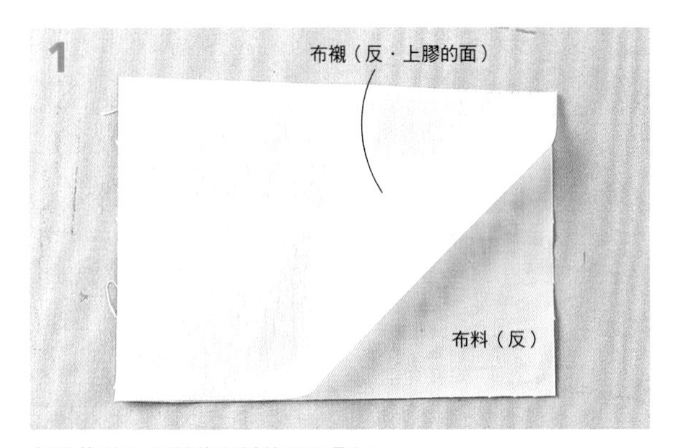

把布襯的反面對著布料的反面疊好。

注意線屑！

布襯和布料之間可能會有線屑等夾雜進去。
黏貼之前一定要確認過！

超出範圍NG

在布襯超出布料範圍的狀態下熨燙的話，很可能會讓布襯黏在燙衣板上。為了避免燙衣板被黏膠弄髒，一定要小心留意。

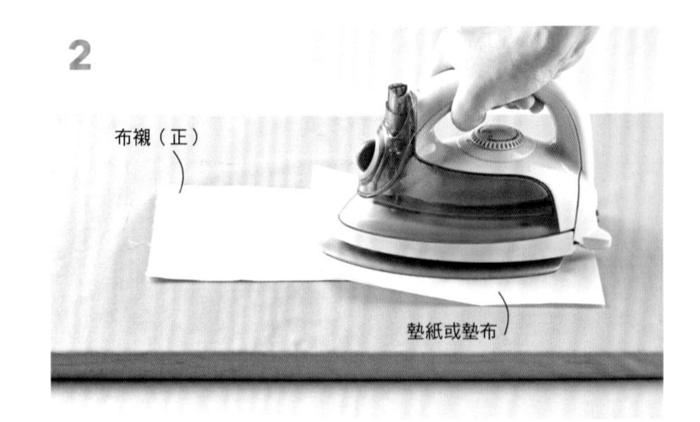

在布襯的上面鋪上牛皮紙等的墊紙或是墊布，用中溫的熨斗來熨燙。這個時候，不能用滑動的方式，要以藉助體重從上方緊緊按壓的方式來熨燙。1個位置按壓10秒左右，接著往橫向移動。不留縫隙地全面燙過。

不留縫隙的熨燙訣竅

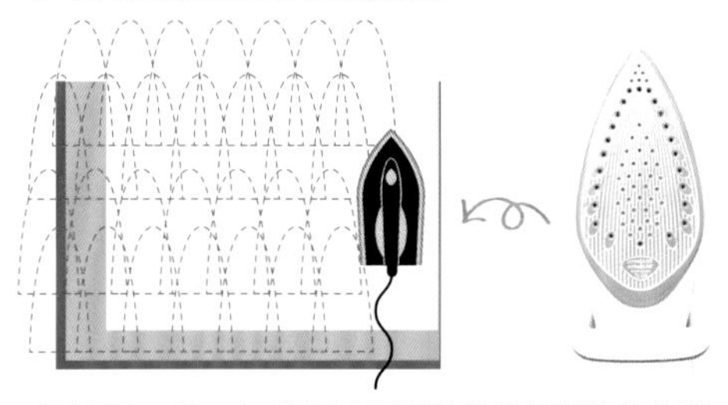

1個位置10秒，無遺漏地全面熨燙是很繁複的作業。
由於蒸氣熨斗的蒸氣孔部分不會加熱，只有那裡無法黏著，所以要特別留意。

在穩定的場所熨燙

家庭用的站立式燙衣板只要一用力就會搖搖晃晃，導致壓力減弱。因此在穩定的場所熨燙也非常重要。

熨斗要調至適溫

中溫（140～160度）就是適溫。低溫的話黏著力差，而溫度太高又容易造成不織布的襯料熔化，或織布的襯底扭曲變形，要特別留意。

含膠鋪棉的貼法

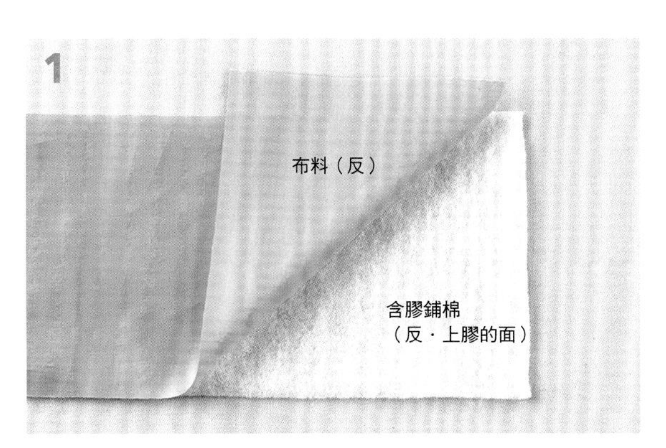

把布料的反面對著含膠鋪棉的反面疊好。含膠鋪棉是從布料側來熨燙。

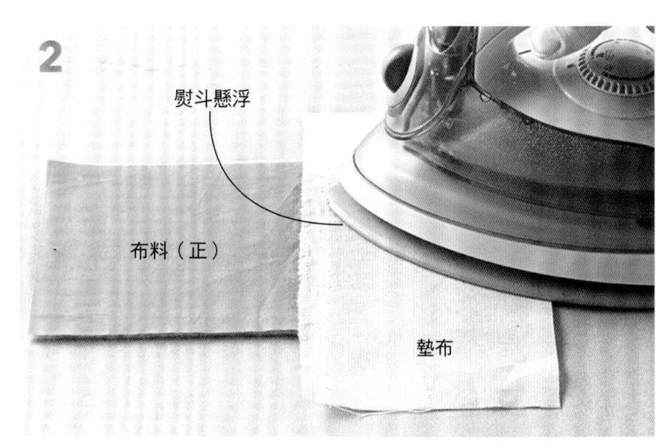

鋪上墊布之後用熨斗熨燙，但不是像布襯那樣緊緊按壓，而是在距離布料0.5cm的上方懸浮著用蒸氣加熱。由於上膠的面是位在與布貼合的一側，所以採用從布料側熨燙的方式來確保懸浮熨燙依然能達到黏著的效果。

太用力的話會扁掉！

如果從含膠鋪棉的襯棉側施力熨燙的話，襯棉會被壓得又扁又塌。由於會把好不容易做出來蓬鬆感破壞掉，所以依照上方的說明，從布料側用熨斗以懸浮的方式加熱是鐵則。

襯要貼到哪裡為止？

把襯貼到縫份為止的話，就算布襯脫落，由於還有縫合的部分存在，所以更能放心。不過厚度為中厚以上的襯，若是連縫份都貼上的話，縫合後大多會因為硬梆梆的而必須經過裁剪才能使用。未上膠的鋪棉，可藉由縫合的動作與布料結為一體，所以縫份也要加襯。

有不能貼襯的布料嗎？

防水布等無法熨燙的布料是不能貼襯的。只能以低溫熨燙的化纖布料，即使看上去黏住了，但很快就會脫落，所以必須從上面車縫固定才行。

貼了布襯之後還需要加裡布嗎？

基本上還是得加上裡布來製作，不過也有能夠充當裡布的布襯。例如照片中的素色或印花圖案的布襯，只要貼在布料的反面一起製作就OK。還能用來製作只用一片布料就很硬挺的作品。

包包襯料／清原

縫紉機

縫紉機是能夠牢固且快速地縫合的便利工具。
為了輕鬆明智地物盡其用，一定要正確地了解縫紉機，並掌握妥善使用的重點。

各部位的操作方法

縫紉機可大致分為專業人士使用的專業用縫紉機，以及在家庭中使用的家用縫紉機兩大類。這裡要介紹的是關於家用的基本型縫紉機的功能。雖然會因為機種不同而多少有所差異，但事先了解名稱及功能進行，相信在作業中遇到困難的時候一定會有所幫助。

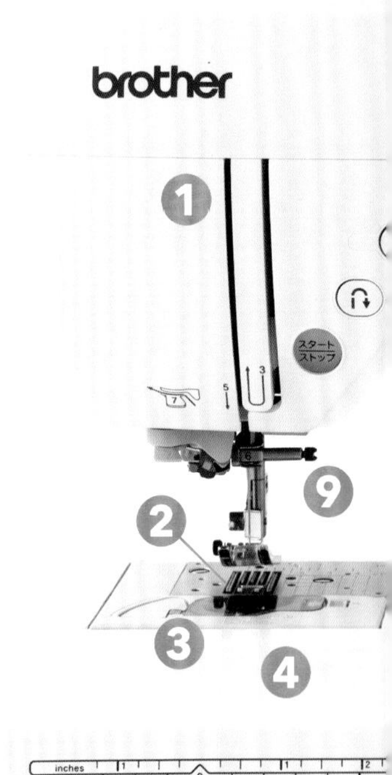

❶ 挑線桿

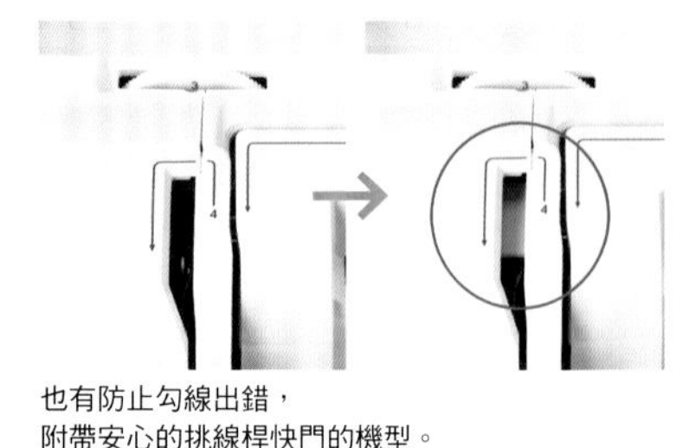

透過勾住上線，從線輪拉出必要的線量，收回不必要的線量的動作，來拉緊車縫線。除此之外，穿線的時候也很重要，如果挑線桿不是處在位於最上方的位置的狀態，就無法正確穿線，有時還會導致無法正常車縫。

也有防止勾線出錯，
附帶安心的挑線桿快門的機型。

❷ 送布齒

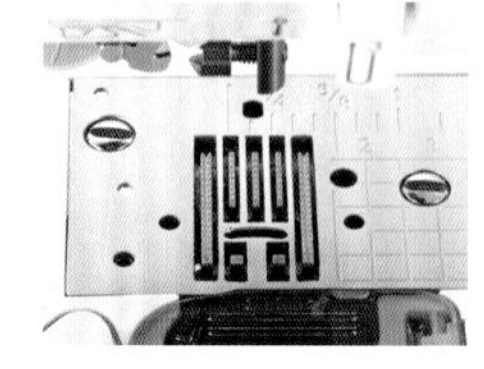

基本上，送布齒不管是排數多的或是加長型的，都能緊密地咬合送出布料。視機種而定，有些為了把接觸布料的時間拉長，而採取水平送料的方式。

❸ 梭床、梭子

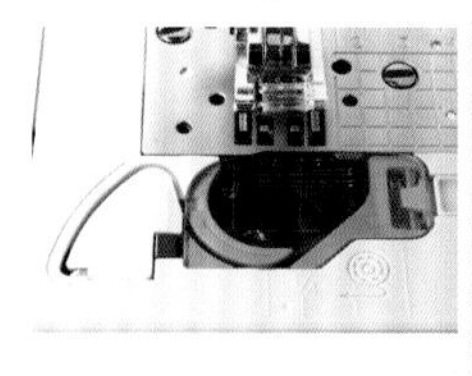

梭床是捲好線的梭子的安裝場所。可分為家用縫紉機多數採用的「水平式梭床」以及專業用縫紉機採用的「垂直式梭床」2大類型。梭子部分，家用的大多是較厚的透明製品。由於會隨著年代、機種以及廠牌而有所差異，所以必須確認過是適合縫紉機的製品才可使用。

❹ 縫紉桌

大小會隨著縫紉機的尺寸而有所不同，但寬敞一點的話，車縫的時候布料才會穩定。放置布料時，若桌子太小就沒辦法完全放在桌面上，因而會受到布料本身重量的牽引被往左拉。布料的穩定和成品的美觀與否也是息息相關。

取材協力／BROTHER SALES

❺ 上線張力調整鈕

具有調整上線張力的功能，標準是以縫製普通布（中厚布）的情況為基準。由於使用的布料厚度、線的種類以及縫法都會造成差異，因此調整時最好一邊參考縫紉機的說明書來確認。視機種而定，有些具有「自動線張力調整」功能，有些則是在液晶畫面進行設定，因而沒有調整鈕。

❻ 捲下線裝置

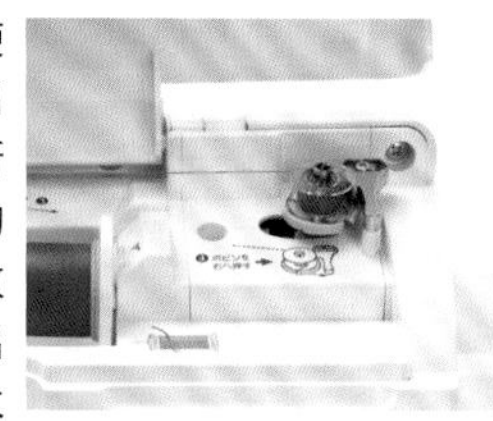

把下線捲在梭子上時使用。捲下線的時候，用最高速來捲是訣竅所在。以踩踏板來進行的情況則要踩到底。時放時踩力道不均話，捲出來的線也會出現有時太鬆又時太緊的不均勻狀態（參照P33），以致無法和上線張力取得平衡，這點要特別注意。

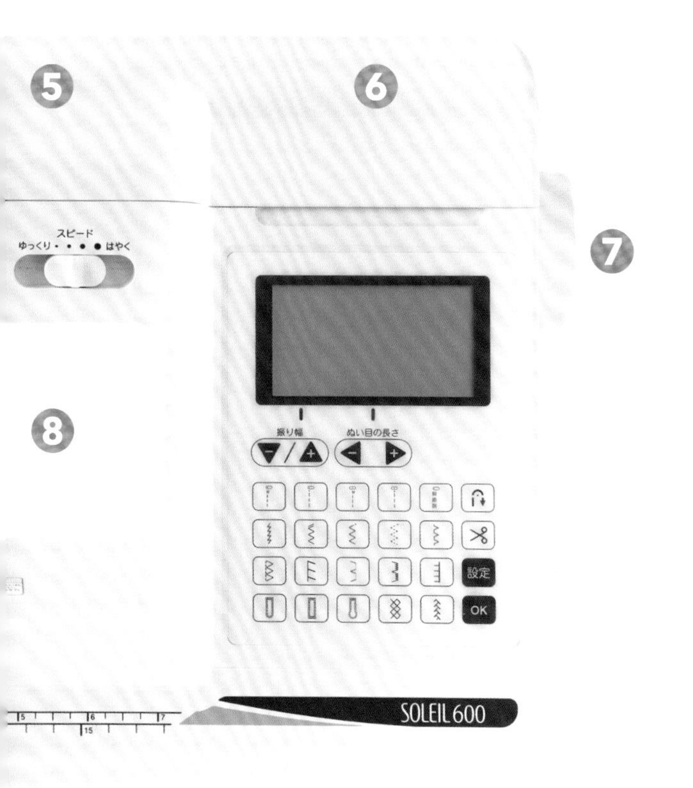

❼ 手輪

可用手動的方式加以轉動來控制車針的上下。轉動時務必要往自己的方向轉。因為往後轉是拆解針腳的方向，一定要注意。另外，電腦縫紉機及電子縫紉機，在結束車縫時都有讓挑線桿及車針自動返回正確位置的功能，所以沒有轉動手輪的必要※。特別是穿上線的時候，處在正確的位置是非常重要的。轉動手輪很可能是造成先前的設定跑掉的原因，必須留意。

※電動縫紉機的情況是不同的。

也有手輪上有溝槽的類型。溝槽在上是正確的位置。

❾ 壓布腳拉柄

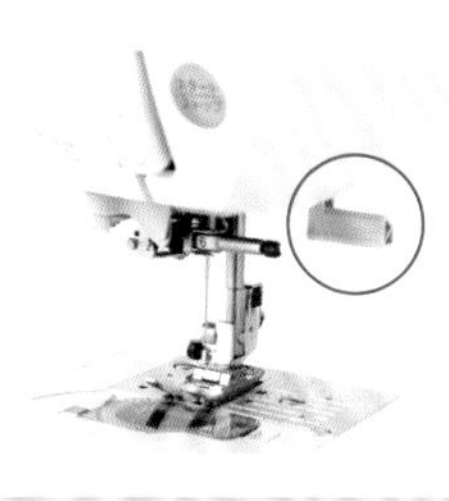

除了抬起及放下壓布腳之外，抬起拉柄的動作還會把位在機身內的張力盤撐開。由於不在張力盤撐開的狀態下把線掛上去的話，就無法確實調整線的張力，所以一定要在抬起拉柄的狀態下掛線。更換壓布腳或放下的時候都要小心操作。粗魯地任意亂用的話，可能會讓下面的送布齒受損，一定要注意。

❽ 工作空間

車針右側的閒置空間的稱呼。改變縫紉方向的時候，可用來旋轉布料，對於家飾小物或服裝等大件作品來說，工作空間太小的話製作起來會比較局促。視想要縫製的東西而定，工作空間的大小也必須考量在內。

開始縫紉之前

關於縫紉的困擾，最多的就是車不出漂亮的線跡。但是，只要把配合布料挑選針與線，正確地為縫紉機穿線，進行試縫確認線跡這3項最初步的準備工作做好的話，相信大部分的煩惱應該都能解決。縫紉前的準備是很重要的。

1. 挑選針與線

厚布

丹寧布、帆布、鋪棉布、燈芯絨等。

【車縫線】30號　【針】14號

普通布

絨面呢、平布、亞麻布、泡泡紗（楊柳布）等。

【車縫線】60號　【針】11號

薄布

玻璃紗、細棉布、棉紗布、喬治紗等。

【車縫線】90號　【針】9號

針與線的號碼

針是號碼越大越粗，線是號碼越大越細。一般是11號針配60號線。

不可使用手縫專用線

車縫線和手縫線，為了配合各自的動作，所以線的「搓捻」方向是不同的。車縫線是「左捻」而手縫線是「右捻」。因此，若將手縫線用於縫紉機的話，很容易發生斷線等的故障。有些手縫線的線軸跟車縫線很像，一定要仔細確認。

線30號，針14號。線和針都與布料不匹配。對布料來說，線和針都太強。

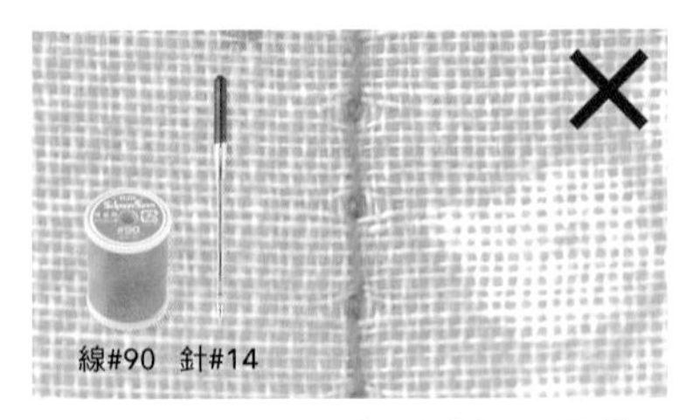

線90號，針14號。線和布料是匹配的，但因為使用的是厚布用的針，所以看得到下線。

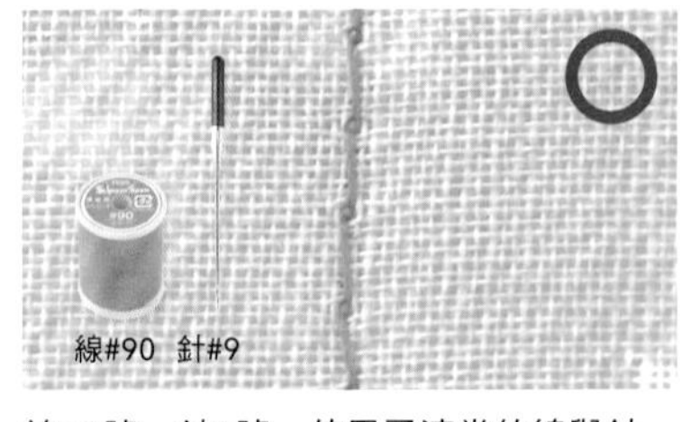

線90號，針9號。使用了適當的線與針，所以線跡很漂亮。

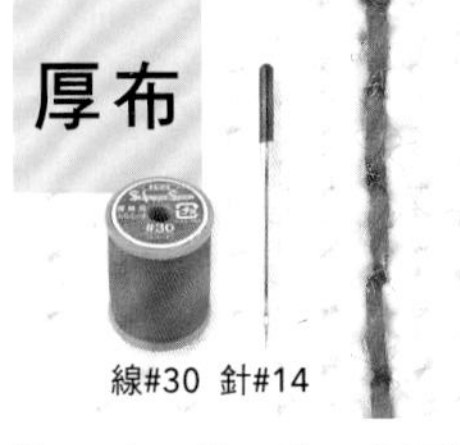

線30號，針14號。使用適當的線與針，所以線跡很漂亮。

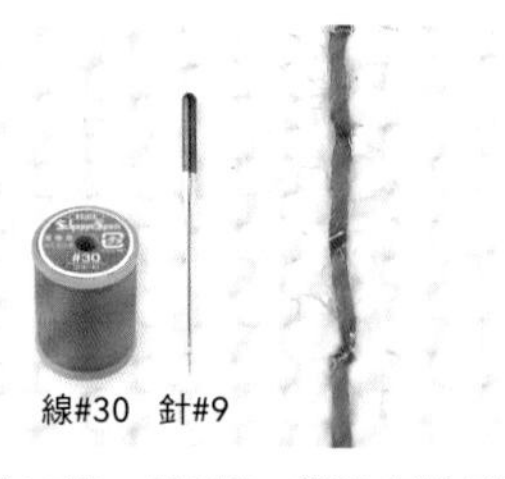

線30號，針9號。線和布料是匹配的，但因為使用的是薄布用的針，所以連車針穿線都很困難。對布料而言針太細，而且有折斷的危險。

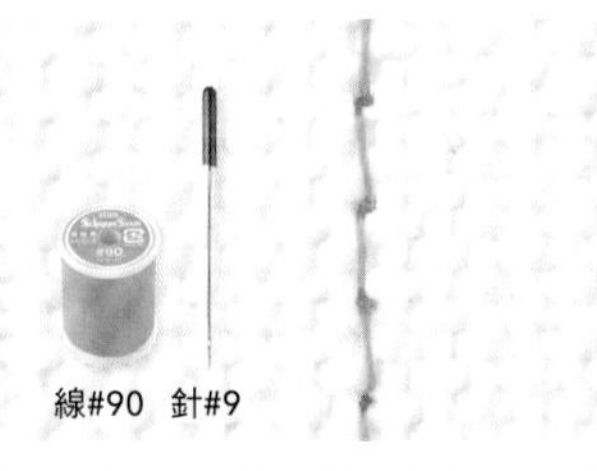

線90號，針9號。線與針都和布料都不匹配。所以上線太緊，也很容易出現斷針或斷線的情況。

商品協力／Fujix、Clover

2. 正確安裝上線和下線

上線

參照縫紉機的說明書，把線依照順序正確地穿好。由於任何一個地方出錯，都會導致上線張力不穩而無法順利車縫，所以一定要注意。

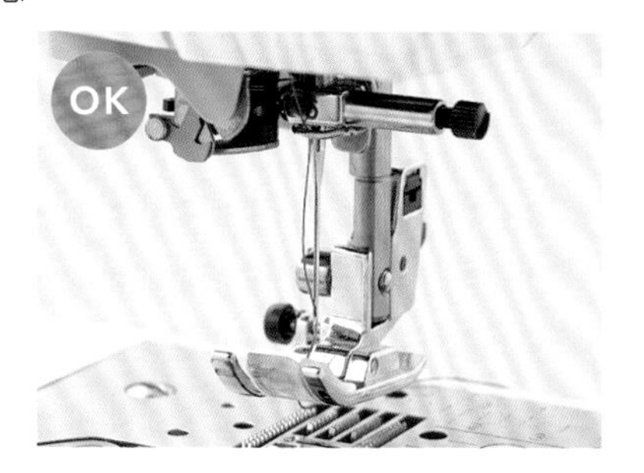

下線

下線也依照說明書的指示裝入梭床。若下線沒有確實用梭子捲好的話，會因為線張力不穩而導致問題發生。另外，梭床內有灰塵或線屑堆積的話，有時也會縫不出漂亮的線跡，所以也別忘了勤於清理。

下線未能均勻捲好的話，出線就會不順。另外，感覺線張力惡化的時候，使用原廠製造的正版梭子也有助於排除問題。

太緊或太鬆都NG

別忘了裝上線輪蓋板

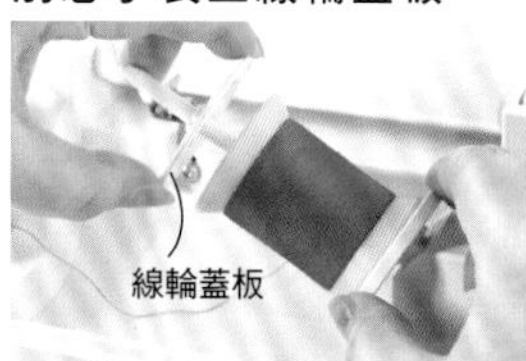

不裝線輪蓋板的話，車縫時上線就會亂動而讓線跡變得不美觀。

3. 進行試縫

調整線張力

所謂線張力，就是上線和下線的強度平衡。視縫紉的素材而定，在試縫的時候，可能會出現必須調整線張力的情況。調整時，請一點一點轉動刻度來配合。

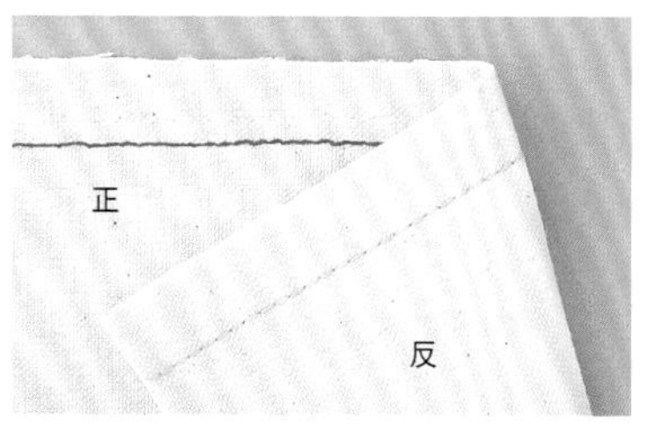

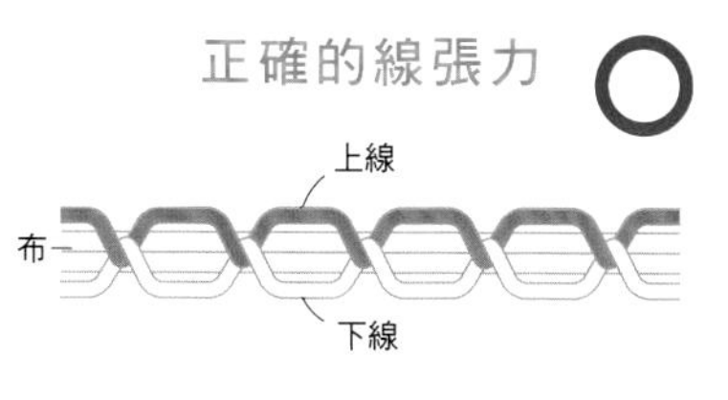

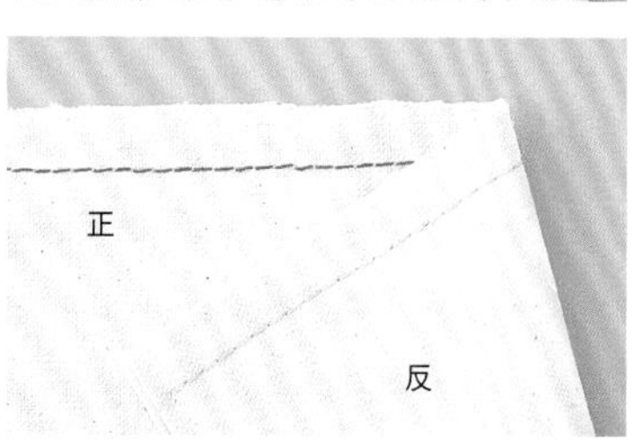

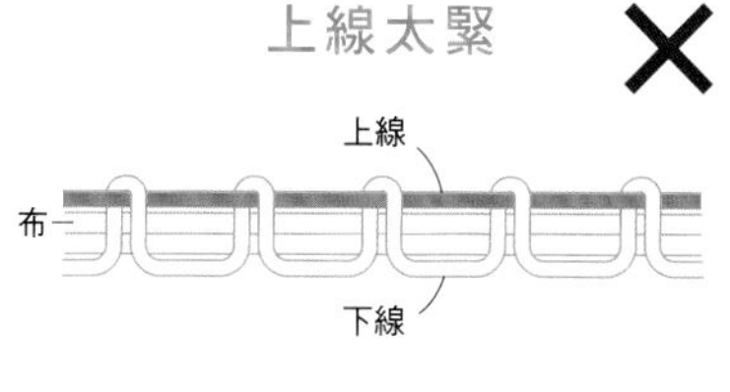

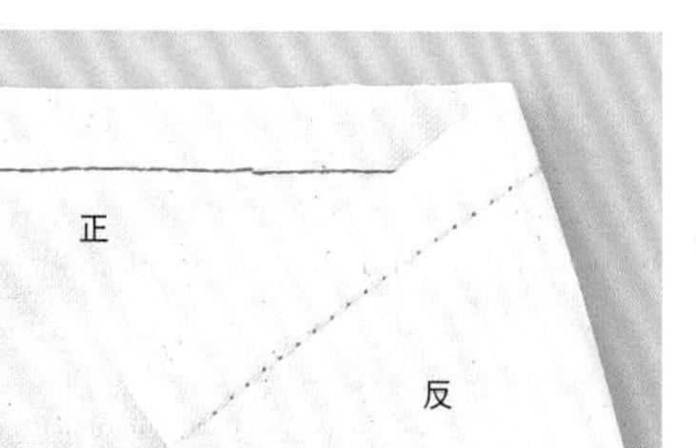

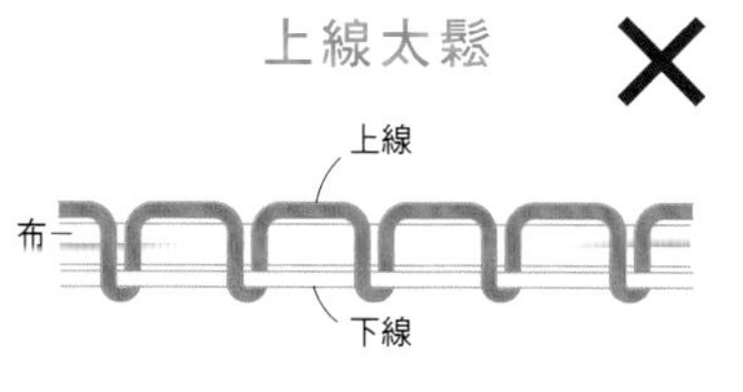

調整針距的大小

針距太小或太大的情況，就必須調整針距的大小（粗細）。針距和布料不匹配，常常是造成布料皺縮或針腳太密等問題的原因，一定要注意。

略微偏大

標準

太密

在車縫時遇到麻煩的話……

操作說明書上沒有寫到，不過縫紉時的小問題或困擾其實出乎意料地多。所以這裡收集了各種在作業途中不得不突然暫停的「麻煩」之解決方法。

Q.車縫起點的下線糾成一團

A.把線多拉出來一些，壓住線端

家用縫紉機的情況，把上線和下線拉出約7～10cm，輕輕壓著兩線車縫，就能讓反面的線跡也保持美觀。另外，不要從太貼近邊緣的位置開始縫，最好稍微往自己的方向移動再開始縫。

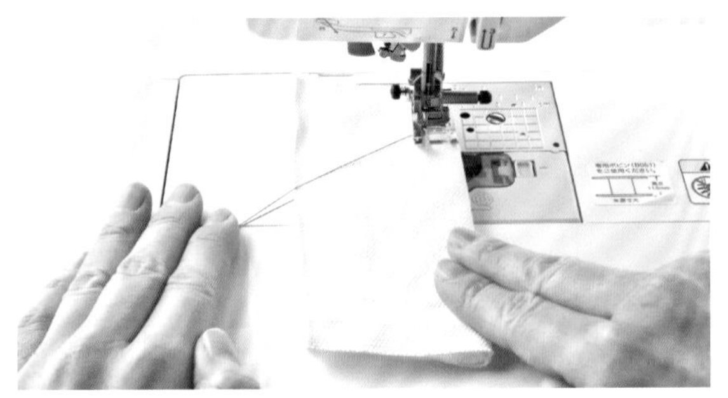

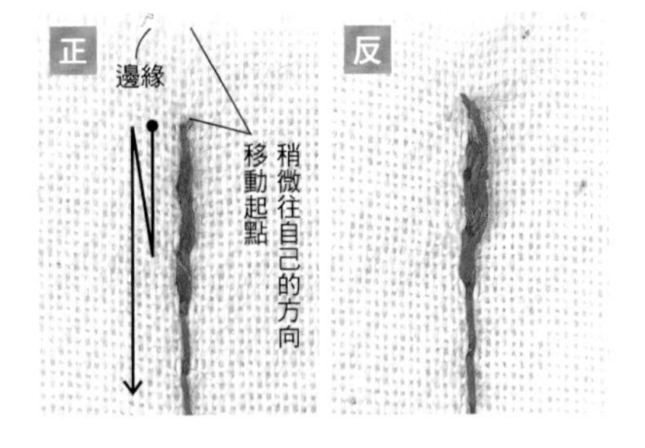

Q.下線的顏色和上線不同OK嗎？

A.有時反而會有針目不明顯的優點

除非線的種類或粗細有明顯的差異，否則上線和下線是不是同樣的線都無所謂。只要是看不到的部分，其實都不必在意。相反地，例如包包的開口周圍，表側和裡側的顏色一眼就能看出的地方，若是改變上線和下線的顏色來車縫的話，就算縫線稍有歪曲，也會跟布色融為一體而變得不明顯。

Q.回針的長度需要多少？

A.以3～4針（0.7～1cm）為標準

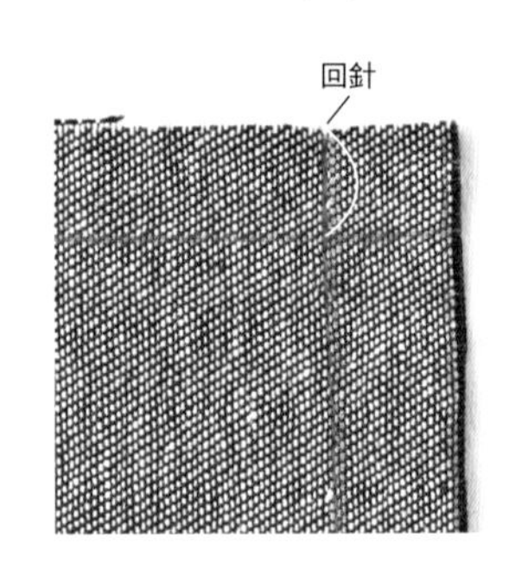

為防止脫線而進行的回針。長一點固然比較安心，但回針距離太長的話，有些縫紉機的送布齒反而會讓針腳擠在一起。標準的長度大約是3～4針左右。若縫紉機有自動回針功能的話，只要照著機器的設定操作就OK了。厚布也是一樣。

Q.縫紉機的車針和梭子該如何挑選？

A.車針還OK，梭子最好是原廠製品

車針因為有固定的規格，所以用什麼牌子的都OK。家用縫紉機就選擇家用縫紉車針。可試著摸一下針尖，不會痛的話，就是該換掉的時候了（小心扎傷）。不更換而繼續使用的話，不只車針本身會受損，受損後的車針又會損害梭床，進而導致縫紉機故障，一定要留意。梭子在均一價商店等地方也有販售，不過在厚度及重量上會有微妙的差異，這個很可能是出現不良線跡的原因。還是使用原廠製品比較安心。

Q.不彎曲地車出漂亮線條的訣竅

A.為縫紉機裝上縫紉導引器就行了

「縫紉導引器」是一種能夠配合縫份的寬度、黏貼固定在縫紉機上的便利道具。改變導引器的方向或是組合方式，即可對應「直線縫」、「曲線縫」、「摺邊縫」、「車縫布條」等各式各樣的車縫需求。

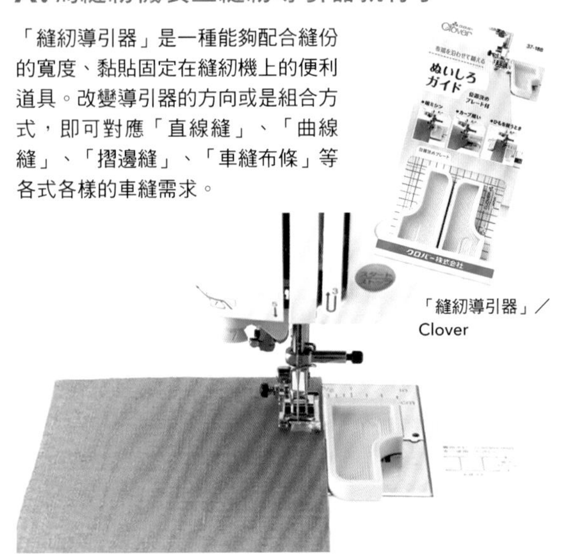

「縫紉導引器」／Clover

Q. 如何順利地車縫高低落差的地方？

A. 用其他的布墊著來消除高低落差

盡可能將壓布腳調整成水平的狀態是訣竅所在。從低處往高處的「上坡」，在前往高處之前，先在壓布腳的後端墊上布塊讓厚度一致。「下坡」則是在下降之前在壓布腳靠近自己的一端（避開縫線）墊上布塊，這樣就能車出漂亮的縫線而不會跳針。

上坡

下坡

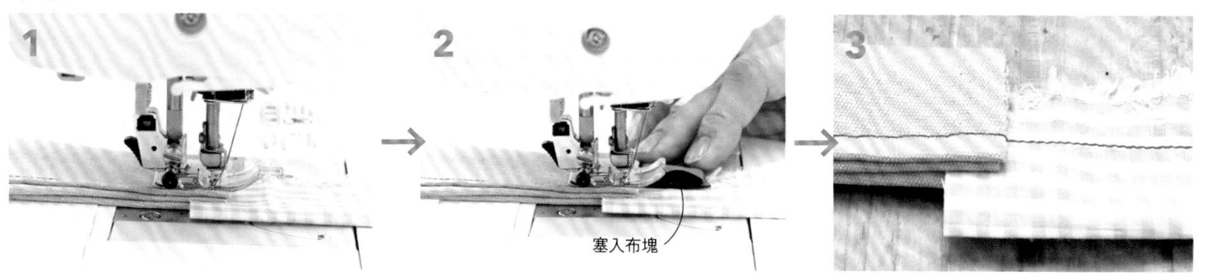

Q. 如何車縫不容易滑動的布料或薄布？

A. 鋪上不織布或牛皮紙就行了

用縫紉機車縫特殊材質的時候，為了解決不容易滑動或難以車縫的問題，不妨改用「鐵氟龍壓布腳」等（參照P73）。除此之外，也可以採用在布料下面鋪牛皮紙等來輔助滑動的方法。一起車縫起來，等結束之後再小心地把紙弄破撕掉。

特殊素材
見P72

玻璃紗或絲緞等又薄又輕的布料，在下面鋪一張描圖紙或牛皮紙一起車縫的話會更容易滑動。

秋冬素材
見P82

若是自由曲線車縫或貼布繡的情況，在處理不容易滑動的羊毛布或毛氈布等的材質時，要在下面墊上不織布才能穩定地車縫。

Q. 什麼時候該清理縫紉機？

A. 最好是勤於清理

對縫紉機內部的塵埃置之不理，往往是造成不良線跡的原因。只要用附屬的起子把針板、梭子、梭殼卸下來，用附屬的刷子把塵埃清理乾淨的話，漂亮的線跡就會回復了。建議在情況變糟之前，定期加以清理。

在變成這樣之前
清理乾淨！

便利的壓布腳

縫紉機只需要更換壓布腳，就能車出各種不同的花樣。不同廠牌的縫紉機會有不同的壓布腳，有些是附屬品，有些則需要另外購買，確認過後，請務必試用看看。

有的話會更方便的壓布腳

「拉鍊壓布腳」

車縫拉鍊時，比半邊壓布腳更容易沿邊縫紉的小巧壓布腳。車縫裝飾用的滾邊時也很建議使用。

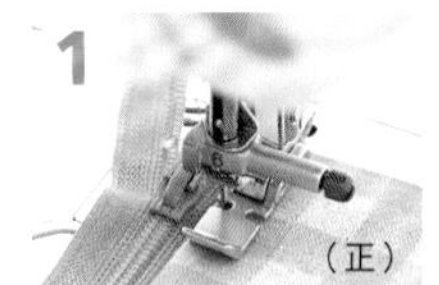

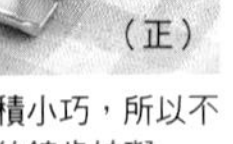

壓布腳的體積小巧，所以不會受到拉鍊的鍊齒妨礙。

「車布邊壓布腳」

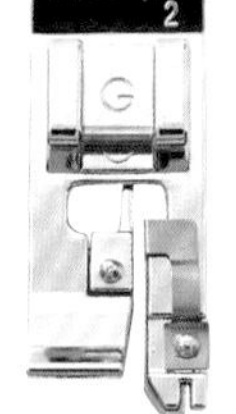

在車布邊時使用的話，車縫的效果會更美觀。

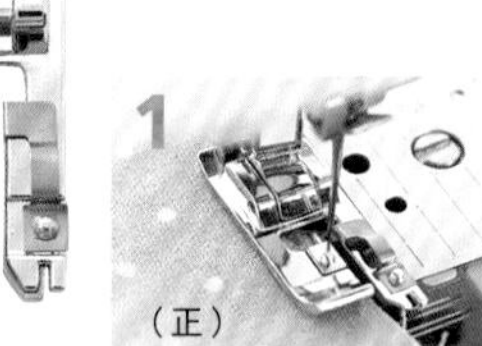

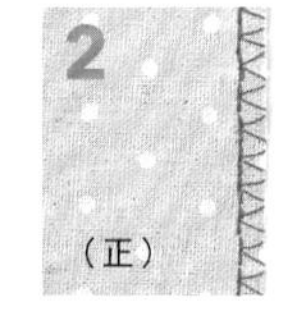

把布邊對齊導引板的內側進行車縫。

「高低壓布腳」

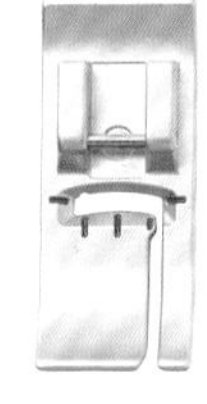

壓布腳的右側有1.5㎜的高低落差，方便跨越厚度進行車縫。縫製包包提把或邊緣時尤其方便。

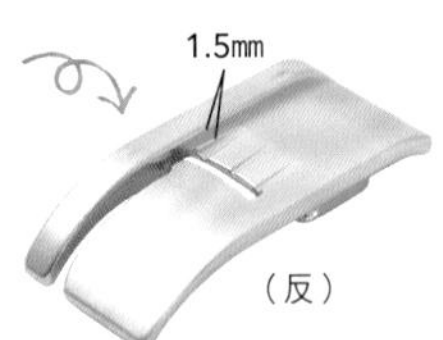

「壓線壓布腳」

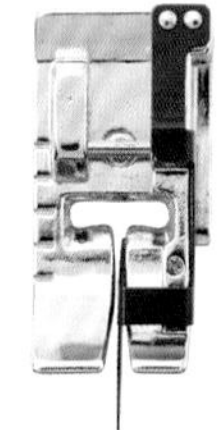

做摺邊縫或落機縫的時候使用的話更方便。因為引導板較長，所以能安定地進行車縫。

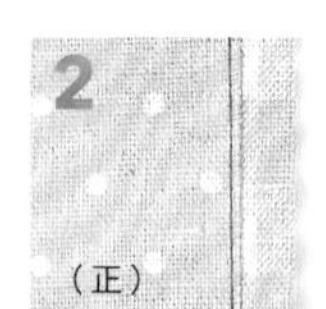

沿著接合線邊緣車縫的情況。把布料的摺線對齊壓布腳的導引板來車縫。

「暗針縫壓布腳」

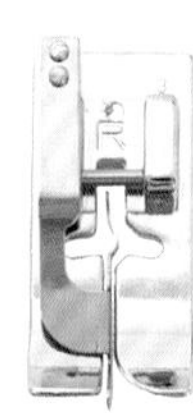

在褲子或裙子的下擺做暗針縫時使用。用於薄布料的情況，針距要調小一點，厚布料的情況，針距要調大一點。

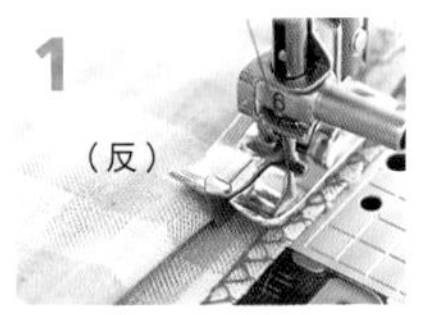

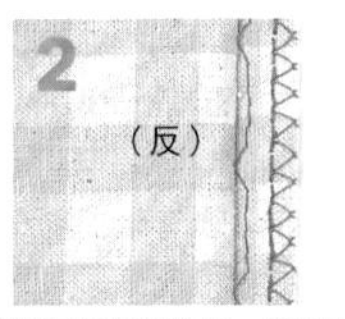

把布料準備好，在需要摺起下擺的位置摺疊好。把布料的反面朝上放置，以車針能微微略過摺線的方式車縫。

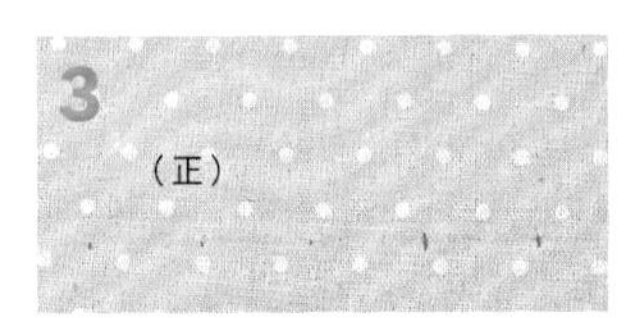

從正面看的話，針目不會太明顯。

「可調式滾邊壓布腳」

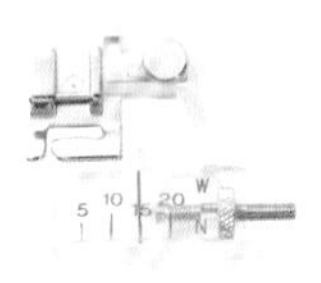

可藉由轉動螺絲來調整寬度，所以能夠簡單地車縫5㎜至20㎜的滾邊條。

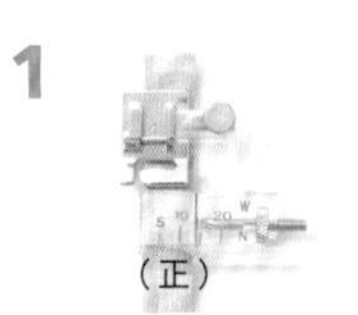

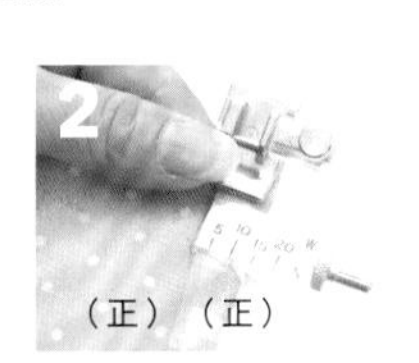

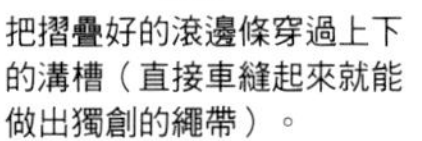

把摺疊好的滾邊條穿過上下的溝槽（直接車縫起來就能做出獨創的繩帶）。

在上下的溝槽之間夾入需要鑲邊的布料。

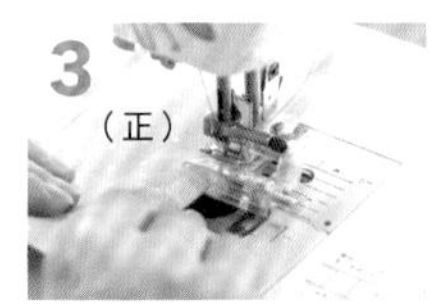

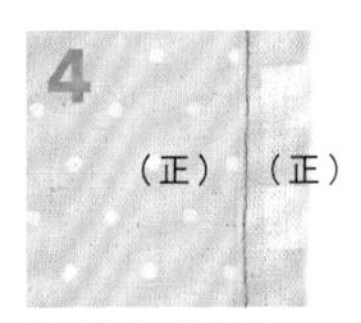

調整車針位置後開始車縫。

完成鑲邊（滾邊）。

取材協力／BROTHER SALES ※視機種而定，基本的壓布腳有些在購買縫紉機時會隨機附送，有些則需另行購買。

裝飾車縫壓布腳

「16號皺褶壓布腳」

可隨意做出皺褶。也可以邊做出皺褶邊車縫在基底的布料上。

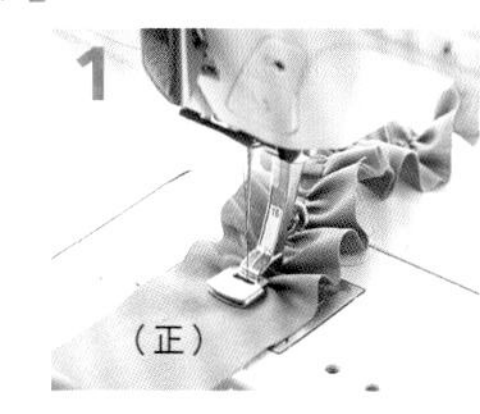

把布料擺好，放下壓布腳，以0.5cm的針距車縫的話，就會自然地產生皺褶。

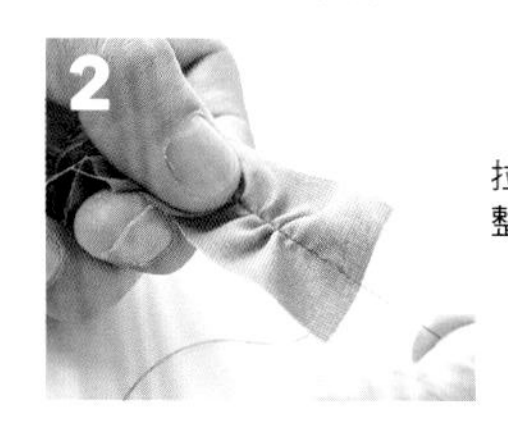

拉出一條線，調整皺褶。

「86號皺褶壓布腳」

可均勻地打褶或抓皺。還可以選擇不打褶就縫製，而無需更換壓布腳。

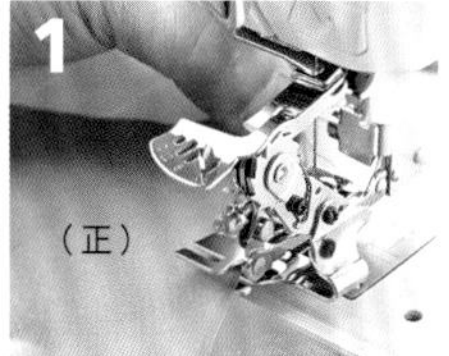

把布料夾在壓布腳的上板與下板之間，以調整桿選擇打褶的間隔。

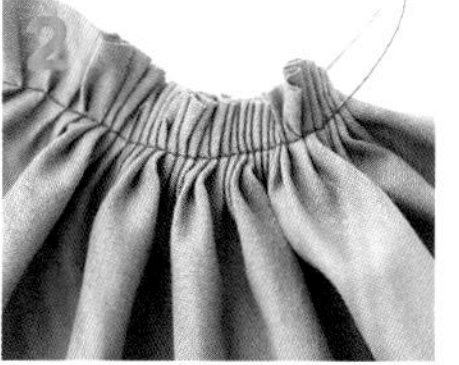

以直線縫的要領進行車縫，就能做出漂亮的皺褶。

每6針打一褶的情況。

「褶飾縫壓布腳」

位於壓布腳底部的溝槽能做出立體的褶痕，並簡單地車縫出一道道的褶飾。使用雙針雙線來車縫。

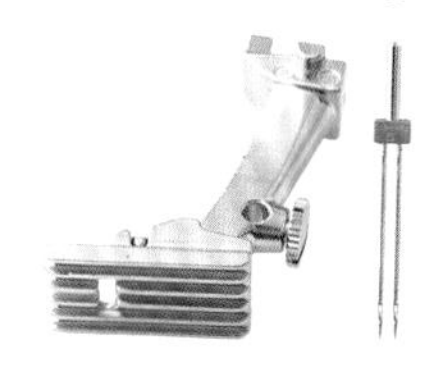

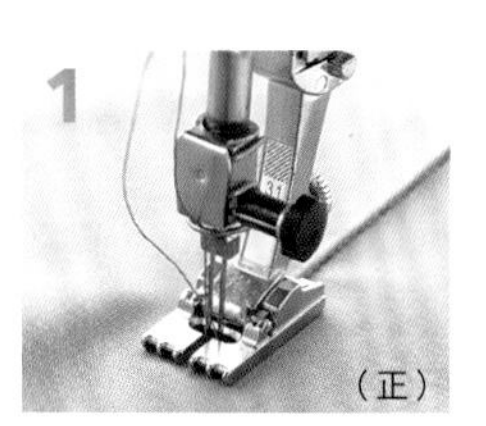

裝上褶飾縫壓布腳和車針之後開始車縫。

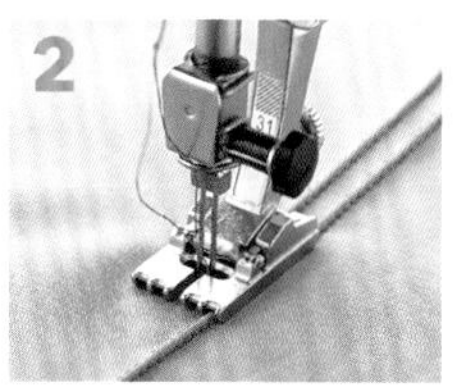

從第2道開始，須把第1道的褶飾嵌入壓布腳的溝槽車縫。

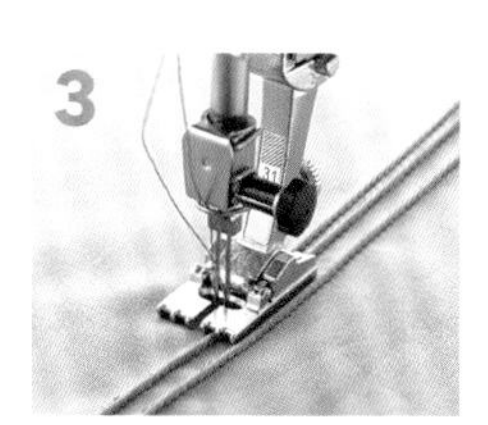

壓布腳上有好幾道的溝槽，可配合想要製作的間隔的溝槽來縫出褶飾。

曲線的情況

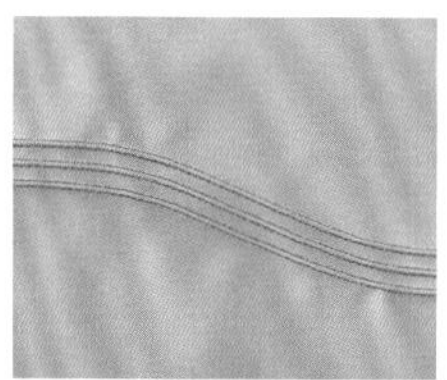

車縫出第1道的曲線，從第2道開始，只要把前1道的褶飾嵌入壓布腳的溝槽來車縫，曲線就會整齊一致。

「包繩壓布腳」

把細繩或裝飾帶直線狀地車縫固定。

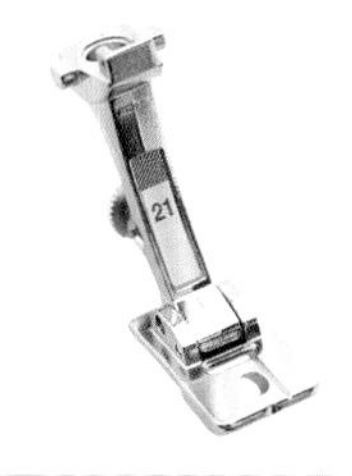

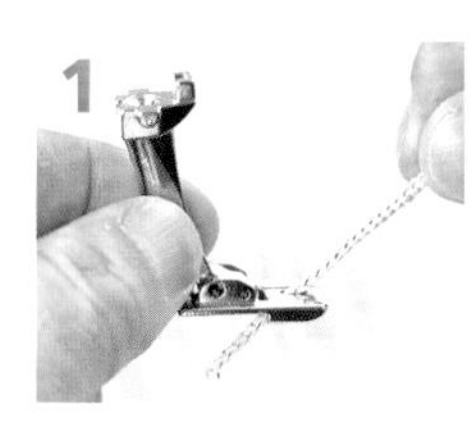

把細繩穿過壓布腳的孔洞，安裝在縫紉機上。

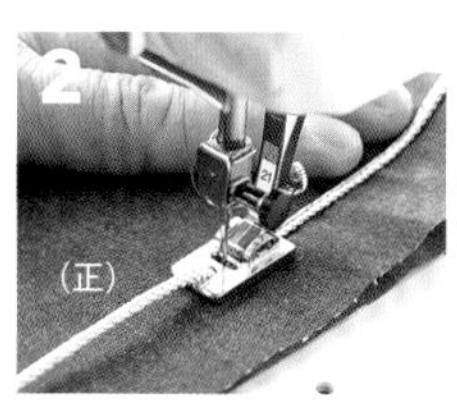

在細繩的正中央車縫。

「布邊接縫壓布腳」

在布邊平均地車縫直線時非常方便。也可以用來拼接2片布料。

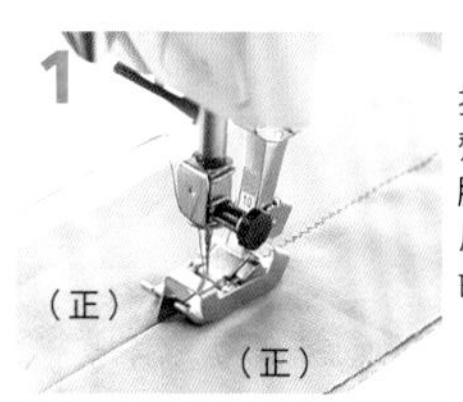

把2片的布料對齊接合，將壓布腳的導板對準2片的中央，以鋸齒縫花樣車縫。

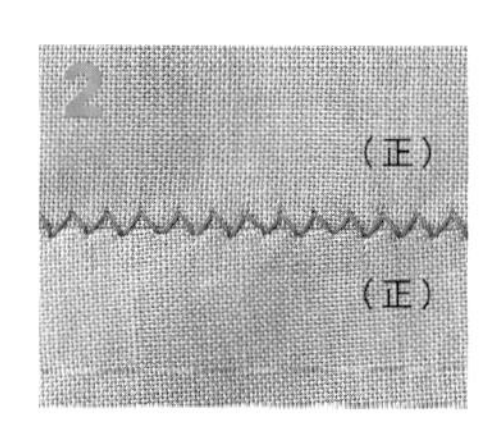

皮革與皮革也OK

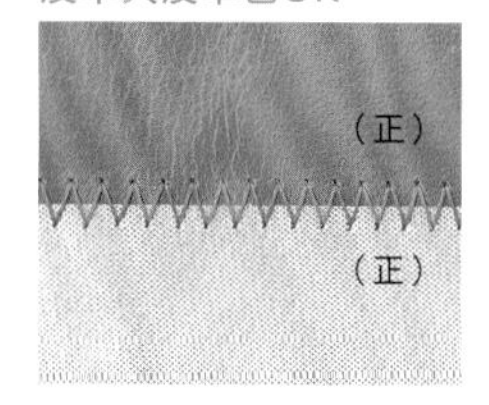

取材協力／BERNINA LLC.　※以上介紹的裝飾車縫壓布腳全都是單獨販售。

基本的縫紉法…手縫

手縫是布藝手作的第一步。就算用縫紉機車縫，在最後修飾等時候還是經常會用到，所以最好是先把代表性的縫法及名稱記起來。

起針結

開始縫紉之前在線的末端打結。

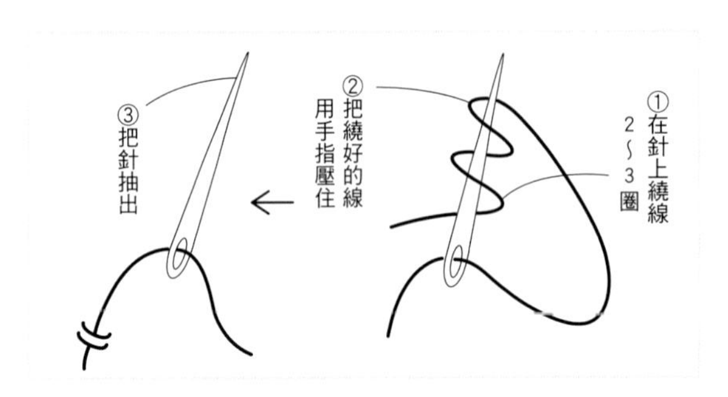

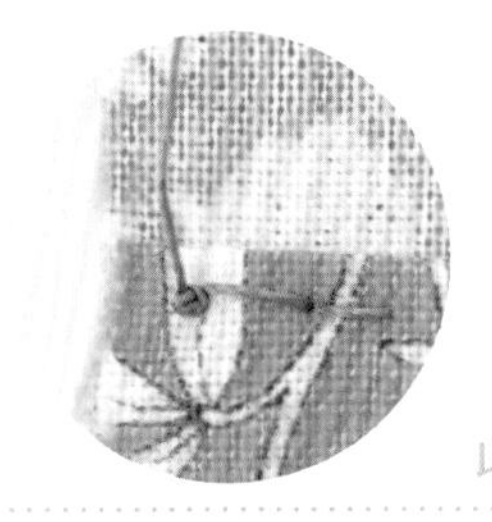

收針結

在縫紉終點打結，以免縫線鬆脫。

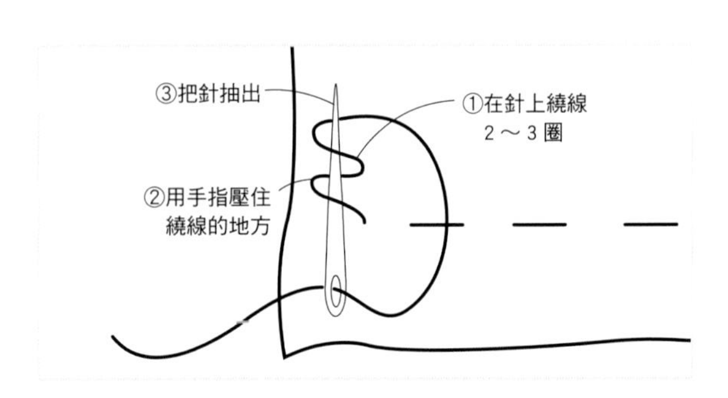

縮縫・平針縫

在正反面保持相同的針距，以細密的針腳縫紉。

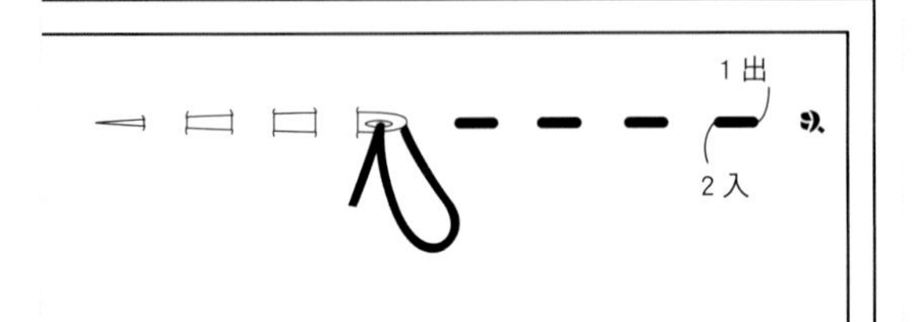

全回針縫

回退1個針距，再前進2個針距的牢固縫法。

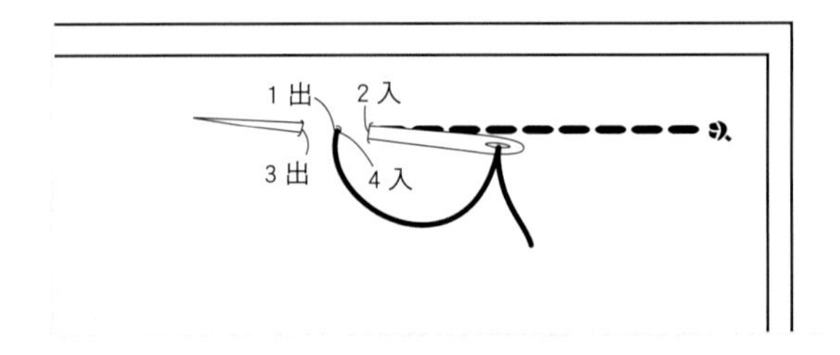

途中要記得順線

途中要記得順線。用右手拿布，再以左手的拇指和食指夾著布，利用指腹把線順著布料拉直，並將布料撫平。

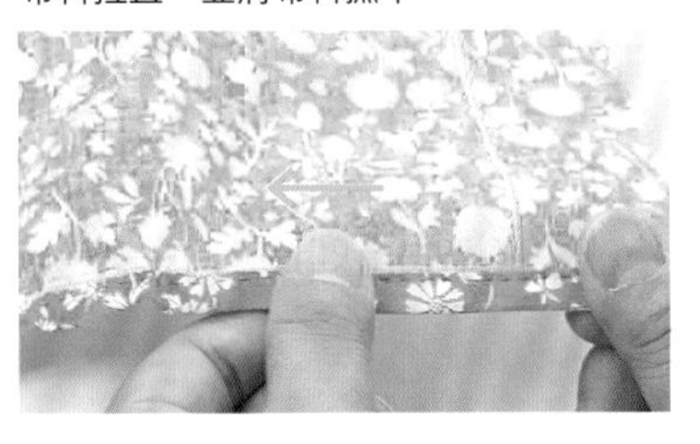

回退半個針距的情況稱為「半回針縫」。

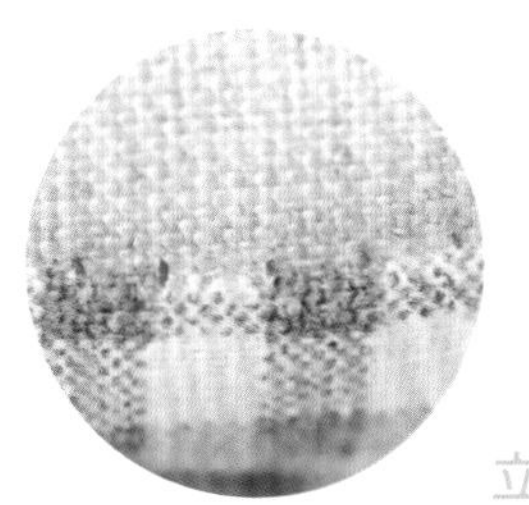

藏針縫

對著布的摺痕把線斜斜地穿過，讓針腳不會太明顯的縫法。把裡布縫在表布上等時候會用到。

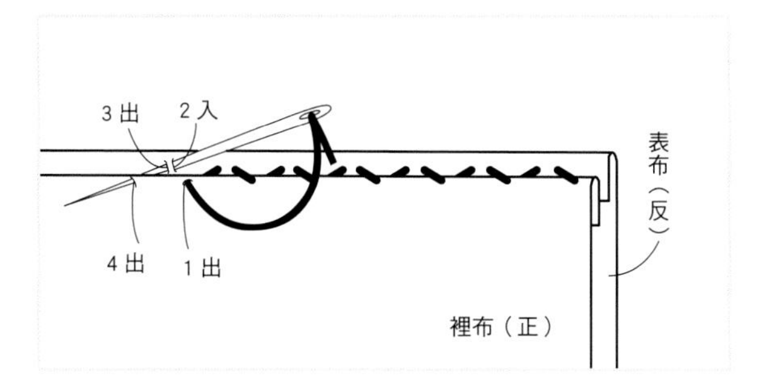

立針縫

對著布的摺痕把線垂直地穿過，讓針腳不會太明顯的縫法。

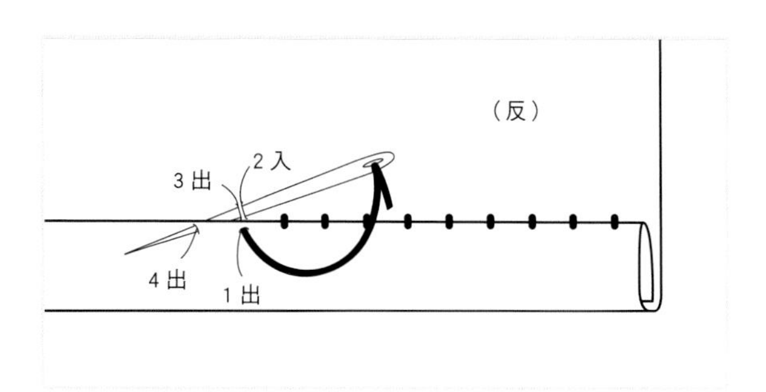

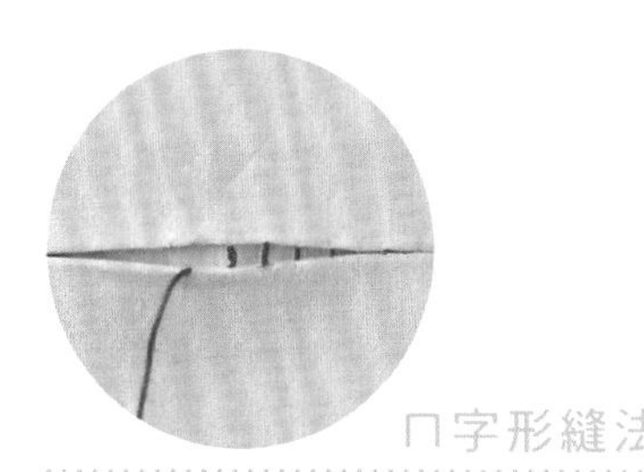

ㄇ字形縫法

把2片布的完成線對齊，以ㄇ字形線跡加以縫合的縫法。縫合返口等時候會用到。

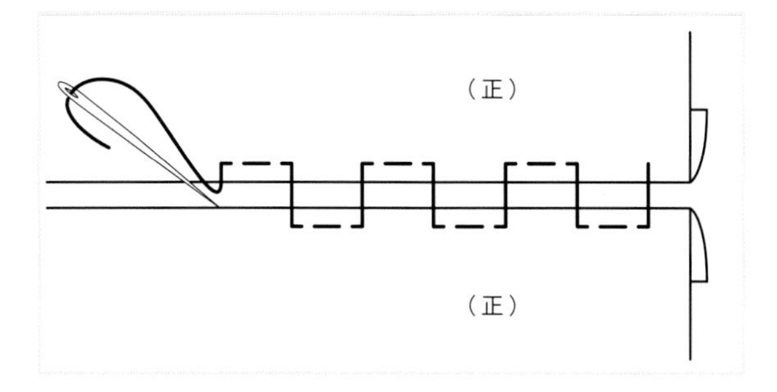

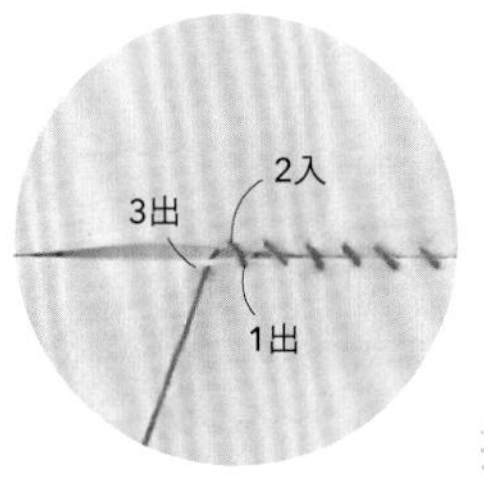

捲針縫

把布邊呈螺旋狀縫合的縫法。

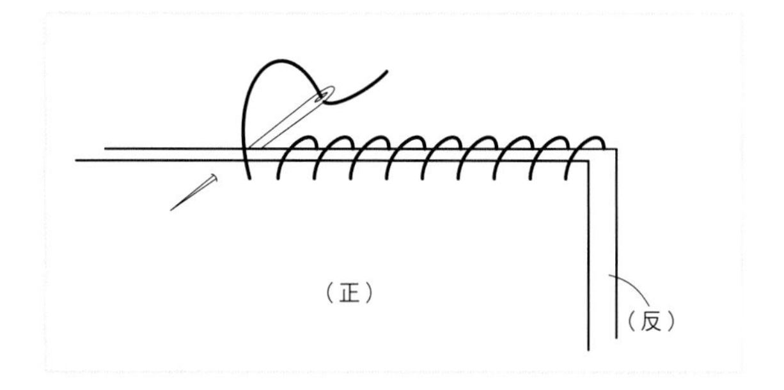

星止縫

以表布看不到針腳的方式，邊前進邊回退的縫法。防止裡布外露或固定縫份時會用到。

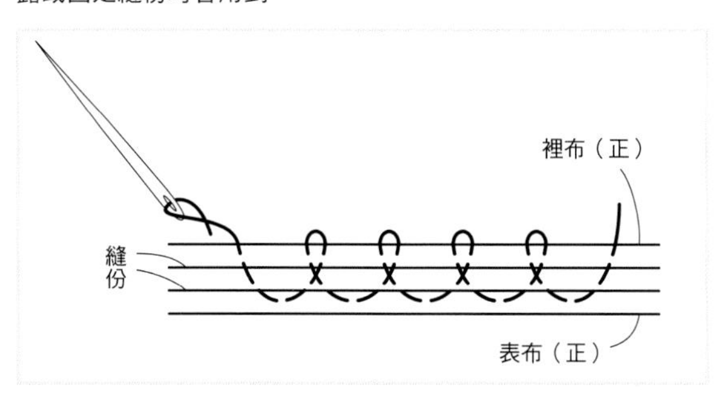

千鳥縫

把線斜斜地交叉，上下交替著退回針目的縫法。固定拉鍊的布帶邊緣等時候會用到。

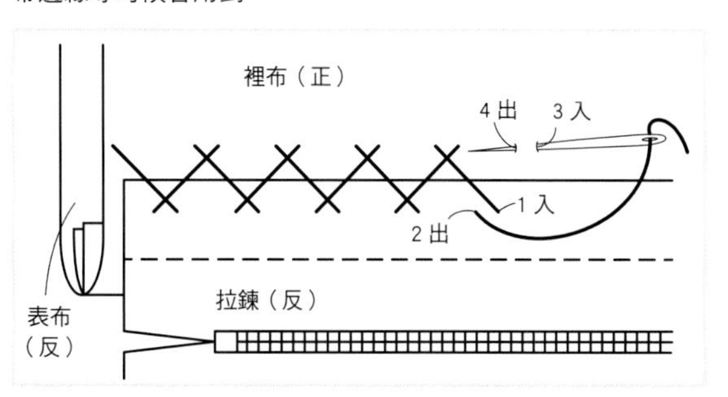

布邊的處理方法

除了不處理布邊也OK的布料、斜裁的布料以及需要加上裡布的作品之外，
都必須做縫份布邊的處理。若能配合設計來選擇處理方法的話，就能做出更美觀的作品。

摺邊縫

把布邊摺起，只在摺線上車縫的方法。

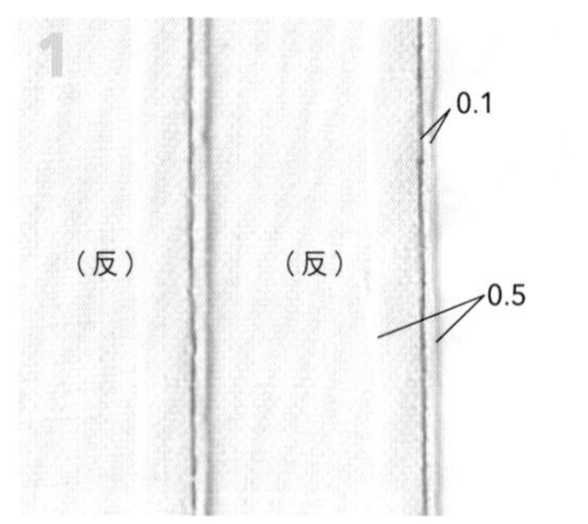

分別把布邊摺起0.5㎝，在距離摺線邊緣0.1㎝處車縫壓線。

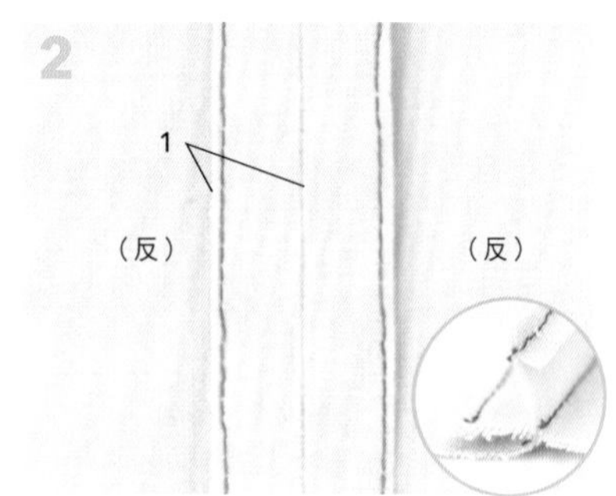

正正相對疊好，在距離布邊1㎝處車縫起來，攤開縫份。

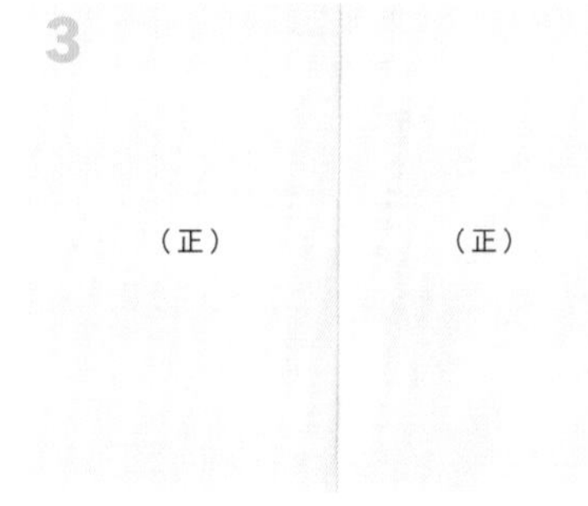

正面看不到縫線。

花邊裁剪

利用花邊剪刀把布邊剪成鋸齒狀的方法。

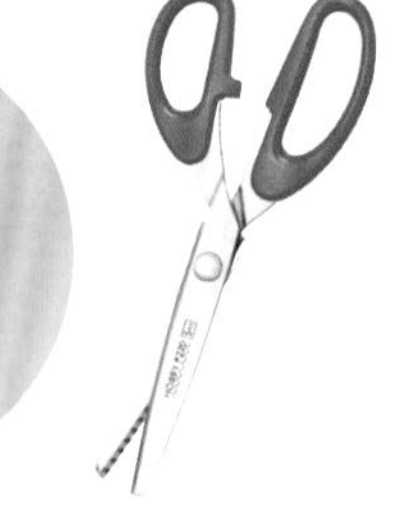

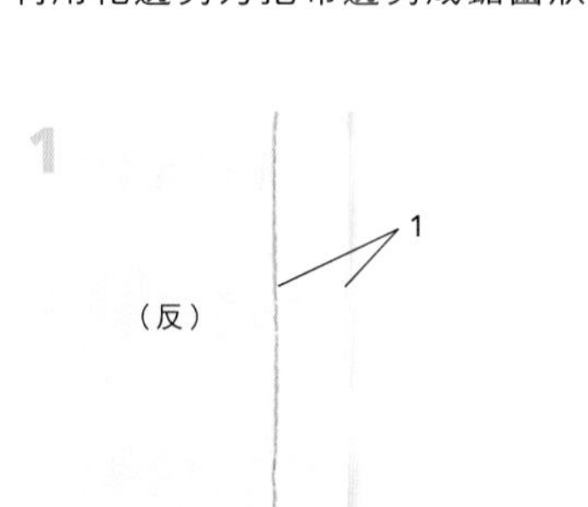

2片正正相對疊好，在距離布邊1㎝處車縫起來。

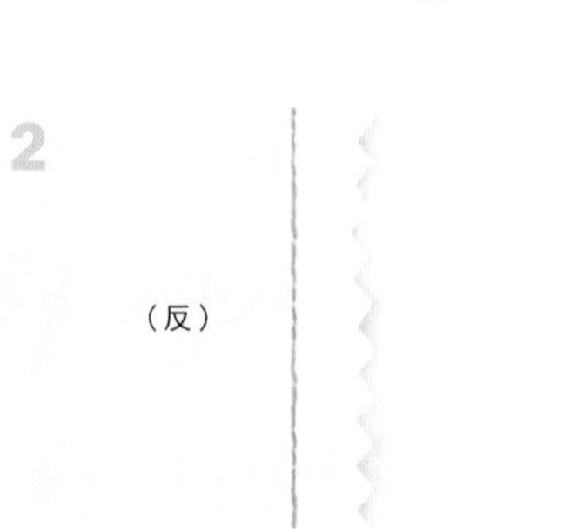

用花邊剪刀把2片的布邊一起剪掉。

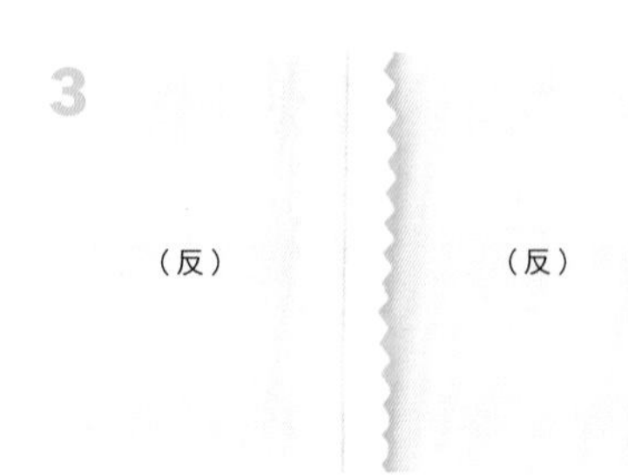

攤開縫份。

布邊車縫

用縫紉機來鎖住布邊的方法。可利用一般縫紉機的鋸齒花樣來車縫，或是利用拷克機。

鋸齒縫（縫份攤開）

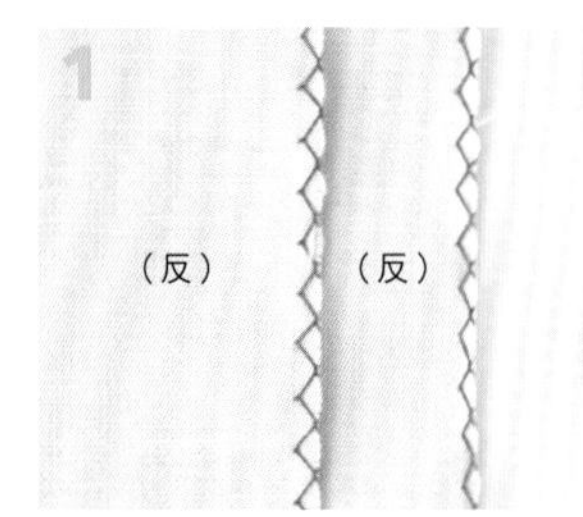

在各自的布邊車上鋸齒花樣。

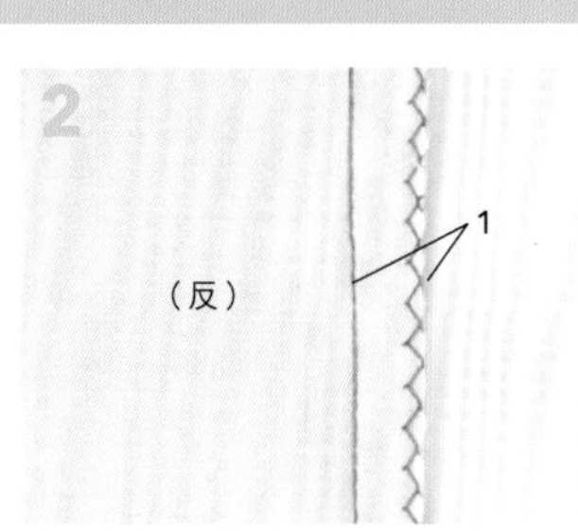

正正相對疊好，在距離布邊1cm處車縫起來。

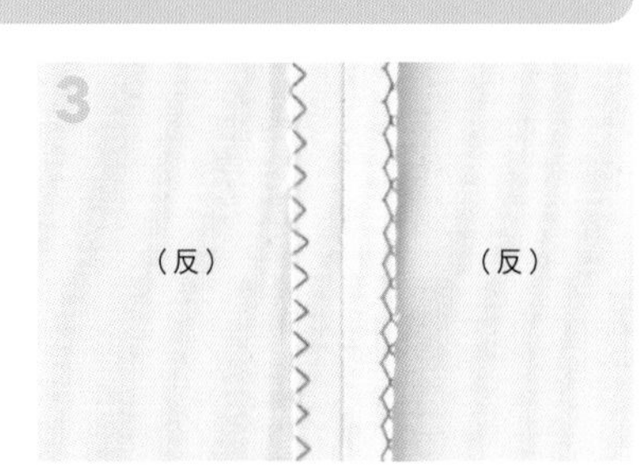

把縫份攤開。正面看不到縫線。

鋸齒縫（縫份倒下）

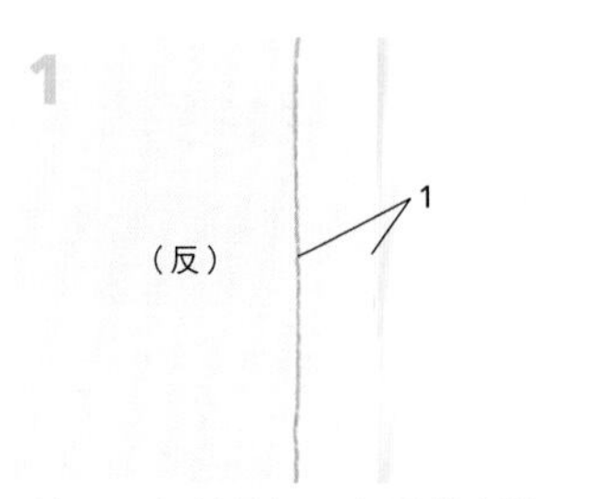

2片正正相對疊好，在距離布邊1cm處車縫起來。

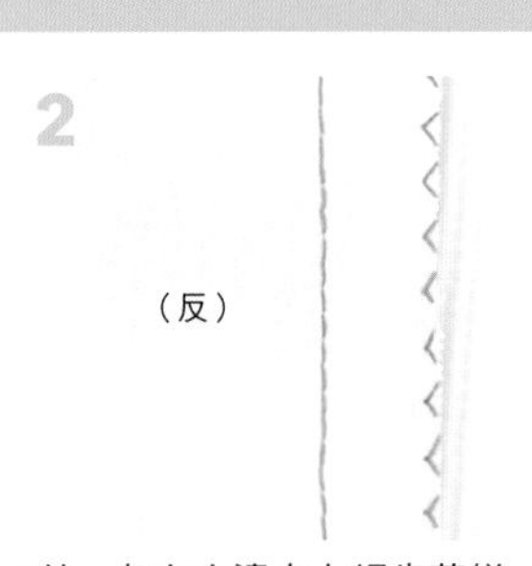

2片一起在布邊車上鋸齒花樣。

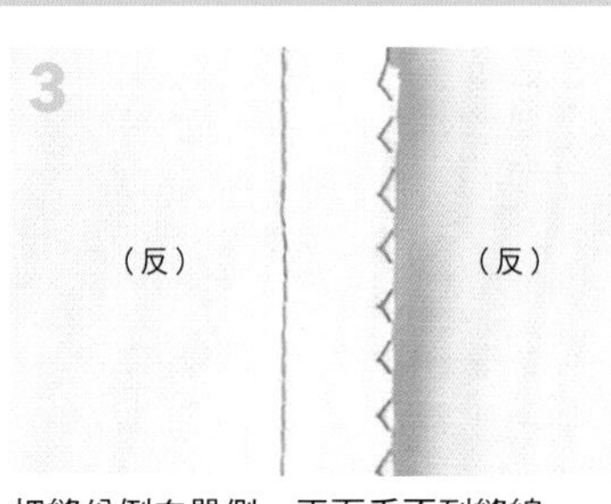

把縫份倒向單側。正面看不到縫線。

用拷克機也能達到同樣的效果

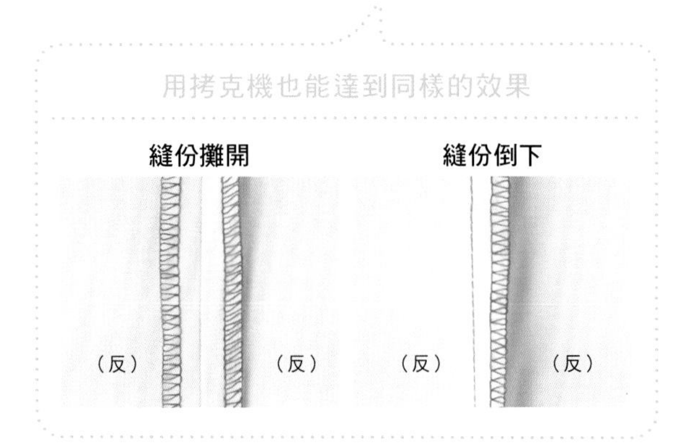

鋸齒縫的寬度以正三角形為標準

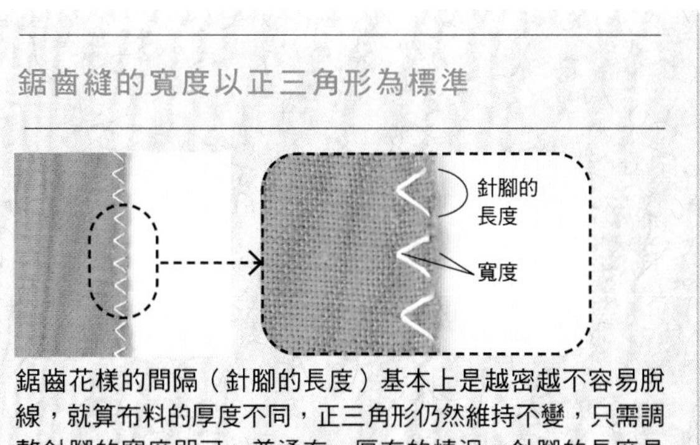

鋸齒花樣的間隔（針腳的長度）基本上是越密越不容易脫線，就算布料的厚度不同，正三角形仍然維持不變，只需調整針腳的寬度即可。普通布～厚布的情況，針腳的長度是2.0～2.5mm，寬度是4.0～5.0mm。裡布之類的薄布以及不希望線跡太明顯的情況，則以針腳長度1.5mm，寬度2.0mm為標準，再分別進行0.5mm左右的微調。

分開摺縫

把縫攤開來摺好，從正面沿著摺線車縫方法。
正面會出現夾著接合線的2道壓線。

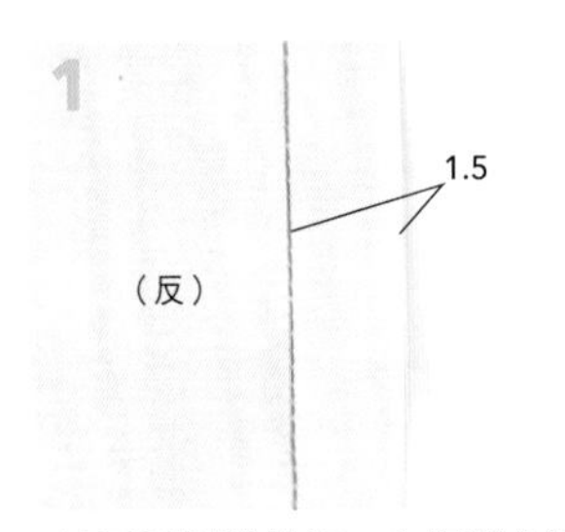

2片正正相對疊好，在距離布邊1.5㎝處車縫起來。

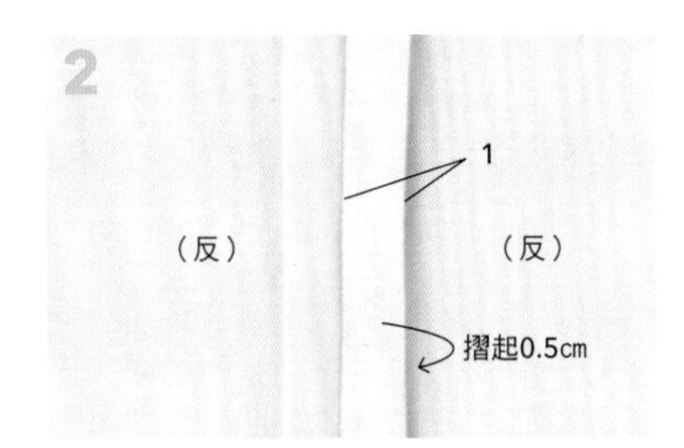

攤開縫份，將布邊摺起0.5㎝，用熨斗燙平。

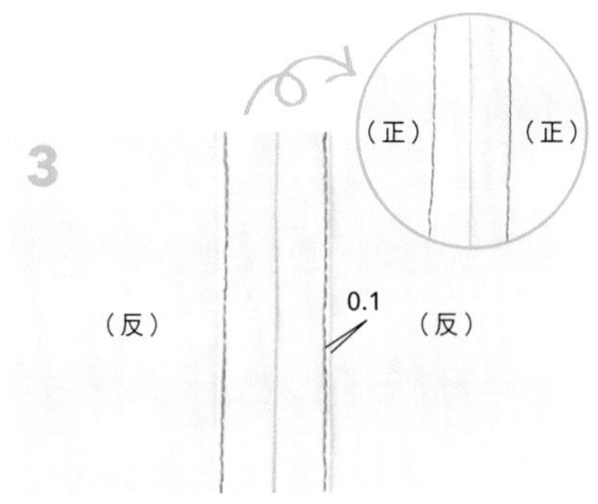

在距離摺線0.1㎝處，分別連同本布一起車縫起來。正面會出現2道縫線。

包邊縫

用較寬的縫份把較窄的縫份包起來，
沿著摺線車縫的方法。正面會出現1道縫線。

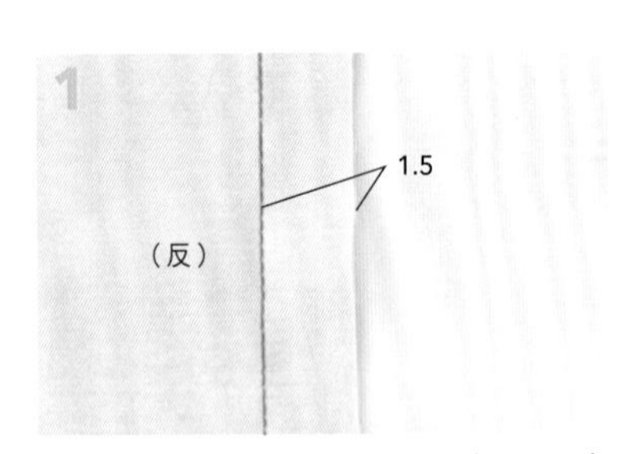

2片正正相對疊好，在距離布邊1.5㎝處車縫起來。

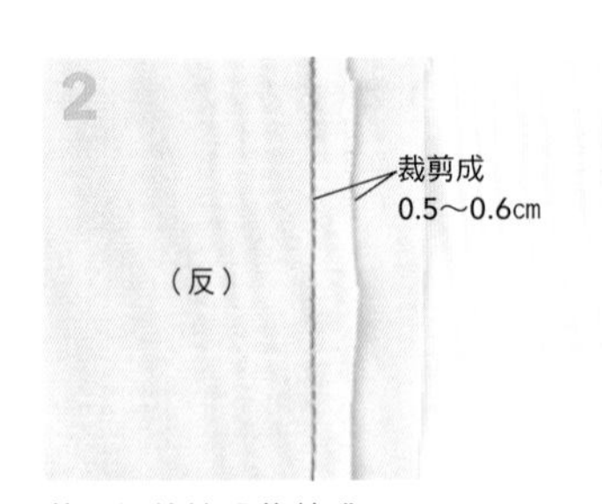

將一側的縫份裁剪成0.5～0.6㎝。

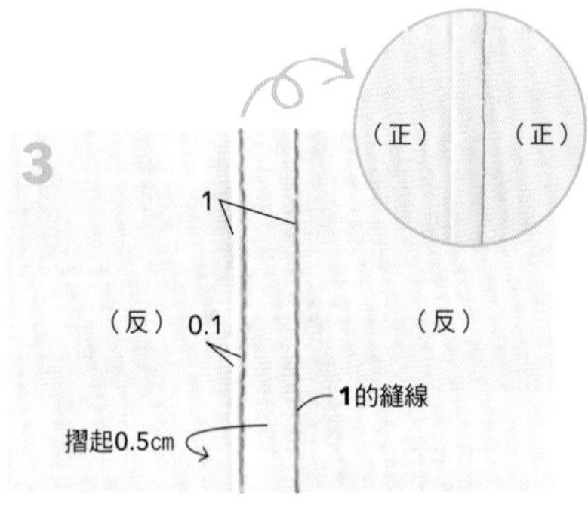

將未裁剪的縫份摺起0.5㎝，把裁剪過的縫份包起來之後倒向單側。用熨斗燙平之後在距離摺線邊緣0.1㎝處車縫起來。正面會出現1道縫線。

袋縫

把布邊縫在當中的方法。最不容易鬚邊的方法。

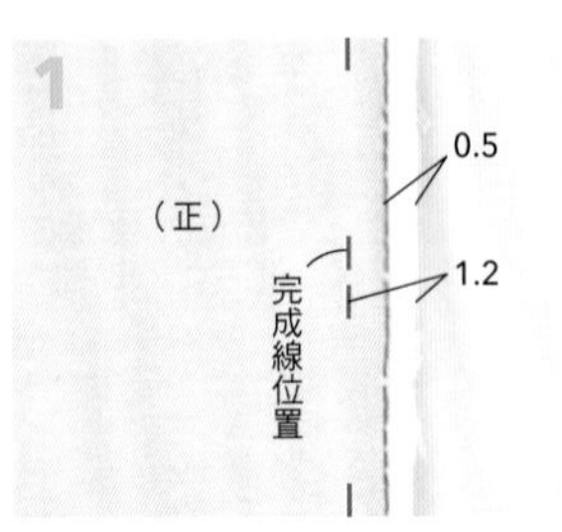

2片反反相對疊好，在距離布邊0.5㎝處車縫起來。

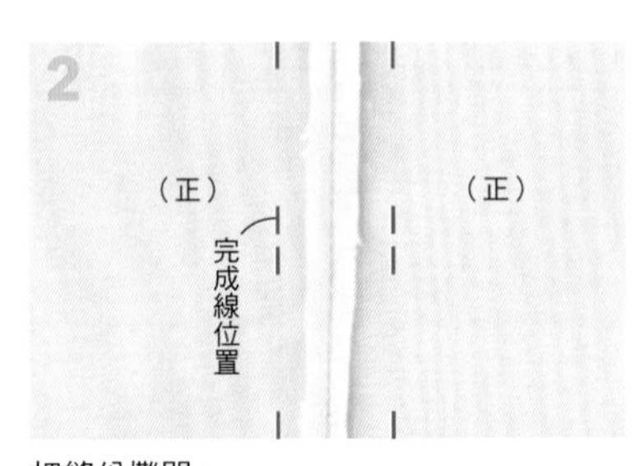

把縫份攤開。

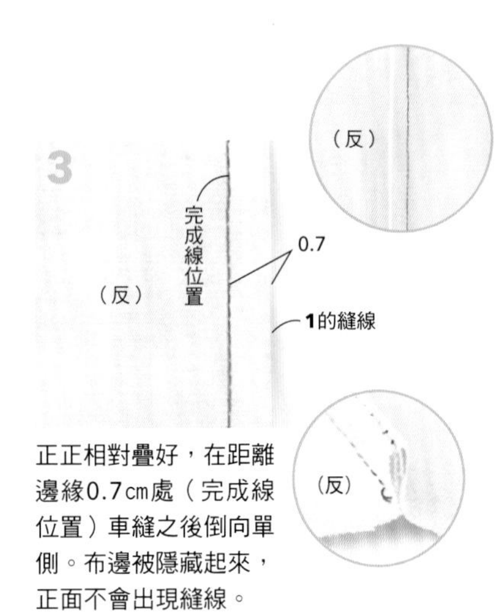

正正相對疊好，在距離邊緣0.7㎝處（完成線位置）車縫之後倒向單側。布邊被隱藏起來，正面不會出現縫線。

手縫鎖邊

以手縫方式處理縫份的方法。
適合用在不易鬚邊的布料。

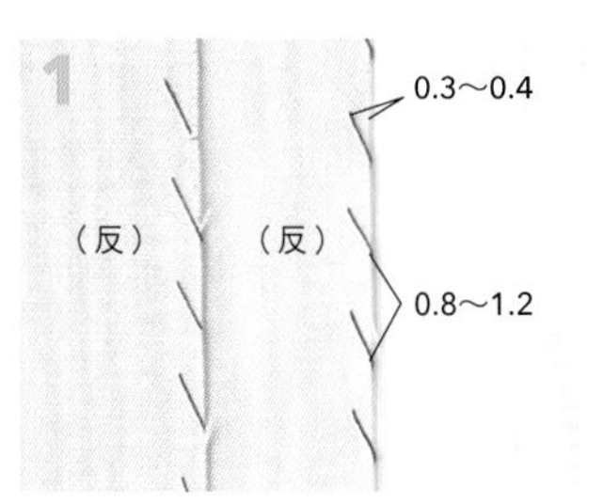

把各自的布邊，如照片所示以手縫斜斜地鎖邊。小心不要把線拉太緊，以免布料起皺。

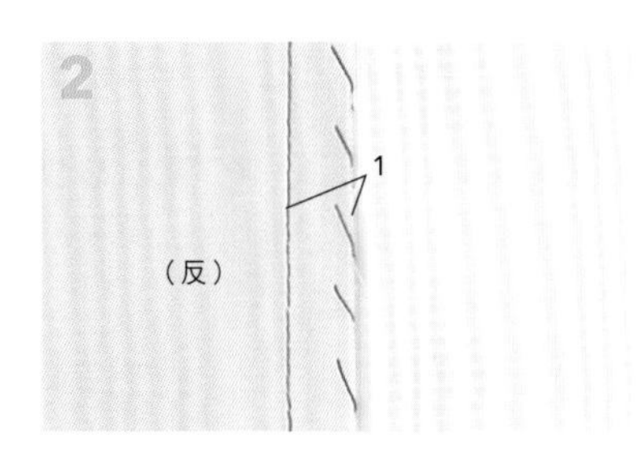

正正相對疊好，在距離布邊1㎝處車縫起來。

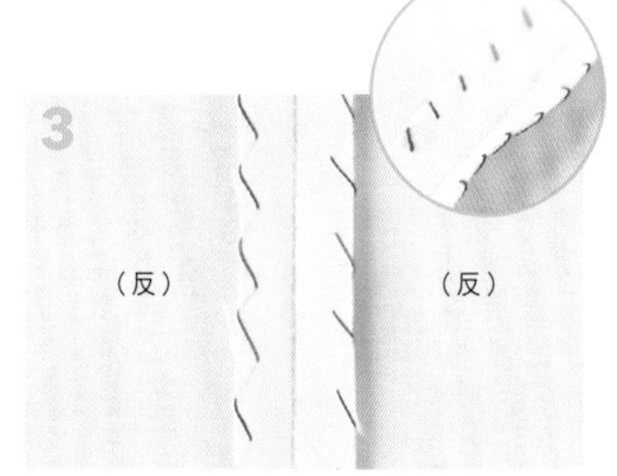

把縫份攤開。正面不會出現縫線。

滾邊

把布邊用斜布條包起來的縫法。
可藉由顏色及花樣展現設計感。

縫份攤開

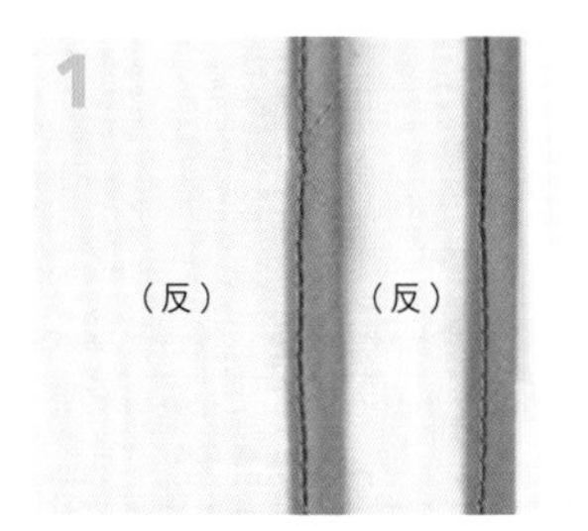

把各自的布邊用斜布條包起來車縫。

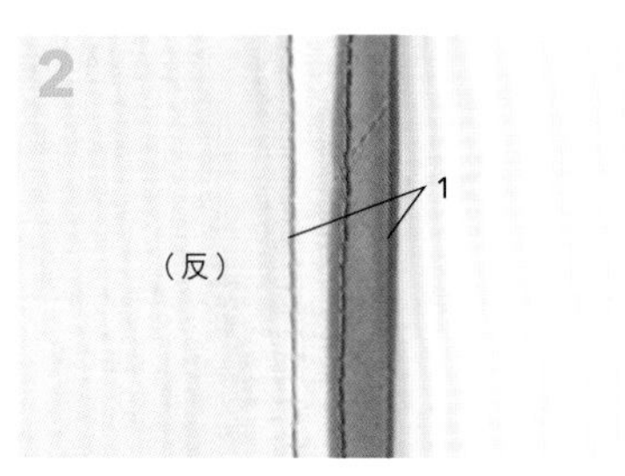

正正相對疊好，在距離布邊1㎝處車縫起來。

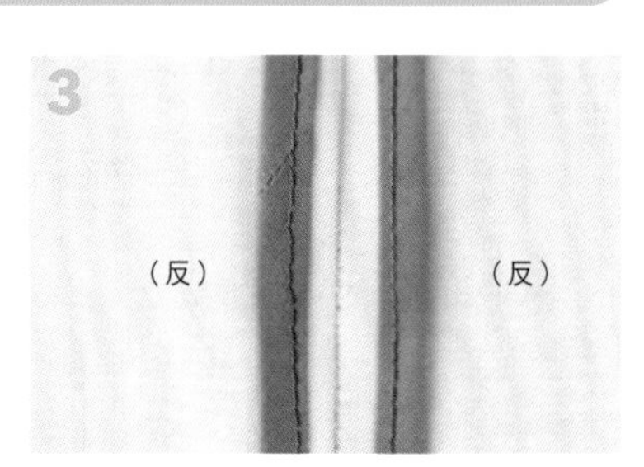

把縫份攤開。正面不會出現縫線。

縫份倒下

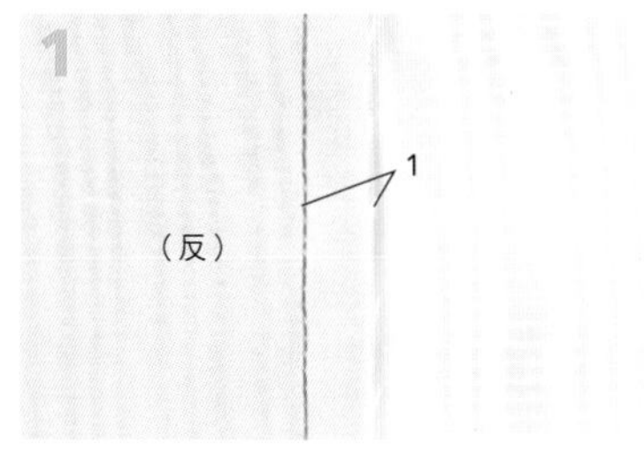

2片正正相對疊好，在距離布邊1㎝處車縫起來。

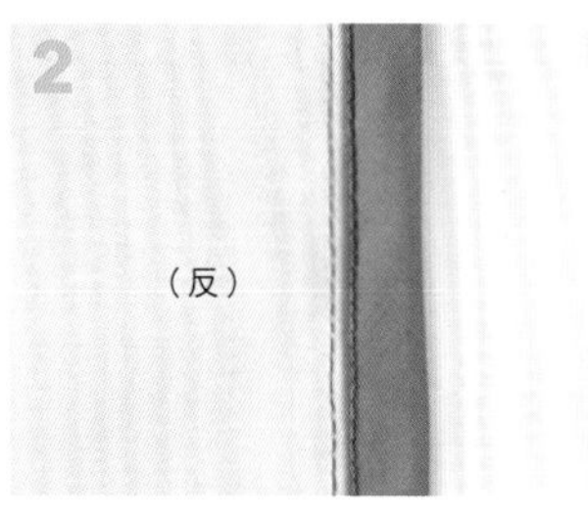

2片一起用斜布條包起來車縫。

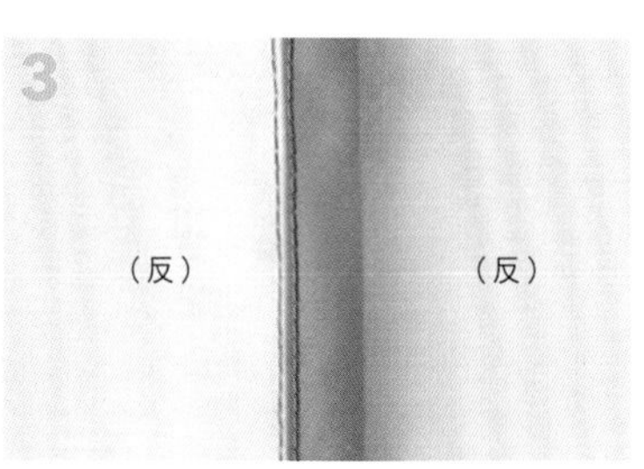

把縫份倒向單側。正面不會出現縫線。

細褶・尖褶・裝飾壓褶

在服裝及小物製作中經常登場的細褶、尖褶、裝飾壓褶等技巧。
在這之前都是有樣學樣的人，也可以藉由此章節好好學習。

細褶

利用縮緊布料做出皺褶的方法，來呈現蓬鬆可愛的印象。整齊地車上2道縫線是訣竅所在。

車上2道縫線

比起1道縫線，2道縫線抽出來的褶子會更穩定，與其他布料縫合的時候也更加美觀。

針腳長度為0.4cm

感覺上好像針腳越細越好，但越細就越難抽褶。另外，針腳太粗的話，看起來會像是裝飾壓褶一樣，效果就沒那麼美觀了。

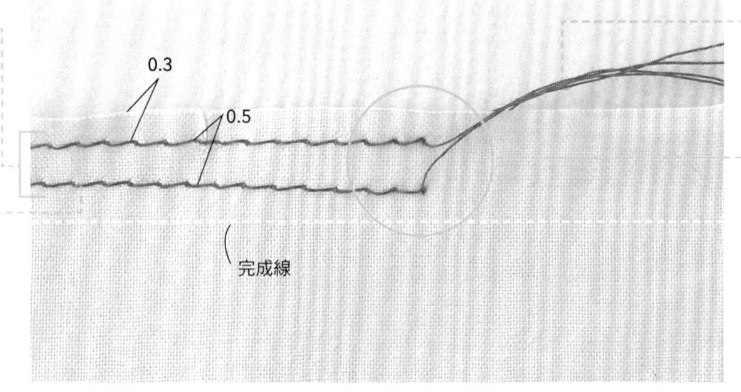

※縫份1cm的情況

線端保留約5cm

為了方便拉線，2條線端最好多保留一些。

不必回針

為了拉線，所以當然不必回針。由於會分別從左右來拉線，所以起點和終點都不必回針。

不要漏車

從端到端抽細褶

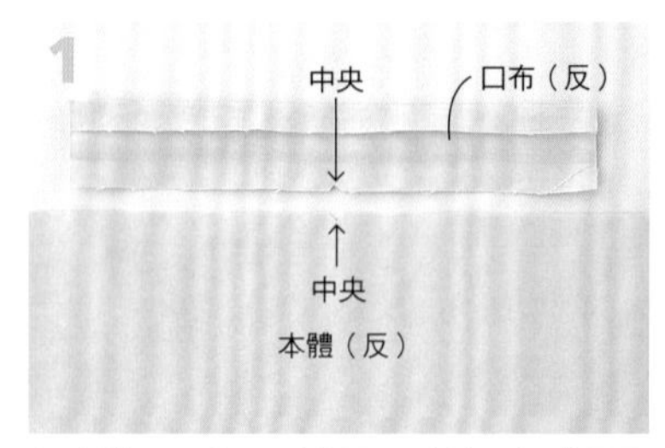

在本體、口布分別剪牙口（剪口）或是用粉土筆等做出中央的記號。

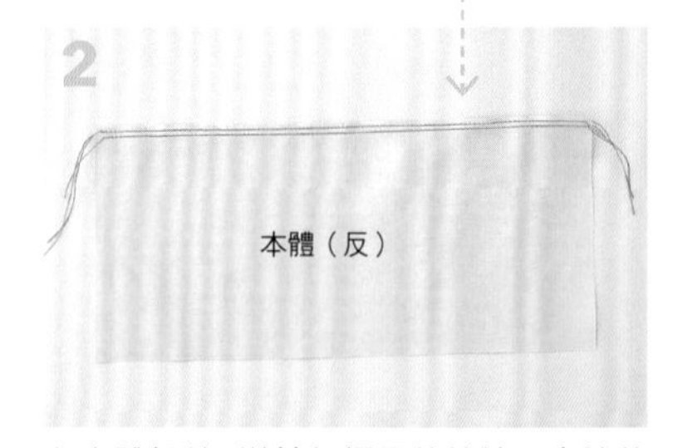

在本體粗縫2道抽細褶用的縫線。車縫的時候，要車到邊端為止，因為漏車的話可能會導致線抽不動，所以要注意。

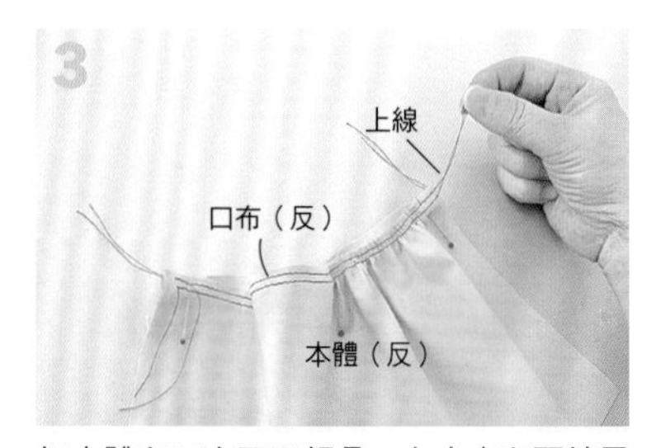

把本體和口布正正相疊，在中央和兩端用珠針固定。2條上線一起拉動，以中央為界分別在左右半邊抽出細褶，並配合口布調整長度。不要一次把褶子抽完，左右兩半分別進行的話，不但更容易操作，褶子的分布也會更平均。

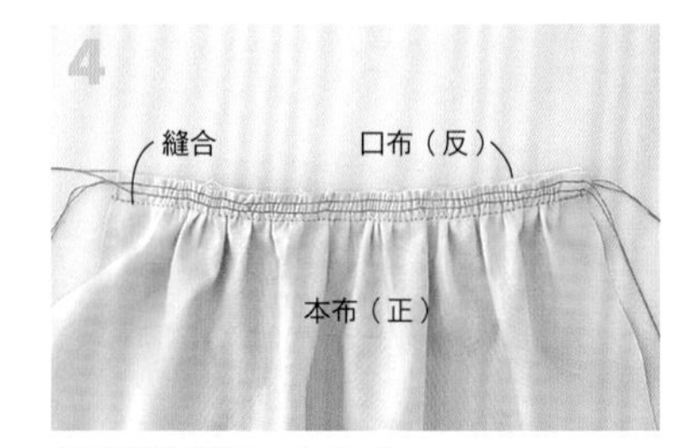

把細褶整理好，在完成線上把本布和口布縫合起來。把粗縫的多餘線端剪掉。

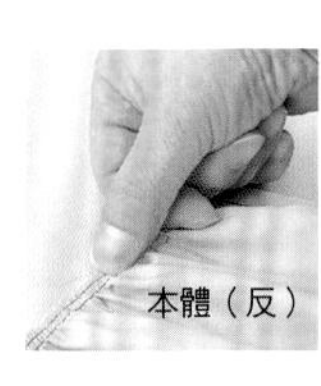

用指甲把細褶拉順，並調整至平均分布的狀態。

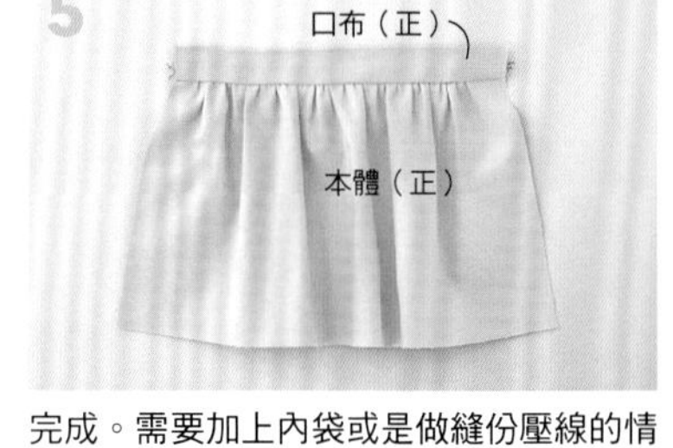

完成。需要加上內袋或是做縫份壓線的情況，粗縫的線不抽掉也無所謂。

只在部分位置抽細褶

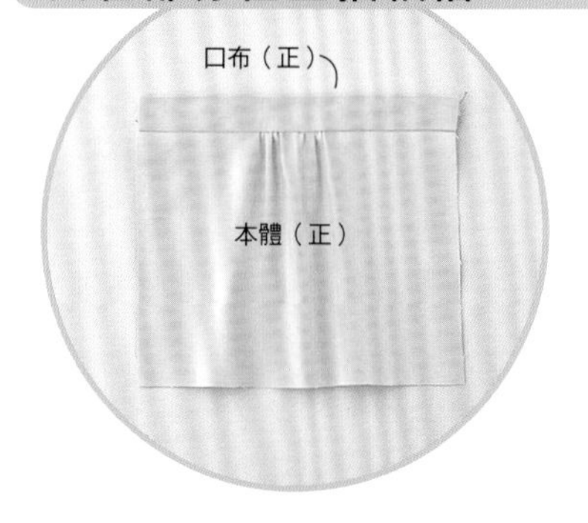

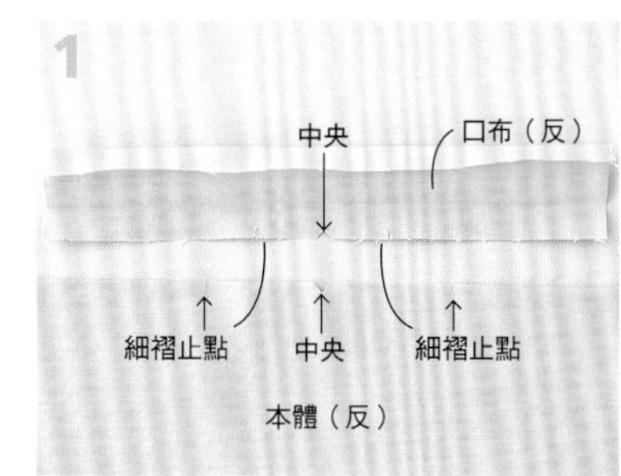

在本體、口布分別剪牙口（剪口）或是用粉土筆等做出細褶止點和中央的記號。

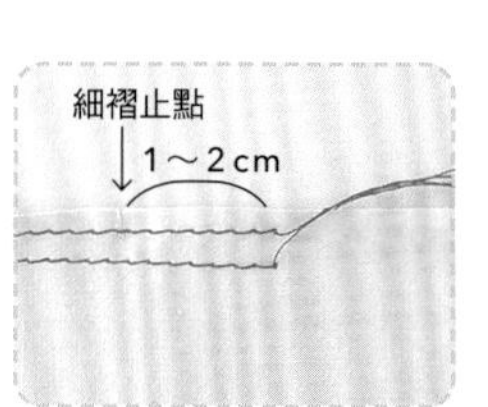

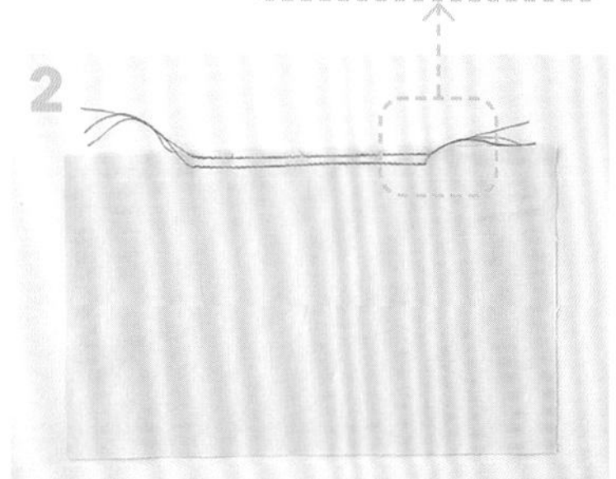

在本體粗縫2道抽細褶用的縫線。車縫的時候，兩端都要超出止點1～2cm長。車長一點，才能準確地在細褶止點的範圍內抽細褶。

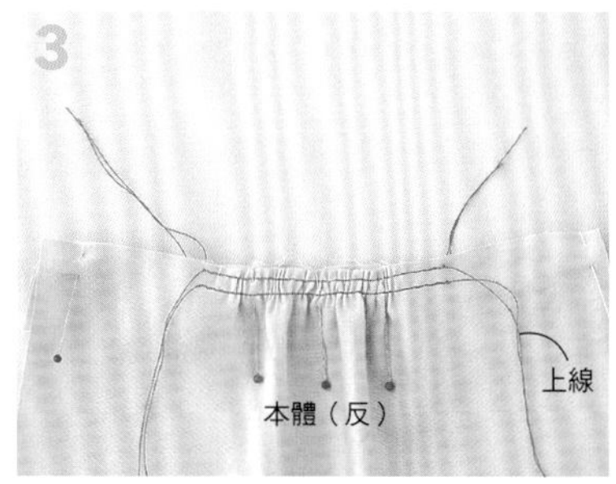

把本體和口布正正相疊，在中央、兩端及細褶止點分別用珠針固定。2條上線一起拉動，以中央為界分別在左右半邊抽出細褶，並配合口布調整長度。

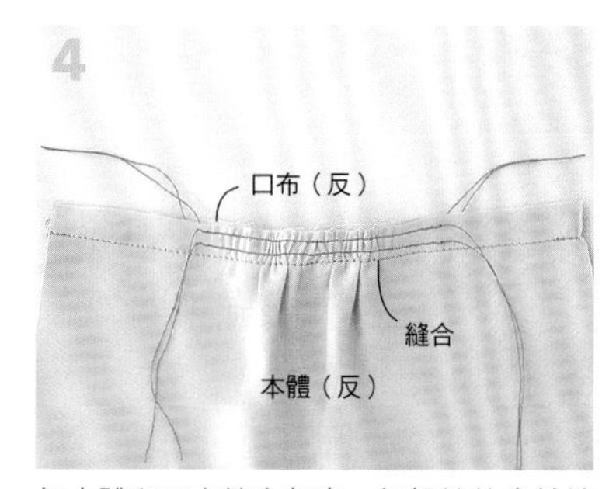

把本體和口布縫合起來。把粗縫的多餘線端剪掉。

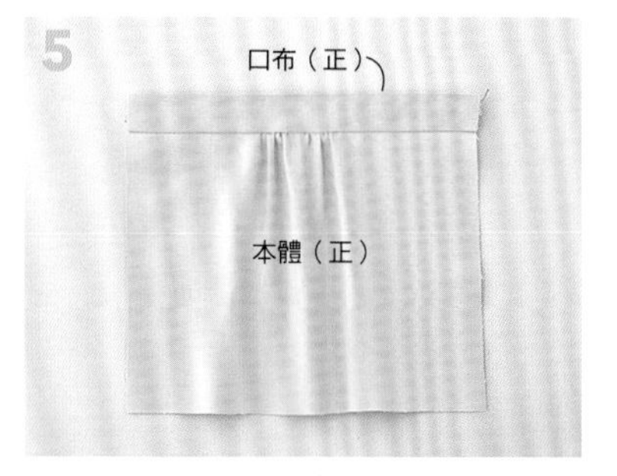

完成。需要加上內袋或是做縫份壓線的情況，粗縫的線不抽掉也無所謂。

修飾的熨燙也有訣竅！

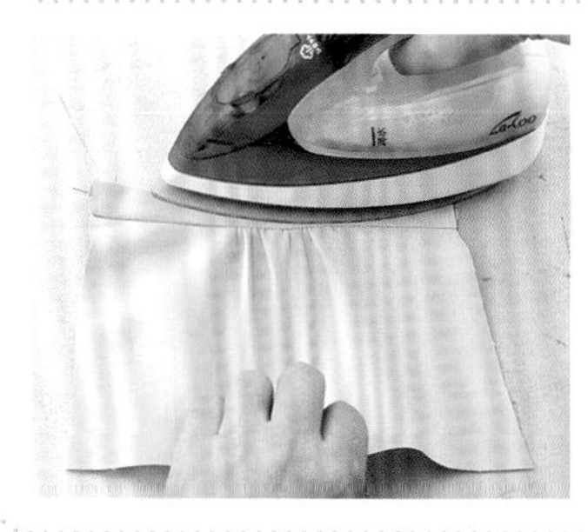

把口布翻回正面熨燙整理的時候，若是在壓上熨斗的同時稍微把細褶部分向下拉的話，不僅更容易熨燙，還能把褶子整理得更漂亮。

用圓形抽一圈的細褶

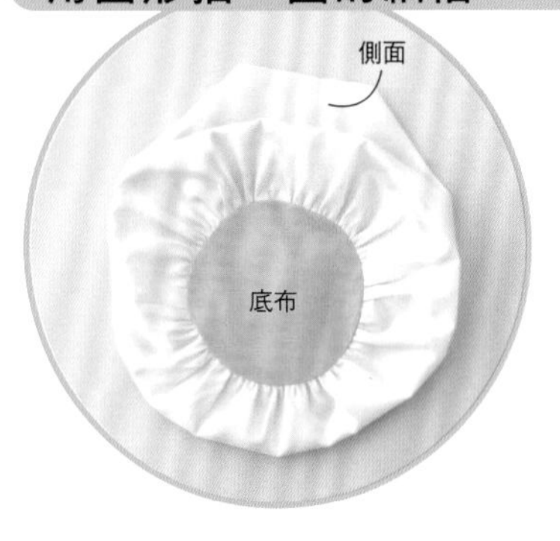

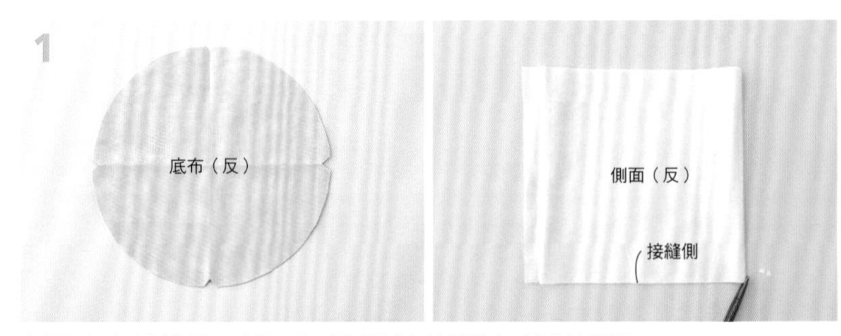

在側面和底分別剪牙口（剪口）或是用粉土筆等做出4等分的記號。

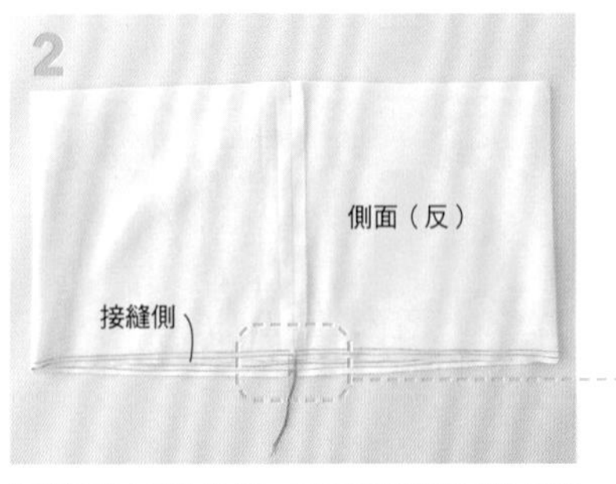

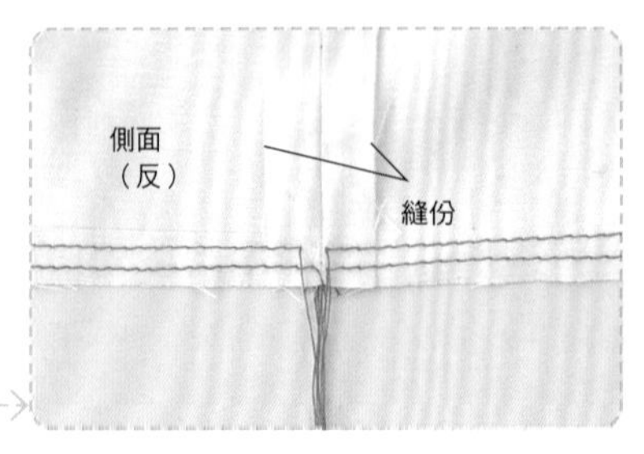

把側面正正對疊好，兩端車縫起來形成圈狀，然後在接縫側粗縫2道抽細褶用的縫線。車縫的時候，要把縫份攤開，一直車到攤開縫份的所在位置為止。

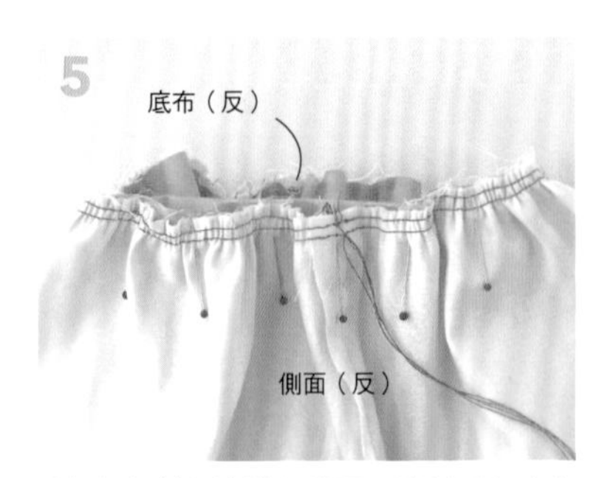

把側面和底的記號對齊，用珠針固定。

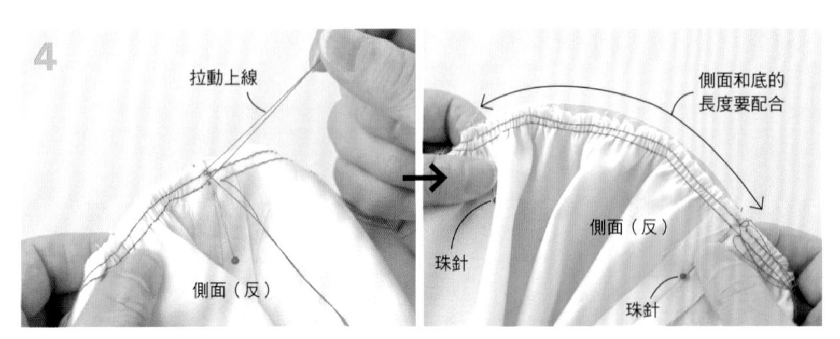

在圓周的左右半邊分別進行，2條上線一起拉動，抽出細褶直到3的★位置為止。這個時候，若能配合側面和底布上的珠針到珠針之間（底的周圍的1/4）的間隔來抽褶的話，之後的微調才會輕鬆。

邊把細褶拉順邊進行微調，讓側面和底布準確接合。可在珠針和珠針之間別上更多的珠針來輔助。

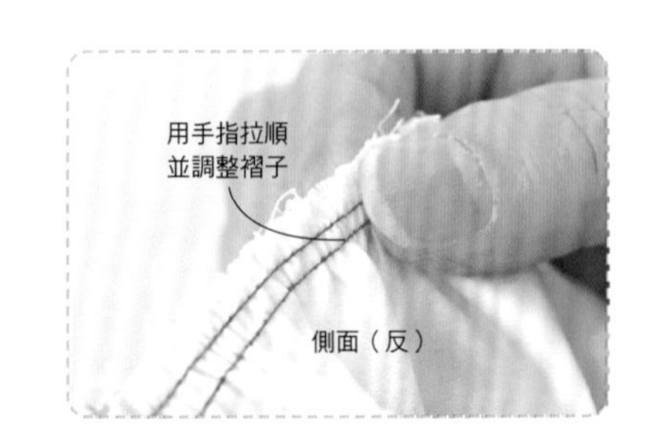

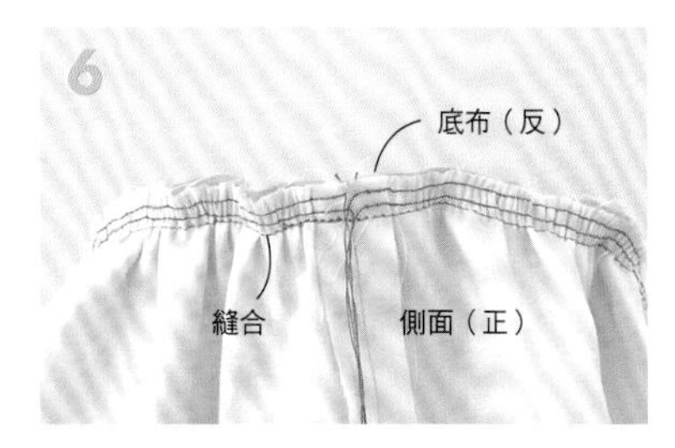

把側面和底布縫合起來。需要加上內袋或做縫份壓線的情況，粗縫的線不抽掉也無所謂。

修飾出漂亮底側的額外工夫

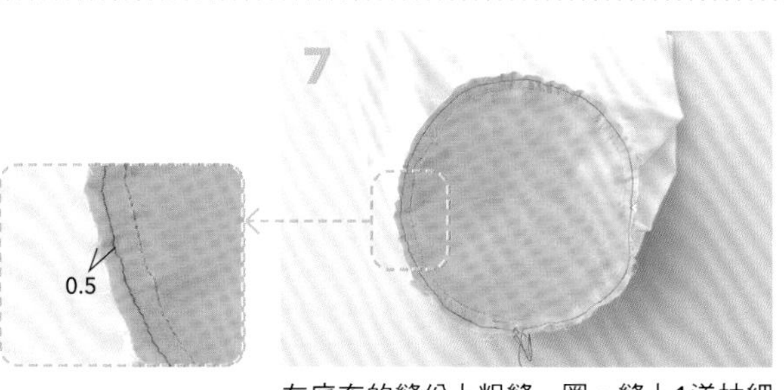

在底布的縫份上粗縫一圈，縫上1道抽細褶用的縫線。

把依照完成尺寸裁剪的厚紙板重疊在底布上，拉動在7粗縫的上線來抽出細褶。

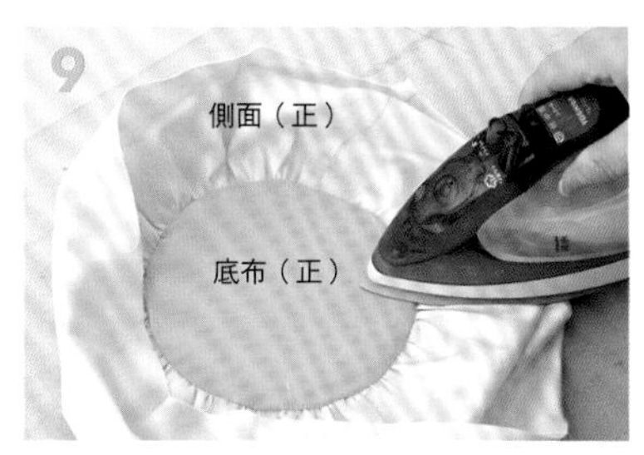

在8的狀態下依照裡側、表側的順序用熨斗整燙，把縫份壓倒並調整形狀。整燙的時候，要以略微懸空的感覺來進行，以免把皺褶壓扁。

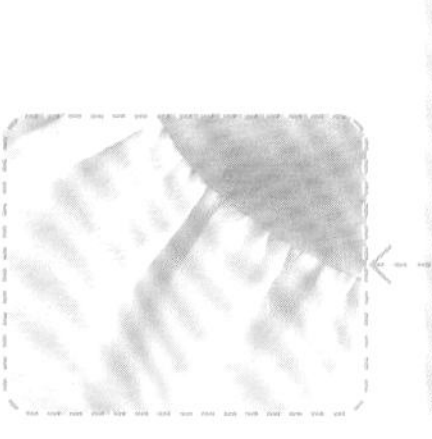

完成。多了這道工夫，就能把底布的輪廓修飾得更漂亮。

利用抽細褶的車縫方式整理出漂亮的曲線縫份

口袋等曲線部分的縫份，只要運用抽細褶的粗縫，就能不費工夫地把縫份漂亮地摺好。

※縫份為1㎝

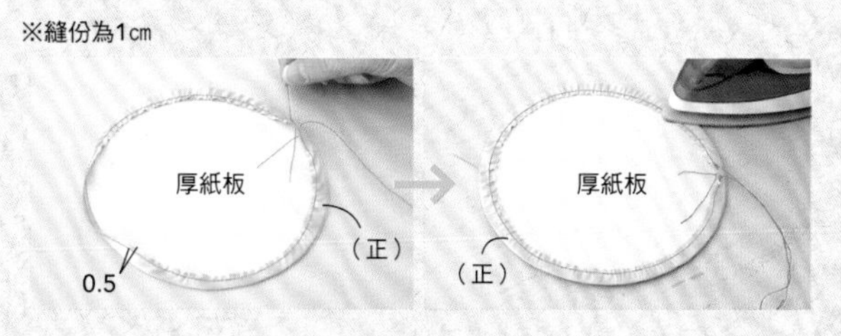

圓形的情況

在距離布邊0.5㎝的位置粗縫1道抽細褶用的縫線，疊上厚紙板的紙型之後，拉動上線，把縫份收緊（左）。在疊著厚紙板的狀態下用熨斗把縫份壓平（右）。

※縫份為1㎝

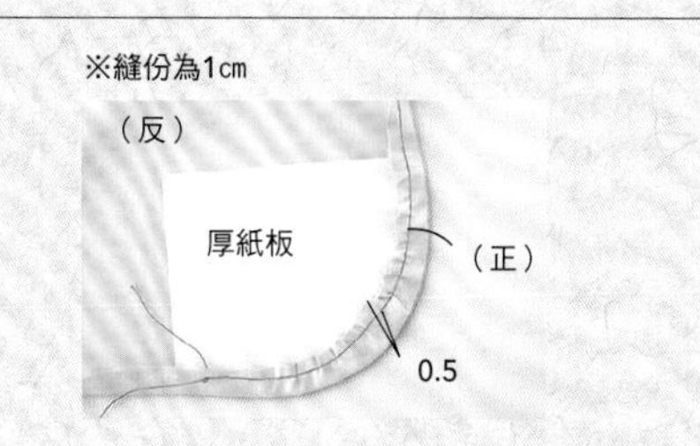

部分曲線的情況

和圓形的要領相同，在曲線部分進行粗縫，收緊縫份。車縫的時候，縫線要車得比圓弧部分稍長一點，厚紙板也要做大一點，連同直線部分一起把縫份摺疊起來也行。

尖褶

把布料的一部分抓出縫合，呈現立體感的方法。
藉由終點的處理做出自然的圓潤造型是重點所在。

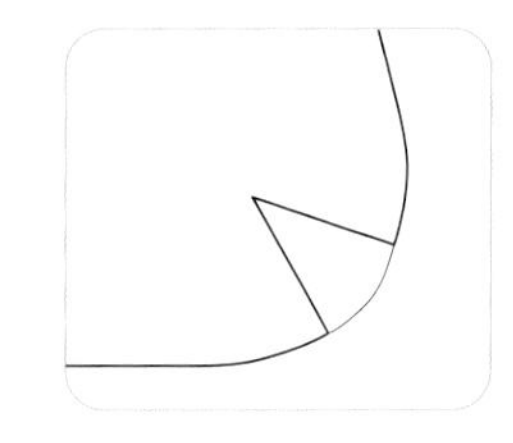
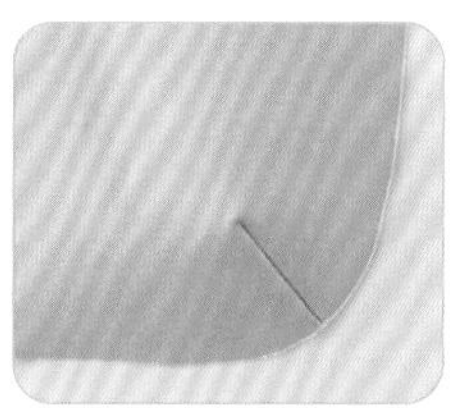

基本的縫法

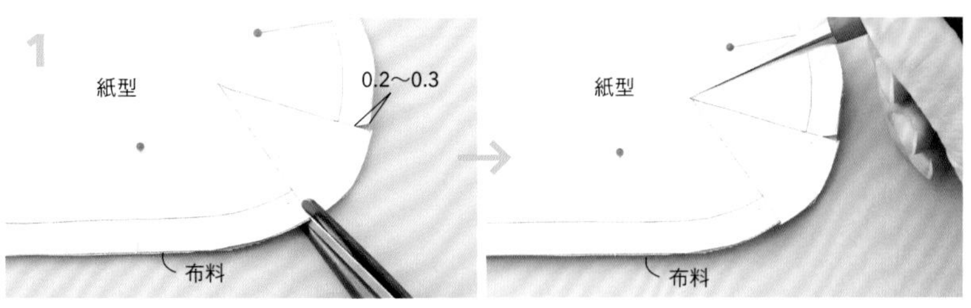

把紙型重疊在布料的反面，在尖褶位置的縫份（紙型和布都要）剪出0.2～0.3cm程度的牙口（剪口，參考照片左）。在尖褶的尖端用錐子鑽個小洞，以同樣的方式做記號（照片右）。

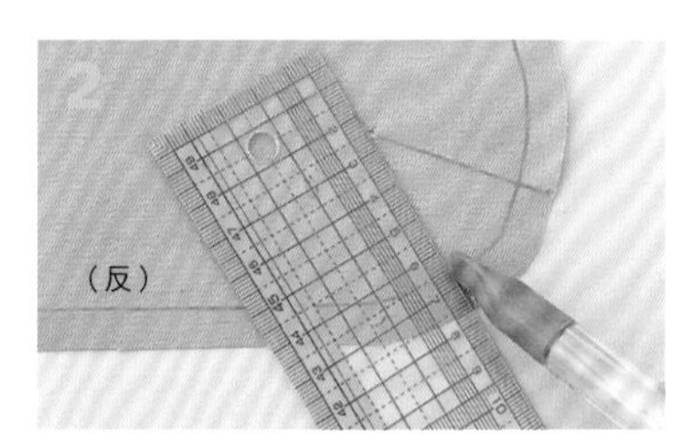

拿掉紙型。把1的牙口和小洞連接起來畫線。

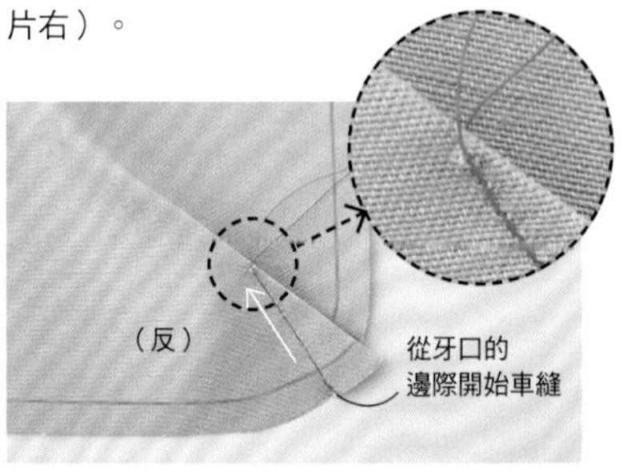

把尖褶的線和線正正相對疊好，從尖褶較寬的一端開始車縫。起點要回針，車到尖端時留下1針份不縫，不必回針，線端預留10cm。

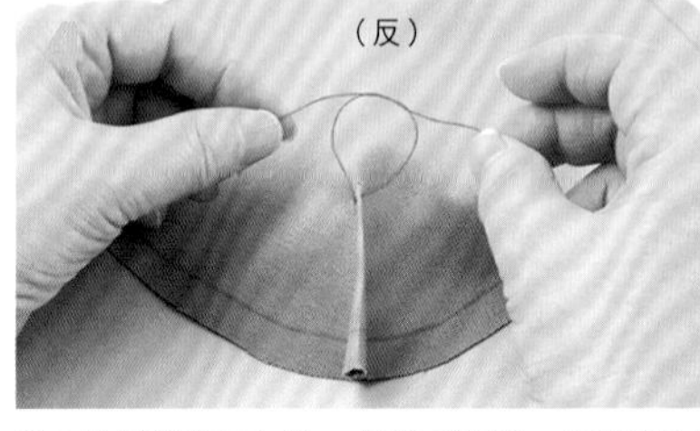

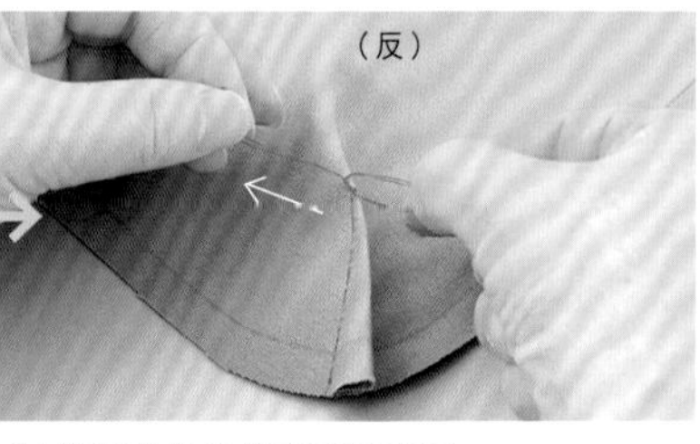

用3的線端打2次結，然後2條線一起打死結。這樣就能把尖端牢牢固定了。

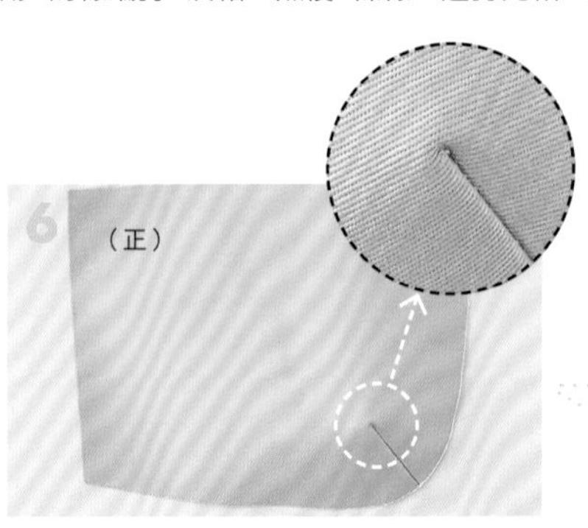

留下1cm的線端，多餘的剪掉。

縫好的樣子。由於尖褶的尖端留下了1針份不縫，所以能夠牢牢地把線打結，尖褶的尖端也呈現出不凹陷的漂亮形狀。

熨燙時要墊著毛巾

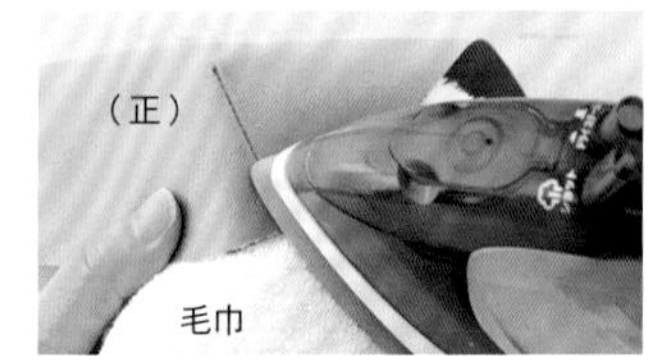

由於尖褶部分是立體的，所以不妨把捲起來的毛巾順著尖褶的弧度墊在下面，再用熨斗來熨燙。

縫份的倒法

厚重布料的情況……

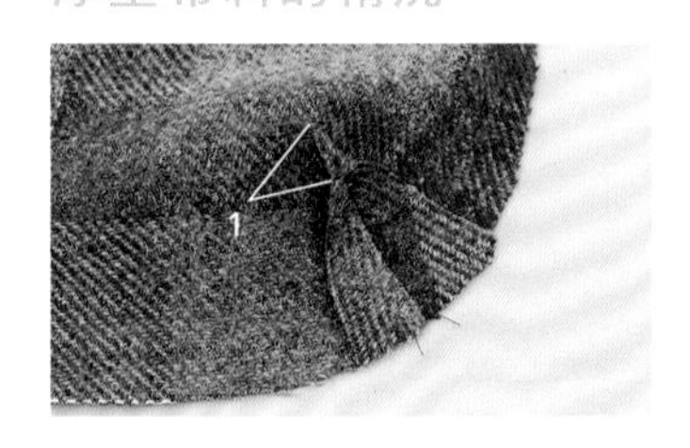

厚重的毛料等，在縫好尖褶之後，也可以採取從縫份的中央剪開攤平的方法。這個時候，在尖褶的尖端要留下1cm不剪。

加上內袋的情況……

假如外袋、內袋都倒向同一側的話，這個部分就會變得太厚而影響外觀。因此，必須改變外袋和內袋的縫份倒向，才能分散厚度。

裝飾壓褶

依照紙型摺疊布料來做出褶子的方法。
能讓作品呈現出俐落的線條。

單向褶

朝同一方向做出褶子的方法。在紙型上的褶子記號會以2條斜線來表示，從斜線的高處往低處摺疊。

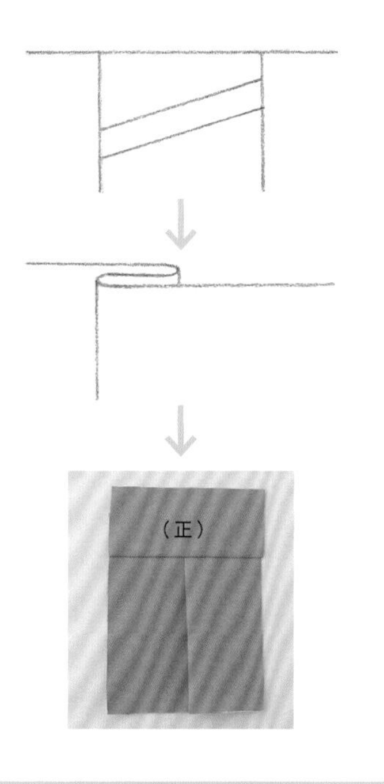

雙向褶

從兩側往中央摺疊的方法。和單向褶一樣，是從斜線的高處往低處摺疊。

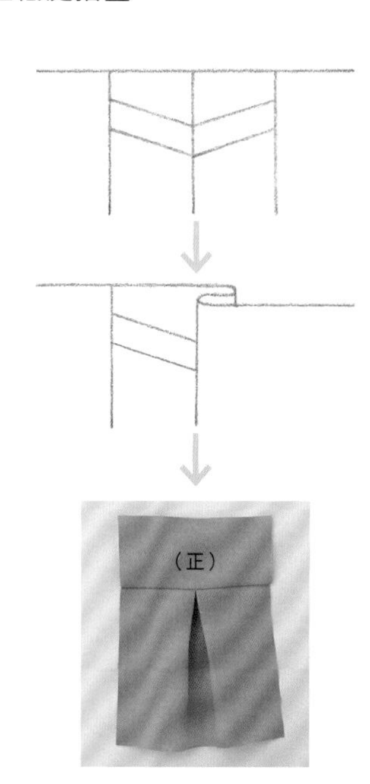

※紙型的記號顯示的
是從正面看的完成狀態。

裝飾壓褶（單向褶）的縫法

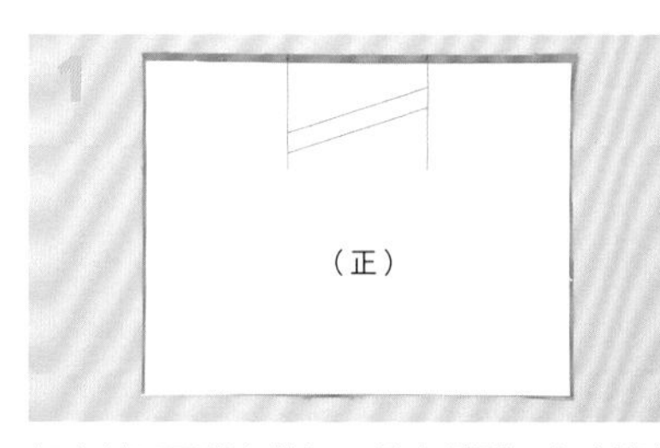

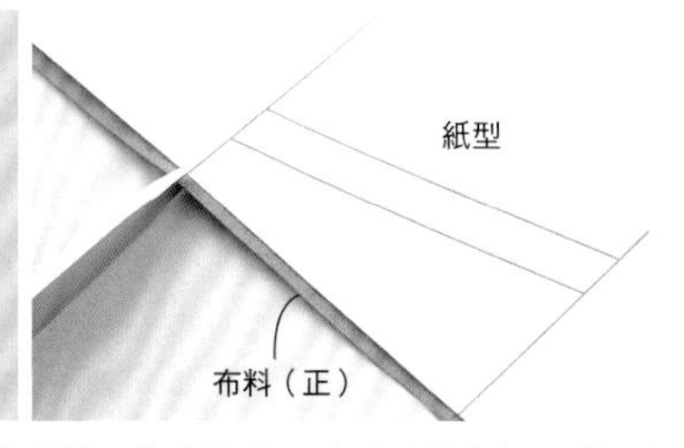

把布料正面朝上放好，疊上紙型，在布邊做出褶子的位置的記號（照片左）。或是在縫份上剪出0.3～0.4cm的牙口（剪口）也行（照片右）。

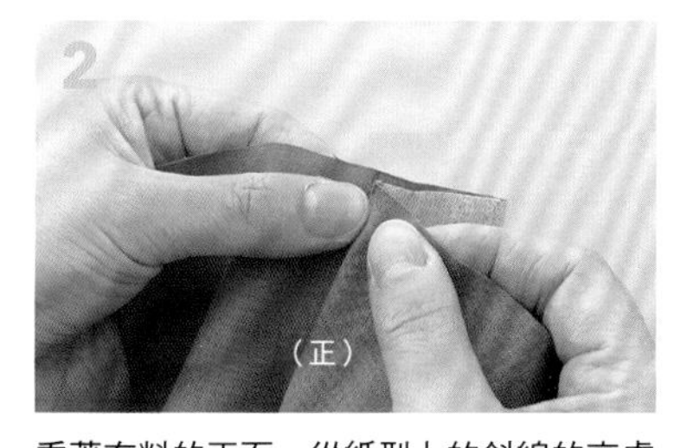

看著布料的正面，從紙型上的斜線的高處往低處（這裡是由右往左）把褶子摺好，記號對齊。

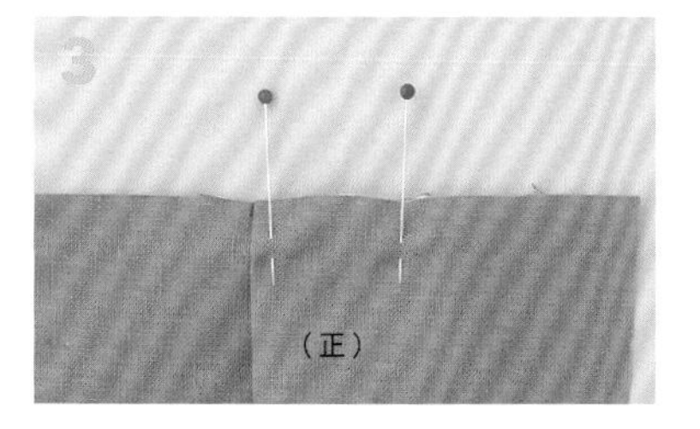

別上珠針防止移動。

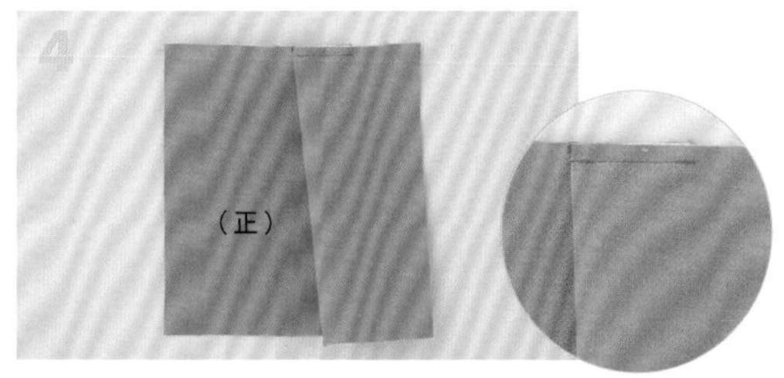

在完成線的外側，把褶子的寬度部分車縫起來，假縫固定。

拉鍊

製作手提包或化妝包時都少不了拉鍊，然而很多人對車縫拉鍊似乎都感到非常苦惱。現在就來學習拉鍊的基本常識，以及一般的車縫方法吧。

各部位的名稱

首先就用最普通的閉口拉鍊來復習名稱吧。拉鍊除了長短之外，在材質、拉法、花色以及蕾絲狀的設計等方面都有各式各樣不同的變化。

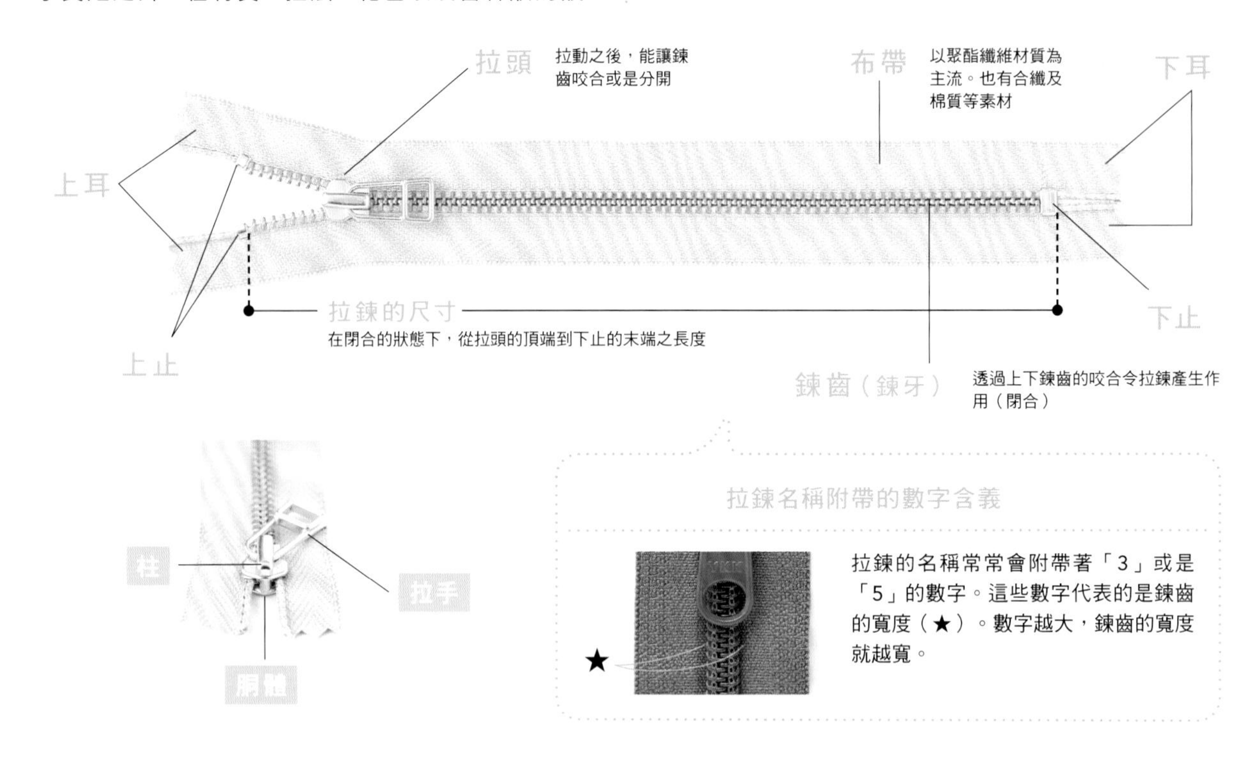

拉鍊名稱附帶的數字含義

★

拉鍊的名稱常常會附帶著「3」或是「5」的數字。這些數字代表的是鍊齒的寬度（★）。數字越大，鍊齒的寬度就越寬。

拉鍊開合方式的種類

閉口拉鍊

利用下止擋住拉頭，上下的布帶無法分開的類型。

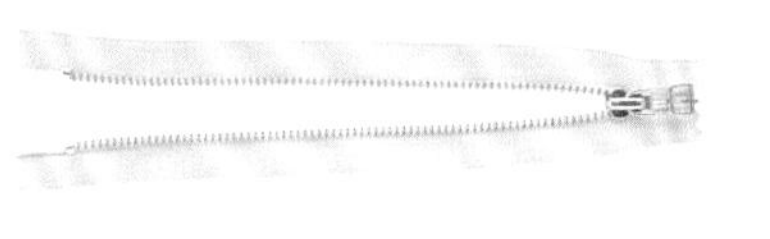

雙頭拉鍊

附有2個方向相對的拉頭，可分別拉到兩端的下止。

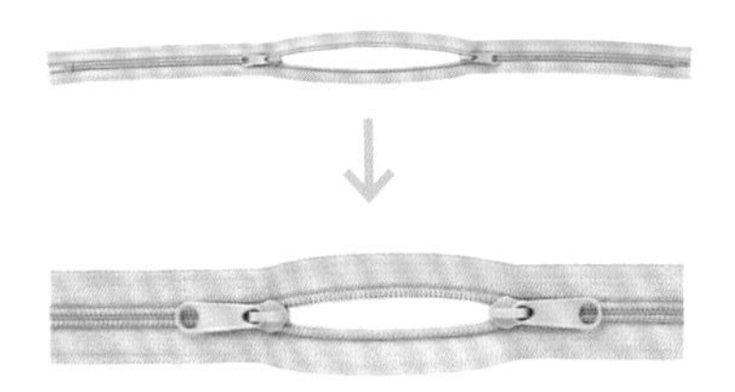

開口拉鍊

可將拉頭拉到末端，上下的布帶能夠完全分開。

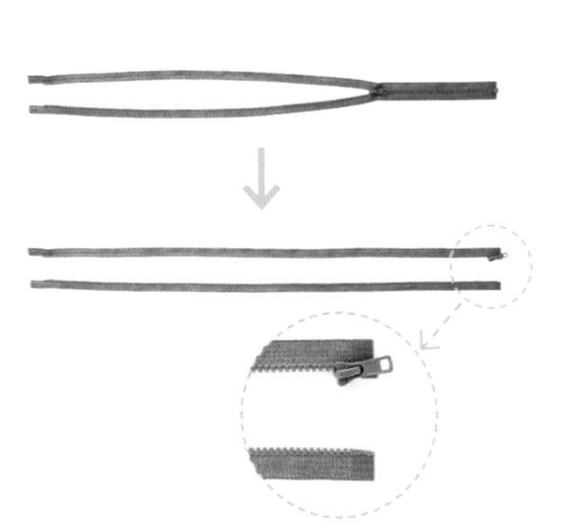

逆開拉鍊

可從兩端分別將拉頭朝中央拉，在中央相對的類型。

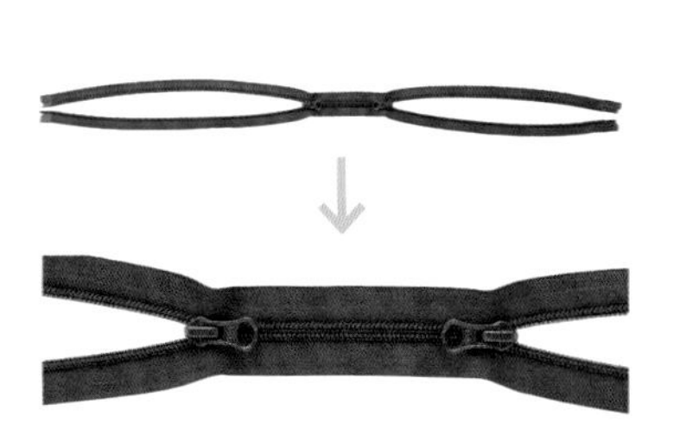

取材協力／日本鈕釦貿易

拉鍊的材質

金屬拉鍊

鍊齒是以金屬（合金或鋁、鎳等）製成的拉鍊，長久以來最為人為所知的類型。每一顆鍊齒都是獨立固定在布帶上。

樹脂拉鍊

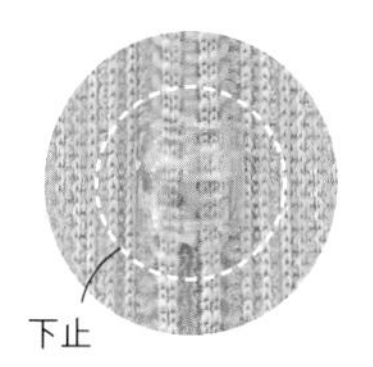

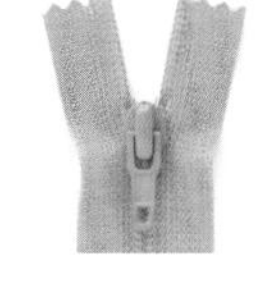

FLATKNIT®拉鍊

線圈狀的鍊齒被織入於柔軟輕薄的布帶中，適用於輕薄或具有伸縮性的布料。由於上下止都是樹脂材質，所以能安心用在童裝上。

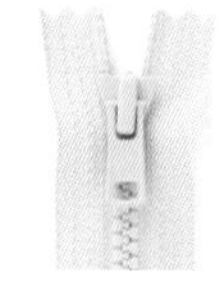

VISLON®拉鍊

鍊齒的固定方式和金屬拉鍊一樣，和其他3種比較起來存在感更大，但重量比同尺寸的金屬拉鍊輕。顏色也有加工成金屬風的。

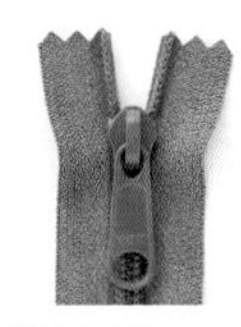

線圈拉鍊

由於鍊齒變成了線圈狀，所以比獨立的金屬拉鍊或VISLON®拉鍊更具柔軟性。開合也更為順暢。

CONCEAL®拉鍊（隱形拉鍊）

線圈拉鍊的一種，在閉合狀態下鍊齒從正面是看不到的。車縫之後由於拉鍊本身以及露出表面的車縫線都不太明顯，所以經常被使用在成衣的裙子或洋裝。為了讓長度能夠微調，因此上止是可移動的。

可用來自行調節長度的工具

金屬拉鍊和VISLON®拉鍊，由於鍊齒是一顆顆獨立的，所以能夠自行調節長度。首先把上止拆掉，接著再依照喜愛的長度，把多餘的鍊齒從布帶上拔掉。

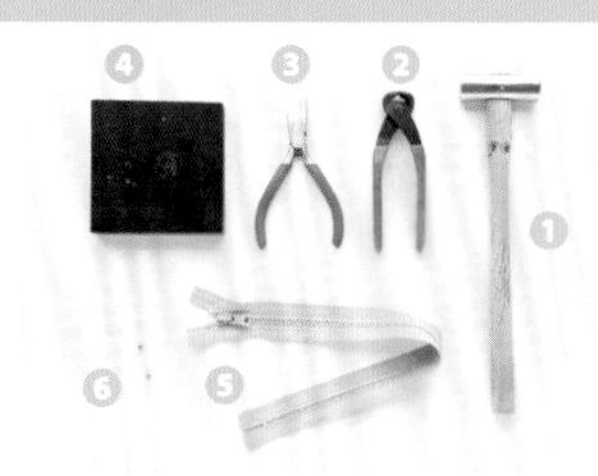

所需物品

❶鎚子 ❷拔齒鉗 ❸尖嘴鉗（有的話會更方便）❹橡膠墊 ❺VISLON®拉鍊1條 ❻上止2個

VISLON®拉鍊的情況

※金屬拉鍊的情況也是同樣的要領。作業時要充分注意，避免受傷。

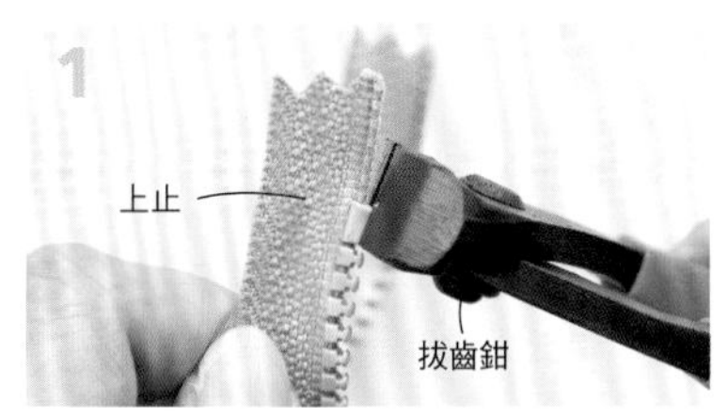

用拔齒鉗夾住上止，在不損壞布料的情況下以喀嚓剪下的方式把上止拆掉。

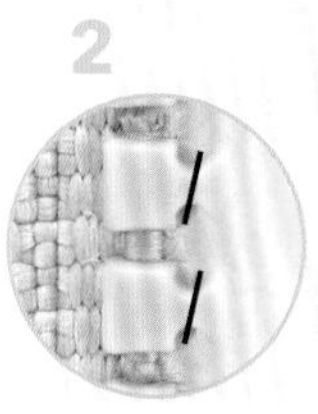

和1的要領相同，把鍊齒一顆一顆夾住剪斷，拆除下來。從圓形照片的位置剪斷的話會比較容易操作。重複這個步驟，把喜愛的長度之外的鍊齒統統拔除。

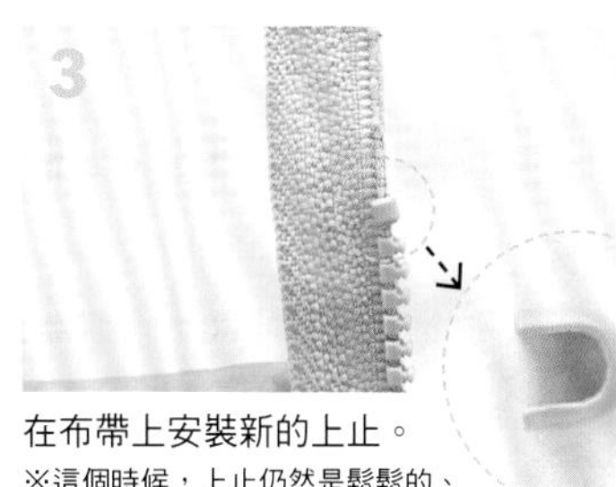

在布帶上安裝新的上止。

※這個時候，上止仍然是鬆鬆的、可移動的狀態。

調整上止的位置，用尖嘴鉗輕輕夾緊，暫時固定（上止不會亂動的話，後續的作業才會輕鬆）。

把拉鍊放在橡膠墊上，用鎚子敲打上止加以固定。

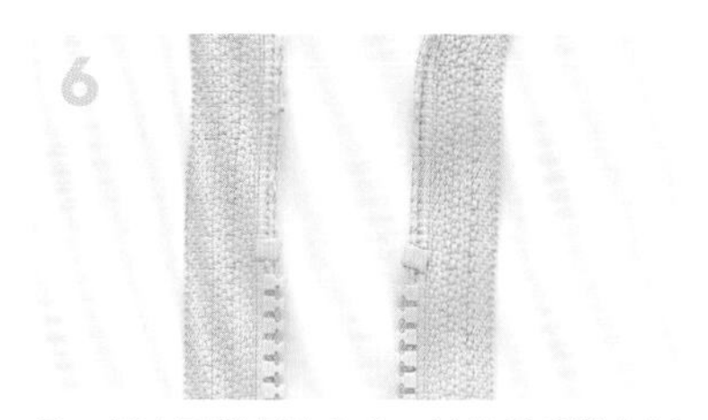

另一側也同樣拆掉上止，並對稱地裝上新的上止。

拉鍊的車縫方法

拉鍊的車縫可從無裡布、有裡布以及蕾絲拉鍊之類的展示型拉鍊等不同的情況來加以說明。不管哪一種情況訣竅都一樣，就是在拉鍊和布料上做合印記號來防止位移，把縫紉機的壓布腳換成「拉鍊壓布腳」或「半邊壓布腳」，以及盡量沿著邊緣車縫。

基本的車縫方法（無裡布）

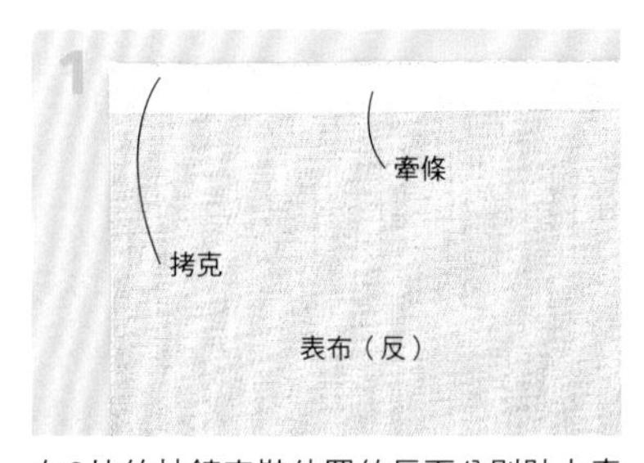

在2片的拉鍊安裝位置的反面分別貼上牽條，布邊做鋸齒縫或拷克。

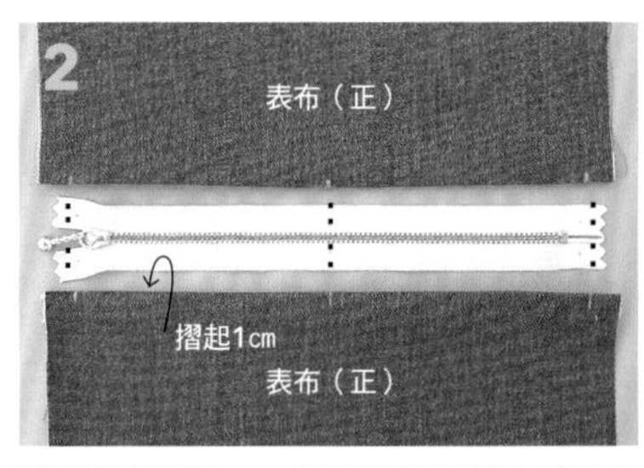

將縫份摺起1cm。在布料和拉鍊上標出合印記號的話，就能防止車縫時位移。

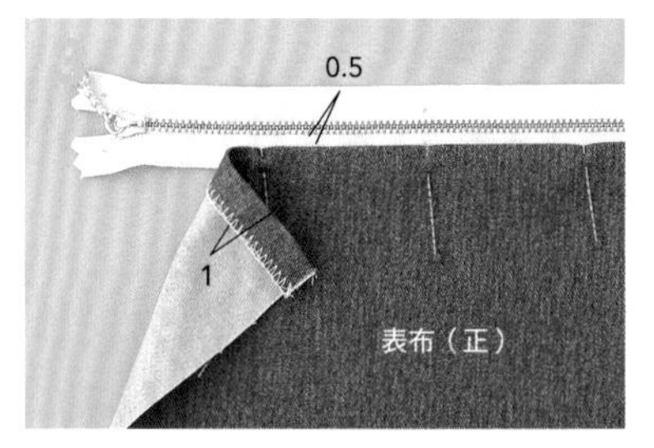

對齊記號之後，在拉鍊上把表布放好。把摺線對齊距離鍊齒中心0.5cm的位置，用珠針固定。

沿著摺線的邊緣車縫。把壓布腳換成半邊壓布腳（或是拉鍊壓布腳）的話就能避開鍊齒進行車縫。

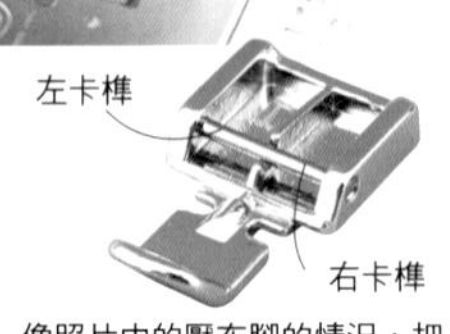

像照片中的壓布腳的情況，把拉鍊擺在右側車縫的時候要扣住右卡榫，把拉鍊擺在左側車縫的時候要扣住左卡榫。

將拉鍊的末端收進內側的方法

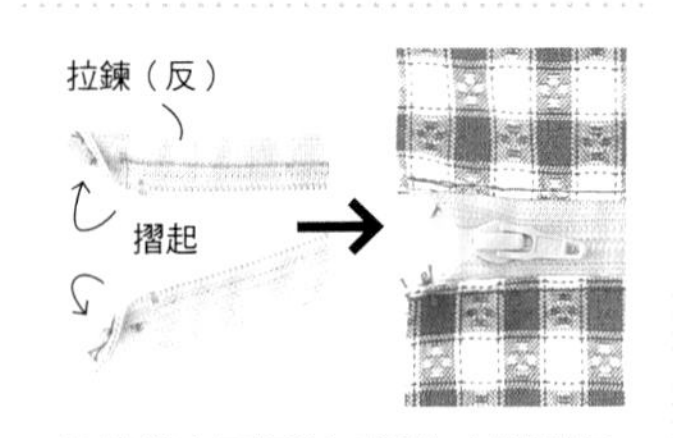

把拉鍊上下耳的4個地方摺到反面，如照片左所示，先縫合固定再疊上表布車縫的話，拉鍊的末端就會被收進表布當中。

也可以布用口紅膠來暫時固定

在布邊塗上「Sewline布用口紅膠」的話，可防止位移，替代疏縫。

「Sewline布用口紅膠」／金龜糸業

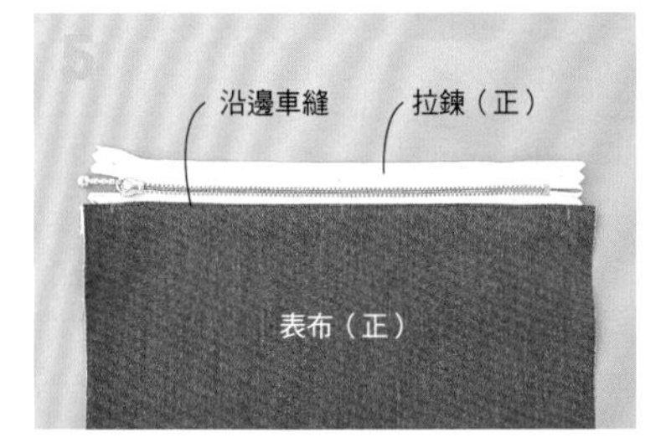

沿著摺線的邊緣車縫之後的樣子。車縫時可一面移動拉頭，以免造成阻礙。

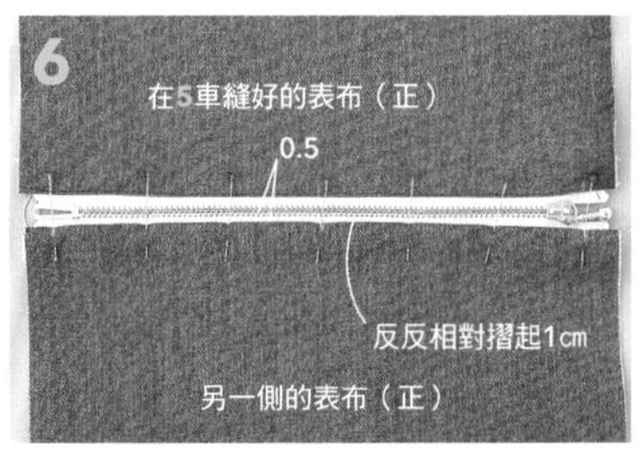

把另一側的表布的縫份摺起1cm，和3一樣疊在拉鍊上。

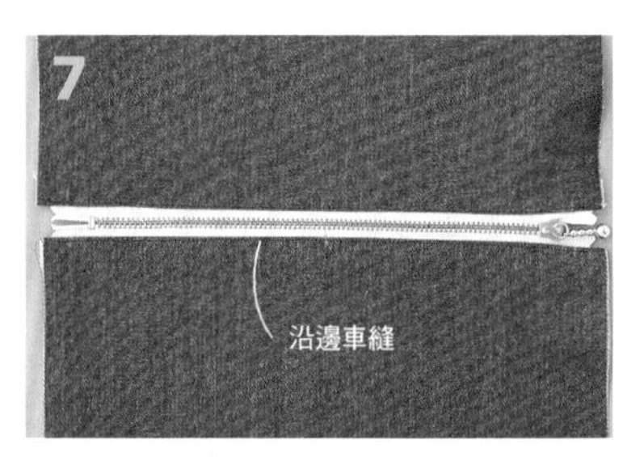

沿著摺線的邊緣車縫。

基本的車縫方法（有裡布）

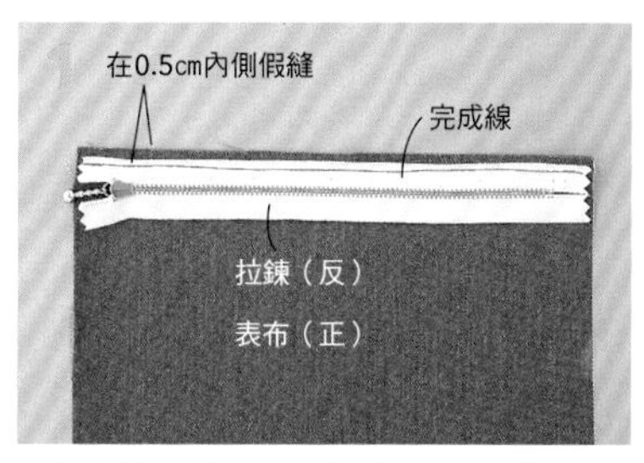

把表布和拉鍊正正相對疊好，在距離布邊0.5cm的位置車縫起來假縫固定。

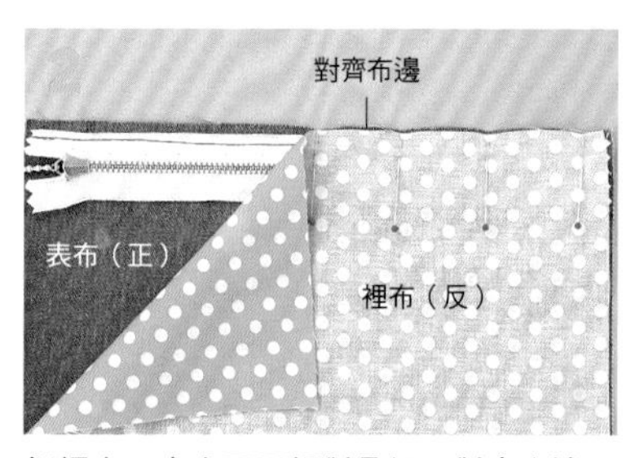

把裡布、表布正正相對疊好，對齊布邊，用珠針固定。

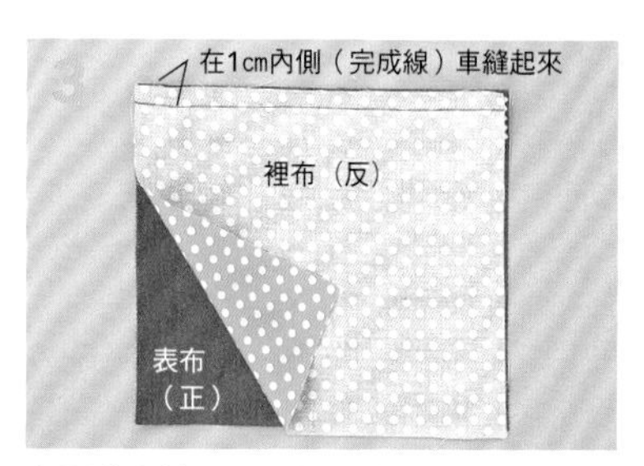

在距離布邊1cm的位置（完成線）車縫起來。

把裡布翻到正面，連同裡布一起從正面沿著拉鍊的邊緣車縫。

將4翻面，把另一側的表布和拉鍊正正相對疊好，和1同樣地假縫固定。

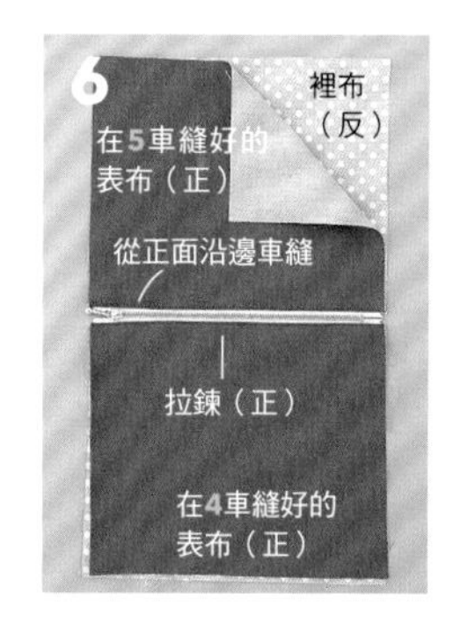

和2、3同樣地把裡布車縫起來，翻到正面，沿著拉鍊的邊緣車縫。

展示拉鍊布帶的車縫方法

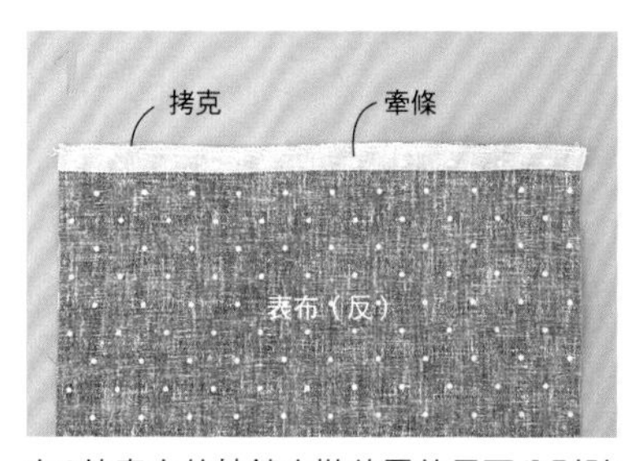

在2片表布的拉鍊安裝位置的反面分別貼上牽條，用縫紉機車布邊或拷克。

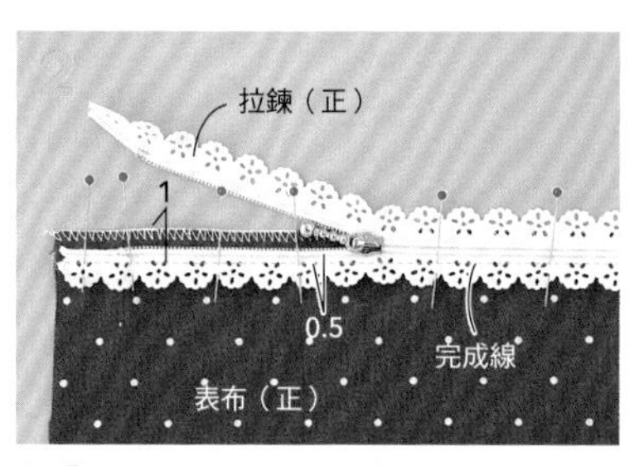

和「沒有裡布」的拉鍊步驟2同樣地在布料和拉鍊上標出合印記號。表布的縫份不摺疊，如照片所示在正面疊上拉鍊，用珠針固定。

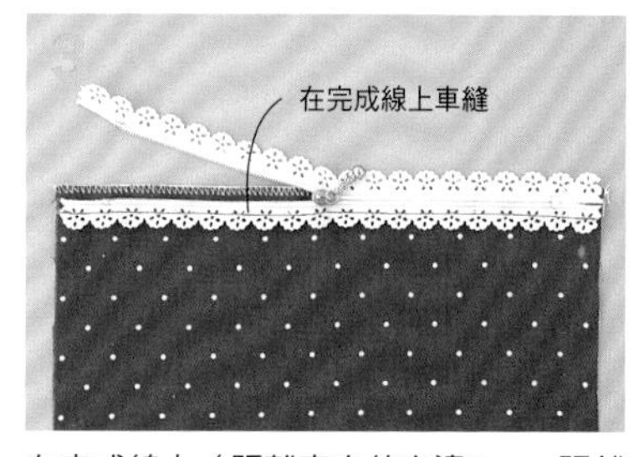

在完成線上（距離表布的布邊1cm、距離鍊齒0.5cm的位置）車縫。

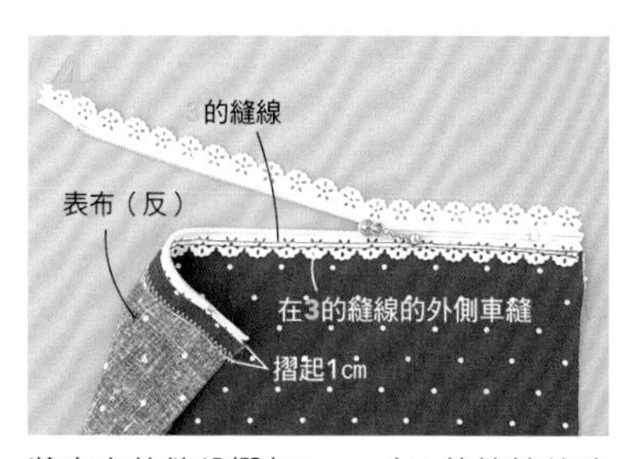

將表布的縫份摺起1cm，在3的縫線的略偏外側車縫。蕾絲拉鍊的情況，由於鏤空部分比較脆弱，車縫時最好盡量避開。

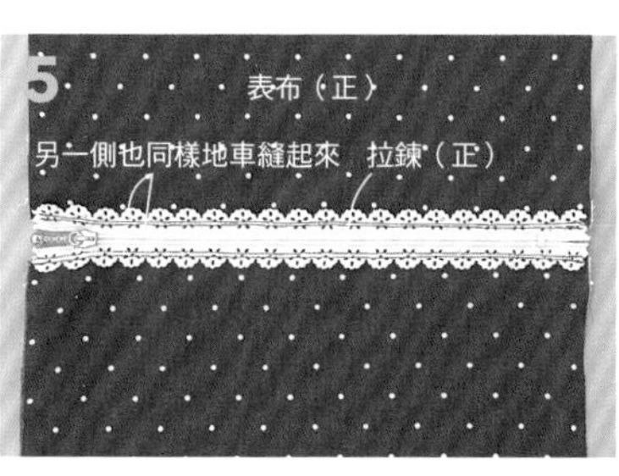

另一側也和2～4同樣地車縫起來。

斜布條

**以相對於布紋的45度角（斜紋方向）裁切的條狀布料就是斜布條。
可以購買市售的商品，也可以自己製作。具代表性的車縫方法也會一併介紹。**

市售的斜布條

市售的斜布條以事先摺好的占大多數。有的可利用熨斗黏貼，有的是包入繩芯作為裝飾，各有不同的特色，請配合用途加以選購。

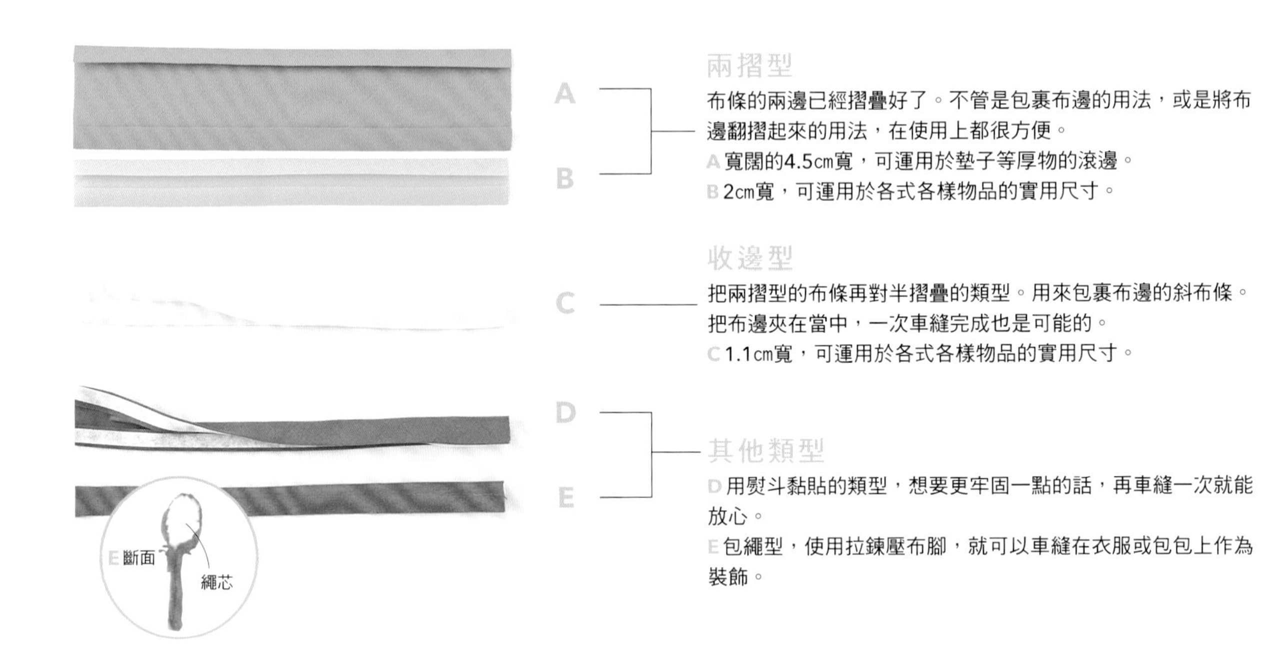

兩摺型

布條的兩邊已經摺疊好了。不管是包裹布邊的用法，或是將布邊翻摺起來的用法，在使用上都很方便。

A 寬闊的4.5cm寬，可運用於墊子等厚物的滾邊。

B 2cm寬，可運用於各式各樣物品的實用尺寸。

收邊型

把兩摺型的布條再對半摺疊的類型。用來包裹布邊的斜布條。把布邊夾在當中，一次車縫完成也是可能的。

C 1.1cm寬，可運用於各式各樣物品的實用尺寸。

其他類型

D 用熨斗黏貼的類型，想要更牢固一點的話，再車縫一次就能放心。

E 包繩型，使用拉鍊壓布腳，就可以車縫在衣服或包包上作為裝飾。

自己製作斜布條

斜布條也可以用喜愛的布料來製作，為作品增添特色。兩摺斜布條的裁剪寬度是想製作的寬度的2倍，收邊型是大約4倍。製作長長的一條斜布條會用到很大塊的布料，因此建議用短布條來接合。

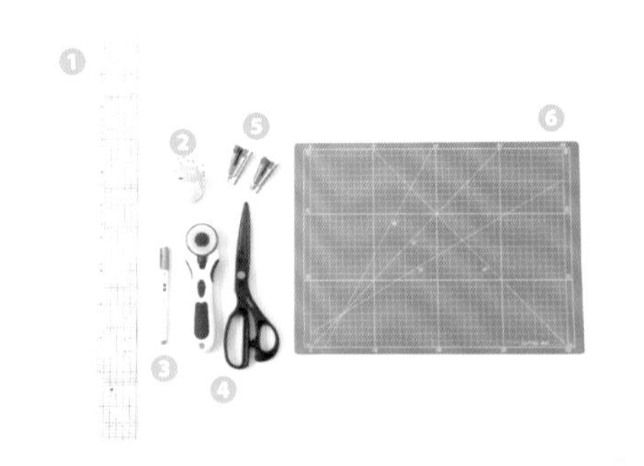

道具

1 方格尺
2 珠針
3 粉土筆
4 輪刀或裁布剪刀
5 滾邊器（右）18mm寬、（左）25mm寬
6 切割墊

材料

喜愛的布料
適量

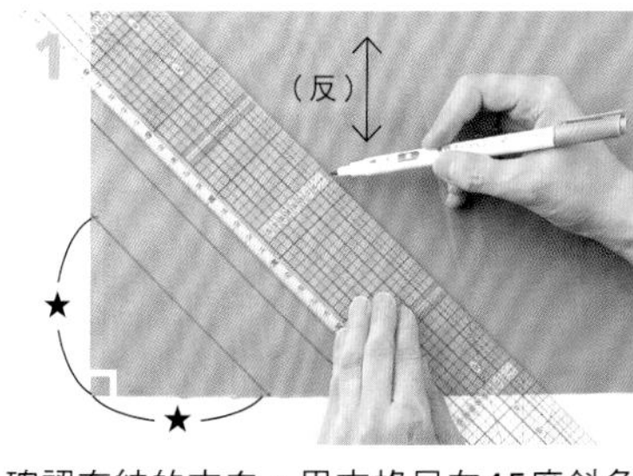

確認布紋的方向，用方格尺在45度斜角的方向畫線。這裡要做的是1.8cm寬的兩摺斜布條，所以要畫出3.6cm的寬度。

詳細內容見P160

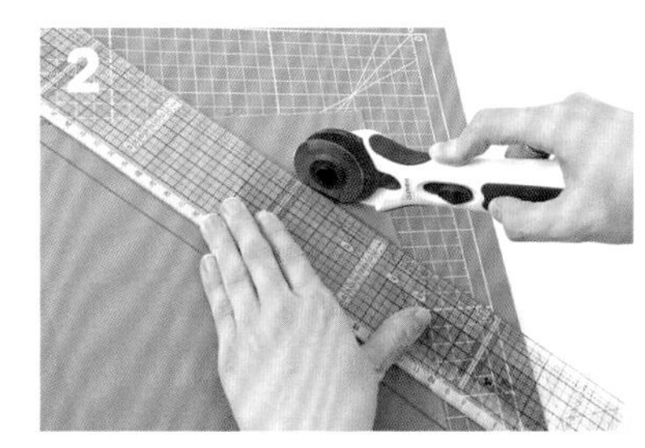

為了防止布料扭曲，必須一面用尺壓著，一面用輪刀或裁布剪刀來裁剪布料。

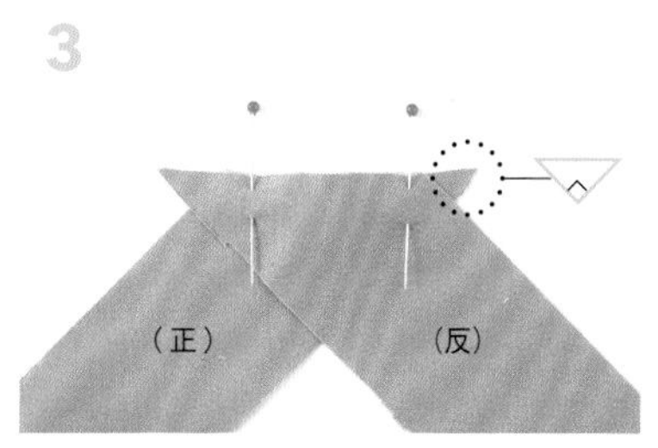

把2片正正相對疊好，讓兩端形成直角等邊三角形，用珠針固定。

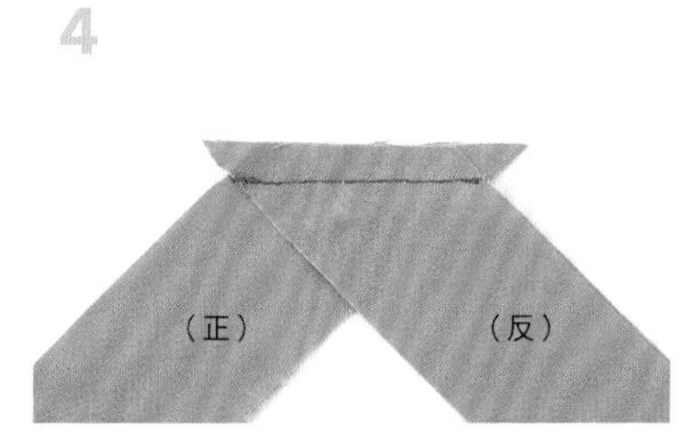

把三角形下方頂點的連線車縫起來。在起點和終點都要回針。

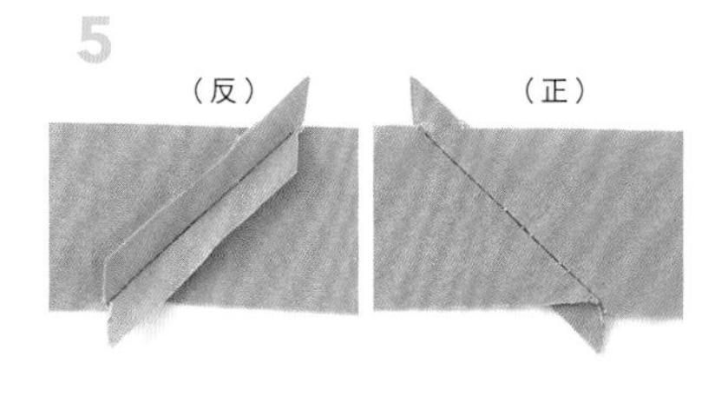

把縫份攤開，避免拉扯布料以按壓的方式用熨斗燙平。

把突出的部分剪掉。

NG

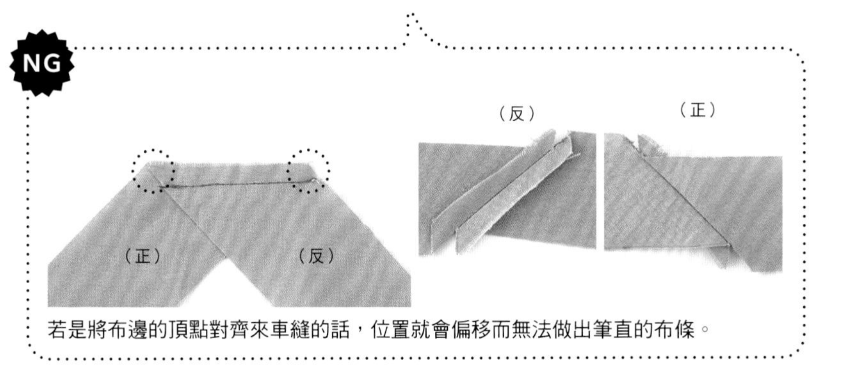

若是將布邊的頂點對齊來車縫的話，位置就會偏移而無法做出筆直的布條。

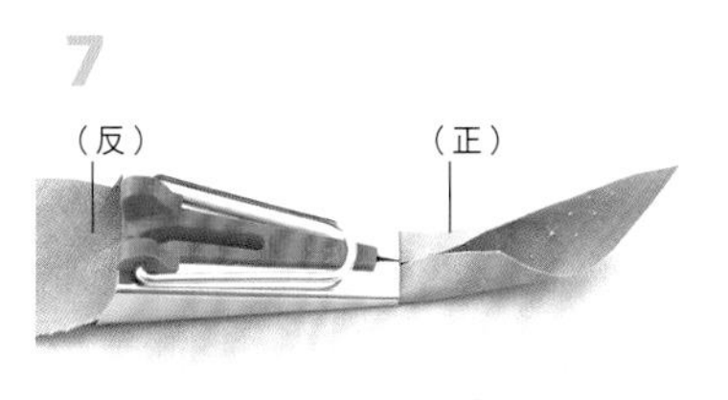

把布條穿過滾邊器。
「滾邊器 18mm寬」／Clover

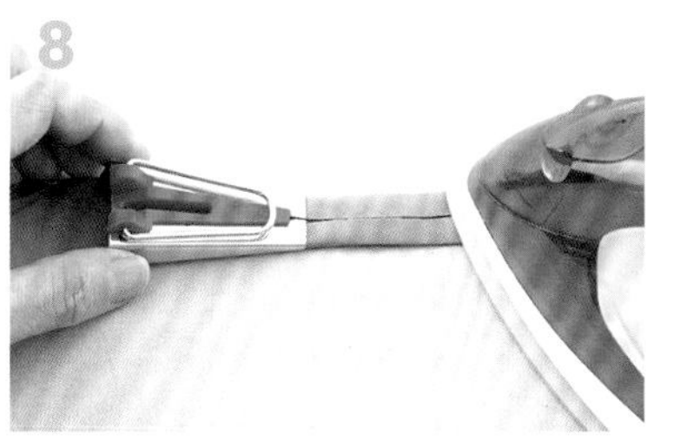

一面將布條從滾邊器拉出，一面用熨斗燙出摺痕。若出現中線位置跑掉的情況，可稍微把布條往回拉來調整形狀。

完成

斜布條的車縫方法

接著來學習2種的車縫方法。以收邊型的布條包住布邊方法又稱為「滾邊」或「包邊」，兩面都看得到布條。兩摺型的布條，由於是將作品的布邊翻摺起來車縫，所以完成後會略為變小，只有單面看得到布條。

用收邊型的布條做滾邊

・方形的情況　使用收邊型1cm寬的斜布條　成品：約10cm見方

事前準備

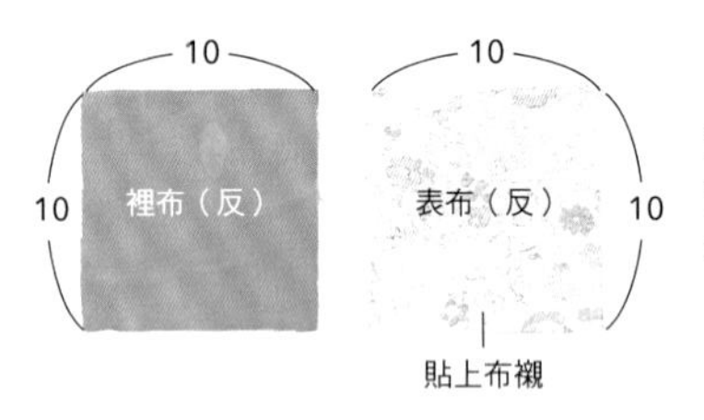

裁剪表布和裡布，在表布的反面用熨斗貼上布襯。

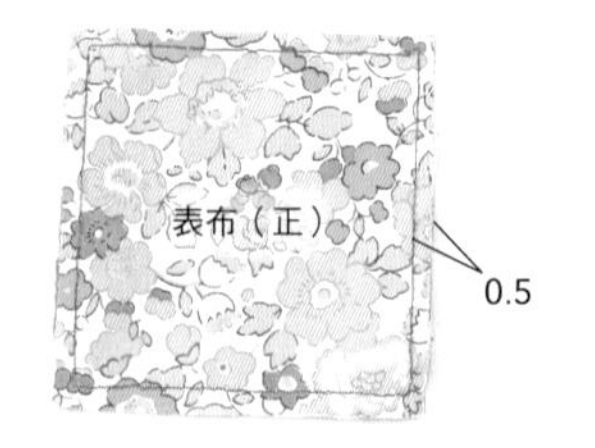

把2片反反相對疊好，並在距離布邊0.5cm的內側車縫起來假縫固定。

1

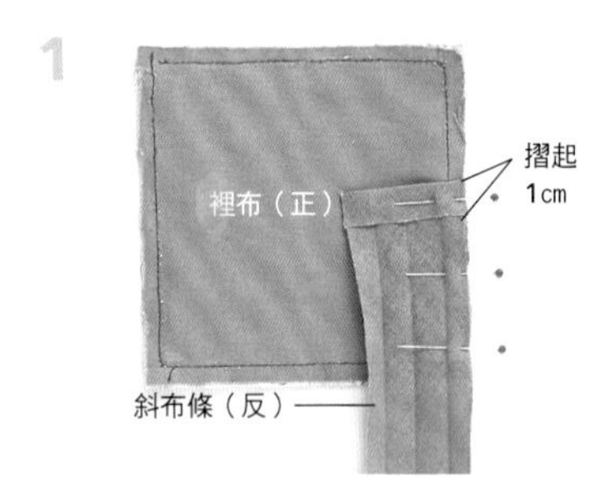

在裡布上把斜布條（兩端先剪成直角）正正相對疊好，用珠針固定。將摺痕攤開，在起點摺起1cm，把裡布和斜布條的布邊對齊。直到第一個轉角附近為止，筆直地用珠針固定好。

2

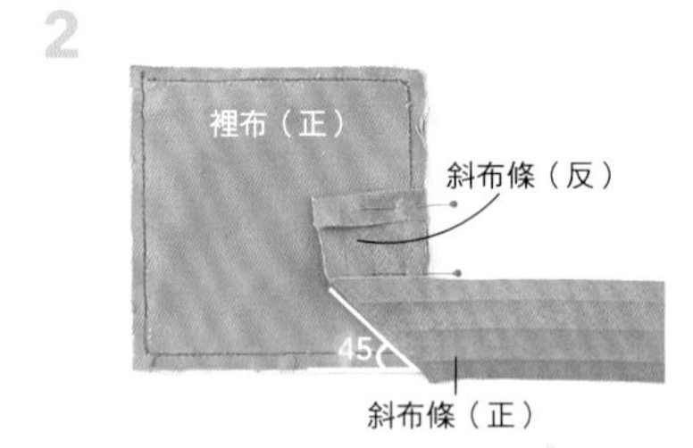

在轉角處把斜布條摺起來，和本體成45度角，用手壓出摺線。

3

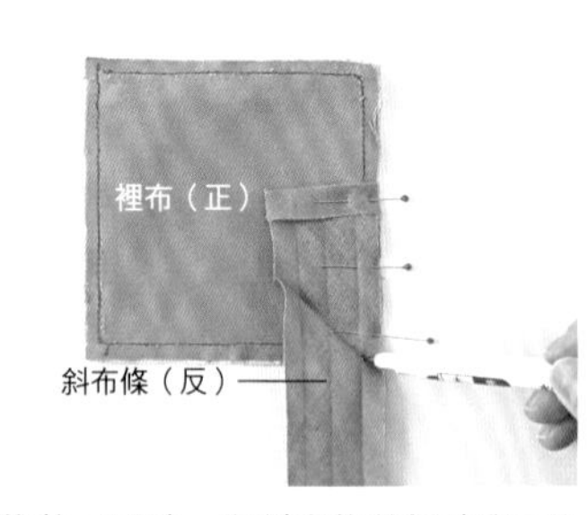

把布條放回原位，在斜布條的摺痕與2的摺線的交叉點做記號。

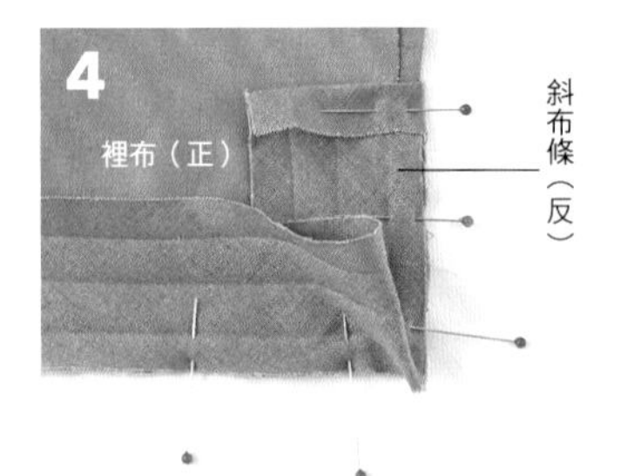

再次沿著2的摺線摺起來，把裡布和斜布條正正相對疊好，布邊對齊。把角豎立起來，用珠針固定。

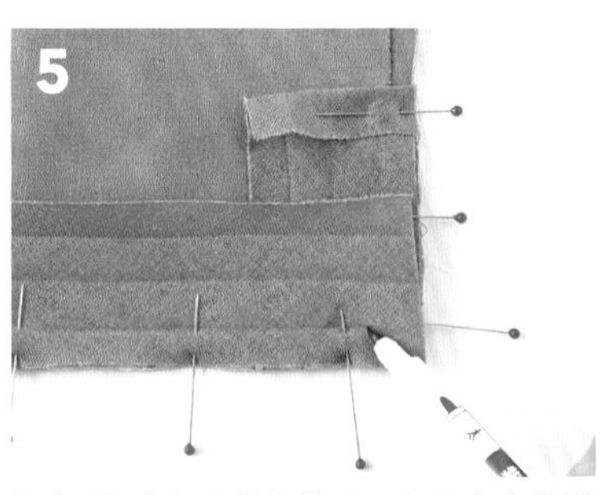

把在4豎立起來的角放平，在角和布條摺痕的交叉點做記號。

6

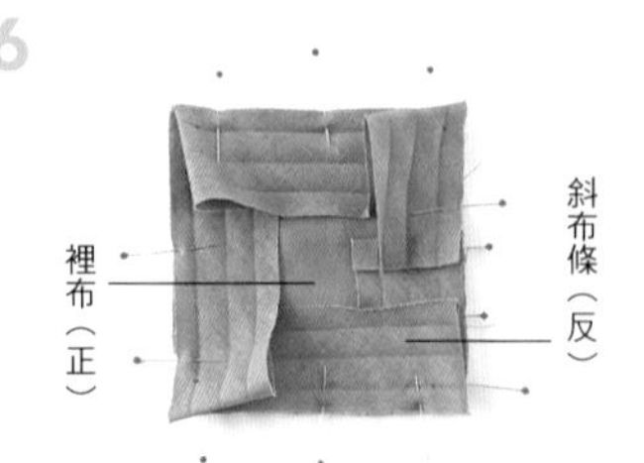

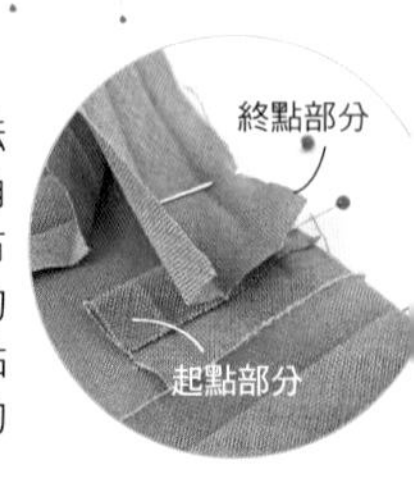

和2～5同樣的方法把其他3個位置的角做好，用珠針把斜布條固定好。在布條的終點保留1cm和起點部分重疊，把多餘的部分剪掉。

7

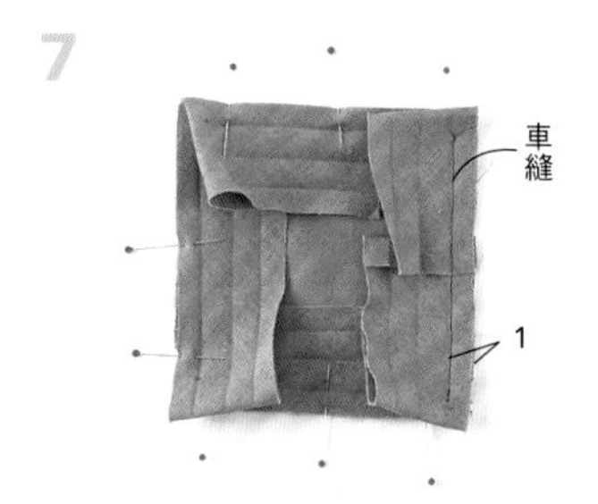

沿著布條最外側的摺痕車縫。起點要回針，車縫到3的轉角的記號為止，在終點回針之後把線剪斷。

8

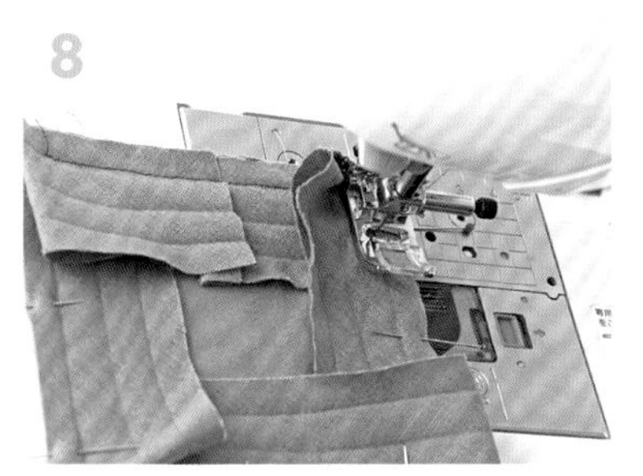

將本體轉向，避開布條上的豎立的角，從5的轉角記號開始先回針再車縫起來。車縫時要小心，不要拉扯布料。

9

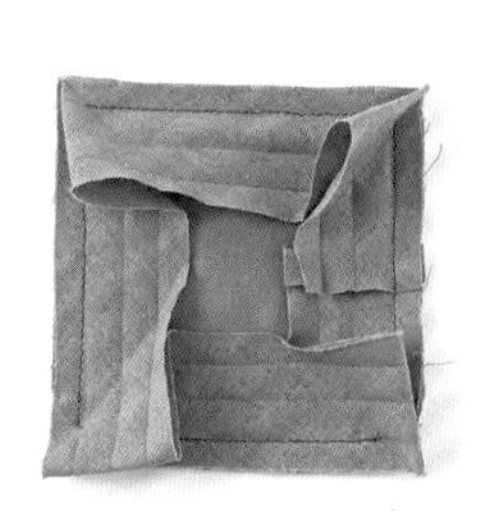

每當車縫到轉角時就結束、剪線，然後轉動方向把其餘3邊都車縫好。

10

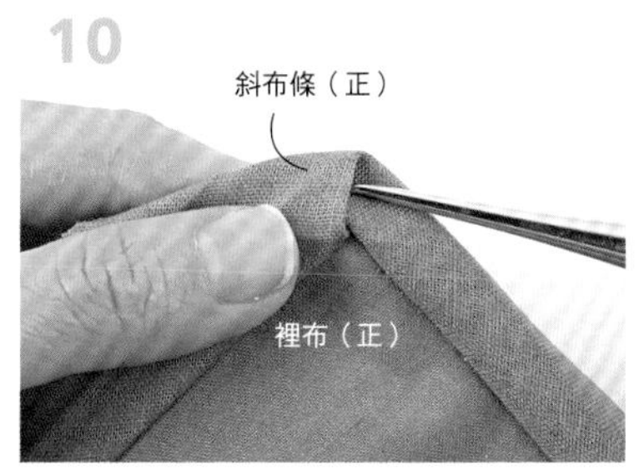

從裡布側邊用錐子整理轉角，邊將斜布條翻回表布側。

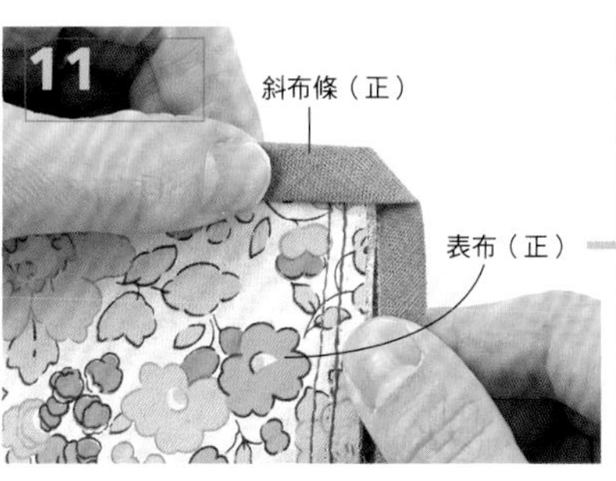

在表布側把斜布條摺疊好。摺疊的時候，要盡量把布條的邊緣以及固定住斜布條的車縫線對齊。

12

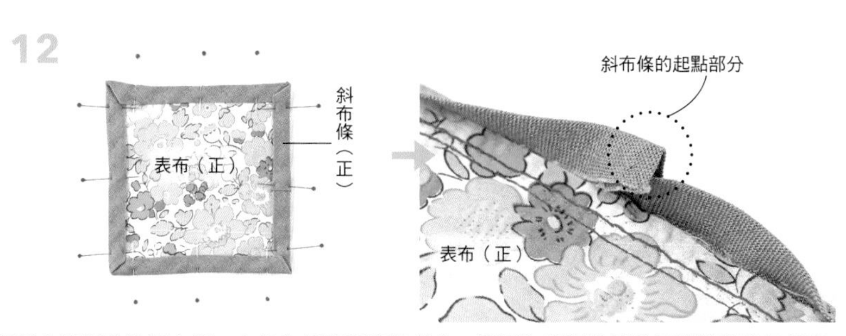

把斜布條用珠針固定好。布條的起點和終點部分，要採取用起點部分把終點部分包起來的方式重疊才能漂亮地收尾。

13

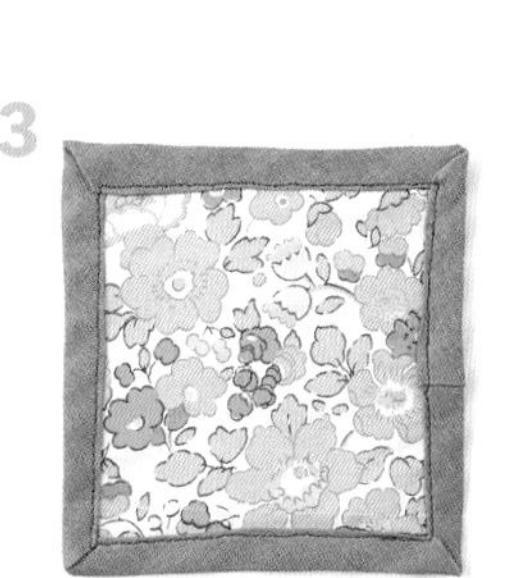

在距離斜布條的邊緣0.1～0.2cm的內側車縫壓線之後就完成了。

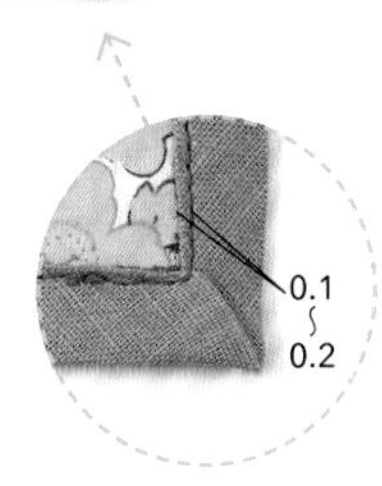

・圓形的情況　使用收邊型1㎝寬的斜布條　成品：直徑約10㎝

事前準備

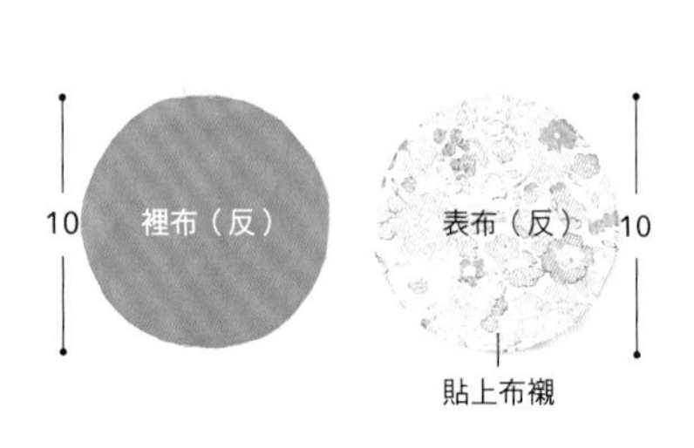

把表布和裡布裁剪好，在表布的反面用熨斗貼上布襯。反反相對疊好，在距離布邊0.5㎝的內側車縫起來假縫固定。

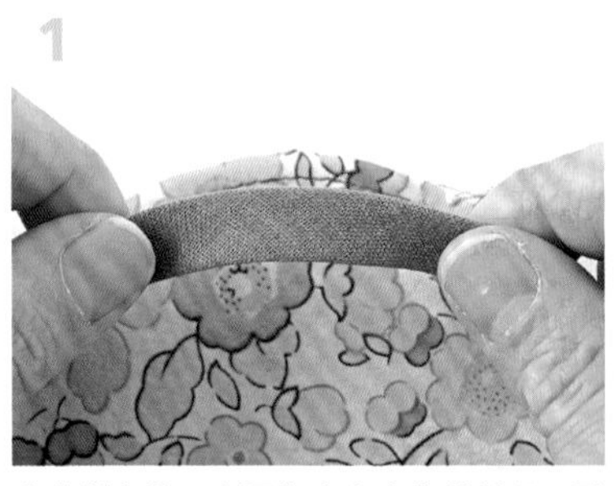

拿著斜布條，利用指尖在布條的外側一點一點的處理，配合本體的曲線做出弧度。

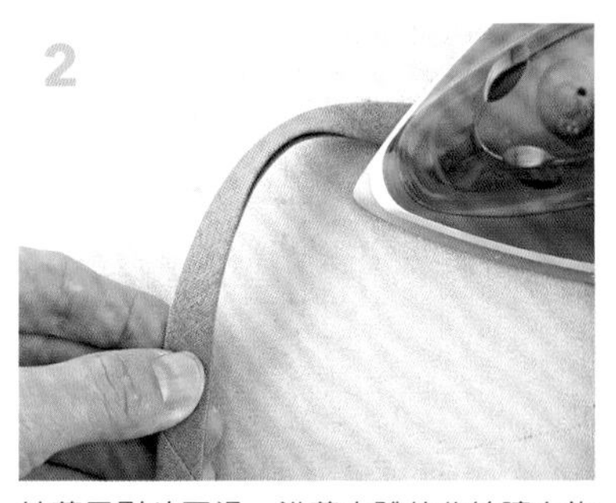

接著用熨斗壓燙，沿著本體的曲線讓布條定型。

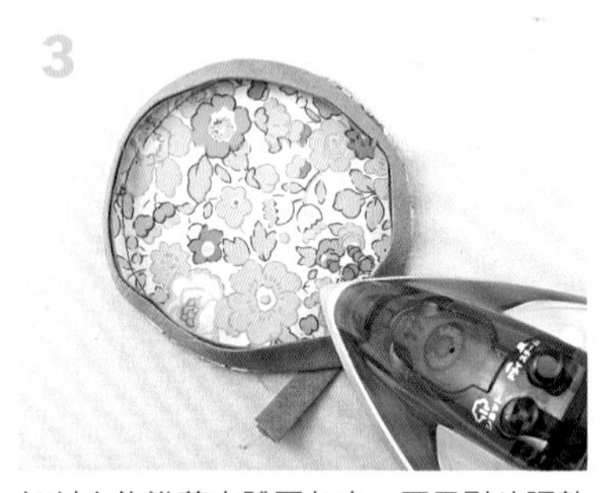

把斜布條沿著本體圈起來，再用熨斗調整形狀。

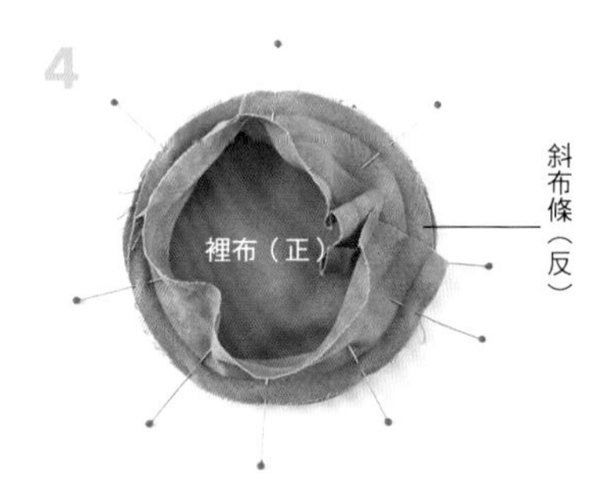

把斜布條的兩端剪成直角之後將摺痕攤開，在起點摺起1㎝。把裡布和斜布條正正相對，對齊布邊之後用珠針固定。布條的終點要重疊1㎝。

沿著布條最外側的摺痕車縫。一面用錐子把布條推送到後方，並一面慢慢謹慎地車縫。車縫時還要注意，不要拉扯布條。

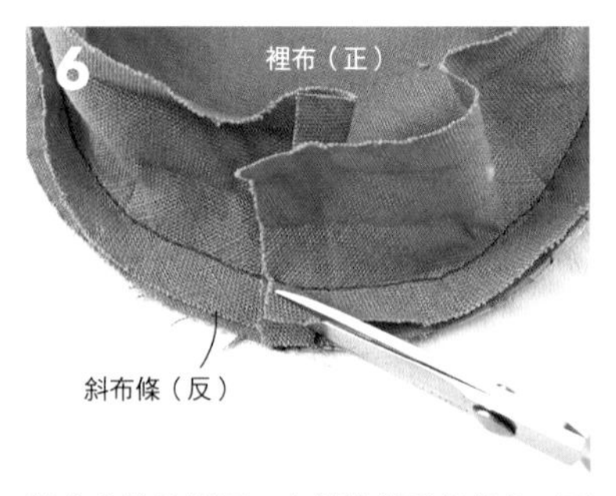

縫合之後的樣子。在縫份的重疊部分，要把疊在上方的布條末端剪成三角形，以減少斜布條的厚度。

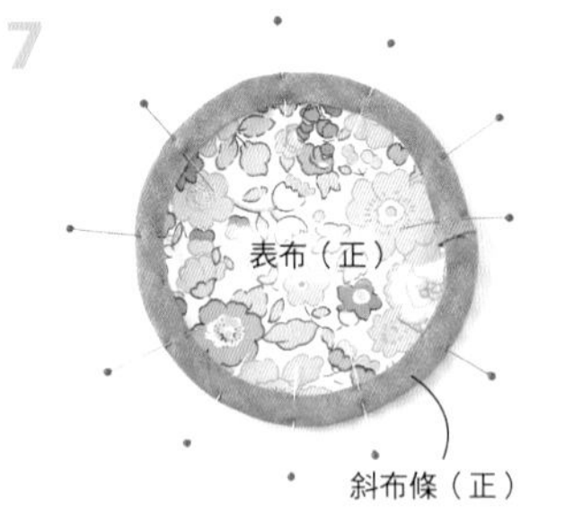

把斜布條翻到正面，以藏住縫線的方式把形狀整理好，用珠針固定。

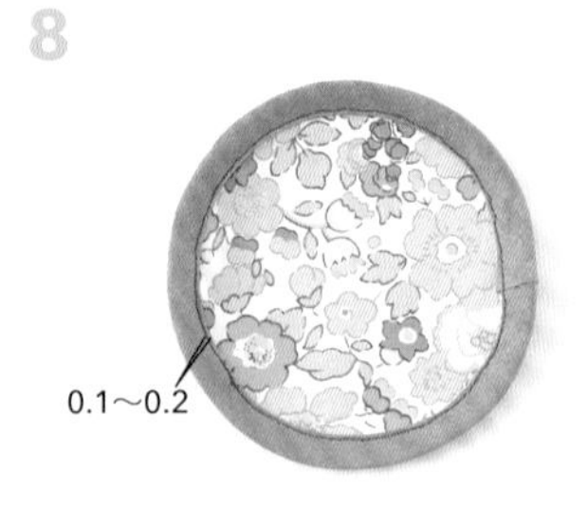

在距離斜布條邊緣0.1～0.2㎝的內側車縫壓線之後就完成了。

用兩摺型的布條做滾邊

使用兩摺型1.3cm寬的斜布條　成品：約8.5cm見方

1

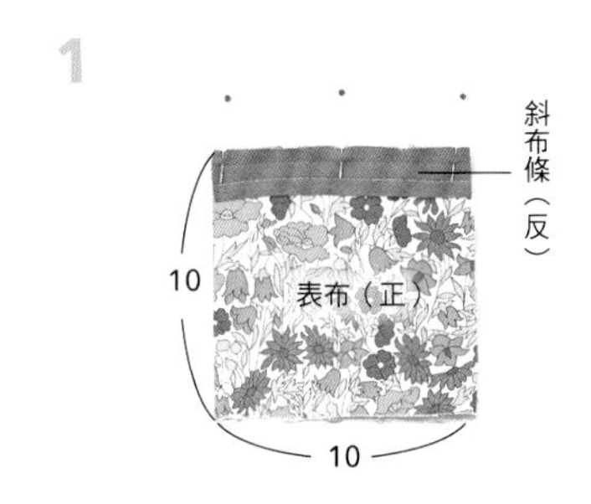

和P56同樣地把表布和裡布準備好，2片反反相對疊好。把斜布條配合布的1邊的長度裁剪之後，只攤開外側的摺痕，和本體的表布正正相對疊好，用珠針固定。

2

下一個邊是重疊在1的上面，把斜布條用珠針固定。

3

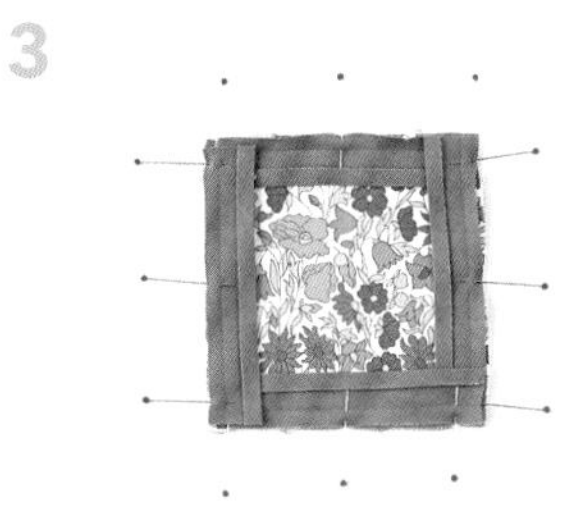

以同樣方式把斜布條固定在4邊。

4

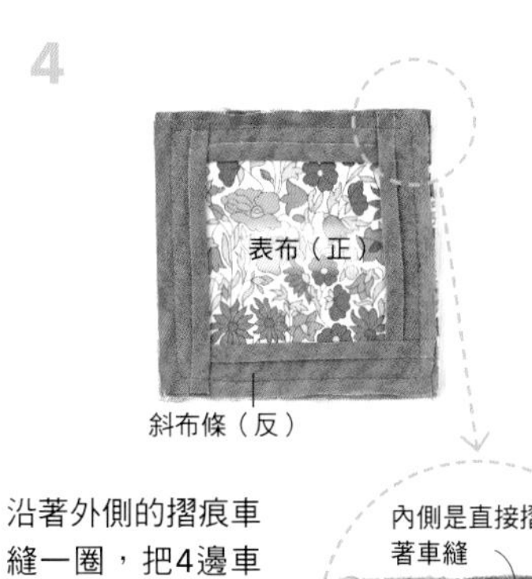

沿著外側的摺痕車縫一圈，把4邊車縫起來。

5

剪掉
裡布（正）
斜布條（反）

把4個角剪掉，並用熨斗把縫份往裡布側摺疊。

6

從表布側用錐子整理轉角，把布條翻回裡布側。

7

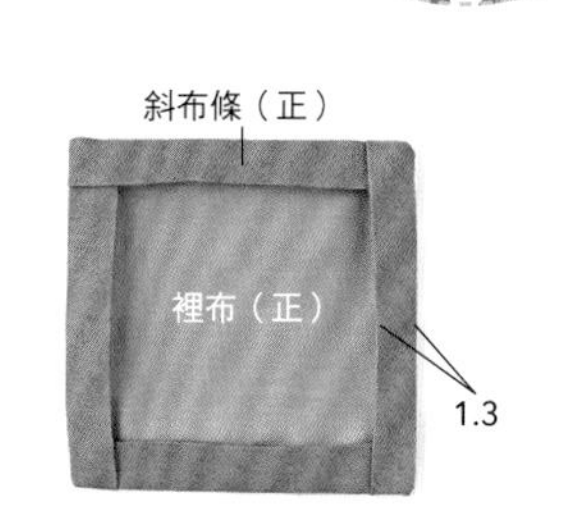

把4邊的斜布條用熨斗整理好。

8

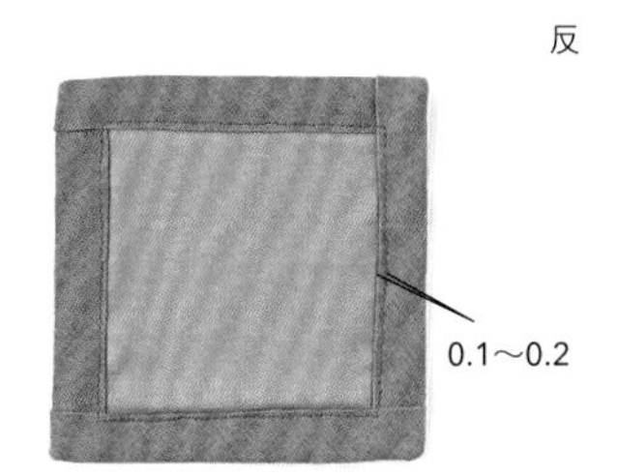

在距離斜布條邊緣0.1～0.2cm的內側車縫壓線之後就完成了。表布側看不到布條，只有壓線。

鈕釦・插式磁釦・暗釦

不需要什麼技巧就能縫住的鈕釦或暗釦，若能正確地縫好的話，
不僅能提升強度，還能突顯出作品的美感。請在此好好復習一下。

鈕釦

和裝飾用的鈕釦不同，縫在襯衫等衣物上的鈕釦，是以舒適感及強度等的實用性為優先考量。所以要用專用的縫線仔細縫好。62頁的「支力鈕釦」是為了防止在對線施力時造成布料損傷的一種薄薄的小鈕釦。通常是和外套等的表側鈕釦一起縫在衣料的背面。

鈕釦線

鈕釦專用的縫線是3股捻成，比手縫線更粗的一種線。相較於手縫線，能以較少的線把鈕釦縫得更牢固。

基本的縫法（雙孔鈕釦）

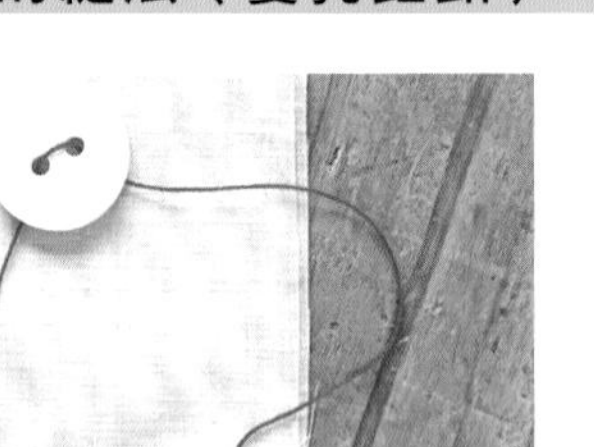

以起針結留在正面的方式把針刺入，挑布出針。把線穿過鈕釦。

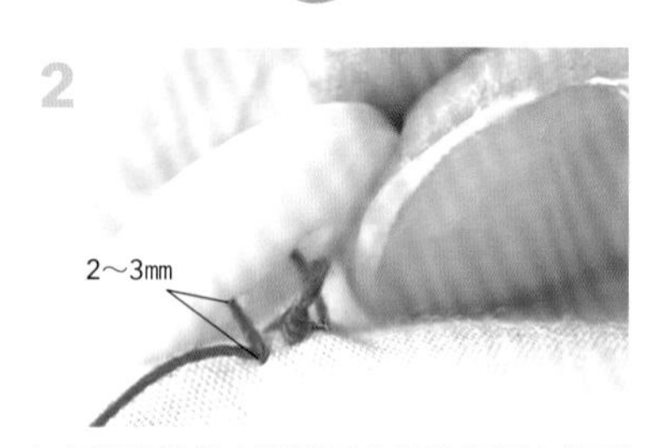

在布料和鈕釦之間留下充足的空間之後再穿線2～3次，做出線腳。

在線腳上，由上而下用線纏繞。

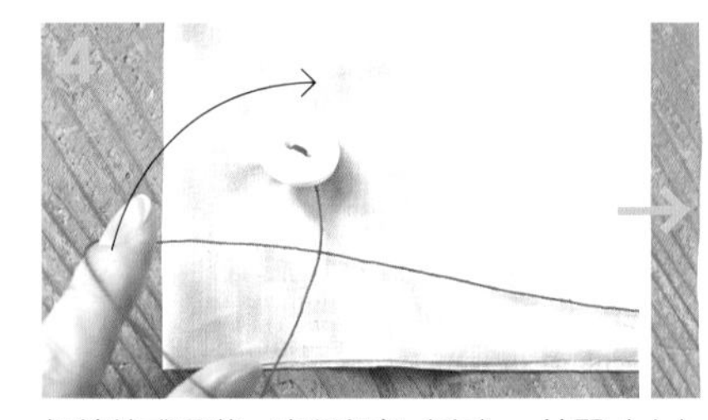

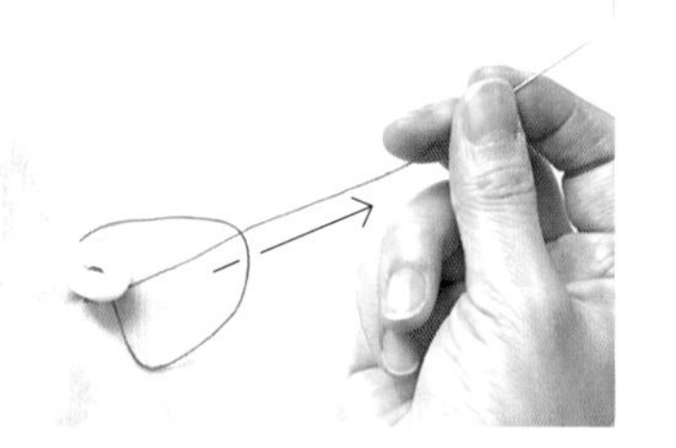

把線繞成圈狀，套住鈕釦（左），拉緊（右）。

把針刺入線腳的根部。

在反面打收針結，把針從旁邊刺入。

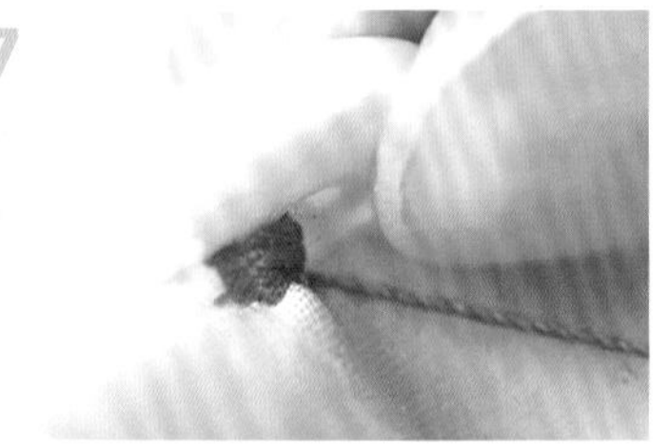

從正面出針，把收針結拉進線腳當中。

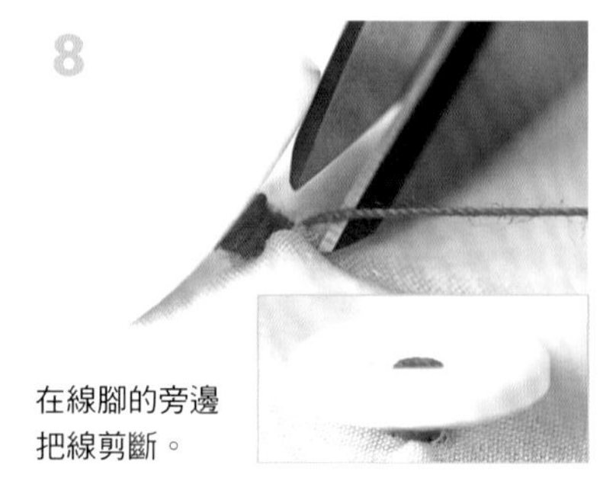

在線腳的旁邊把線剪斷。

其他的鈕釦

・四孔鈕釦

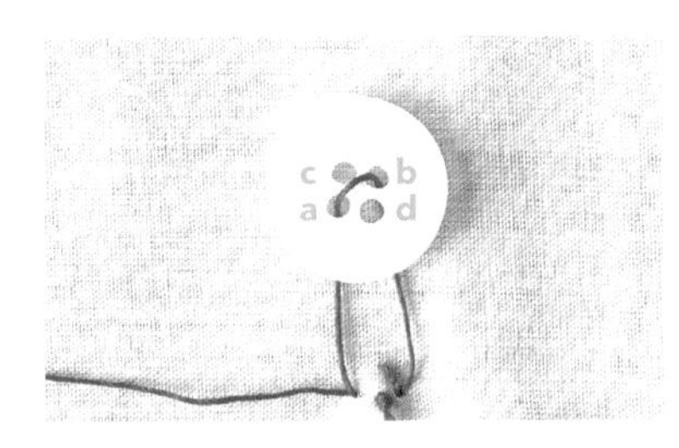

基本上和雙孔鈕釦的縫法相同。可以藉由穿線的方式增添裝飾。「十字」是把線穿過釦孔的時候，以a→b然後c→d的順序，交互地穿線。

十字

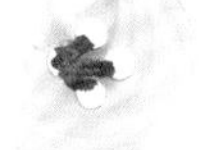
鳥爪

平行

四方形

・立腳鈕釦

基本上和雙孔鈕釦相同，但因為本身已經有腳，所以不必做出線腳。挑布出針之後，在不會起皺的程度下把線拉緊。線要穿過1～2次。

繞線時，只需要在根部繞1圈就OK。之後的步驟和雙孔鈕釦的4～7相同。

在正面把線剪斷就完成了。

・單孔鈕釦

由於孔的下側是突起的，所以線腳要做得比雙孔鈕釦短一點。線要穿過2～3次。

在線腳上用線纏繞2～3圈。之後的步驟和雙孔鈕釦的4～7相同。

在線腳的旁邊把線剪斷就完成了。

作業前多花一道手續，縫起來會更加輕鬆&牢固！

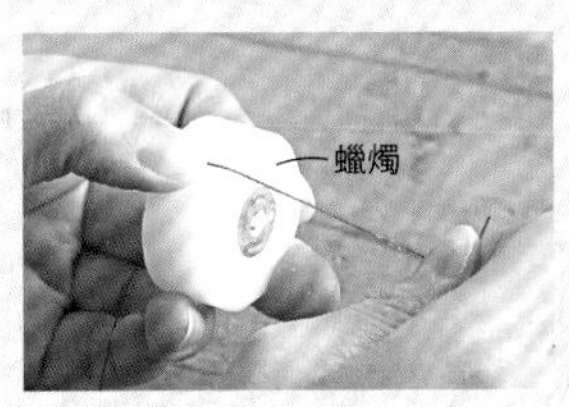

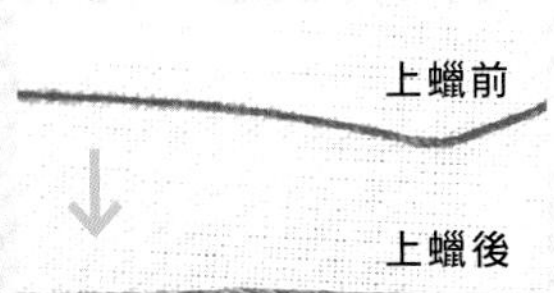

1把線上蠟

把線夾在蠟燭和手指之間，一面抽出一面用線摩擦蠟燭。重複1～2次，讓整條線都沾上蠟。

用室內裝飾用的蠟燭也OK

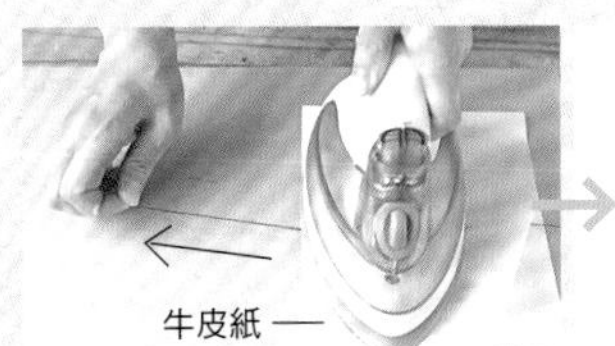

熨燙後

上蠟前

2用熨斗燙過

用牛皮紙把線夾住，以中溫的熨斗壓著，慢慢抽出。整條線變得硬挺之後就完成了。

・支力鈕釦

起針方式和雙孔鈕釦的1一樣，在反面出針之後，把線穿過支力鈕釦。

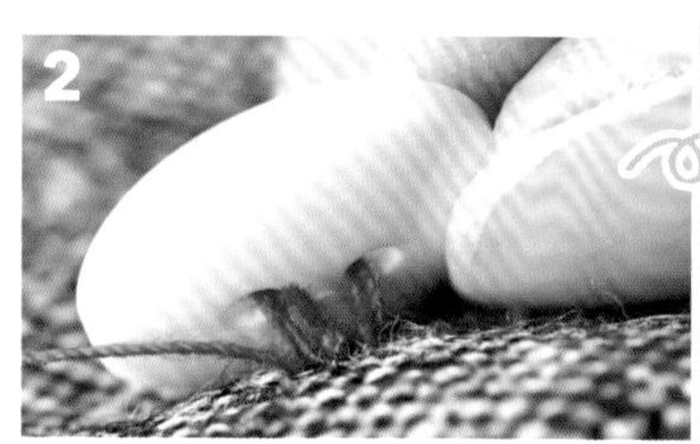

正面的鈕釦要做線腳，反面的支力鈕釦不做線腳。

在正面鈕釦的線腳上用線纏繞之後，在旁邊打收針結。

在正面鈕釦的線腳旁邊把針刺入，從支力鈕釦的下面出針。

在支力鈕釦的旁邊把線剪斷。

正　反

插式磁釦

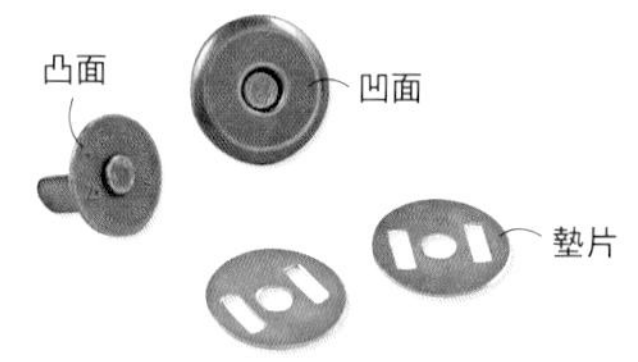

凹凸面的其中一側或兩側帶有磁石，能夠緊密結合的插式磁釦。也有手縫式的，但一般都是必須在布料上劃出切口把腳插入的類型。為了避免布料在使用途中裂開，最好先貼上布襯等補強之後再安裝。

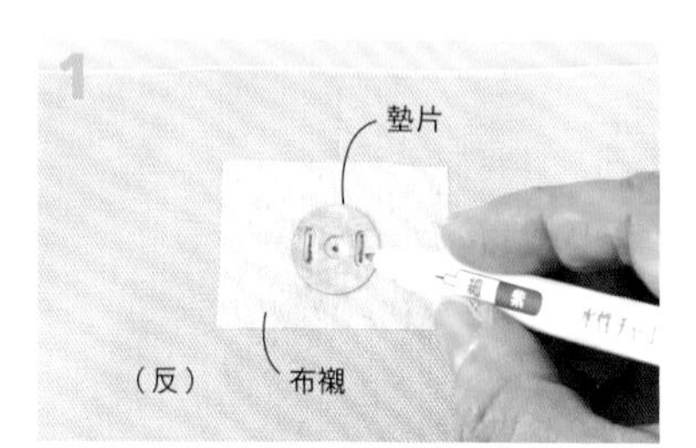

在磁釦安裝位置的反面，貼上裁成小塊的布襯，把墊片放上去做記號。

拿掉墊片。在記號的位置用美工刀劃出切口。

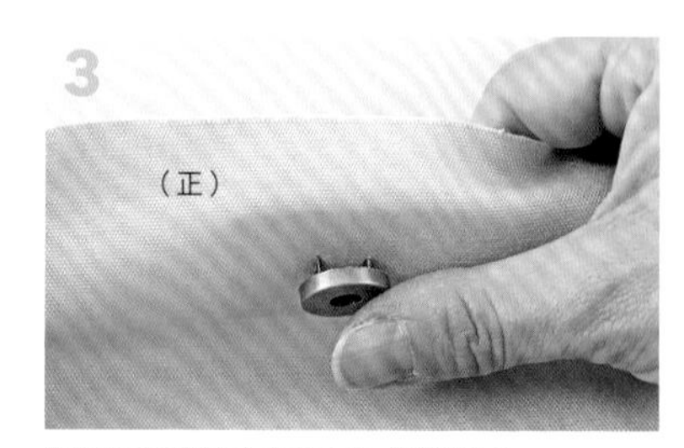

從正面把磁釦（凹面）的腳插入。

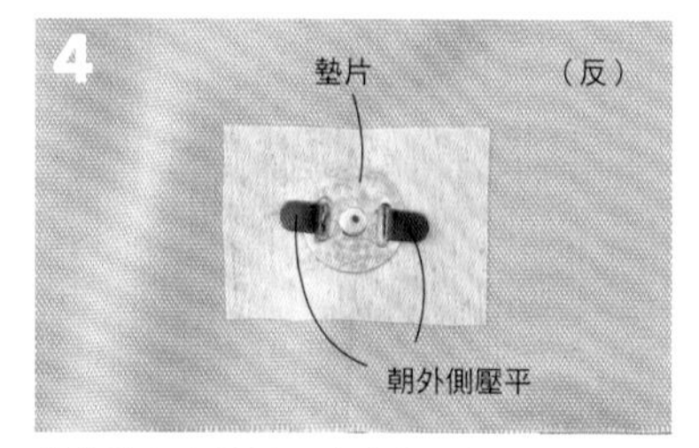

將墊片套在從反面穿出的腳上，把腳朝外側（朝內側亦可）壓平。

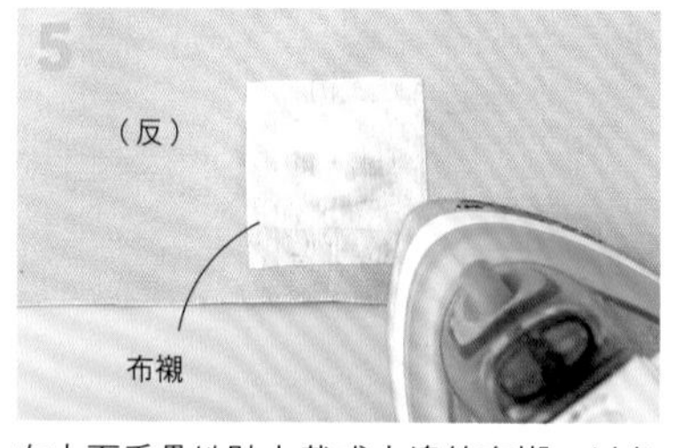

在上面重疊地貼上裁成小塊的布襯，以免金屬零件接觸到其他的布料。

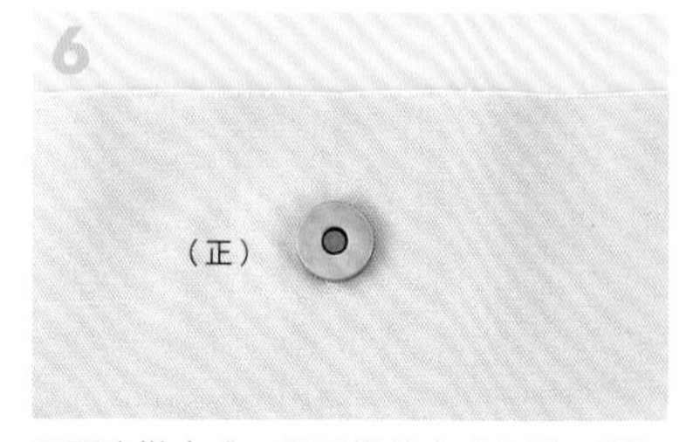

凹面安裝完成。用同樣的方式在另一側把磁釦的凸面安裝好。

暗釦

不需要在布料上開釦孔，能夠輕易穿脫是暗釦的優點所在。縫的時候，先讓針穿過線圈再把線拉緊的話，看起來會更美觀。

1

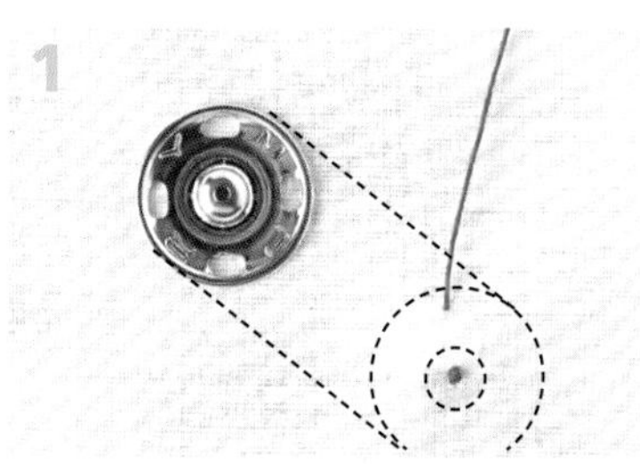

把起針結留在暗釦中央的位置，挑布出針。在孔的附近把線拉出。

2

調整暗釦的位置，讓線位在孔的右端（左），在旁邊挑布出針（右）。

3

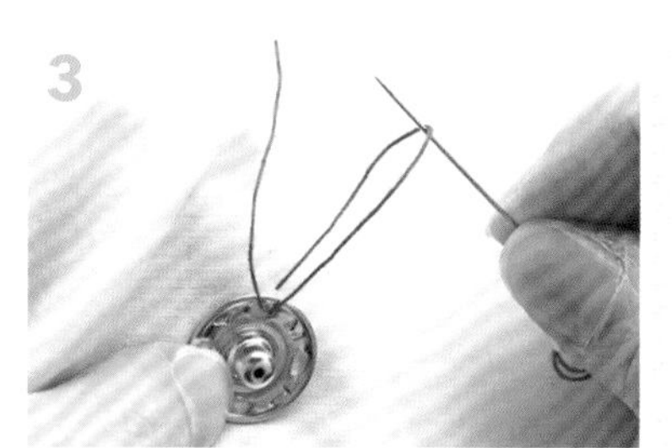

讓針穿過在2挑布出針之後所形成的線圈部分（左），朝著下方把線拉緊（右）。

4

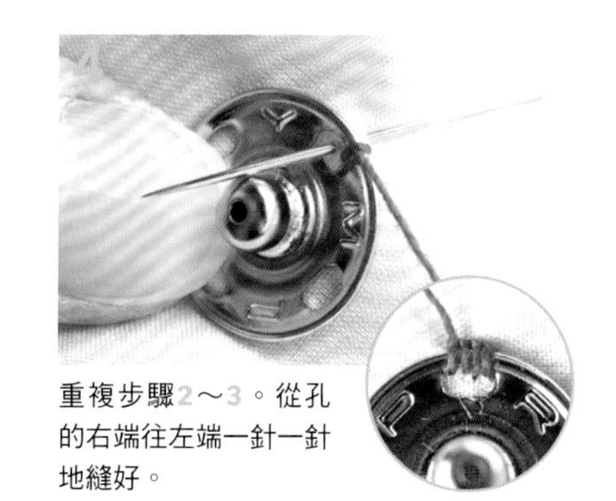

重複步驟2～3。從孔的右端往左端一針一針地縫好。

5

來到孔的左端之後，把針穿到旁邊的孔繼續縫。

6

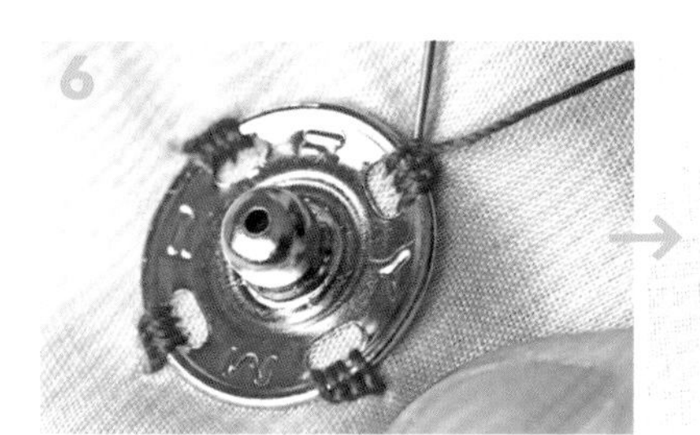

收針結

以同樣的方式把所有孔都縫好之後（左），在反面打收針結（右）

7

從鈕釦的略偏內側把針穿出正面（左），在旁邊把線剪斷（右）。
凹側也同樣縫好。

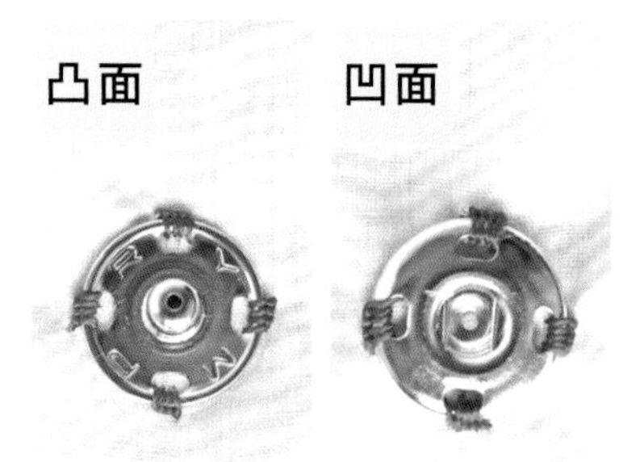

標籤

只需簡單的縫上去就能大大提升美觀度的標籤，是手作的必備配件。
把縫份彎曲起來好好定型，車縫之前先用白膠暫時固定是訣竅所在。

標籤縫法的種類

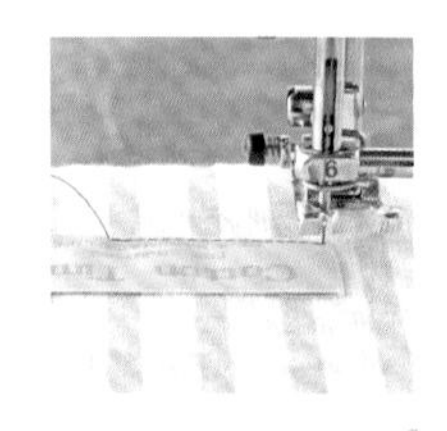

從不起眼的位置開始縫。

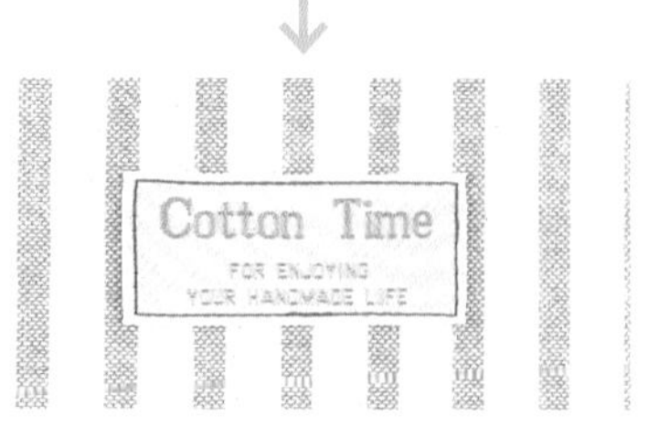

四邊框起來車縫

沿著周圍車縫固定的方法。轉角對不齊的情況，只要把1個針目的針腳縮小來調節就會漂亮了。由於回針會很明顯，所以重疊2～3針之後把線拉到反面打結、剪斷即可。

車縫兩側

建議用於柔軟或具有伸縮性的布料的縫法。針腳要有1目落在布料上，在針腳上回針。為了避免布料起皺，以有點鬆弛的狀態來車縫是訣竅所在。

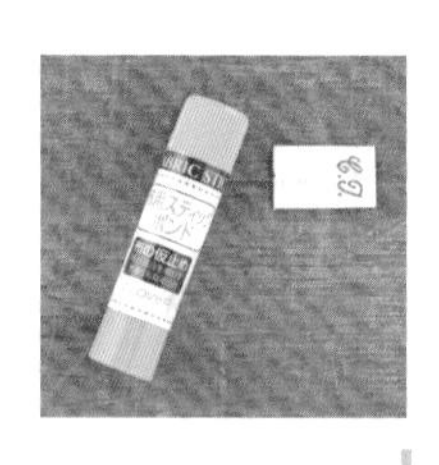

先在對摺的標籤內側塗上白膠固定也可以。

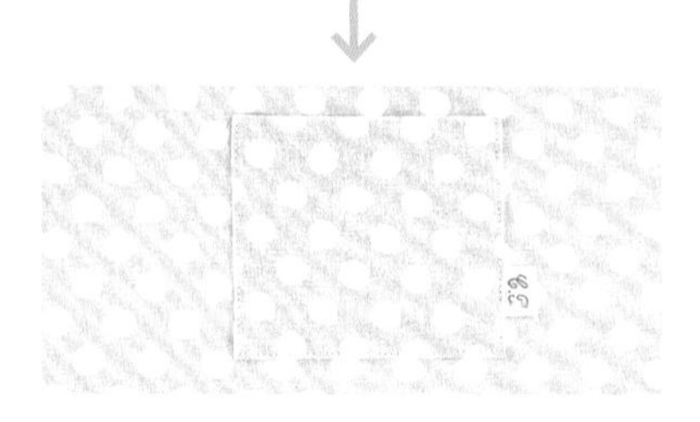

把標籤夾住

如照片所示以口袋夾住，或是用來裝飾衣服下擺、包包側邊的縫法。要加上縫份來縫。由於傾斜的話會很明顯，所以最好先在縫入部分的邊緣用白膠暫時固定，先做疏縫也行。

漂亮地縫上標籤的方法（四邊框起來車縫的情況）

1 剪一段寬度不會影響到車縫線的雙面膠（這裡是0.5cm寬），把標籤暫時固定在表布上。

2 用縫紉機車縫3邊。

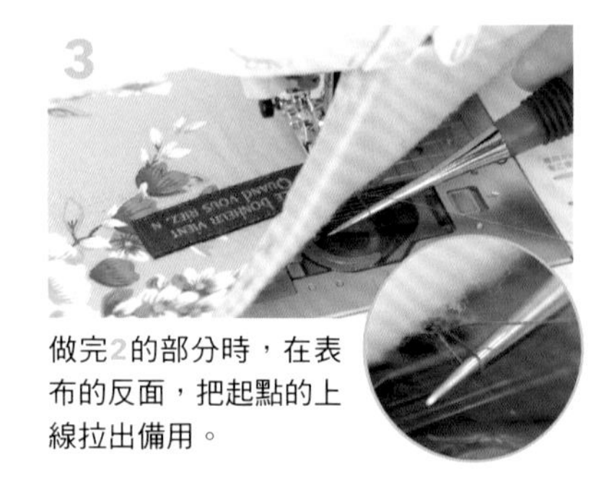

3 做完2的部分時，在表布的反面，把起點的上線拉出備用。

4 車縫剩下的1邊後和起點重疊1.5cm左右。

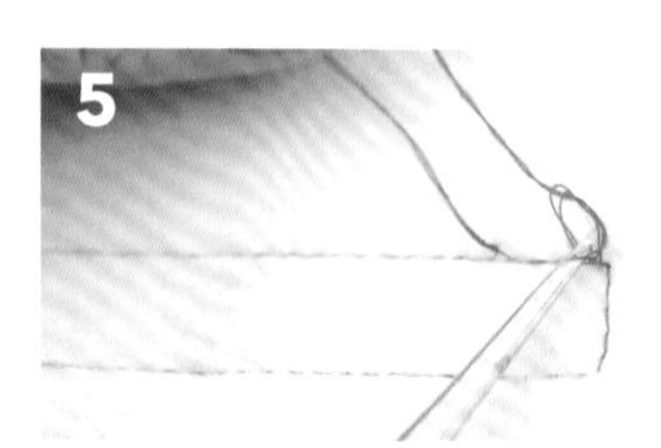

5 車縫完畢後，從表布的反面把下線拉出。把終點的上線也拉到反面，打結之後把多餘的線剪掉。

正面沒有線頭冒出，完成。

應用篇

arrange technique p66

practice work p100

在應用篇中，除了最近流行的布料、材質以及配件類等，
也會一併介紹將這些東西加以活用的作品。
還有許多讓平時的作品變得更加精進出色的點子。
另外，束口袋、拉鍊化妝包、蛙口包等經典款式，
都會附上照片流程詳細解說。
希望對於將來作品的創作靈感能夠有所啟發。

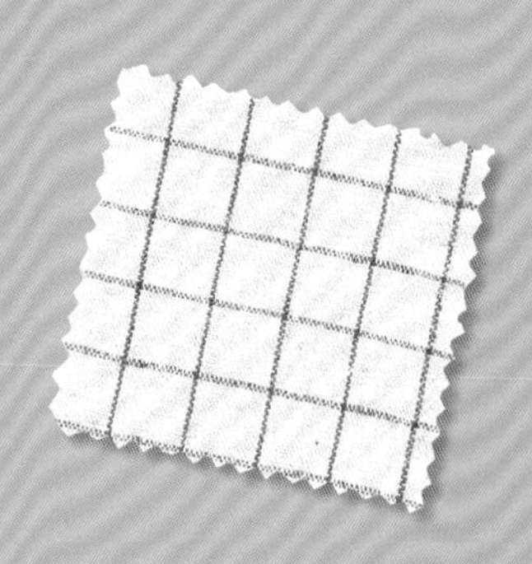

● 流程中的單位是cm。
● 為了讓說明更容易了解，所以更換了線的顏色，實際製作時請使用搭配布料的顏色。

帆布

**堪稱為經典、已成為今日主流的人氣素材。不管是厚度或加工方法都很豐富。
現在就來學習厚重布料特有的處理方法，並活用於作品的製作吧。**

認識帆布

原本是帆船的帆所使用的，非常結實的布料。很適合用來製作戶外娛樂方面的休閒物品。由於珠針幾乎派不上用場，所以要活用夾子和雙面膠。骨筆或木槌等用來處理厚布的獨特工具也要善加利用。

常用的8～11號的色彩相當豐富，然而和牛津布或葛城斜紋布比較起來，花布較少素布較多。

號碼越小質地越厚。

整理帆布的布紋

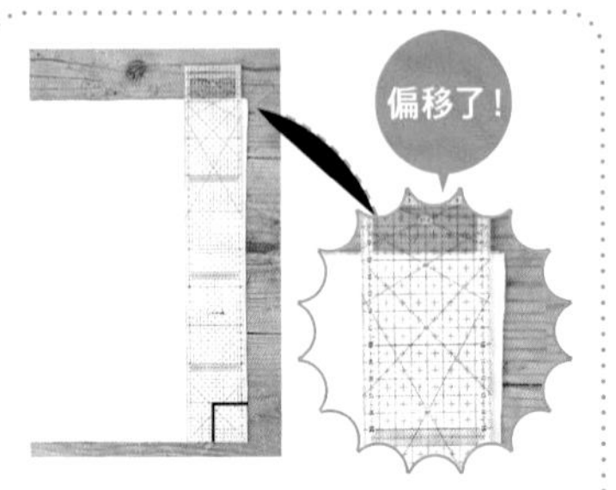

帆布的布邊大多是歪斜的，就算憑藉直尺畫出了直線，布紋也不會變正。帆布因為線紗粗，歪斜比較明顯，所以一定要做好事前處理。

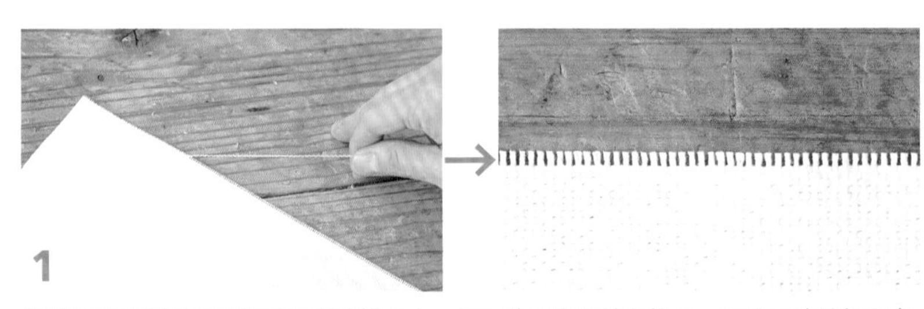

從邊端到邊端直到紗線呈平直狀態為止，把中途冒出的線紗拔掉。經紗和緯紗都要處理，把多餘的線紗剪掉。

確認歪斜的方向之後，用手輕輕拉扯加以矯正。

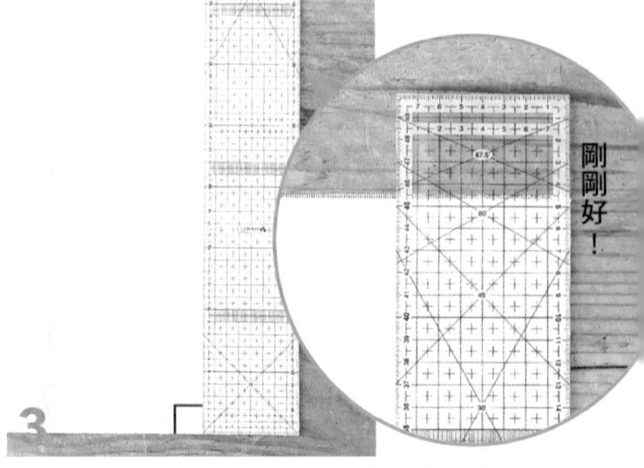

放上方格尺檢查一下，四個角都工整地變成直角，布紋回復至平直狀態。

車縫的重點

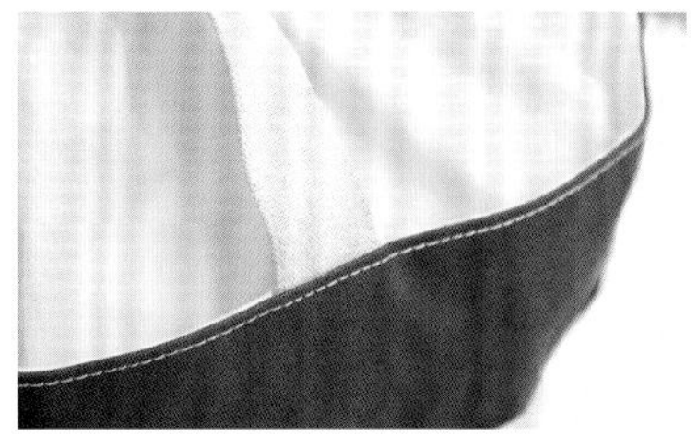

1 針距設在0.3cm左右

把縫紉機的針距設在0.3cm左右。以1cm為3針左右的方式來車縫的話，縫線看起來會更美觀。

2 用夾子或雙面膠來替代珠針

車縫提把或內口袋的時候，用珠針固定的話很容易讓布料變得扭曲。用夾子固定也行，不過更建議使用手藝用的雙面膠。在不會影響到車縫線的地方貼上膠帶來固定。

11號帆布的情況

14號

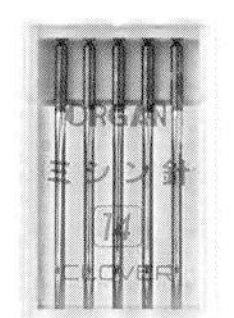

60號

※8號帆布的情況是用16號的針，30號的線來車縫。

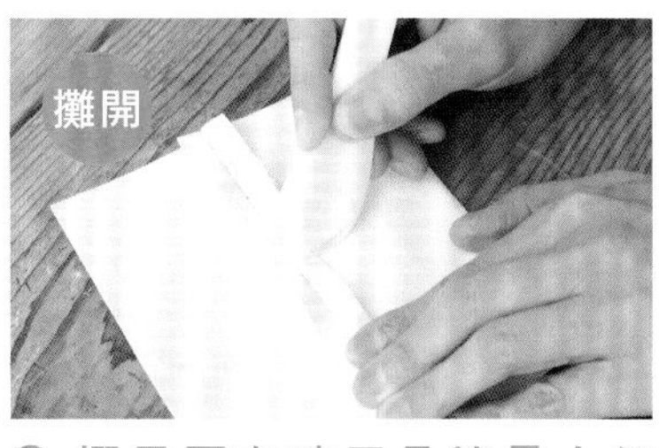

3 摺疊厚布時用骨筆最方便

進行攤開縫份、摺疊之類的作業時，骨筆是最佳的工具。薄帆布的話用熨斗也行，但厚帆布或是經過石蠟加工的帆布因為無法使用熨斗，所以只能靠骨筆了。

也可以用來畫縫份線

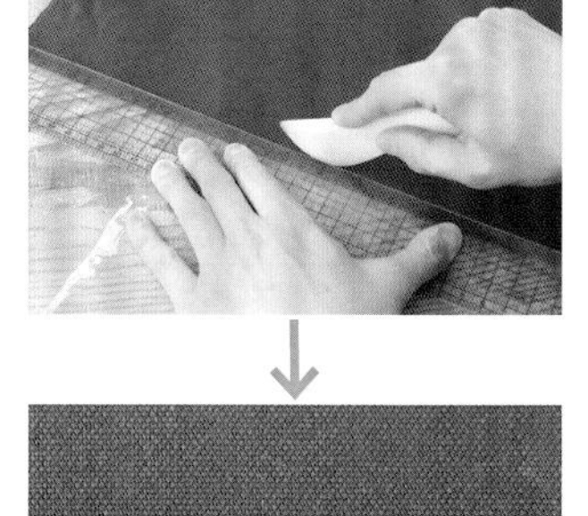

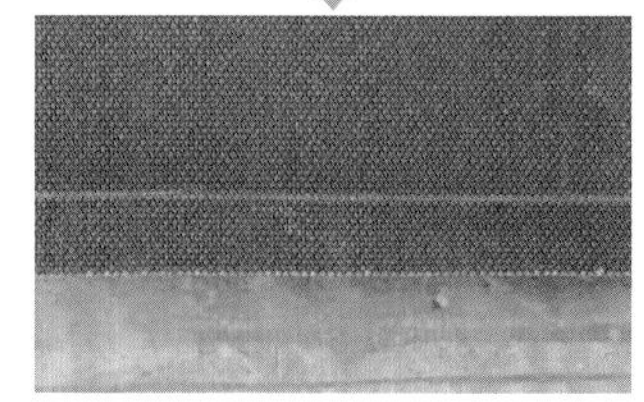

石蠟加工帆布可以使用骨筆來畫縫份線。

木槌

4 用木槌敲打來減少厚度

包包的袋口周圍或側邊的部分等，總是容易顯露出布料的重量及厚度。這個時候，不妨在車縫之前隔著墊布用木槌敲打縫份。厚度減少了之後，不只看起來漂亮，車縫起來也更順暢。沒有木槌的話，也可以用包著布的鐵鎚來替代。

帆布托特包的側襠作法

說到帆布就想到托特包。要做出能夠大量收納的尺寸，就不能沒有側襠。接下來會介紹2種，能夠用縫紉機簡單縫製且堅固耐用的側襠的作法。

摺疊起來製作的三角側襠

1

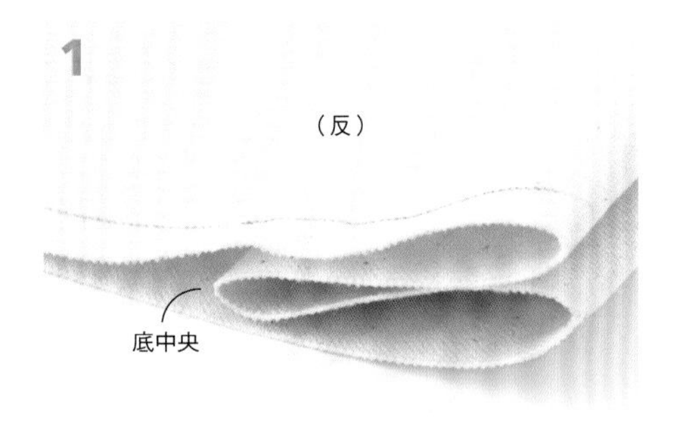

把底中央往內摺入。

2

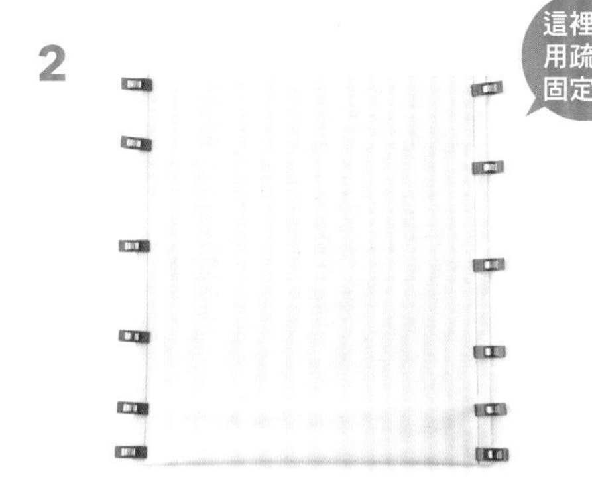

兩側用疏縫固定夾固定好。

3

車縫兩側。

4

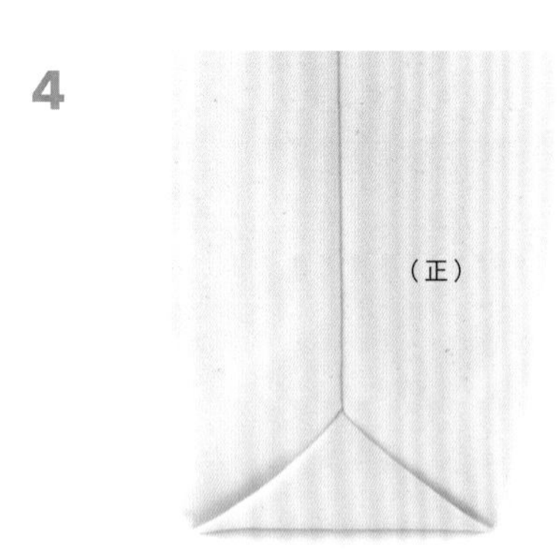

翻回正面，三角側襠就完成了。

家用縫紉機能夠車縫的帆布厚度

家用縫紉機能夠車縫的帆布大概是8～11號。其中包括水洗處理的酵素水洗、上漿加工以及上蠟的石蠟加工等製品。酵素水洗因為經過軟化的關係，即使是8號也相對容易車縫。希望11號帆布的包包能自行站立的話，也可以採用貼上彩色布襯或有花樣的布襯來增加強度的方法。

左起，酵素水洗，上漿加工，石蠟加工、石蠟加工印花的帆布。每一種帆布的質感或硬度都各不相同。

存放中的布料出現摺痕該怎麼辦？

帆布建議以捲成筒狀的方式來存放。若是出現摺痕，可以隔著墊布用熨斗低溫熨燙看看情況。如果還是感到在意，可試著使用在完成後看不到的地方。

正面壓線的三角側襠

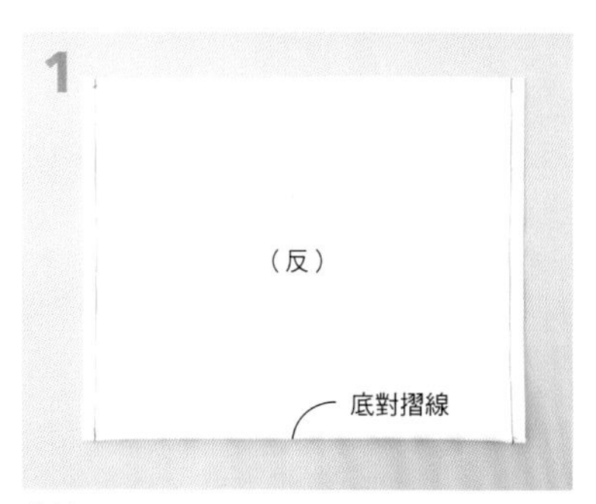

車縫兩側。

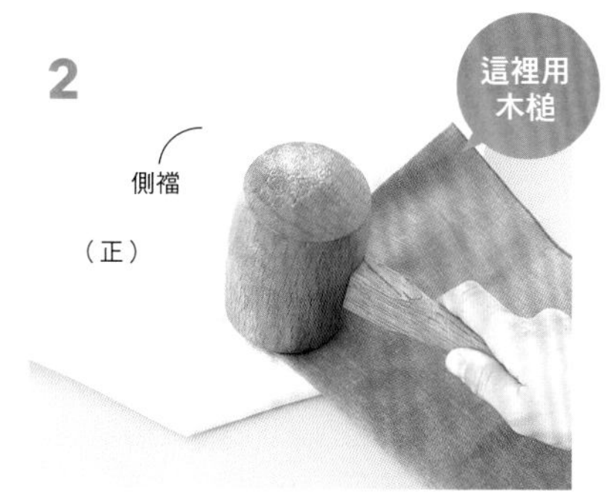

翻回正面之後把側襠向上摺疊，鋪上墊布用木槌敲打布料。厚度減少了之後會更容易車縫。

把手藝用雙面膠貼在不會車縫到的位置。

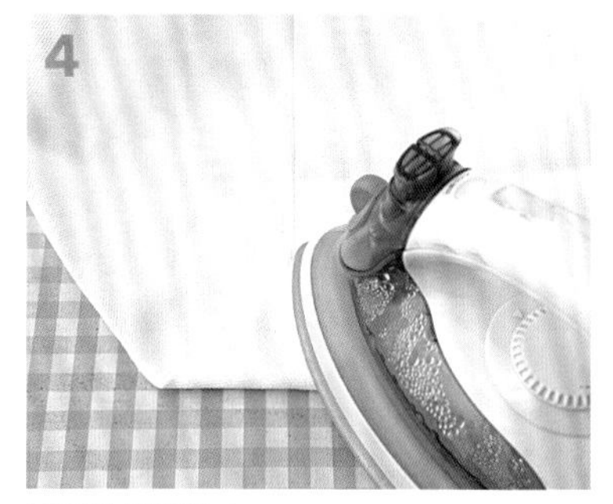

用熨斗熨燙黏合。

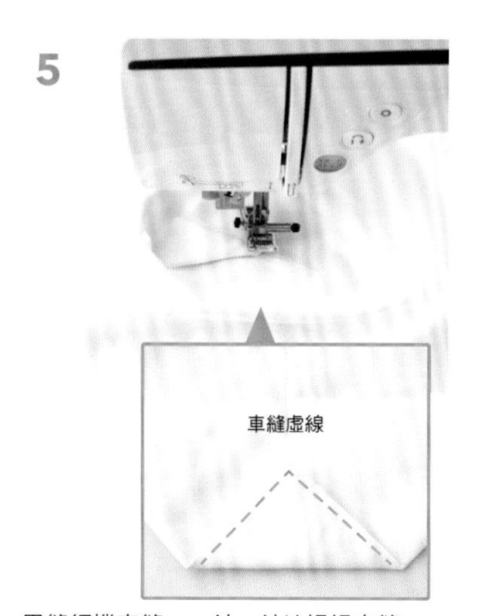

用縫紉機車縫。一針一針地慢慢車縫。

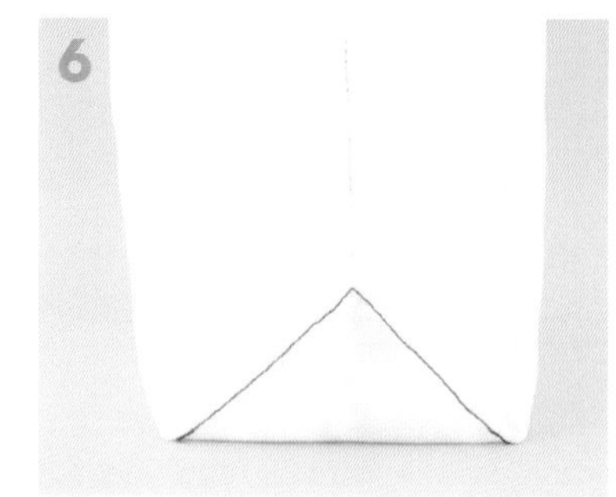

完成。

帆布不能疏縫嗎？

如果是11號帆布或是柔軟的酵素水洗帆布，就可以疏縫。另一方面，質地較厚或是上漿加工、石蠟加工等的帆布，由於針不容易穿過，所以很難疏縫，而且會在布上留下針孔。遇到這樣的情況時。建議以手藝用的雙面膠或手藝用白膠暫時固定。為了防止把針弄髒，避開車縫的位置黏貼是重點所在。

附內袋的帆布包，訣竅是把裡布稍微裁大一點

外袋是帆布、內袋是牛津布等又硬又沒伸縮性的其他素材的情況，不妨把內袋的尺寸加大0.1cm左右來裁剪，車縫位置也與之配合向外側移動0.1cm。由於縫合袋口周圍的時候內袋是處於外側，所以尺寸會和外袋配合得剛剛好。縫合的時候，要看著外袋的帆布側來車縫才不容易位移。

帆布 的作品

收納貴重物品的隨身小包

堅固又不易變形的帆布，是最適合精巧的隨身小包的素材。搭配地圖花樣選用的鮮綠色帆布也相當搶眼。
（Design／岩崎弘美）

成品：約長22×寬16cm
作法➡ 132頁

P62 磁釦
P96 環

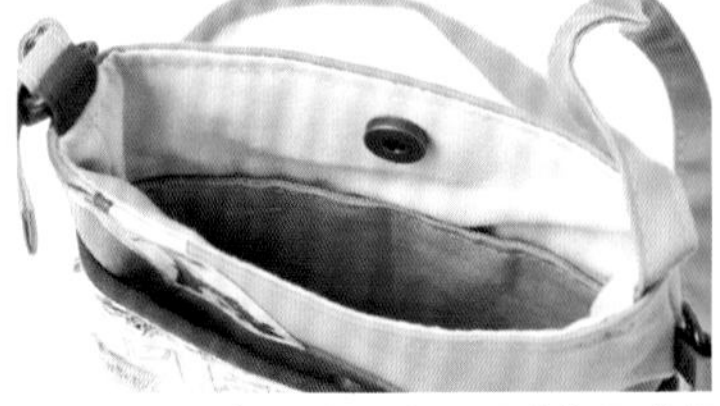

上／利用磁釦緊密閉合。零碎物品或想要立刻拿出的東西就收納在內口袋。
左／在側邊的D型環掛上鑰匙圈，就能直接放入前口袋。

帆布 的作品

帆布托特包

別緻的黑色與利伯緹印花布的組合，強烈地突顯出帆布包包的大人風貌。別具巧思的提把安裝方式也是注目的焦點。
（Design／山本靖美）

成品：約長32×寬36㎝、側襠寬約16㎝
作法➡ 131頁

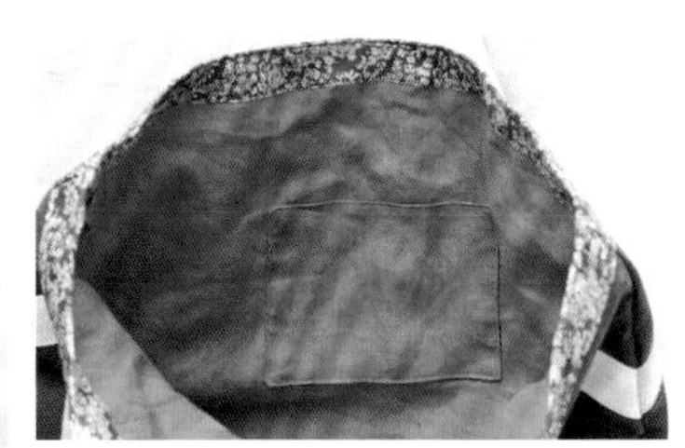

上／裡布是從利伯緹印花布的圖案中挑出橘色來提升華麗感。左／利用市售的厚織帶製作的提把，不只做起來簡單，在強度方面也令人安心。側面也是展示的重點。

防水布及尼龍布等的 特殊素材

最近除了棉、麻之外，還出現了不少獨特的素材。其中很多都是知道處理的方法之後就能輕易使用的東西，請務必嘗試看看。

各式各樣的特殊素材

特殊素材雖然包含了各式各樣不同的質地，但基本上只要使用和一般布料相同的針與線就能縫紉。由於做記號及車縫方法等都有各自需要注意的地方，所以要先記好。

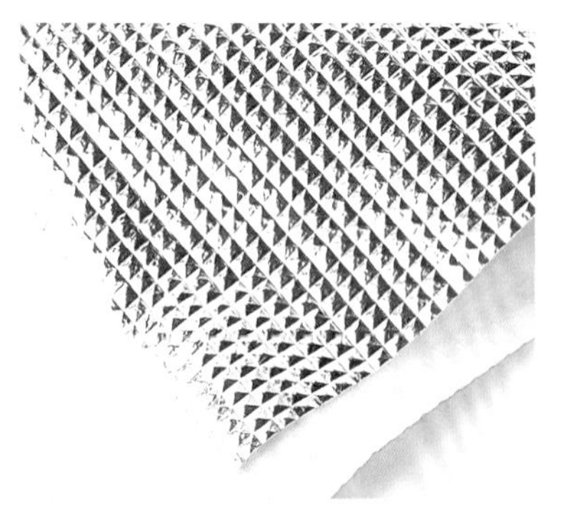

保溫保冷襯

對便當或飲料的保溫保冷能發揮功用的內襯，是在均一價商店也可以找到的主流素材。由於用針刺過會就留下針孔，所以車縫時一定要有技巧。

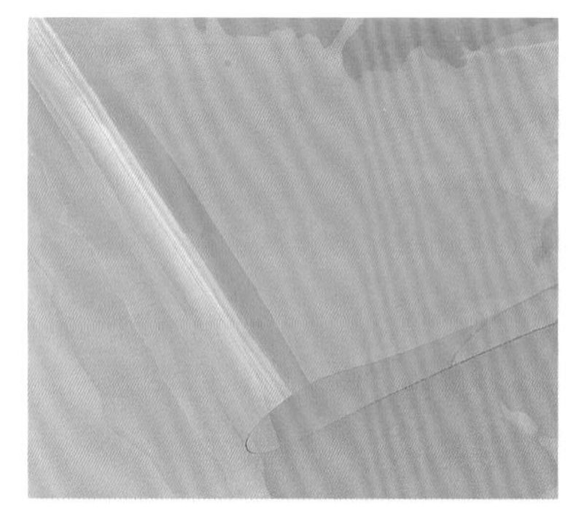

塑膠布

又稱為PVC（聚氯乙烯）的人氣素材。兒童用的游泳包不用多說，用來製作成人的夏日包也很時尚。顏色變化也相當豐富。

防水布

在棉布或亞麻布的表面加上PVC貼合製成的布料。具有光澤和韌性，防水性也相當優越。不需要車布邊，很容易處理。

尼龍布

因為環保購物袋的製作而受到矚目的合成纖維。極薄的羽毛尼龍以及紮實的尼龍塔夫塔等也很受歡迎。由於不耐熱，所以不能熨燙。

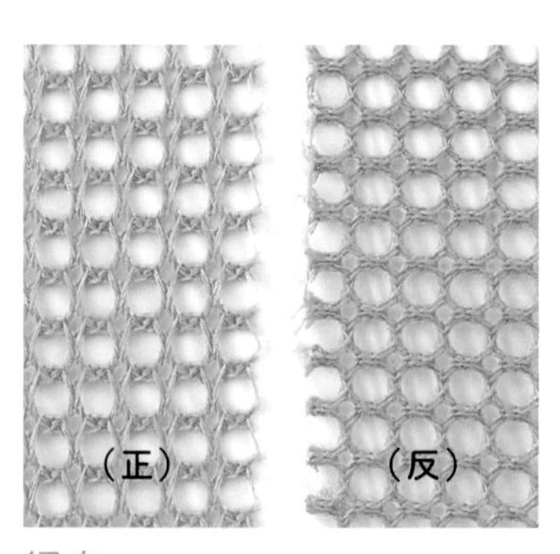

網布

網布是具有網眼等的網狀織物的總稱。除了有絕佳的透氣性之外，輕量也是一大優點。若仔細觀察布料的話就會發現，正反面所呈現凹凸狀態是不同的，可依照喜好分別使用。

戶外用布

因為野餐墊和「IKEA」的藍色購物袋等而廣為人知的素材。表面具有格子狀的紋理。質地輕、強度也很夠。被視為包包類之製作素材的明日之星。

便利的用具

11號

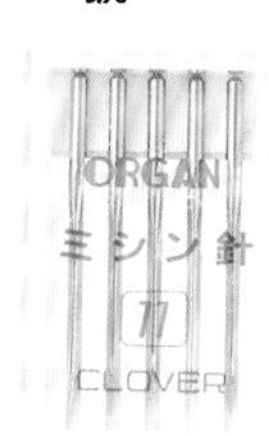

針與線

不管哪一種素材，基本上使用和一般布料相同的就OK。布料重疊、或是厚度增加的情況，只要把針換成14號即可。

「疏縫固定夾」

不希望在布料上留下針孔，或是太厚而不容易別上珠針的情況，都可以用疏縫固定夾來代替珠針。內側附有刻度，可作為縫份的參考。

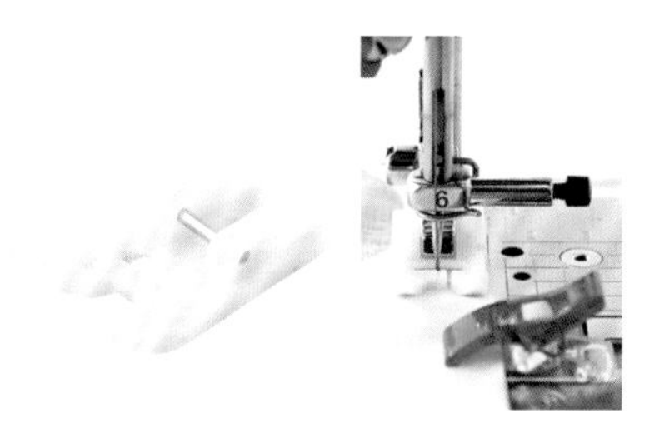

鐵氟龍壓布腳

在車縫容易黏住壓布腳而難以推送的塑膠塗層布料或尼龍布時使用。能夠增加滑順度，不會拉長布料。

處理的重點

防水布、塑膠布

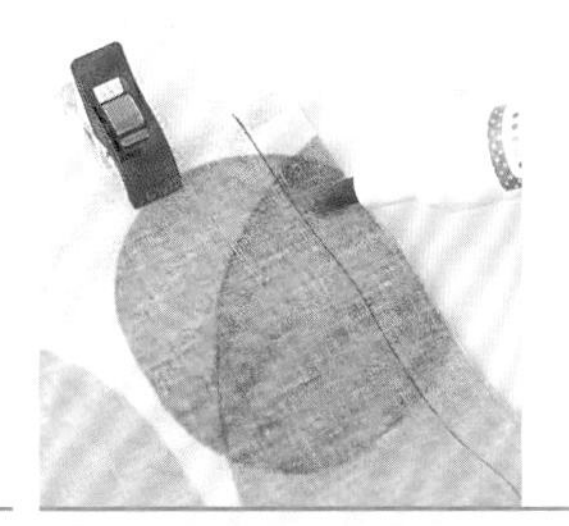

活用矽利康潤滑筆

只要用矽利康潤滑筆在縫份的部分塗抹一下就能增加滑順度，讓車縫變得更順暢。除此之外，用一般的紙或描圖紙夾著也會比較容易車縫。

尼龍布

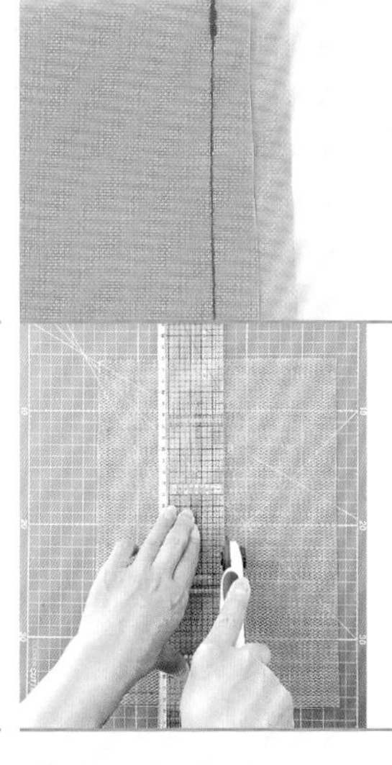

羽毛尼龍的針距要小一點

使用薄布用的車針，再將針距調小一點來車縫的話，效果會更美觀。車縫時要慢慢地縫，並一面從前後方把布料稍微繃緊。

一定要做布邊的處理

尼龍素材的布邊一旦鬚掉的話，線紗就會變得毛毛的很礙事，所以必須確實把布邊處理好。用布條等包起來滾邊是最簡單的。

網布

用輪刀更方便

利用輪刀來裁剪的話，更容易裁得筆直而漂亮。

做記號的小訣竅

由於有時會出現墨水浮起的情況，所以要使用油性筆。網目較粗的素材最好先在底下鋪一張紙等的再做記號。

戶外用布

針距要放大一點

因為不容易別上珠針，所以要活用夾子。車縫時針距要稍微放大一點。還有一點要注意，就是重新車縫過幾次後會很容易破。

保溫保冷襯的處理方法

保溫保冷襯非常實用，是很值得學習處理方法並積極使用的一項材料。由於容易留下針孔，所以用夾子取代珠針是訣竅所在。車縫時要用大一點的針目來縫，不過撕除描圖紙的時候一定要小心，以免把縫線扯鬆。

一般鋁箔襯

在均一價商店等地方都買得到的最普遍的一般鋁箔襯。體積輕薄，很容易處理。也有販售大尺寸，要做野餐墊之類大件物品也不成問題。

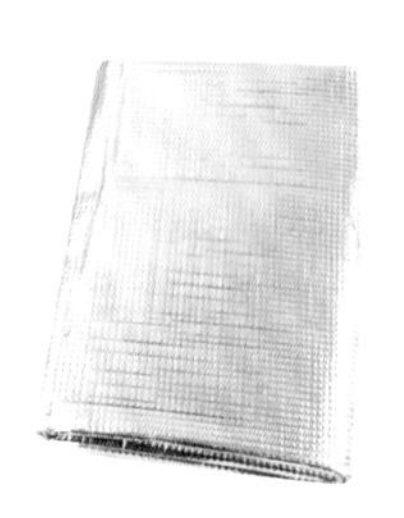

可水洗型

加了網布所以不易破損更加耐用。用縫紉機縫過也不會破，拿來製作作品是再適合不過了。可以水洗也可以乾洗（適用石油類溶劑），能夠保持清潔是最大的優點。／NAKAJIMA

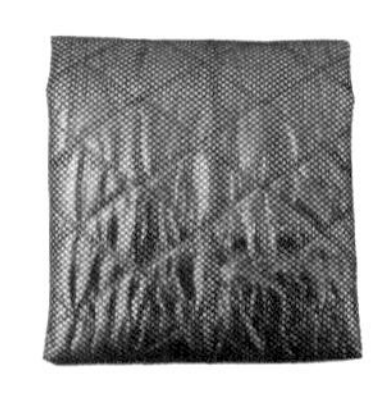

熨燙NG

不能清洗的鋁箔襯的情況，可以用布沾取中性洗劑等輕輕擦拭。由於鋁箔襯一接觸到熨斗的熱度就會熔化，所以最好不要熨燙。若是無論如何都想熨燙的話，請在作品完成之後，從布側隔著墊布用低溫的熨斗乾燙。

便利的用具

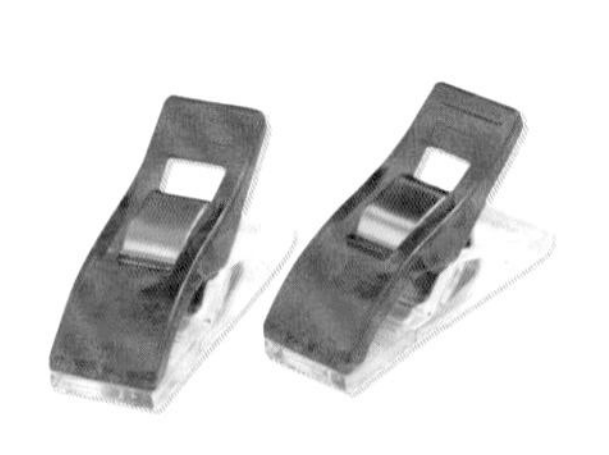

「疏縫固定夾」

由於使用珠針會留下針孔，所以最好用夾子來替代珠針。

描圖紙

車縫鋁箔襯的時候，若是用描圖紙夾著一起車縫的話，車針的運行會更順暢。車縫完畢之後再把描圖紙撕破拿掉。

油性筆

做記號時建議使用油性筆。疊上描圖紙車縫時，也比較容易透過紙張看到記號。

車縫的重點

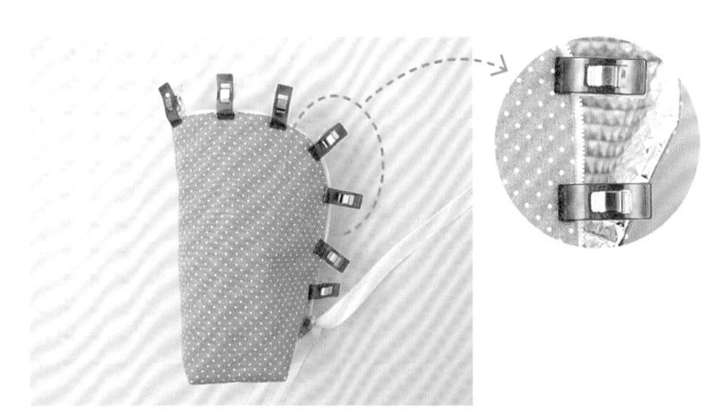

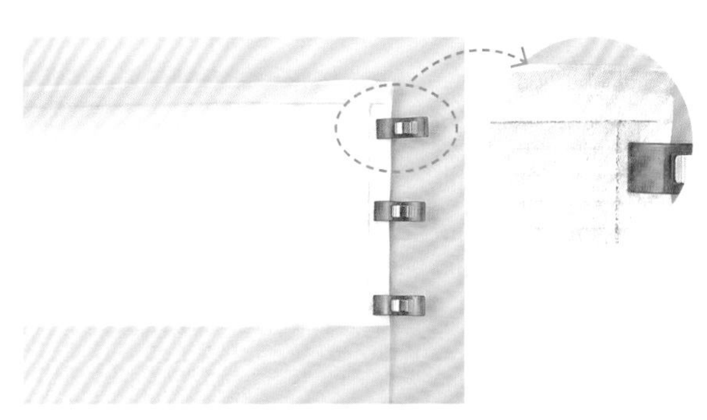

1 把鋁箔襯和布料縫合的時候……

把鋁箔襯和布料縫合的時候，如果是看著布料車縫的情況，不夾描圖紙直接車縫也OK。

2 把鋁箔襯和鋁箔襯縫合的時候……

把鋁箔襯正正相對縫合的時候，要在鋁箔襯和縫紉機的壓布腳之間夾入描圖紙來車縫。

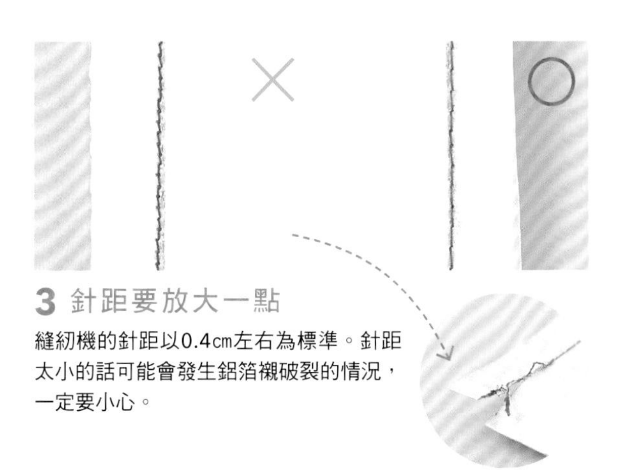

3 針距要放大一點

縫紉機的針距以0.4cm左右為標準。針距太小的話可能會發生鋁箔襯破裂的情況，一定要小心。

車縫完畢之後

輕輕撕

把描圖紙沿著縫線輕輕撕掉是重點所在。由於針距加大的關係，若是一口氣用力撕開，很可能會導致浮線，所以要小心地撕。

4 手縫的針距也要加大一點

進行縫合返口等手縫作業之時，也是和縫紉機的針距一樣以0.4cm左右的間隔為標準。不要把針腳縫得太過細密。還有要一點要注意的是，不要把針刺在襯的邊緣。

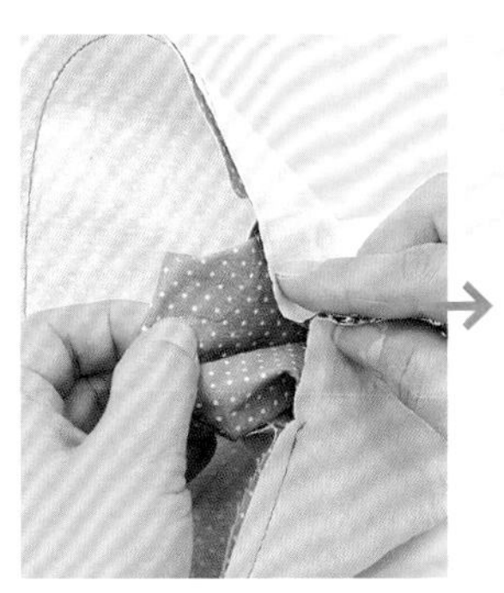

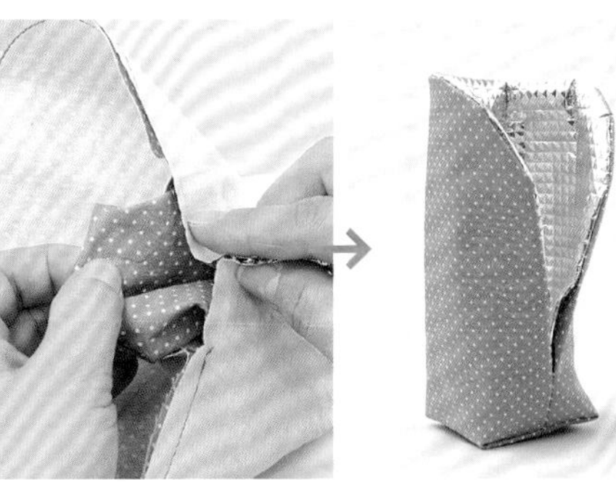

5 返口要留大一點

正正相疊縫合後要翻回正面的時候，如果返口太小會很難翻，所以最好把開口留得比平時稍大一點。翻的時候要一面壓住返口的縫線末端防止縫線綻開，一面小心地避免把襯弄破。

防水布 的作品

扁平斜背小包

水邊的休閒活動，是最適合能用溼手觸摸、髒了也能立刻擦掉的防水布包包的活躍場合。利用皮革背帶和雞眼釦來展現休閒的印象。（Design／山本靖美）

成品：約長15×寬21㎝
作法➡ 134頁

參考頁 P92 雞眼釦 P88 皮革素材

左／背面的外口袋好看地對齊花樣。
右／只需將皮革背帶穿過雞眼釦打結就能輕鬆完成。

保溫保冷襯 的作品

便當袋&水壺袋

內側使用了保冷襯的午餐組合是暑熱時期的必需品。把內袋拆掉的話就能加以清洗。側面還附有能放入保冷劑的便利口袋。（Design／向田みどり）

成品
（便當袋）：約長21.5×寬18㎝、側襠寬約12㎝
（水壺袋）：約長22×寬7.5㎝、側襠寬約7.5㎝
作法➡ 136頁

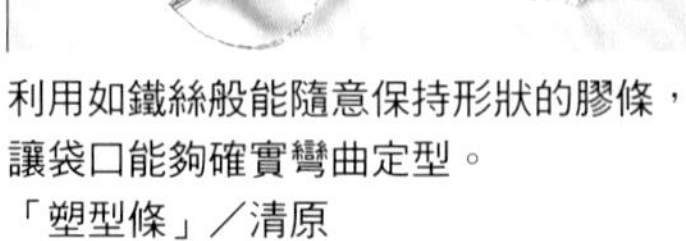

利用如鐵絲般能隨意保持形狀的膠條，讓袋口能夠確實彎曲定型。
「塑型條」／清原

塑膠布 的作品

塑膠手提包

利用塑膠布和三色織帶的搭配來演繹夏日風情。布邊不處理也OK，但袋口的縫份邊緣要用布條保護起來以策安全。
（Design／田巻由衣）

成品：約長19×寬23cm
側襠寬約6cm
作法➡ 135頁

可以放入手機、錢包和手帕等物品的尺寸。書包扣安裝容易，又能呈現正式的氛圍。

網布 的作品

對摺網布收納包

把內容物一目瞭然的網布素材，運用在收納包的內側。布邊先以拷克或鋸齒縫處理好的話，作業會更順暢。
（Design／中野葉子）

成品（閉合狀態）：（左）約長25×寬17cm
作法➡ 138頁

對摺的時候，為了避免拉鍊的拉頭疊在一起，所以改變了左右側的拉練方向。將拉鍊安裝側的網布做滾邊的話，不只能漂亮地收邊，還可提升強度。

蕾絲

精緻的蕾絲是一種只要在手作小物上添加少許就能讓印象變得截然不同，如同香料般的存在。
若能了解各種蕾絲的特徵，對於布藝手作一定會有所助益。

各種各樣的蕾絲

刺繡蕾絲

在布料上施以刺繡的蕾絲，棉材質的又稱作棉蕾絲。藉由刺繡線所描繪的花樣、線的密度．粗細、線的顏色與布料的搭配組合來呈現出各式各樣的風貌。在施以刺繡的同時還能在布料上開孔，從點狀的小孔到足可用線穿過的大孔都有。孔的形狀除了圓形之外也有四方形或葉子形。

水溶蕾絲

在水溶性的布料上施以刺繡之後，把布料溶化只留下刺繡的蕾絲。能夠做出線很密集的部分、以及與之相反什麼都沒有的空間，看似紮實卻又虛幻的氛圍是魅力之一。由於從前是利用化學藥品來溶化基底的布料，因此也稱作化學蕾絲（chemical lace）。

六角網眼蕾絲

在細緻的網眼狀的薄紗材質上施以刺繡的蕾絲，英文名稱tulle lace是源自於六角網眼紗生產地的法國Tulle地區。以尼龍及聚酯纖維製品為主流，其中也有棉質製品。特別是薄紗、刺繡線皆為棉質的歐洲製品，更是充滿著古董般的氛圍。

鉤邊蕾絲

用鉤邊蕾絲編織機製造出來的蕾絲。這是一種由編繩的機器進化而來的圓形機器，在周圍立起纏繞著紗線的梭子，讓紗線互相交錯來進行編織。棉、化纖、花式線等各式各樣不同材質的紗線都能用來編織，所以品味及變化都很豐富。

黎巴蕾絲

利用黎巴蕾絲編織機將經線複雜地撚合再自由地製作出花樣，精巧而優美的高級蕾絲。在這當中，世界最古老的蕾絲製造商克綸尼蕾絲的產品（照片上、中），是以帶有凸起圓點花樣（俗稱lost motion spot。照片上）的獨家特徵而聞名。

 取材協力／THE LACE CENTER Harajuku

處理的重點

正反面可依照喜好隨意使用

把蕾絲的邊緣或施加的刺繡圖案等兩面互相比對一下，看起來比較漂亮的一面就是正面。無法分辨的情況，則使用哪一面當作正面都可以。如果覺得反面的色彩看起來更為複雜且花樣豐富的話，把反面當作正面使用也無所謂。

以蕾絲花片作為重點裝飾

只要加上一個就能成為亮點，相當方便的蕾絲花片。水溶蕾絲大多可以把整個花樣、或是花樣中的一個圖案剪下來使用。

貼在衣服的污漬上，或是有點明顯的破洞上。利用蕾絲花片巧妙隱藏的同時，還能提升美觀度。

1 視材質需要做過水處理

蕾絲的情況，若是屬於棉或亞麻等易縮材質的話，洗過也是會縮水的。過水的方法和布料一樣，用水浸泡片刻就OK了。只剪下必要用量的蕾絲來過水的情況，若用量剪得剛剛好，縮水之後恐怕會變成不夠用，所以最好剪長一點比較保險。

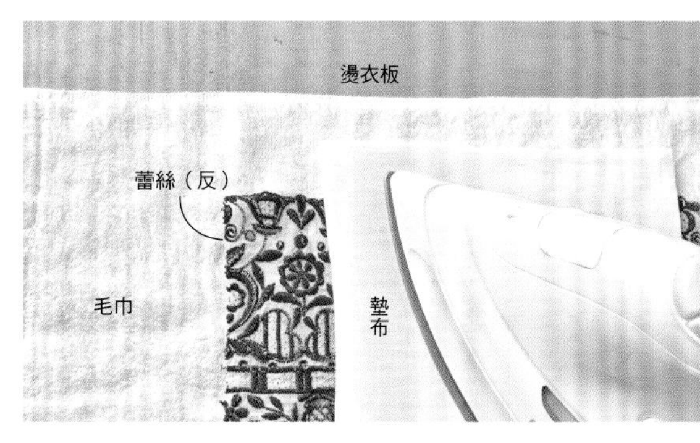

2 熨燙時要用熨斗乾燙

看似纖細的蕾絲，其實出乎意料地用熨斗熨燙也沒問題。只不過，熨斗的熱度對某些蕾絲來說可能會有損壞質感的疑慮，所以最好先在蕾絲的邊端試燙看看，確認一下比較安心。熨燙時要配合蕾絲的材質設定在適當的溫度，把蕾絲翻到反面蓋上墊布。熨燙具有凹凸感的刺繡時，最好在下面鋪一條毛巾等以免把刺繡壓扁。

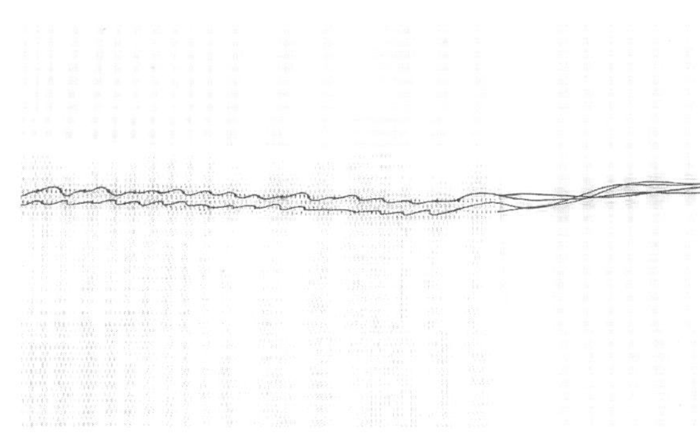

3 抽細褶的針距要放大一點

在柔軟的網紗上做抽細褶車縫的情況，要以0.5cm的針距車縫2道。抽細褶的時候，要上線和上線一起、或下線和下線一起拉動。

蕾絲 的作品

自然風抱枕套

把剩餘的蕾絲片段毫不浪費、時髦地加以運用的優秀創意。由白色到米白色的漸層色匯集而成的別緻用色也很漂亮。
（Design／大原りさ）

成品：約45㎝見方
作法➡ 141頁

蕾絲只要是喜歡的都可以使用。把粗細長短隨機地配置在不同的方向，縱橫地車縫起來，是展現變化的訣竅。

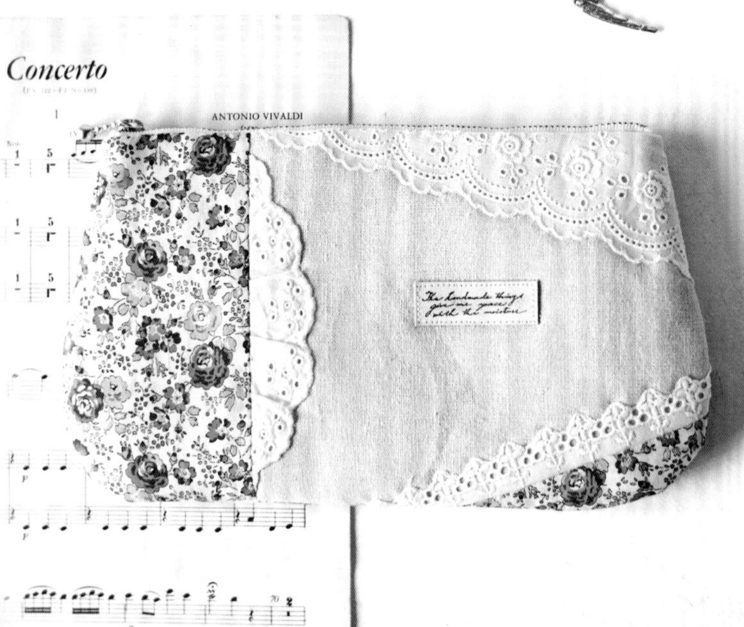

扁平拉鍊化妝包

有的是斜向拼接，有的是抽細褶，為小片蕾絲賦予動作來提升存在感。藉由巧妙的配置創造出樣式豐富又有女人味的化妝包。
（Design／平松千賀子）

成品：約長14×寬約24.5㎝
作法➡ 139頁

蕾絲 的作品

手提包造型化妝包

使用花樣各異的蕾絲重疊而成的華麗化妝包。藉由純白的棉蕾絲和牛仔布的組合，營造出不會過於甜美的活潑印象。

成品：約長10.5×寬18㎝、側襠約3㎝
作法➡ 144頁

參考頁 P04 固定釦

後面是和提把相同的牛仔布材質。右下是，將利伯緹印花布和法國的古董標籤重疊起來的重點裝飾。

皮草・絨毛・羊毛等的 秋冬素材

蓬鬆柔軟、毛茸茸的秋冬素材不限於服裝，在手提包或化妝包的製作上也很受歡迎。
由於處理方法各不相同，請先充分掌握之後再善加運用。

各式各樣的秋冬素材

基本上使用和普通布料一樣的針與線就能縫紉。由於秋冬素材在重疊之後大多會變得很厚，所以要活用厚布專用針及疏縫固定夾。針織等具有伸縮性的材質除了使用針織布專用針之外，也建議先在縫份貼上牽條之後再進行縫紉。

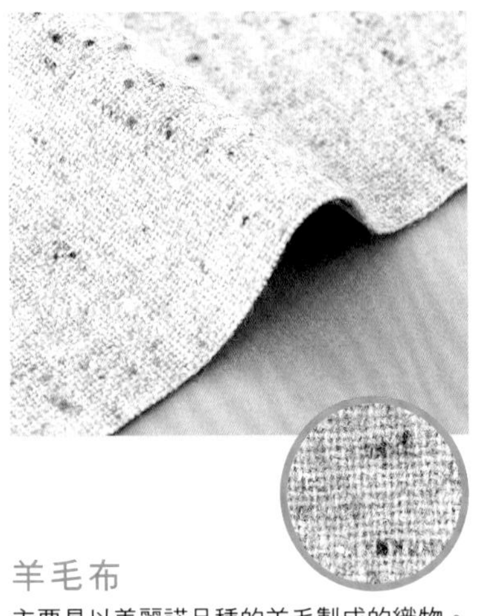

羊毛布

主要是以美麗諾品種的羊毛製成的織物。具有伸縮性，不易產生皺褶，暖和且保溫性佳，吸溼性也很強。污垢不易附著，因為含有油脂成分所以也具有潑水性。

※照片中的布料是正面刷毛、背面為針織布的「混色織物」。

刷毛布

柔軟、輕盈又保暖的聚酯纖維刷毛布料。具有優越的透氣性所以乾得很快。耐磨性差，很容易起毛球。常用於衣物、毯子。

毛氈布

把羊毛等動物的毛經過加熱加壓的縮絨處理之後，製作而成的布料。也有用化學纖維製成、或是用棉花混紡而成的產品。質地厚且具有保溫性。裁剪之後不需做布邊處理。

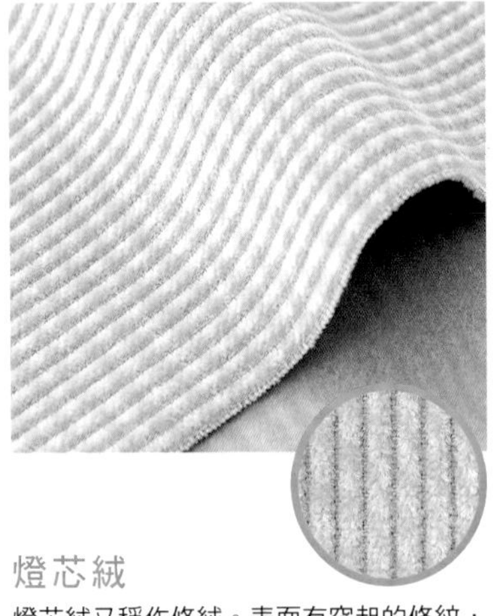

燈芯絨

燈芯絨又稱作條絨。表面有突起的條紋，為起絨織物的一種。保暖性佳。條紋的寬度有多種變化。用於作品的縫製時以逆毛使用（參照P6）的情況居多。

針織布

用紗線做出線圈，再將其連結成平面狀或筒狀的布料。無論是縱向或橫向都很有彈性，伸縮性佳，透氣性高。照片中是花樣和織法都適合秋冬的產品。

鋪棉布

在2片布料之間夾入棉襯，再用縫紉機壓線製成的厚布料。具有優越的緩衝性和保暖性。正反面的素材都有多種選擇。不需要在意布紋方向，對初學者來說也很容易處理。

便利的用具

11號

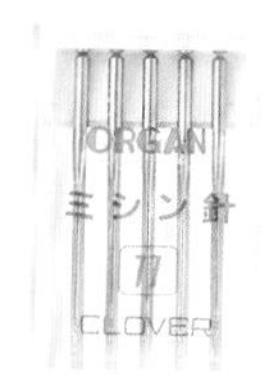

60號

針與線

和一般的棉布等基本上是相同的。布料重疊或厚度增加的情況，針要換成14號。線繼續用60號就OK。

針織用11號

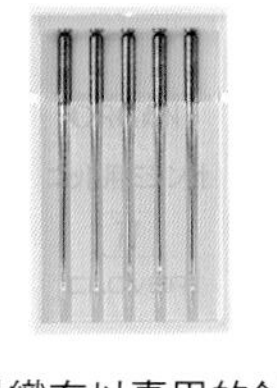

針織布以專用的針來車縫會更順暢。

「疏縫固定夾」

厚布的情況，由於珠針容易造成布料偏移，所以用疏縫固定夾會更方便。內側附有刻度，可作為縫份的參考。

牽條

車縫針織布等容易拉伸的材質的時候，先在縫份貼上牽條的話，就能防止布料的拉伸。由於光靠珠針並不能防止拉伸，所以建議細密地標出合印記號，再用2股線做疏縫。

處理的重點

羊毛布、燈芯絨

直線的裁剪要用輪刀

直線的話，用輪刀裁剪的方式不僅不容易鬚邊，也更加美觀。

一開始先用布邊車縫處理邊緣

布邊容易鬚掉的素材，在裁剪之後最好立刻用布邊車縫把邊緣處理好。

針織布

大件物品要用針織專用線

製作手提包或化妝包時，用普通的線就OK。製作衣服等的大件物品時，線也要換成針織專用。因為線有伸縮性，所以更容易貼合布料。

刷毛布、毛氈布

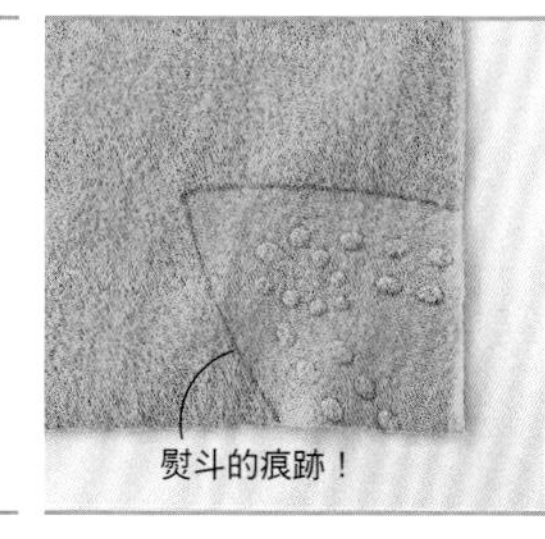

熨燙NG

羊毛不耐熱，一旦縮緊或壓扁的話就會破壞質感，所以不管是正面反面都不能熨燙。

鋪棉布

也可以自己製作

找不到喜歡的花色的鋪棉布也可以自己動手製作。把表布、車縫用的鋪棉、裡布重疊起來，用縫紉機車縫壓線。車縫時要注意，不要把線壓得太密以免讓布料變硬。

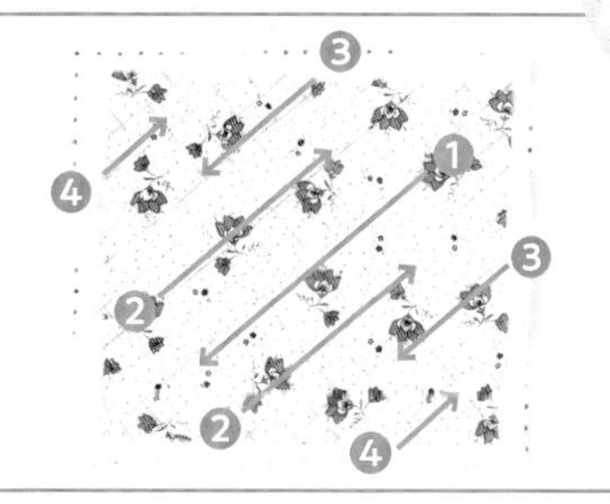

壓線是從中央的線條❶開始，依照號碼順序、以及箭頭的方向進行。車縫到邊端之後，再車縫中間的線條，以同樣的要領車縫成格子狀。

皮草、毛絨的處理方法

仿皮草又稱為「環保皮草」，是備受矚目的素材。和真品比較起來，最大的特徵是色彩豐富。

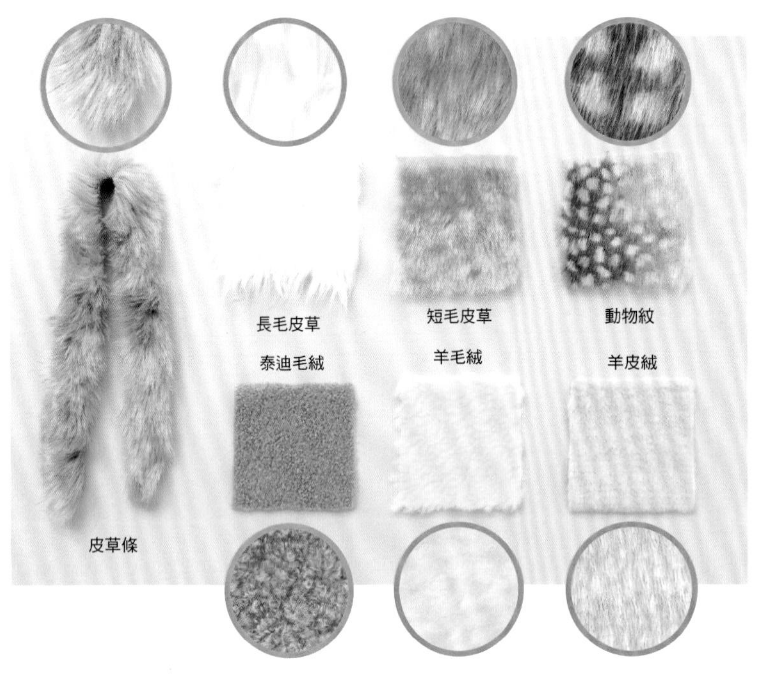

可分為絨毛長而蓬鬆的皮草、以及絨毛短而豐厚的毛絨兩大類。還有用於部分裝飾的方便條狀類型。由於是仿製品，所以不必擔心發霉或蟲蛀的問題，容易保養也是一大魅力。

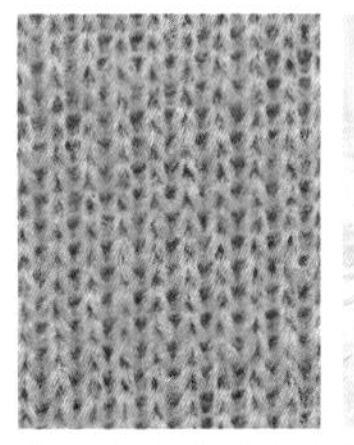
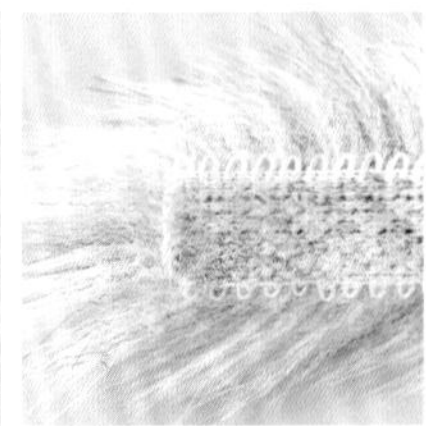

左／仿皮草布料的反面呈現的是針織或編織結構的布料（底布）。右／皮草條的反面也是一樣。

熨燙NG

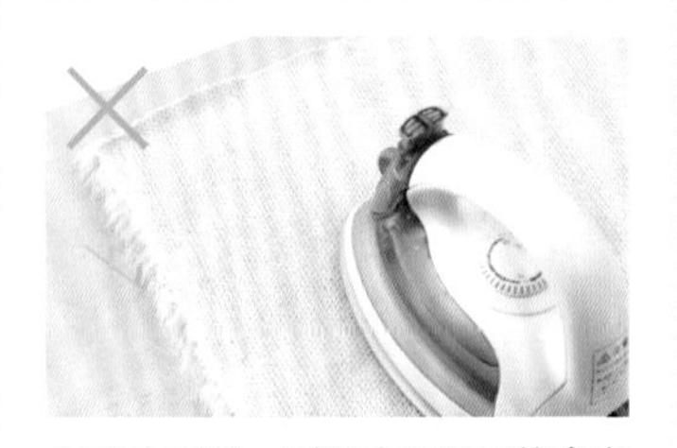

絨毛不耐熱，熨燙之後很可能會出現收縮或變硬的情況。正面就不用說了，即使從反面還是有熱度傳導的疑慮，所以嚴禁熨燙。

做記號及裁剪的重點

1 做記號

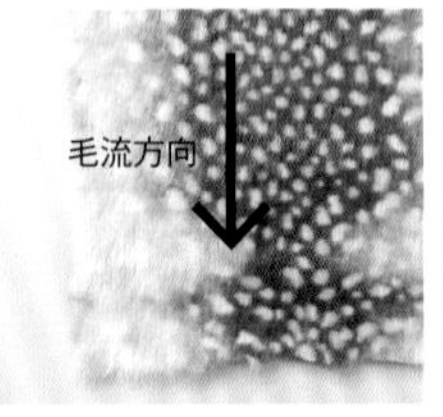

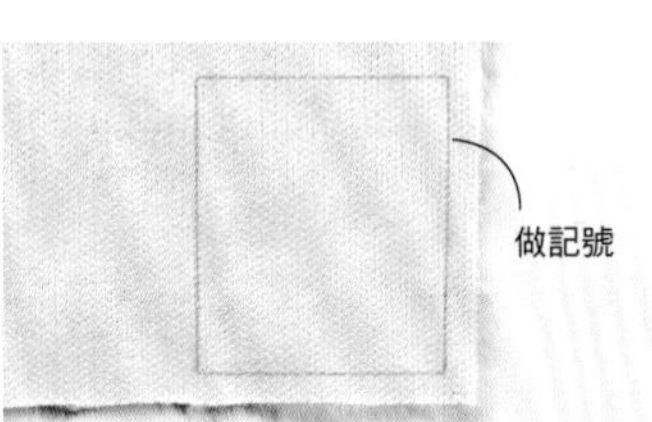

單面有毛的情況

在反面的底布上用粉土筆等做記號。這個時候，要先確認皮草的毛流方向，並留意不要上下顛倒。

雙面有毛的情況

由於很難用粉土筆等來做記號，所以要利用骨筆。用骨筆來回地在絨毛上做出痕跡。

2 裁剪

看著布料的反面進行裁剪。

為了避免連絨毛也一起剪斷，剪刀的下刃要抵著布料，把注意力集中在只剪裁布料的部分，一點一點地移動刀刃。

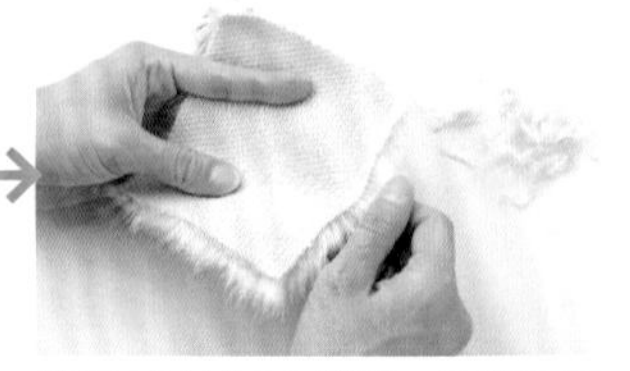

裁剪面的絨毛會脫落，若事先用手清除乾淨的話，在後續的作業中就不會脫落，可以安心使用。

 取材協力／岡田織物

也有利用美紋膠帶做記號並裁剪的方法

在布料表面的裁剪位置附近，貼上寬版（照片中是2.5cm寬）的美紋膠帶來做記號。

以剪紙用的剪刀連同膠帶一起裁剪布料。

布料剪好之後，把美紋膠帶撕掉。

把脫落的絨毛用養生膠帶等清除乾淨。一開始先在布料下面鋪上廢紙等的話，就能輕鬆收拾不怕絨毛飛散。

縫紉的重點

・用珠針固定

2片正正相對疊好，把兩端用珠針固定。

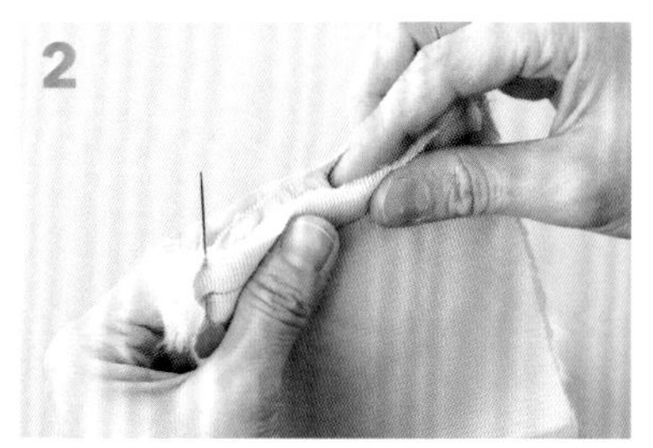

把絨毛塞入內側整理好。

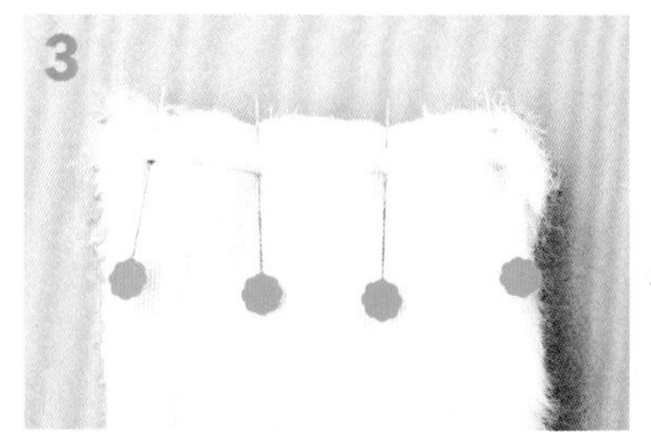

繼續用珠針固定。

厚布的情況，由於珠針容易造成偏移，不妨改用夾子來固定。

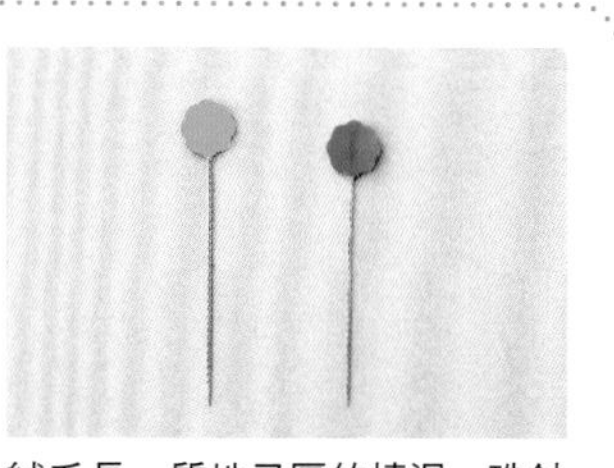

絨毛長、質地又厚的情況，珠針可以選擇厚布用的加長型粗針（左）。和普通布所使用的珠針（右）比較起來，長度和粗細都有所不同。

・用縫紉機車縫

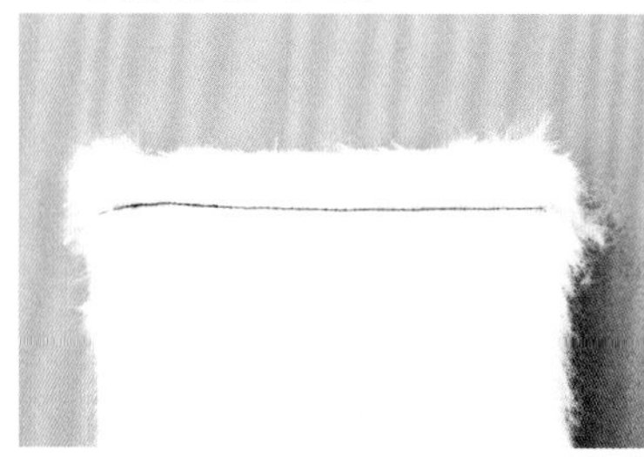

針使用和普通布一樣的就OK。線則由於負荷會比一般的布料來得大，建議使用強度夠又不易斷裂的聚酯纖維等的化纖材質車縫線。用大一點的針腳（0.3cm以上）慢慢地縫。

縫合的時候要注意，盡量不要讓絨毛進入縫份側，縫完之後也要用錐子等，從正面把絨毛挑出來。

皮草 的作品

皮草插扣化妝包

蓬鬆柔軟的粉紅色皮草，配上粗獷的黑色插扣的甜辣混搭！像紙袋一樣把袋口捲起之後插上插扣，就可當成提把使用。（Design／田卷由衣）

成品：約長31×寬23㎝
作法➡ 143頁

配合插扣的顏色，選用黑色三角圖案的布料來製作內袋。和粉紅色皮草的對比形成了良好的平衡。

皮草｜羊毛 的作品

脖圍&同款收納包

由質感各異的3種秋冬素材組合而成的脖圍，可藉由捲繞的方式，呈現出各種不同的表情。同款的收納包是冬季外出時的最佳配件。（Design／かわださとみ）

成品：（脖圍）全長約177㎝
（收納包）約長18×寬22㎝
作法➡ 140頁

參考頁 P66 帆布

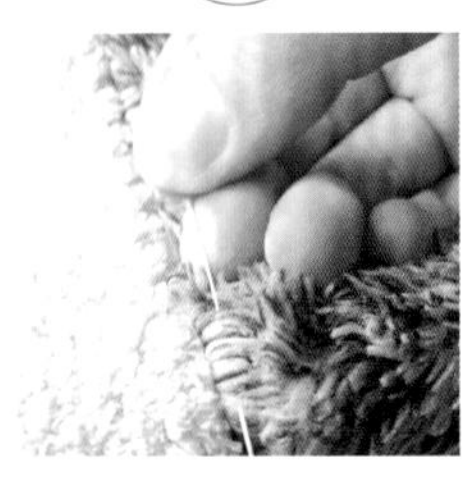

左／長毛的皮草，由於絨毛容易被縫線壓住，所以翻回正面之後要用珠針把絨毛挑出來。右／纏繞兩圈之後就是恰到好處的長度。縫製脖圍時，若是使用針織專用的壓布腳和車縫線的話，伸縮性會更好，穿戴起來也更加舒適。

毛絨布 毛氈布 刷毛布 的作品

蘇格蘭格紋的暖暖托特包

貼上厚布襯讓表布的刷毛布更加硬挺、做出存在感十足的包包。在內側隱約可見的毛茸茸白色毛絨布也很可愛。
（Design／藤本友子）

成品：約長22×寬30㎝、側襠寬約15㎝
作法➡ 142貞

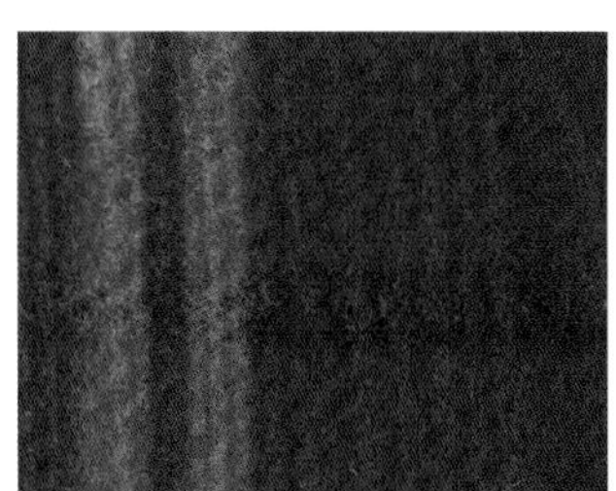

左／裁剪之後不會鬚邊的刷毛布，和寶特瓶一樣都是PET材質。不只質地輕、保溫性佳，還具有快乾的特性，所以相當受歡迎。
右／作為裡布的雪白毛絨布具有緩衝性，與紅色的對比也相當出色。

皮革素材

添加在作品的一部分就能提升高級感的真皮。也適用於休閒用品的合成皮。
接著就來介紹皮革的獨特處理方法，以及漂亮加工的訣竅。

真皮的處理方法

非常適合與牛仔布等做搭配，男性化設計之重要元素的真皮。太厚的話就無法以家用縫紉機車縫，這點要特別注意。另外，毛邊的處理也是一大重點。

挑選方法

挑選的時候要以厚度為優先考量。要用一般的家用縫紉機來車縫的話，就得選擇0.1cm以下又薄又軟的皮料。另外，製作無內袋的作品時，最好挑選反面比較不會起毛的皮革。

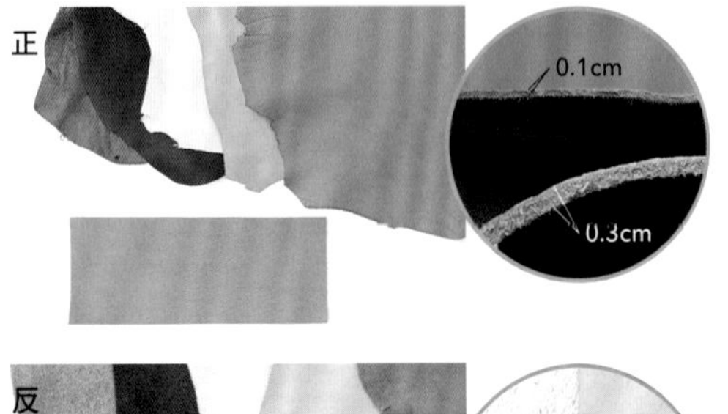

做記號的重點

在反面用鉛筆或原子筆等做記號。也可以使用粉土筆。另外，視皮革種類而定，以留下痕跡的方式來做記號的骨筆或錐子也很方便。

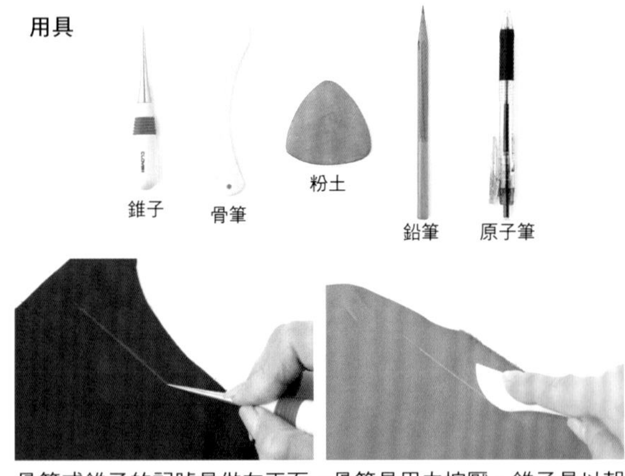

骨筆或錐子的記號是做在正面。骨筆是用力按壓，錐子是以朝著同一方向畫線的方式來做記號。

裁剪的重點

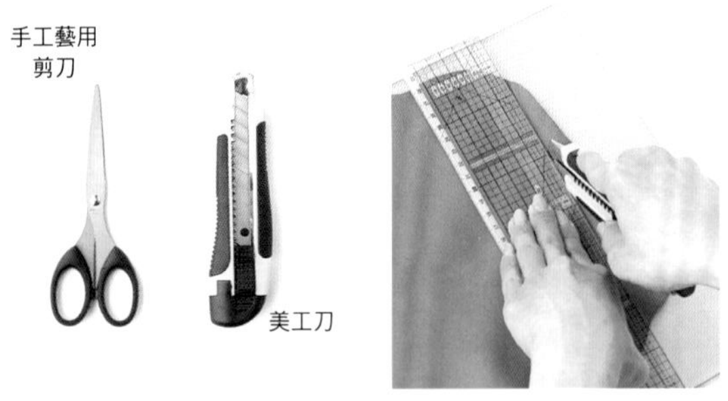

切割時為了避免拉扯皮革，要以左手牢牢壓著切割尺。無法一次切斷的話，就朝著同樣的方向重複切割幾次。

利用手工藝用的大型美工刀或剪刀來裁剪。要注意，刀鋒不利的話會讓切口變得毛躁。若是在意切口的毛躁，可利用打磨條和名為「Tokonole」的專用處理劑來打磨。另外，把相同尺寸的布料和皮革縫合的時候，由於具有厚度的皮革在車縫之後尺寸會縮小，所以事先把尺寸稍微裁大一點是重點所在。

有的話更便利！

打磨條

Tokonole
（背面處理劑）

右／薄薄的塗上背面處理劑，再用瓶底邊壓邊研磨。由於有留下痕跡的可能性，所以最好先用碎片確認一下。左／以打磨條輕輕擦過，就能輕鬆地去除絨毛。沒有打磨條的話，也可以用剪刀剪掉。

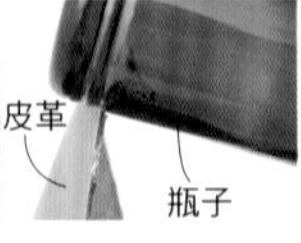

縫紉的重點

使用皮革專用針或是一般的厚布專用針。堅硬耐用的鍍鈦針也很方便。車縫線使用厚布用的30號、或是牛仔布用的粗線都可以。把壓布腳換成更加滑順的皮革壓布腳，用夾子取代珠針固定後再慢慢車縫。

皮革壓布腳

「疏縫固定夾」

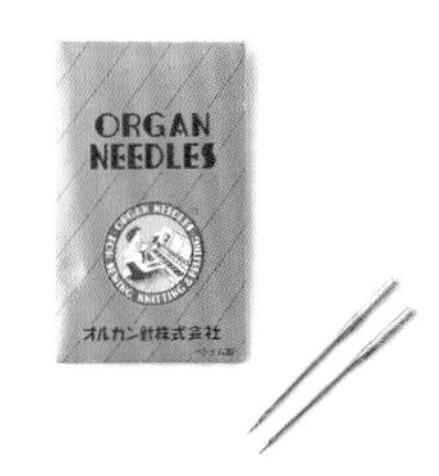

車針（厚布用）13號

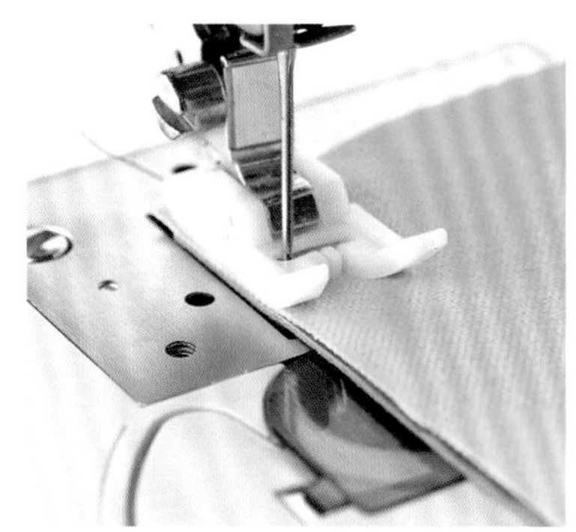
把布料和皮革縫合時，布料在上車縫起來會比較輕鬆。皮革一旦縫過會留下針孔，如果在同樣的位置重新縫過幾次，很可能會出現斷裂的情況，必須謹慎處理。

合成皮的處理方法

擁有真皮的質感，顏色也很豐富，能夠像布料一樣輕鬆處理也是優點之一。製作各種不同風格的作品時都能利用。具有伸縮性的合成皮是衣物用的，挑選時請特別留意。

挑選方法

製作小物的話要選擇沒有伸縮性的皮料。視種類而定，有些是適合當作衣料的高伸縮性產品，最好先確認過後再進行挑選。

正

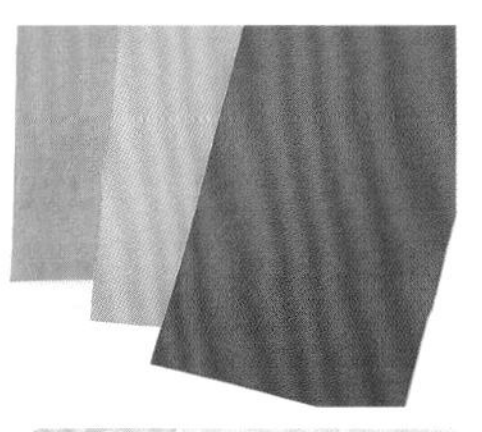

反

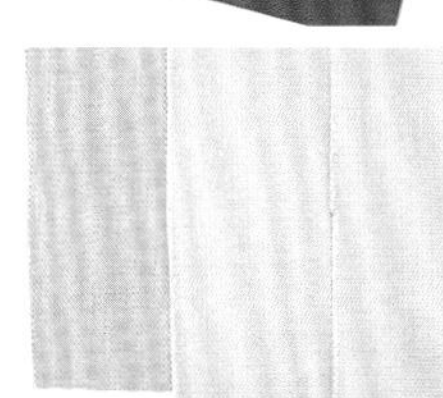

做記號及切割的重點

合成皮不是皮革而是布料，所以能用粉土或粉土筆做記號，也可以用裁布剪刀來裁剪。視底布（背面的布）而定，有些材質很難上色，也不容易做記號，所以用鉛筆做完記號後用橡皮擦擦掉，或是在正面用細字油性筆做記號，再以不殘留線條的方式裁剪都可以。

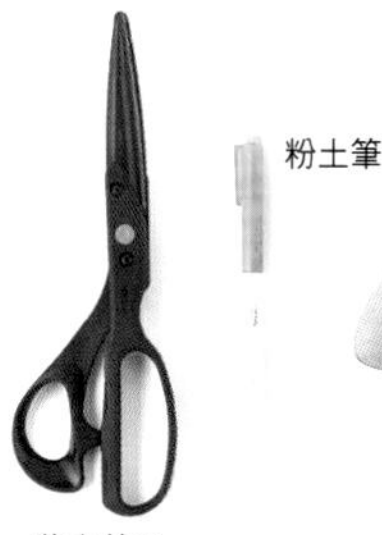
粉土筆
粉土
裁布剪刀

縫紉的重點

使用厚布用的針，搭配普通布用的60號線。由於縫線的針距太小的話，針孔會有斷裂的可能性，所以縫線的針距應該以0.2～0.3cm為標準，用疏縫固定夾固定之後再慢慢車縫。

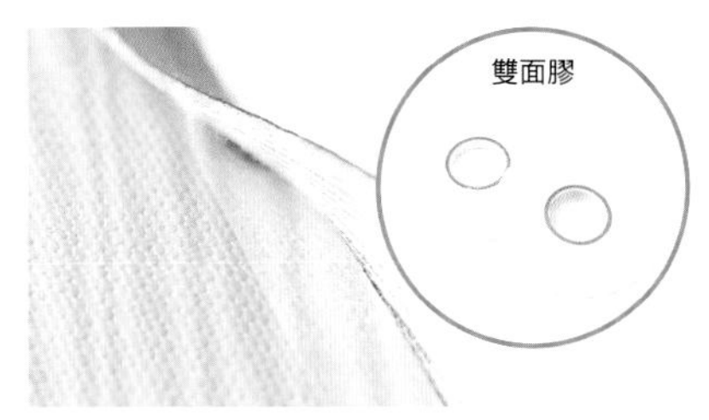

活用雙面膠

在合成皮的縫合位置貼上雙面膠的話，除了防止位移之外，還可以減少合成皮受到拉扯以致尺寸改變的疑慮。唯一要注意的就是，不要讓車針沾上膠帶的膠。

縫合之後再裁剪

形狀複雜的情況，不要先裁剪合成皮再縫合，而是先縫合再裁剪成適當形狀的話，成品會更美觀。

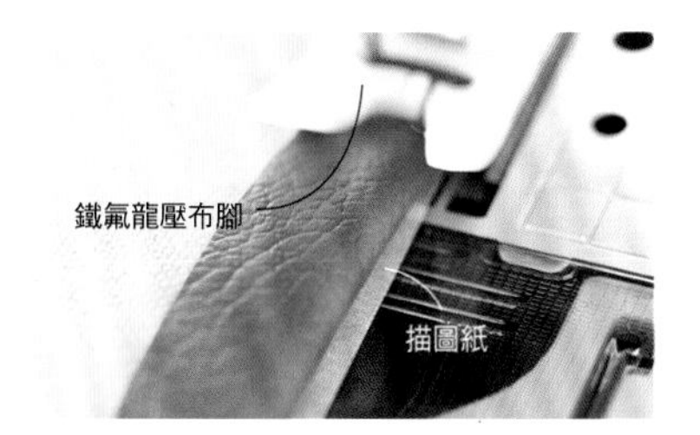

增加車縫滑順度的巧思

上下都很難滑動不易車縫的情況，除了使用更加滑順的鐵氟龍壓布腳之外，也可以在下面鋪描圖紙或日本和紙。

皮革素材 的作品

單把手提包

又稱為「紐結包」、設計獨特的手提包。在簡單的構造之下，刻意採用寬版的皮革來彰顯提把的存在感。
（Design／中島聖子）

成品：約長32×寬39cm
作法➡ 145頁

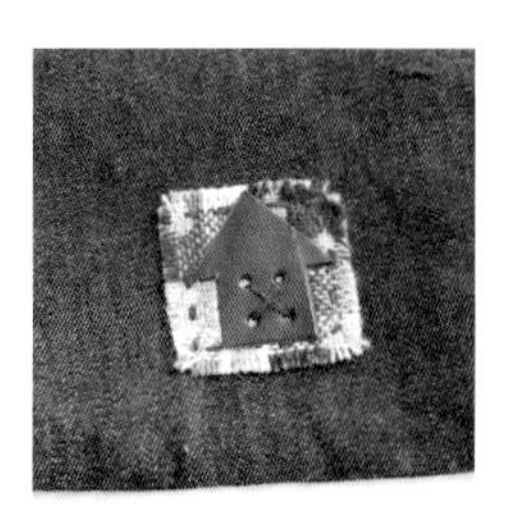

左／可摺疊成小尺寸，很適合當成備用提袋。提把是寬版的皮革材質，充滿了高級感。右／把和提把一樣的皮革剪成房屋的形狀當作裝飾。

渡假風手拿包

利用拉菲草圖案的擬真印花布×皮繩的組合，做出玩心十足的手拿包。牛角釦或裝飾釦與皮革的搭配也相當出色。
（Design／中山さちこ）

成品（展開狀態）：約長45×寬34cm
側襠寬約4cm
作法➡ 146頁

後面附有收納時等可用來吊掛的提把。從這邊把手穿過去抱著或拿著包包也很時尚。

皮革素材 的作品

皮革素材 的作品

一片式兩用手提包

帶有紅色真皮和帆布是最佳拍檔！紅色壓線也令人印象深刻的男性化大托特包。固定釦及雞眼釦的使用方式也非常吸睛！
（Design／榲 礼子）

成品：約長38×寬34cm、側檔寬約14cm
作法➡148頁

參考頁
P66 帆布
P94 固定釦
P92 雞眼釦
P96 環

左／背帶是不易陷入肩膀的加寬型。可依場合需要斜背或手提，非常方便。右／本體和內口袋的兩側縫份都以羅緞緞帶包夾收邊。

配件類

雞眼釦、固定釦及環類等配件，實用性就不用多說了，還肩負著設計之一部分的重要角色。好好了解各種配件的功能及處理方法之後，對於作品的製作應該會很有幫助。

雞眼釦

作為素材開孔的補強之用的環狀五金，也可以穿過繩帶。大小從內徑0.4㎝到超過2㎝的大尺寸應有盡有，材質也有鋁、黃銅、塑膠等多種選擇。基本上是從素材的正面把本體插入，附套片的情況是將套片安裝在素材的反面。

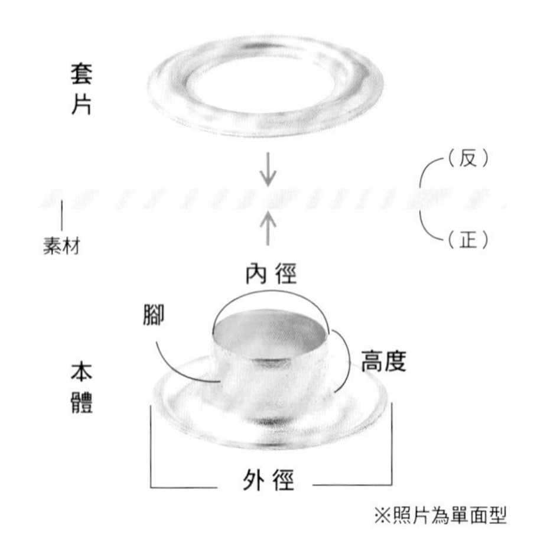

左／雞眼釦最適合用在海洋風的作品上。與提把繩索的搭配也非常出色。（Design／竹澤寬子）　右／把大直徑的雞眼釦用在這種地方也很有趣。（Design／moro）

雞眼釦的種類

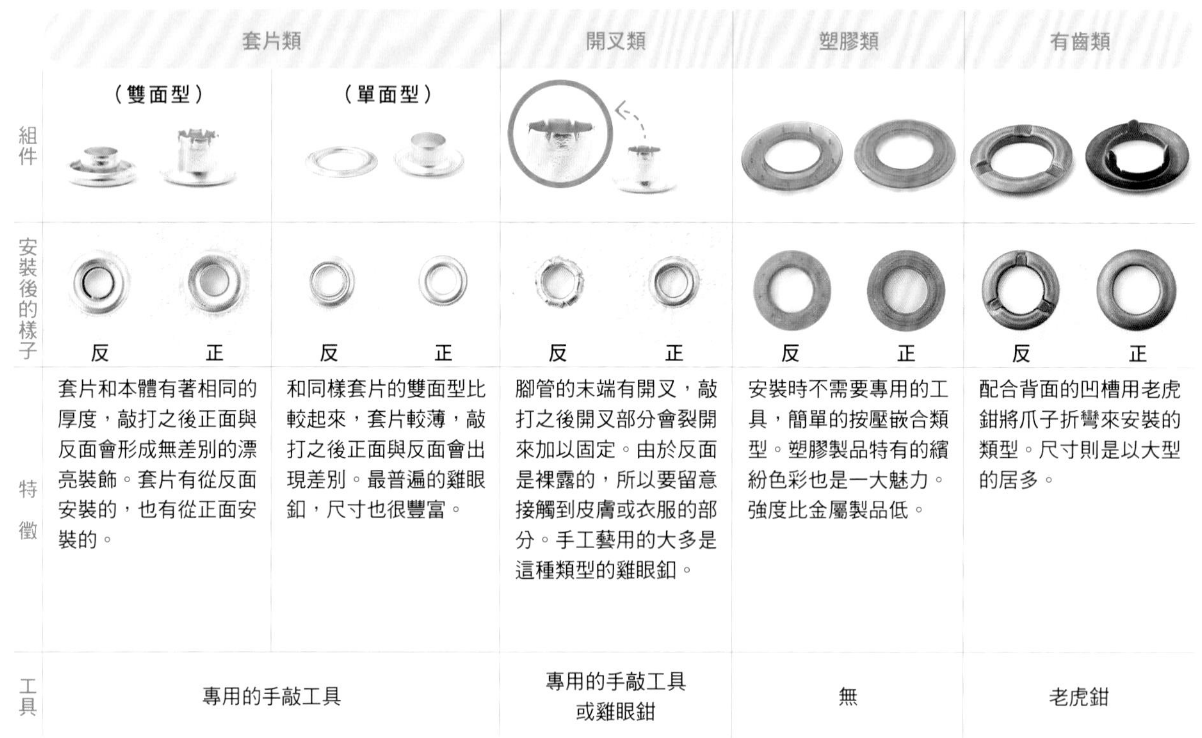

	套片類（雙面型）	套片類（單面型）	開叉類	塑膠類	有齒類
組件					
安裝後的樣子	反　正	反　正	反　正	反　正	反　正
特徵	套片和本體有著相同的厚度，敲打之後正面與反面會形成無差別的漂亮裝飾。套片有從反面安裝的，也有從正面安裝的。	和同樣套片的雙面型比較起來，套片較薄，敲打之後正面與反面會出現差別。最普遍的雞眼釦，尺寸也很豐富。	腳管的末端有開叉，敲打之後開叉部分會裂開來加以固定。由於反面是裸露的，所以要留意接觸到皮膚或衣服的部分。手工藝用的大多是這種類型的雞眼釦。	安裝時不需要專用的工具，簡單的按壓嵌合類型。塑膠製品特有的繽紛色彩也是一大魅力。強度比金屬製品低。	配合背面的凹槽用老虎鉗將爪子折彎來安裝的類型。尺寸則是以大型的居多。
工具	專用的手敲工具		專用的手敲工具或雞眼鉗	無	老虎鉗

※樣式會因製造商或種類而有所不同，購買前請先確認。

雞眼釦安裝工具

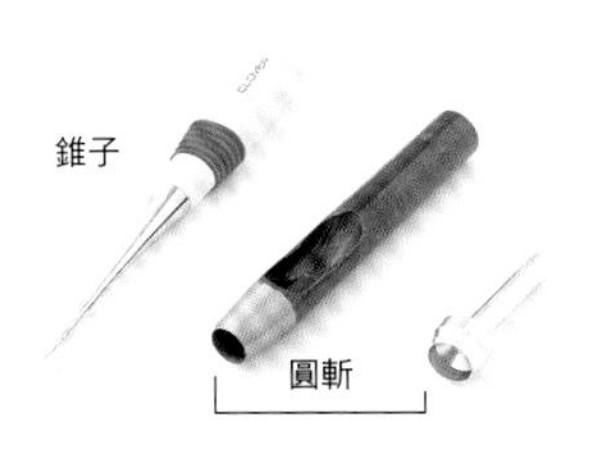

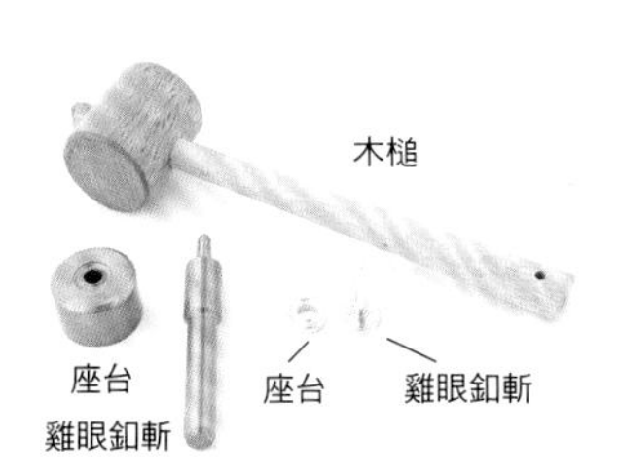

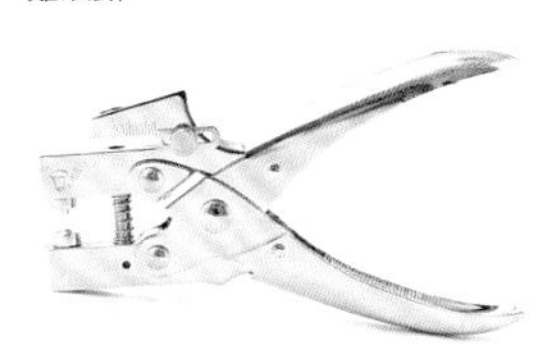

打洞工具

圓斬／除了單賣（中央）之外，有些則是包含在雞眼釦工具組中成套販賣（右）。**錐子**／打小洞時，可先刺入布料等素材，再擴大成必要的尺寸。

雞眼釦安裝工具

雞眼釦斬・座台／把雞眼釦放在座台上，用木槌等敲打雞眼釦斬來進行安裝的構造。和圓斬一樣有些是單賣（左前），有些是附屬於工具組中（右前）。**木槌**／用來敲打雞眼釦斬的工具。由於用鐵鎚敲打可能會讓雞眼釦斬受損，所以建議用木製品。

雞眼鉗／在紙類上安裝雞眼釦時使用的手工藝用具。

便利的用具

橡膠墊／打洞的時候，或是敲打安裝的時候可以墊在下面使用。具有安定性，並能吸收噪音及衝擊。

雞眼釦的安裝方法

・利用雞眼釦斬安裝的情況

※以最常使用的單面雞眼釦來說明。

1

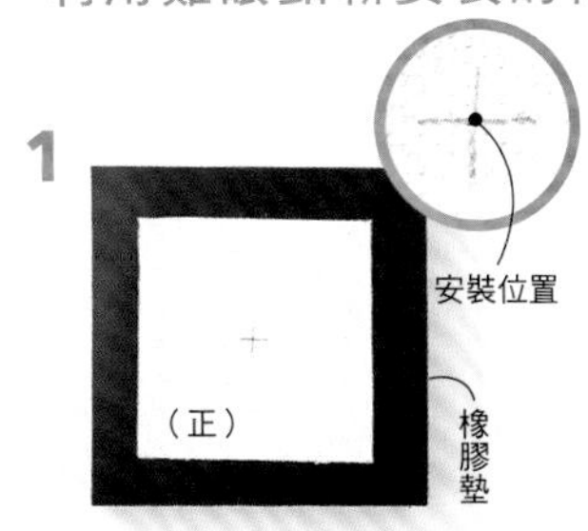

在布料的雞眼釦安裝位置的記號處用圓斬壓一下，做出痕跡，確認記號是否位於中央。

2

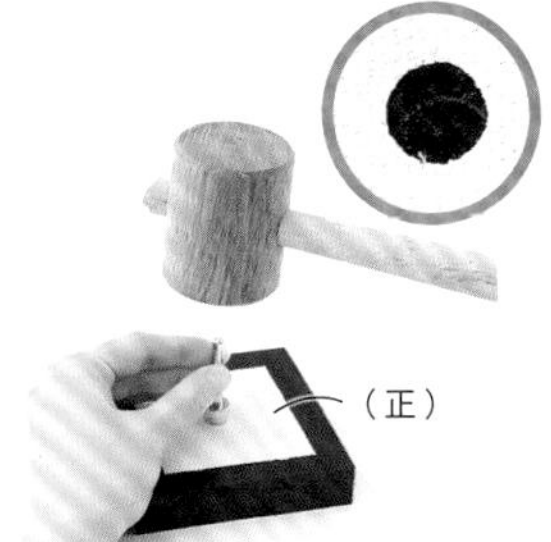

再次把圓斬放在安裝位置，用木槌垂直敲打開出孔洞。

3

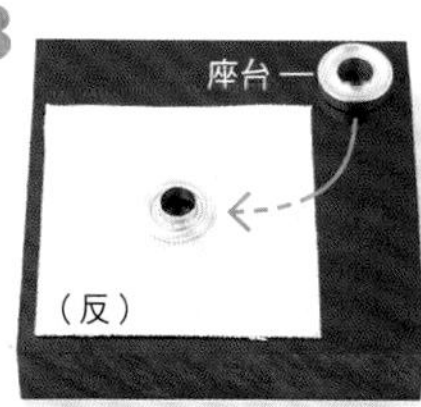

將布料翻面，從下方把本體的腳插入，從上方放上套片。放好之後要記得調整位置，讓本體位在套片的中央。座台是放置於本體下方。

4

（反）

把雞眼釦斬對準本體的腳垂直放好，用木槌使勁地敲打數次。

NG

（反）

如果套片的位置沒有調整好，或者敲打時未能保持垂直的話，都可能出現套片位移或本體的腳歪掉的情況。

・利用雞眼鉗安裝的情況

※開叉型。

1

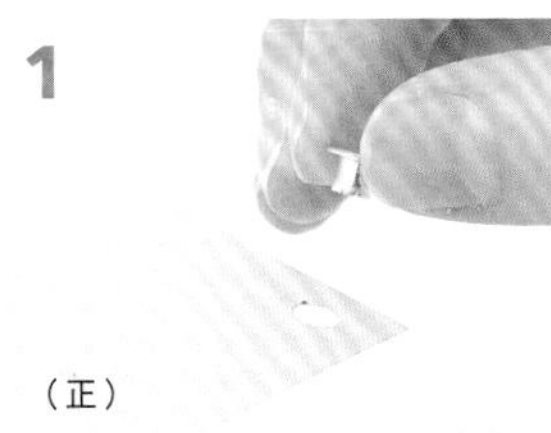

（正）

從正面把雞眼釦插進洞裡。

2

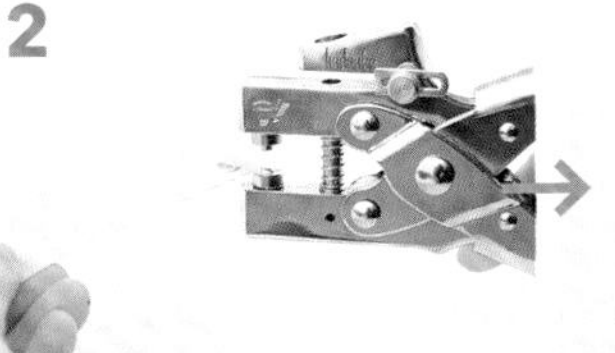

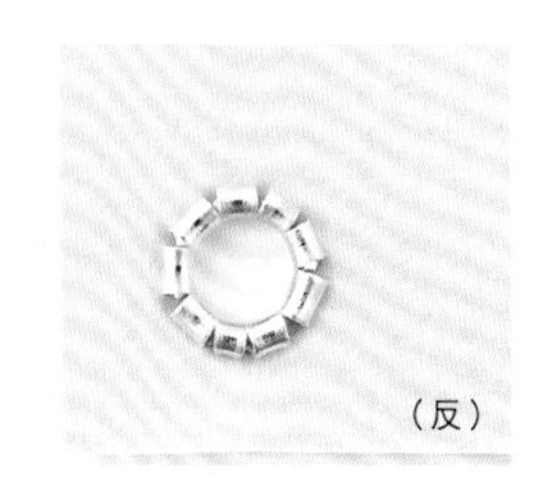

（反）

用雞眼鉗把雞眼釦用力夾緊固定。

固定釦

和雞眼釦不同沒有開孔，固定方式是將蕈菇狀的五金從正反面夾合。很適合用來搭配厚實的素材，把皮革或厚的棉織帶穿過環圈加以固定之時也能發揮所長。除此之外也經常被用於口袋開口的補強。

左／復古風的固定釦，和洋溢著少女氣息的包包搭配起來也很出色。（Design／坂井ゆかり）右／需要具備強度的提把，也要以固定釦來固定才安心。（Design／森岡朝子）

固定釦的安裝方法

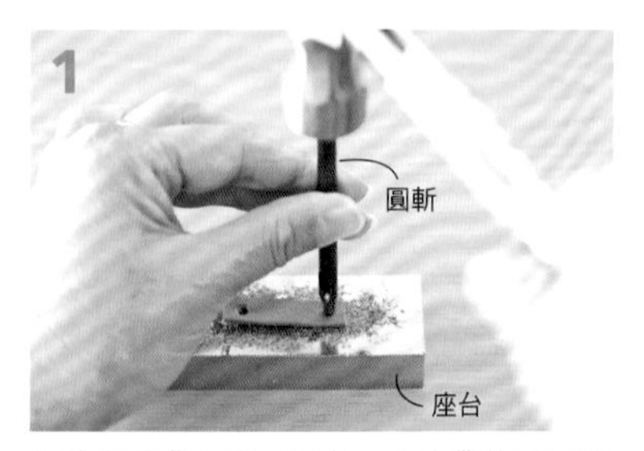

把座台的背面當作平台，在皮帶條的固定釦安裝位置放上打洞的圓斬，用木槌敲打開出孔洞。

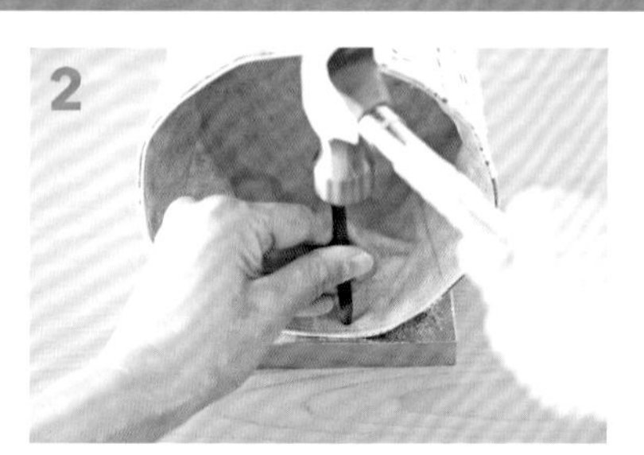

同樣地，在本體的安裝位置也開出孔洞。

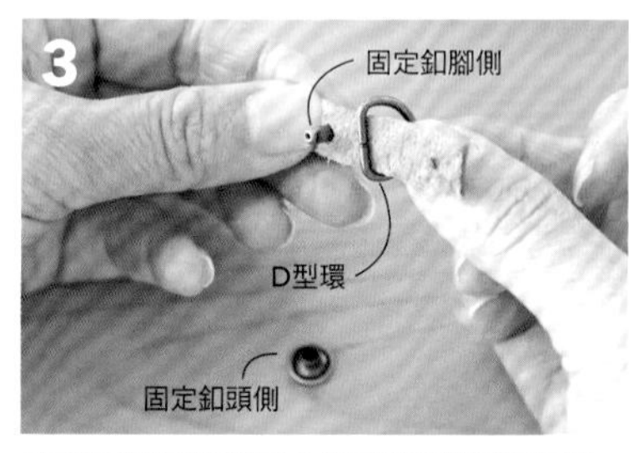

把固定釦的腳側五金插進皮帶條的洞裡，穿過D型環。

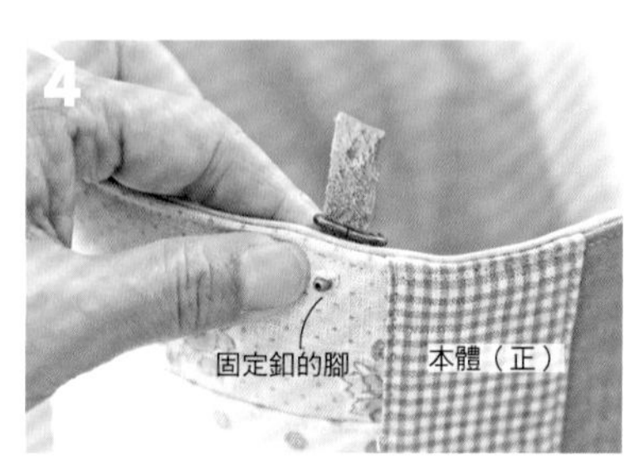

從裡布側，把3的腳插進本體的洞裡。

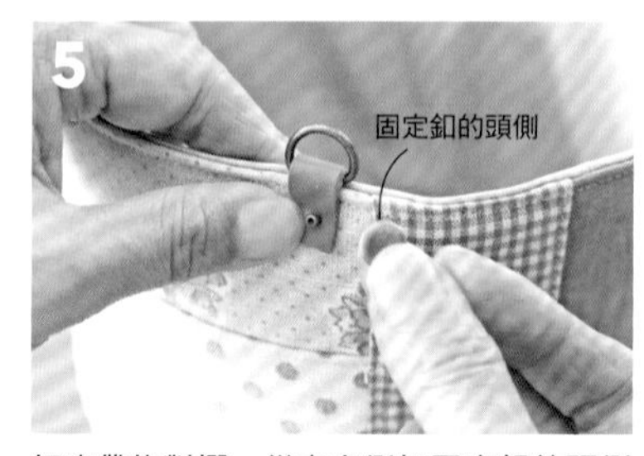

把皮帶條對摺，從表布側把固定釦的頭側插進去。

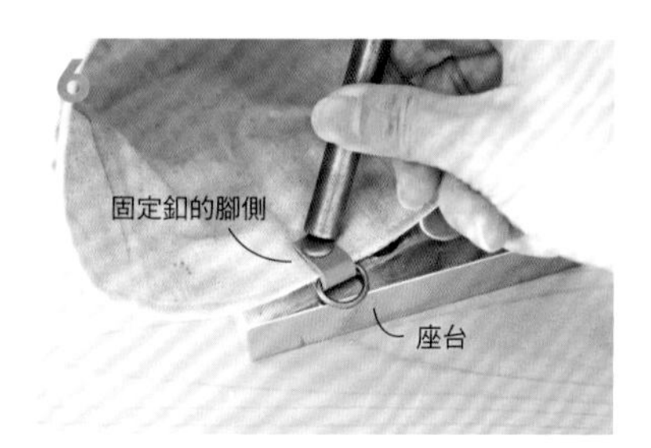

在座台上，把固定釦的頭側放在大小剛好的凹槽中。在固定釦的腳側的正上方把固定釦斬擺好。

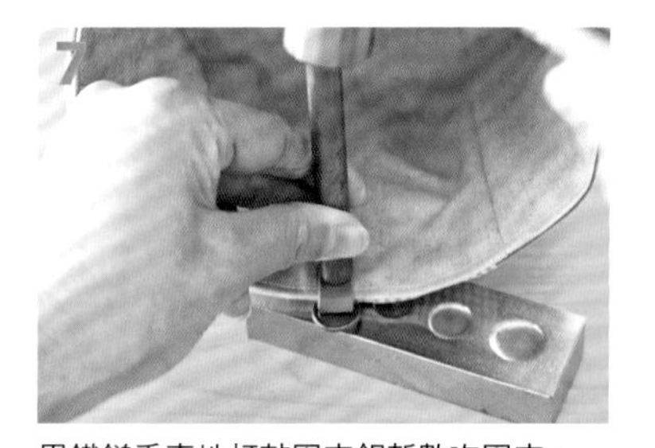

用鐵鎚垂直地打敲固定釦斬數次固定。

完成。

四合釦與彈簧釦

金屬製的四合釦與彈簧釦看起來雖然很像，但因為底釦和公釦的形狀並不相同，所以在穿脫感、適用於哪種布料等方面也有所差異。只要懂得如何配合作品選用的話，便利性就會隨之提升。

	彈簧釦	四合釦	包面五爪釦	空心五爪釦
安裝後的樣子	正面：面釦／反面：底釦 內側：母釦／公釦	正面：面釦／反面：底釦 內側：母釦／公釦	正面：面釦／反面：底釦 內側：母釦／公釦	正面：面釦／反面：底釦 內側：母釦／公釦
適用的布料	**普通布～厚布** 絨面呢、帆布等、範圍廣泛的布料都可應用	**厚布** 帆布、丹寧布、鋪棉布等紮實的厚布料	**薄布～普通布、彈性素材** 細棉布、棉紗布、Smooth Knit針織布等	**薄布～普通布、彈性素材** 細棉布、棉紗布、Smooth Knit針織布等
特徵	能夠緊密扣合，穿脫也輕鬆容易。是成衣等經常使用的類型。	在金屬類的扣具當中扣合度是最緊密的，也因此在穿脫上並不如彈簧釦等輕鬆。有些面釦可兩面使用。	具有彈性的素材也OK。根據鍍鎳加工而有紅、薩克斯藍、黃等多種的顏色變化。有些面釦可兩面使用。	構造及顏色變化之多都和包面五爪釦一樣，兩面都是薄薄的圈狀，最適合用在不想引人注目的情況。有些面釦可兩面使用。
使用例	夾克、襯衫、包包等	厚夾克、軍用大衣、包包等	化妝包等小物以及雜貨等	嬰兒及兒童的服裝，運動服等
名稱的由來	扣合原理是利用凹（母釦）側的2根彈簧	英文名稱Dot Button是來自於開發出這種鈕釦形狀的美國Dot Button公司。	英文名稱的American hook是來自於開發出這個形狀的美國公司 ※因為商標的關係，每家廠商都有各自不同的稱呼	因為表側面釦是空心的環狀

※名稱的由來有各種說法。

四合釦與彈簧釦的安裝・拆除方法

安裝方法

在平坦的地方／像水泥地一樣堅硬而平坦的地方，或是能夠保持安定的桌子的四個角落（桌腳的位置）進行作業（木地板之類的地面要注意，可能會有座台或扣具痕跡殘留的情況發生）。在意噪音而在襯墊上操作的話，很可能會因為不穩定而失敗。另外，用橡膠墊墊著的話，會讓力道難以傳導。

垂直地敲打／四合釦斬或衝鈕器，一定要垂直拿好。握住根部附近會比較容易保持穩定。用鐵鎚等敲打時，要以用力敲打幾次來固定的感覺進行。

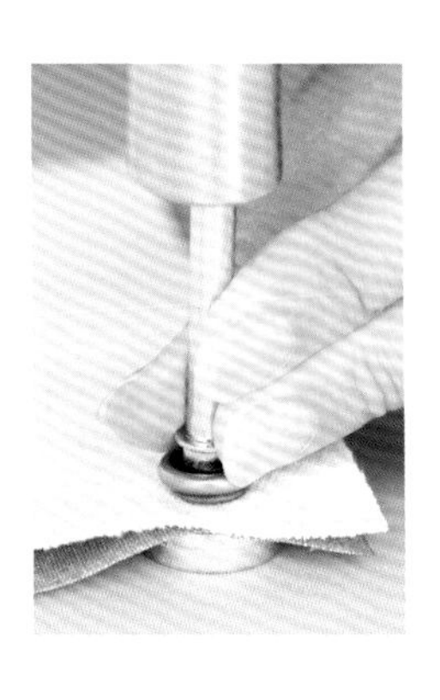

拆除方法

用斜口鉗或尖嘴鉗等夾住，一點一點的把配件夾到變形之後再拆卸下來。拆除時小要心進行，避免損壞布料。拆下的配件無法再次利用，要使用新的。

補強布料或增加厚度時

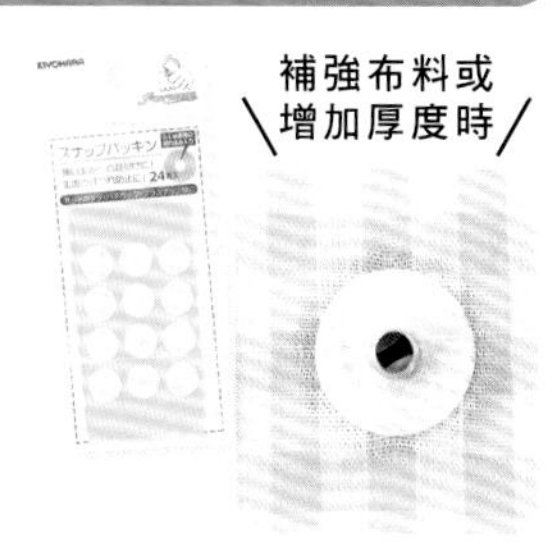

「壓釦墊片」

適用於安裝五爪釦等的布料厚度不夠時，或安裝失敗後的布料補強。貼片型，也可以用來防止綻線。／清原

取材協力／清原

D型環、日型環等

被稱為「〇〇環」的配件，主要是用來穿過織帶，或是和其他五金互相連接時使用。讓環充分發揮作用的訣竅就是，環和穿過的織帶的寬度要一致。材質有金屬及塑膠等，顏色更是五花八門，根據作品來挑選適合的配件也是一種樂趣。

D型環

使用頻率最高，如字面描述的D字造型的環。連接後背包或手提包等的提把時，必須搭配問號鉤才能發揮本領。可動性提高了之後，使用的舒適度也會提升。

口型環

使用日型環來製作可調整長度的提把時，若能搭配同樣是四方形的口型環，調整織帶的時候會更順暢。看起來也有統一感。

三角環

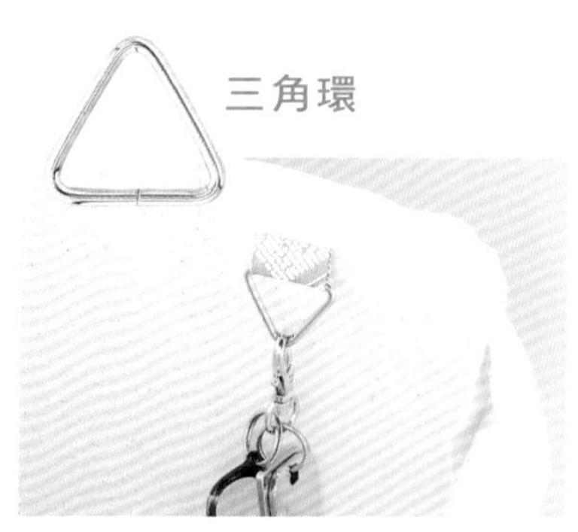

「其實是為了視覺的效果」而開發的三角環，除了用來穿過背包的背帶之外，也很建議用於鑰匙圈等。能將掛著的東西聚集到角落，藉以抑制橫向擺動。

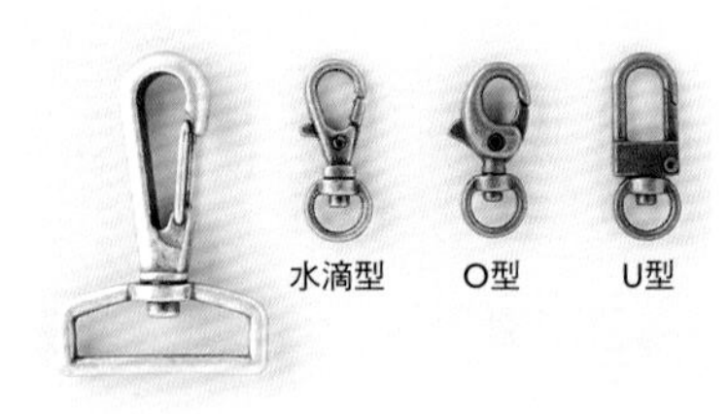

問號鉤

能夠開關的問號鉤也是「環」的一員。順帶一提，問號鉤的「問號」據說是來自於像問號般的形狀。迷你問號鉤的規格也是一樣。

日型環

用來調整包包背帶等的長度，作為調整器使用的五金。也稱作調整環或活動環。

為什麼稱作「環」？

「環」從字面上來看，就是圓形的圈圈之意。所有名稱中帶有「環」字的配件未必都是圓的，有些有裂口，有些則根本不是圓形。

塑膠材質的「環」也很方便

環類不全是金屬製的，塑膠材質的環在幼稚園及小學的兒童用品中也很常見。霧面質感的商品，也很適合大人使用。背包等所使用的「插扣」因為質輕耐水而受到喜愛，以塑膠製品為主流。

霧面質感也很適合大人使用

色彩繽紛適合兒童使用

插扣也很受歡迎！

環的安裝方法

織帶寬度比D型環小的話，D型環容易轉動。

織帶寬度和D型環的內徑相符的話，環就不會轉動。

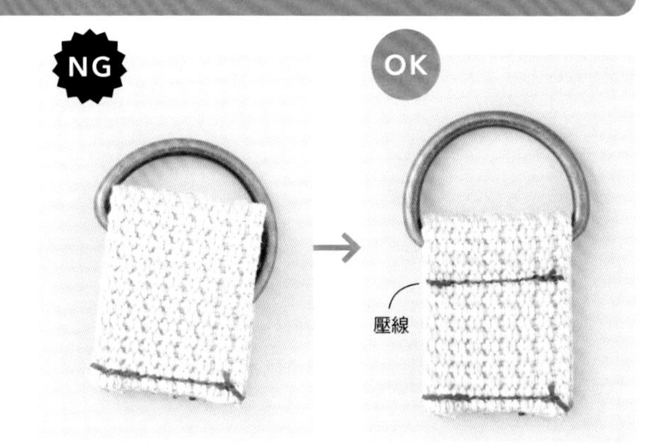

織帶寬度正好，但因為縫得比較長，所以也容易轉動。

在D型環的邊緣壓線的話，就不會亂動。

日型環的安裝方法

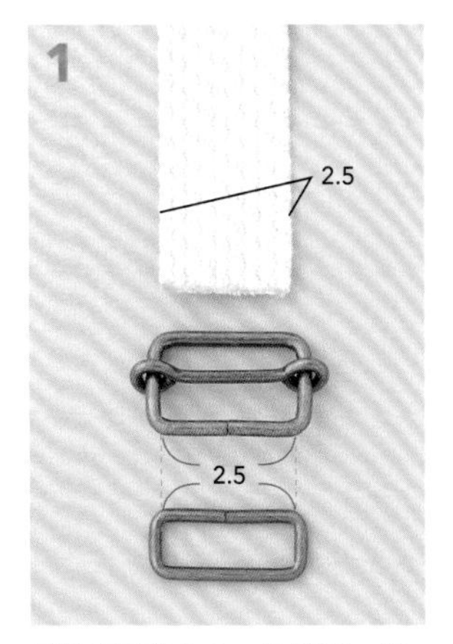

織帶寬度為2.5cm的情況，使用內徑2.5cm的口型環和日型環。

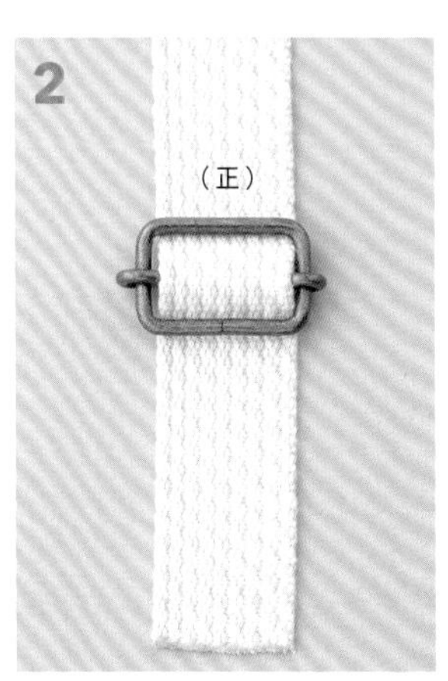

看著織帶的正面，把織帶的一端穿過日型環。

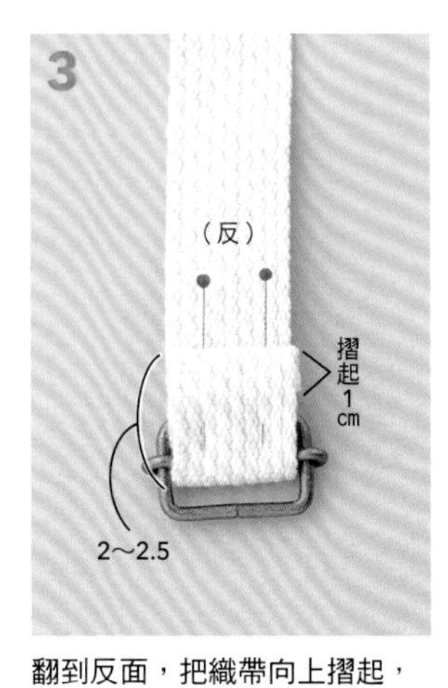

翻到反面，把織帶向上摺起，末端向內摺入1cm。

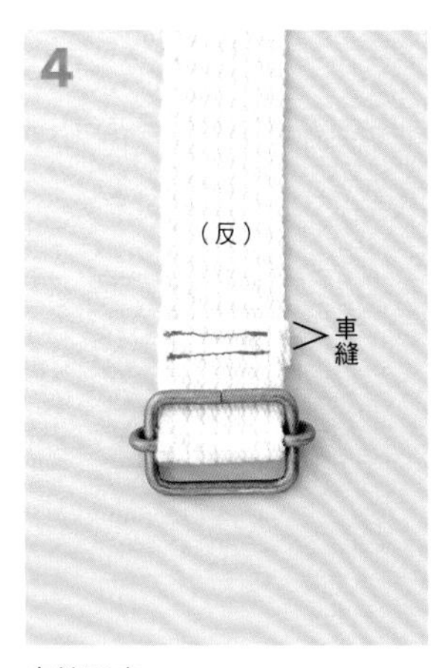

車縫固定。

請參考P35的高低落差的車縫方法！

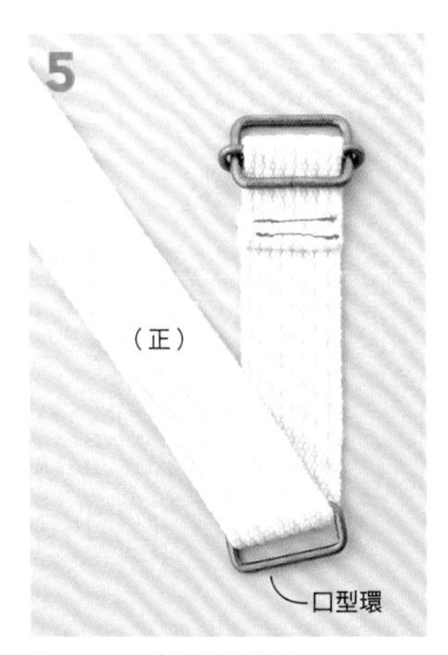

將另一端穿過口型環。

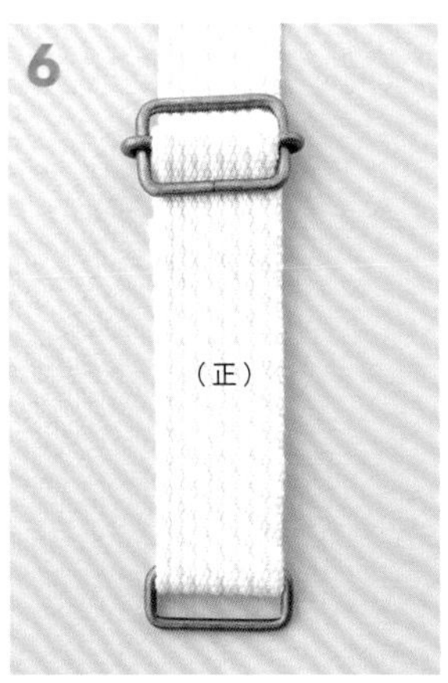

再次穿過日型環。

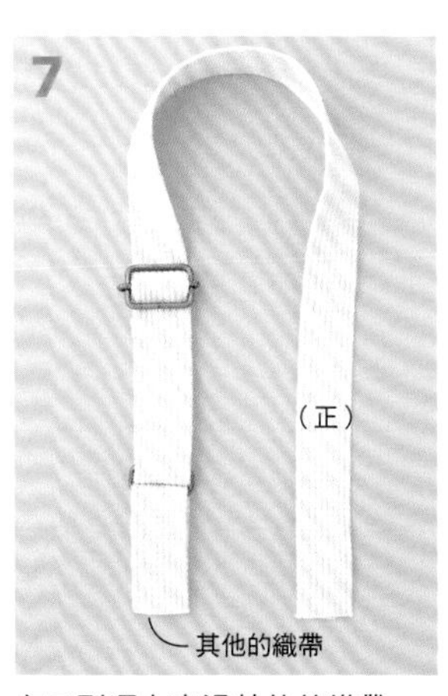

在口型環上穿過其他的織帶，把兩端車縫固定在包包上。

※這裡為了方便理解所以縮短了背帶的長度。

四合釦 的作品

多功能鑰匙包

鑰匙包裡設置了可收納駕照以及零錢的口袋，體積小巧又具有多種功能。復古色澤的五金配件和男性化布料的搭配也很出色。（Design／川本佳子）

成品（展開狀態）：約長12×寬22cm
作法➡ 147頁

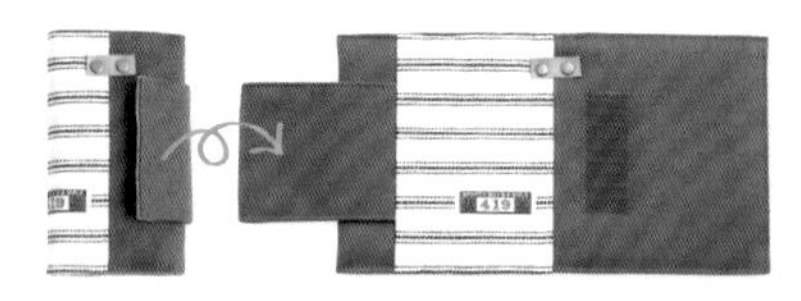

藉由內外不同的布料搭配來改變印象，卡其色的魔鬼氈和布料毫不突兀。細節的講究也很引人注目。

雞眼釦｜固定釦 的作品

手縫雞眼釦的托特包

使用手縫式雞眼釦，就不必擔心噪音，即便是厚重素材也一樣安心耐用。和穿舊的牛仔褲的色調氛圍也很協調。（Design／萩原留美）

成品：約長30×寬31.5cm、側檔寬約14cm
作法➡ 152頁

參考頁 P88 皮革素材

右／內側附有實用的大口袋。下／在手縫雞眼釦的安裝位置打一個大一點的洞，把表側、裡側用的雞眼釦放好夾住，沿著洞口縫合。

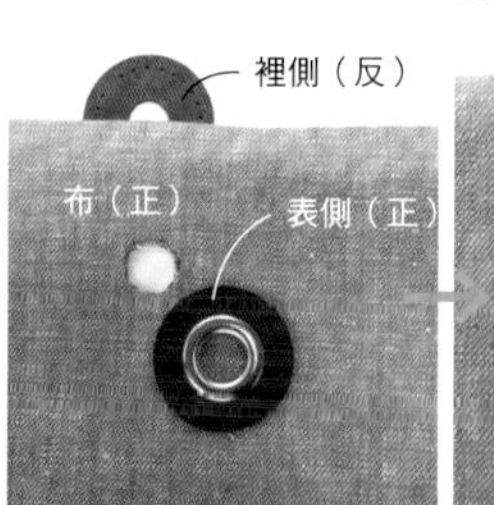

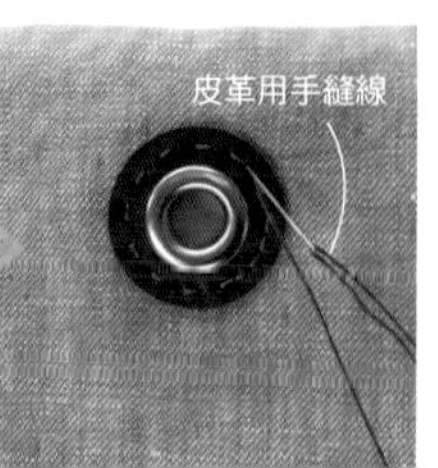

四合釦｜雞眼釦｜固定釦｜環 的作品

3用托特包

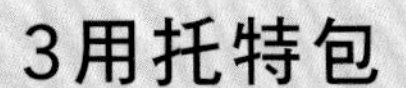

可變化出3種背法的多功能包包，到處都看得到O型環及固定釦的活躍身影！口袋選用了圓點花樣，帶出些微少女氛圍。（Design／竹澤寬子）

成品：約長37×寬30㎝、側檔寬約10㎝
作法➡150頁

參考頁 P66 帆布

肩背包

後背包

左．中／本體的袋口周圍以及底部兩側的O型環可勾住背帶，自由地變換形狀。上／口側的兩邊是利用問號鉤、前後是利用四合釦來扣合的巧思設計。

來做束口袋吧

束口袋是手作的初學者也能輕鬆嘗試的小布包。只要稍微改變一下袋口的作法，就能呈現出各種不同的變化。以下就是深度出乎意料的束口袋的作法。

一片式束口袋

日本小學的運動服袋等所使用的、形狀最普遍的束口袋就是這個。用一片布就能簡單製作，所以縫份的邊緣最好先用縫紉機車布邊或用花邊剪刀等處理好。

兩側穿繩的束口袋

成品：
約長32×寬28cm

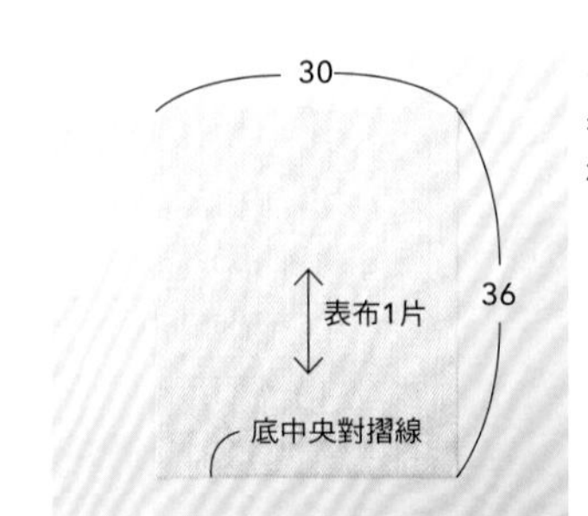

材料
表布35×75cm
棉繩140cm（對半剪斷）

1

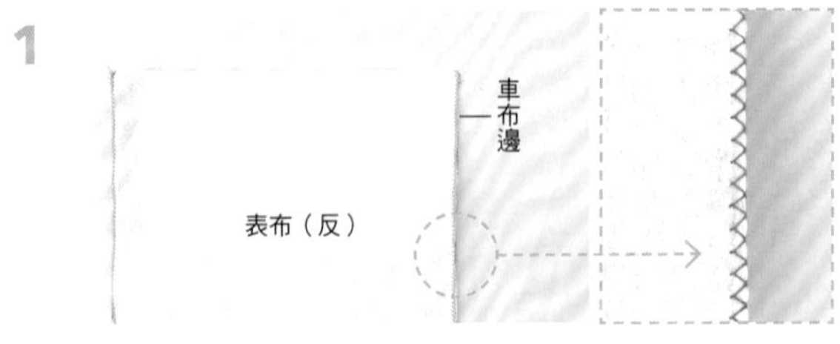

在表布的兩側車布邊。

2

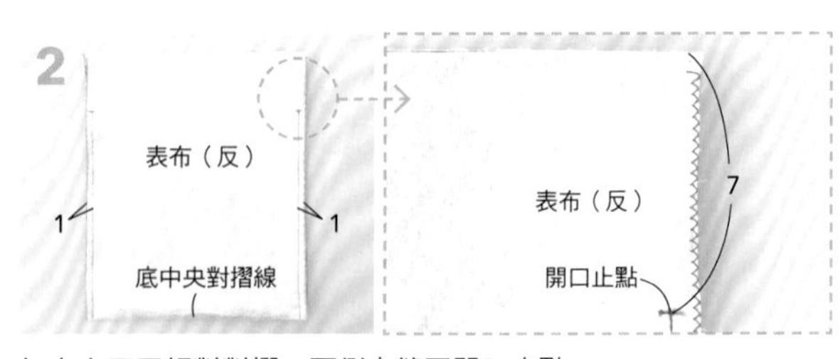

把表布正正相對對摺，兩側車縫至開口止點。

3

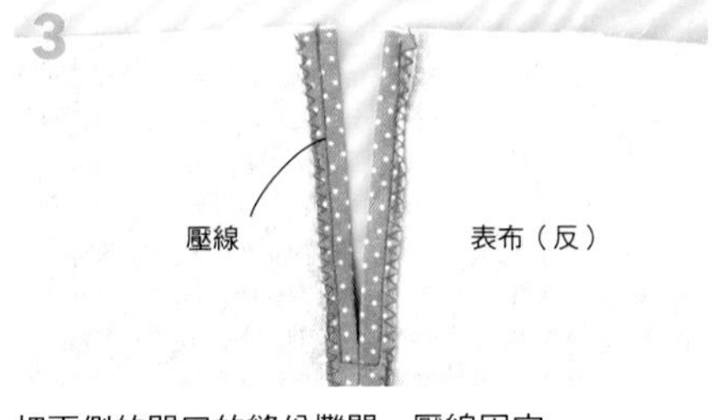

把兩側的開口的縫份攤開，壓線固定。

4

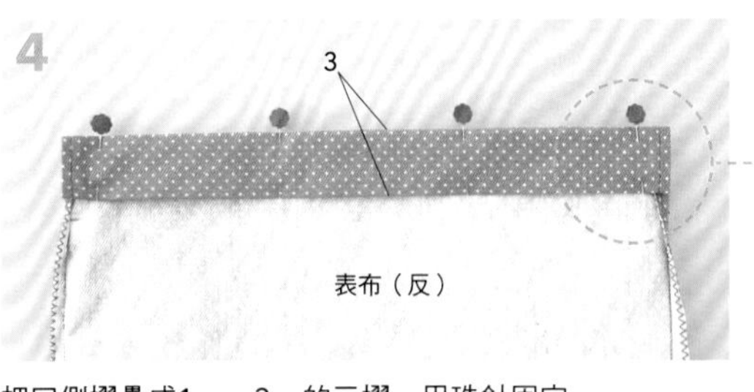

把口側摺疊成1cm、3cm的三摺，用珠針固定。

5

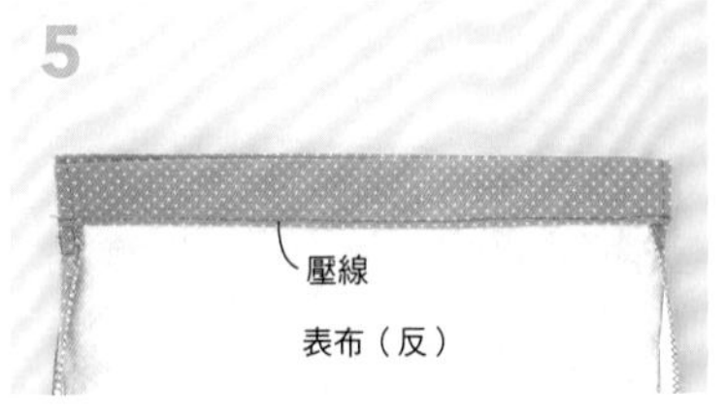

壓線一圈。

6

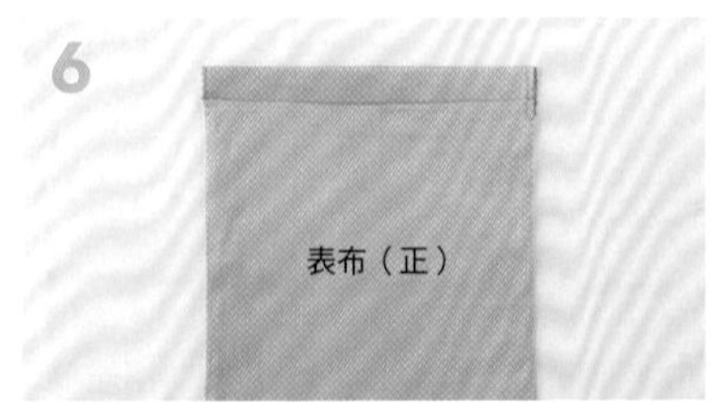

翻回正面。

7

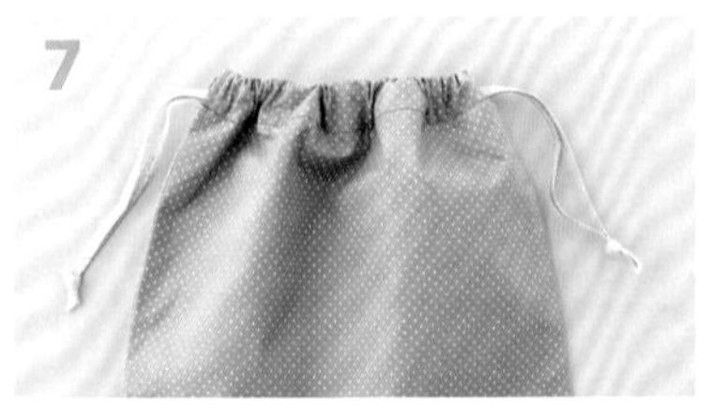

從左右穿入棉繩（各70cm）之後打結。

單側穿繩的束口袋

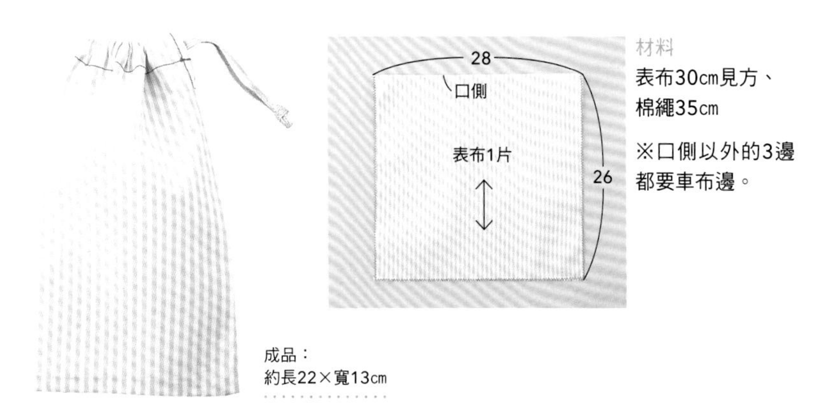

材料
表布30cm見方、
棉繩35cm
※口側以外的3邊
都要車布邊。

成品：
約長22×寬13cm

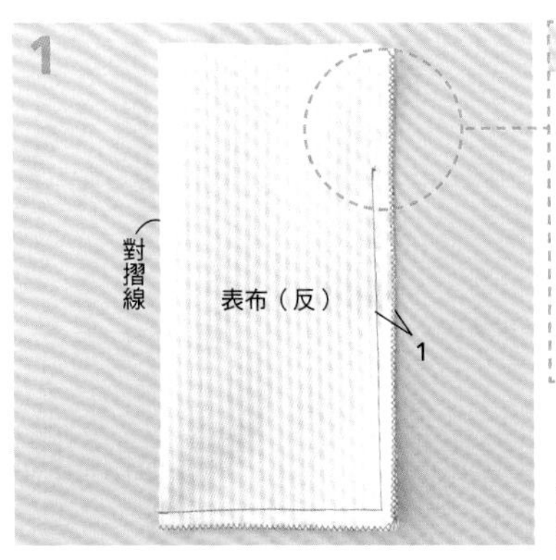

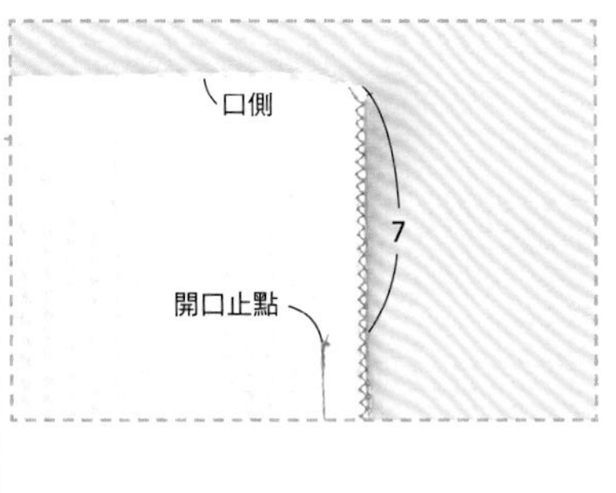

把表布縱向正正相對對摺，從底開始車縫至開口止點。

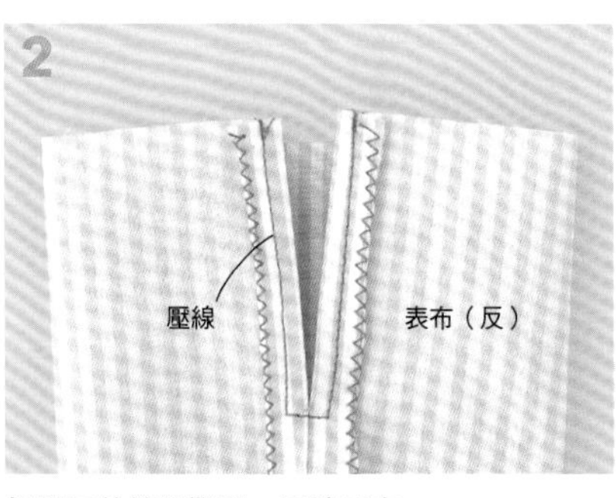

把開口的縫份攤開，壓線固定。

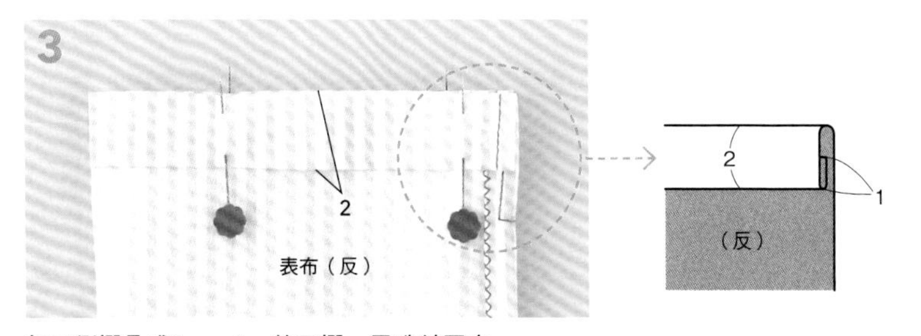

把口側摺疊成1cm、2cm的三摺，用珠針固定。

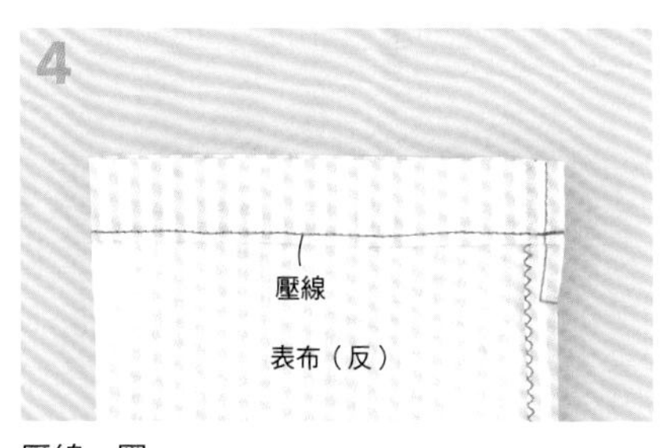

壓線一圈。

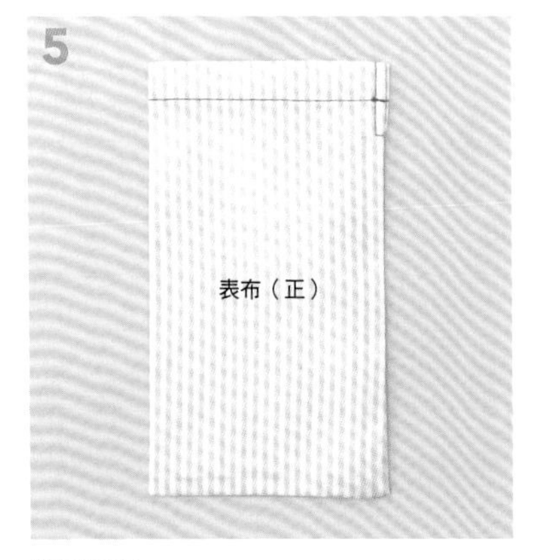

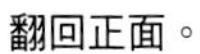
翻回正面。

穿入棉繩（35cm）之後打結。

有裡布束口袋

為束口袋加上裡布的話，完成度立刻就大幅提升。學會從兩側穿入棉繩的基本作法之後，就能自由地加以變化。即使只是稍微改變穿繩位置，也會讓印象變得不同，在底部縫上裁成圓形的布料的話，就能做出圓潤迷人的造型。容量也會顯著增加。

102～103頁共通的流程

成品：各約長20×寬18cm

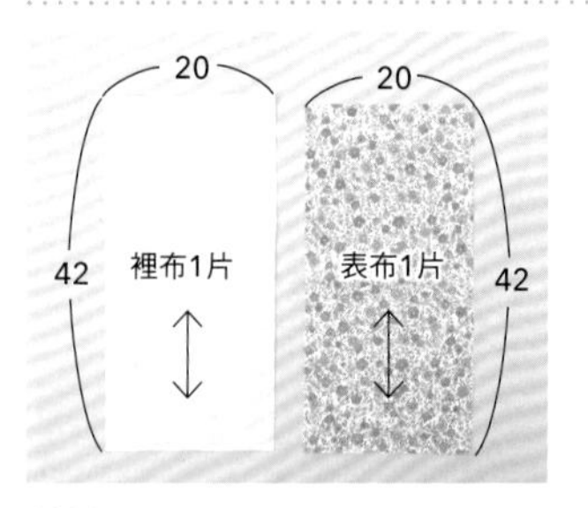

材料

表布25×45cm、裡布25×45cm、棉繩80cm（對半剪斷）

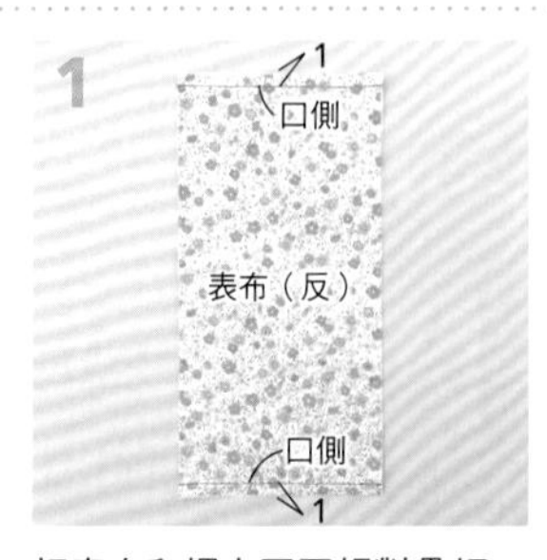

把表布和裡布正正相對疊好，將上下（口側）車縫起來。

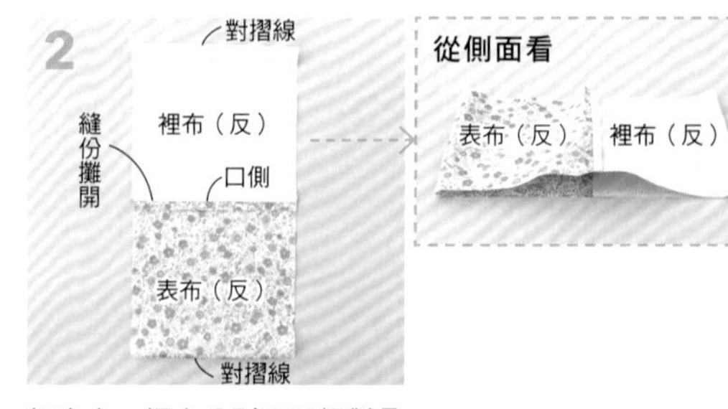

把表布、裡布分別正正相對疊好。

穿繩位置在上端的束口袋

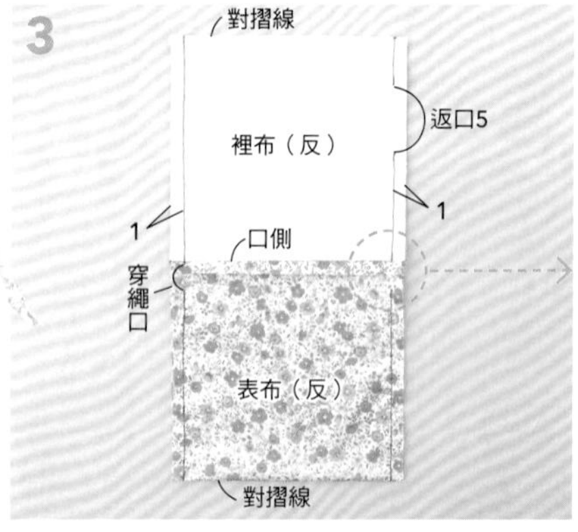

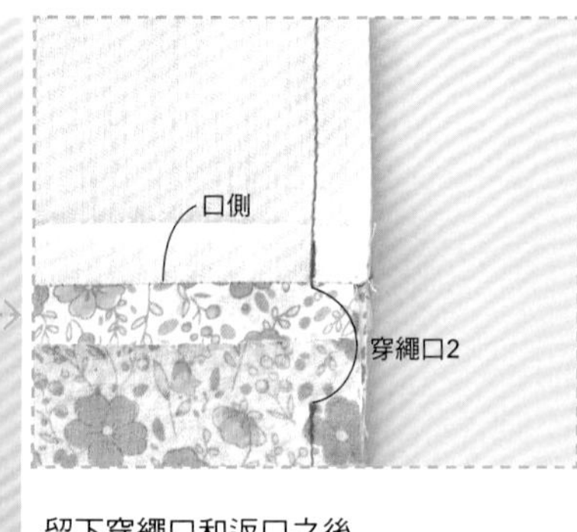

留下穿繩口和返口之後把兩側車縫起來。

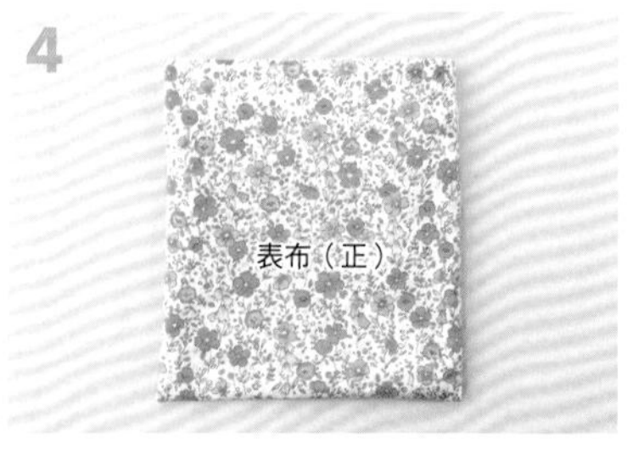

翻回正面之後以ㄇ字形縫法將返口縫合。

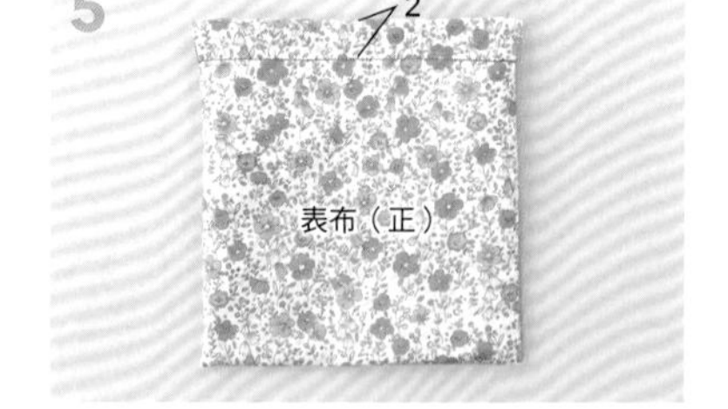

車縫穿繩位置。

從左右穿入棉繩（各40cm）之後打結。

只在單側製作穿繩口時

只從單側穿入1條棉繩的情況，在3車縫兩側的時候，一側是不留穿繩口，從裡布到表布一口氣車縫起來。另一側是留下返口和穿繩口，只車縫其餘部分。

穿繩位置在途中的束口袋

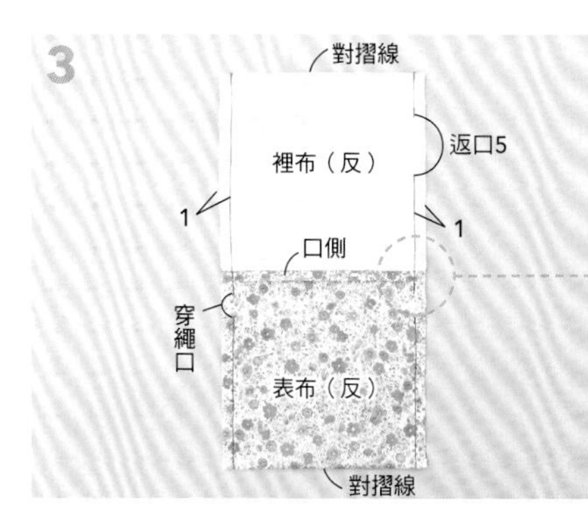

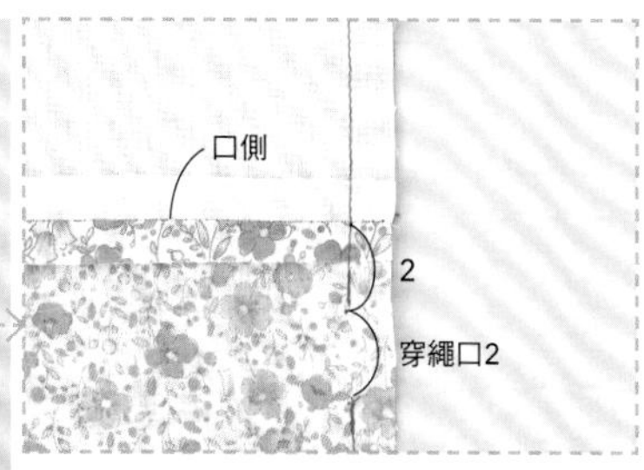

留下穿繩口和返口之後把兩側車縫起來。

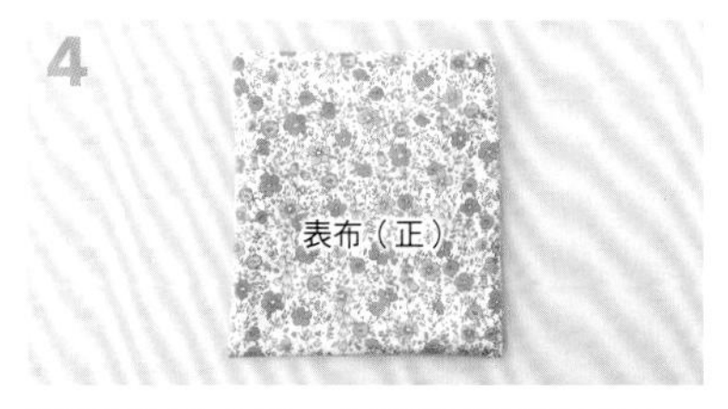

翻回正面之後以ㄇ字形縫法將返口縫合。

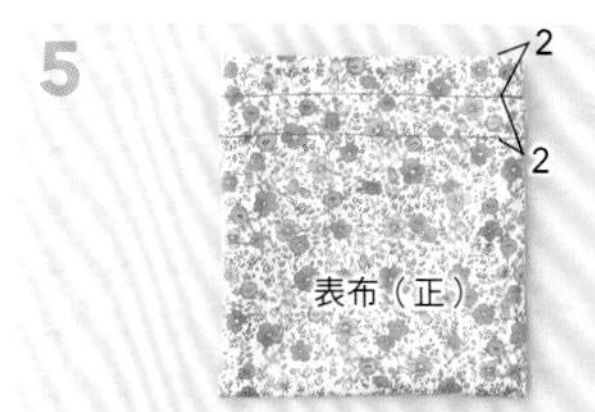

車縫穿繩位置。

從左右穿入棉繩（各40cm）之後打結。

穿繩位置在外側的束口袋

共通以外的材料
2cm寬緞帶40cm

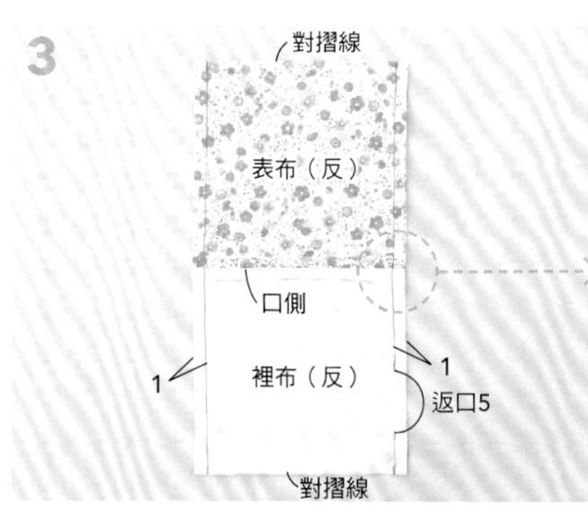

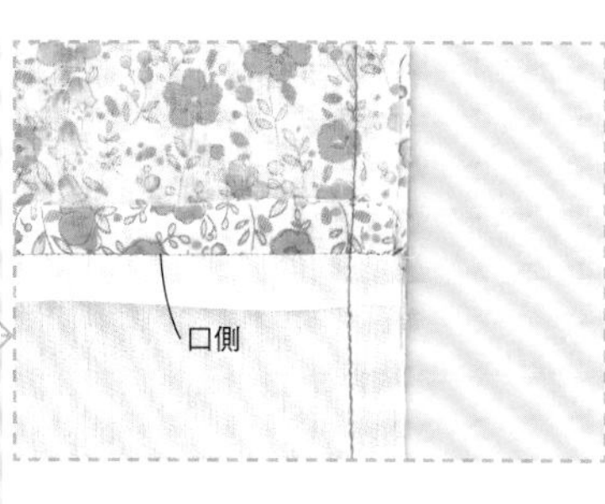

留下返口之後把兩側車縫起來。

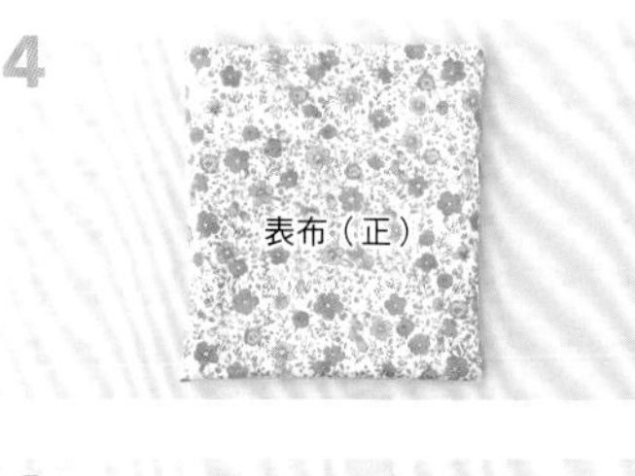

翻回正面之後以ㄇ字形縫法將返口縫合。

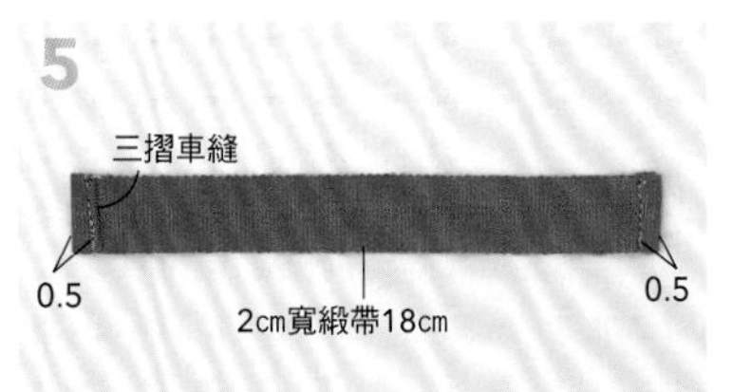

把緞帶的兩端摺成三摺車縫起來。這個要製作2條。

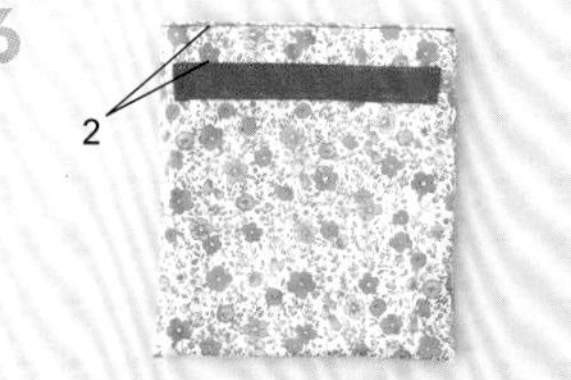

把5分別車縫固定在4的前、後面。

從左右穿入棉繩（各40cm）之後打結。

口側開叉的束口袋

成品尺寸、材料
與P102共通

1

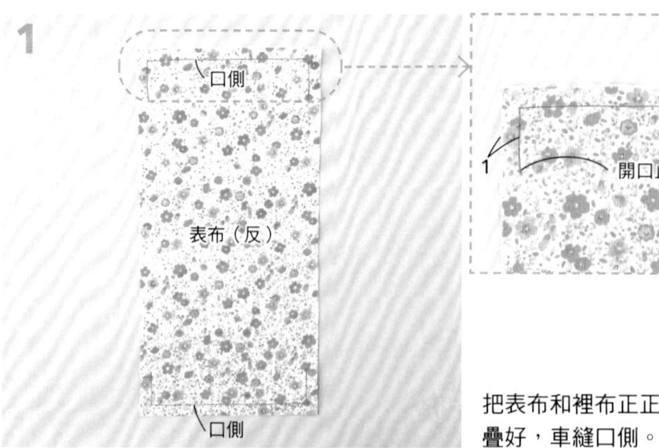

把表布和裡布正正相對疊好，車縫口側。

2

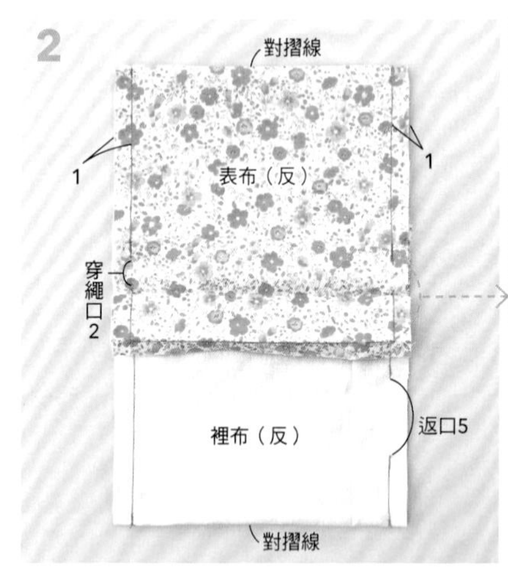

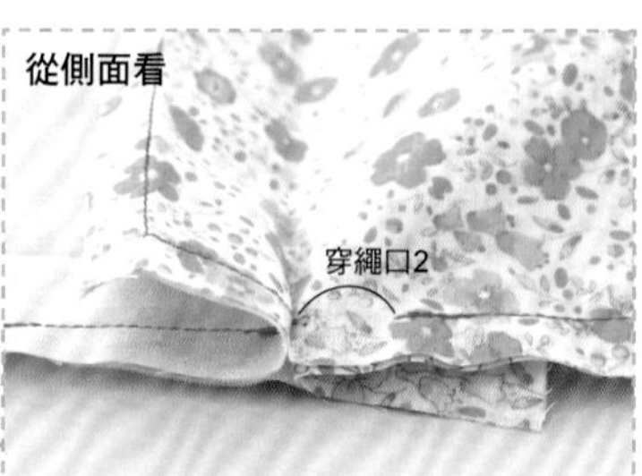

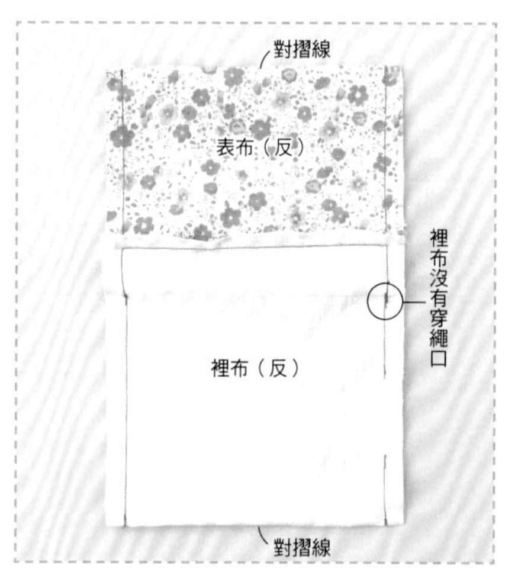

把表布、裡布分別正正相對疊好。留下穿繩口和返口之後把兩側車縫起來。車縫的時候要小心，不要把在1縫好的口側的布縫進去。

3

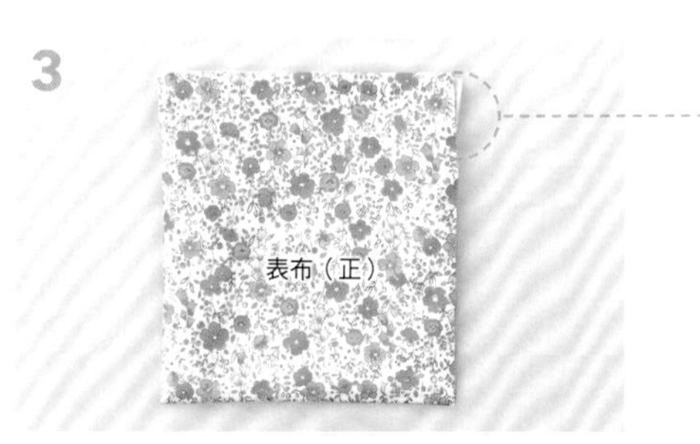

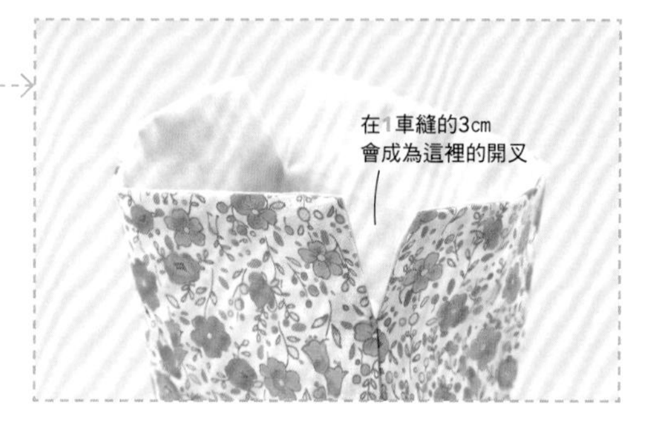

翻回正面之後以ㄇ字形縫法將返口縫合。

4

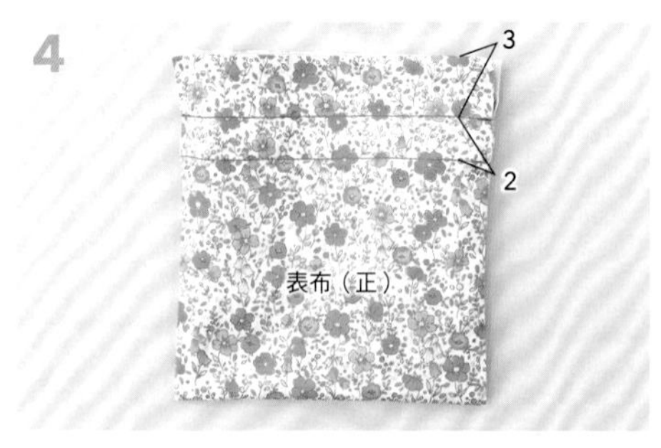

車縫穿繩位置。

5

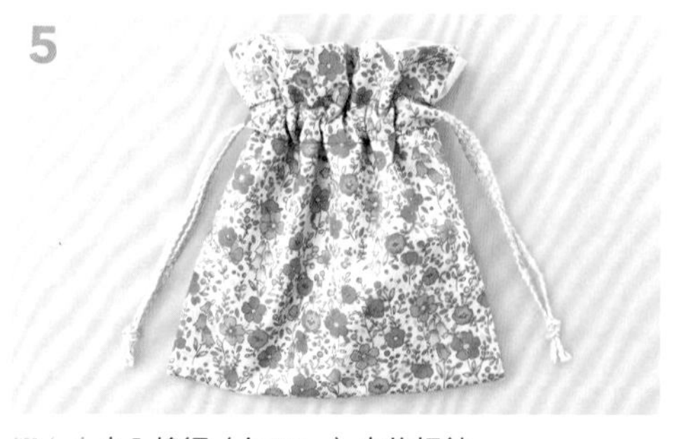

從左右穿入棉繩（各40cm）之後打結。

以其他的布接合袋底的束口袋

成品：約底直徑15×高21cm

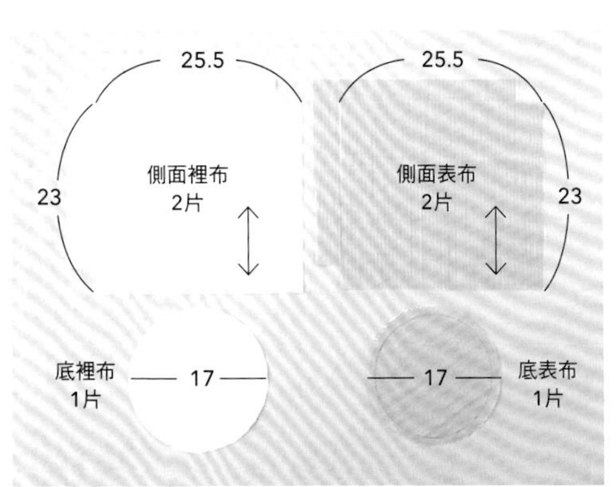

材料
表布75×30cm、
裡布75×30cm、
棉繩70cm（對半剪斷）

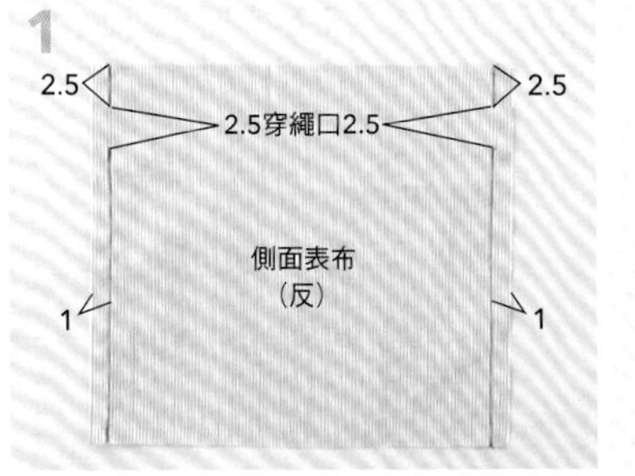

把側面表布、裡布分別正正相對疊好，表布留下穿繩口、裡布留下返口之後把兩側車縫車起來。

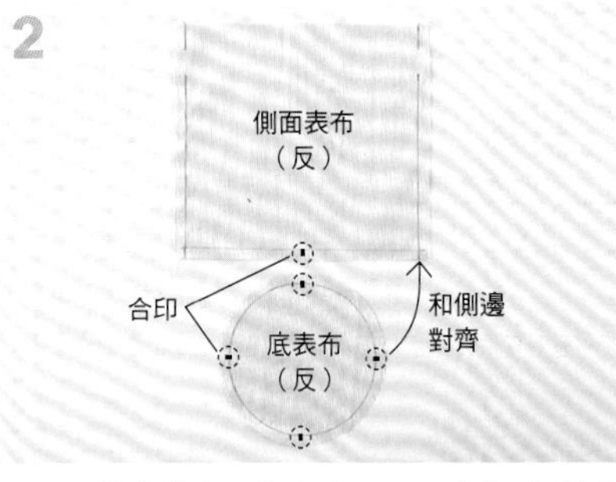

在側面的底接合側的中央、以及底的4個位置標出合印記號。

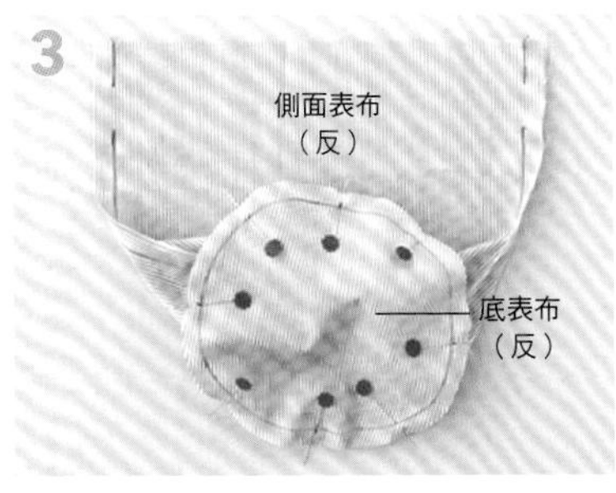

對齊合印記號，把側面和底正正相對疊好用珠針固定。

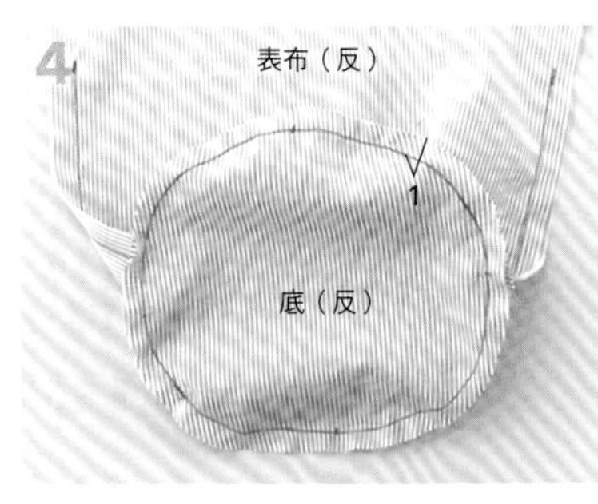

以縫份1cm來車縫。車縫時要看著底側才能縫得漂亮。內袋也依照2～4相同的步驟製作。

把外袋和內袋正正相對疊好，車縫口側。

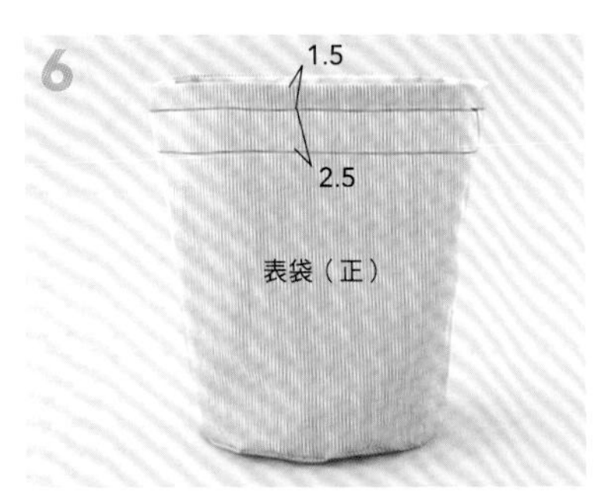

翻回正面之後以ㄇ字形縫法將返口縫合，車縫穿繩位置。

從左右穿入棉繩（各35cm）之後打結。

配色拼接束口袋

把有裡布的束口袋加以變化，在袋口做配色拼接的類型。下面要介紹的是把裡布稍微加長，再以正面看得到的方式縫製，以及準備其他的口布，在袋口接合的2種款式的作法。在袋口多花點工夫，就能讓束口袋變得更有質感唷。

在裡布做出穿繩位置的束口袋

成品：約長16×寬12cm

材料
表布15×35cm、
裡布15×40cm、
棉繩80cm（對半剪斷）

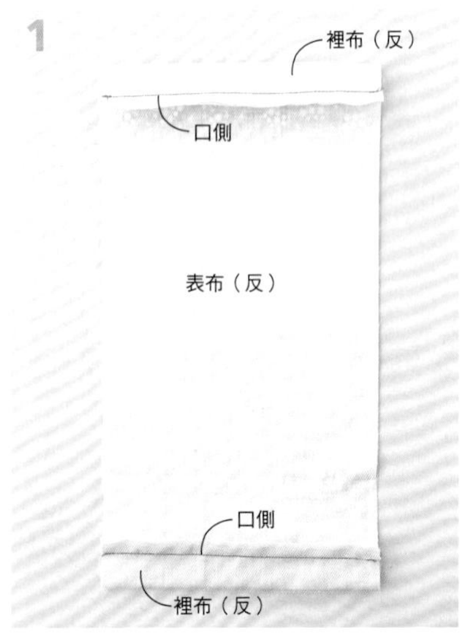

把表布和裡布正正相對疊好，車縫口側。

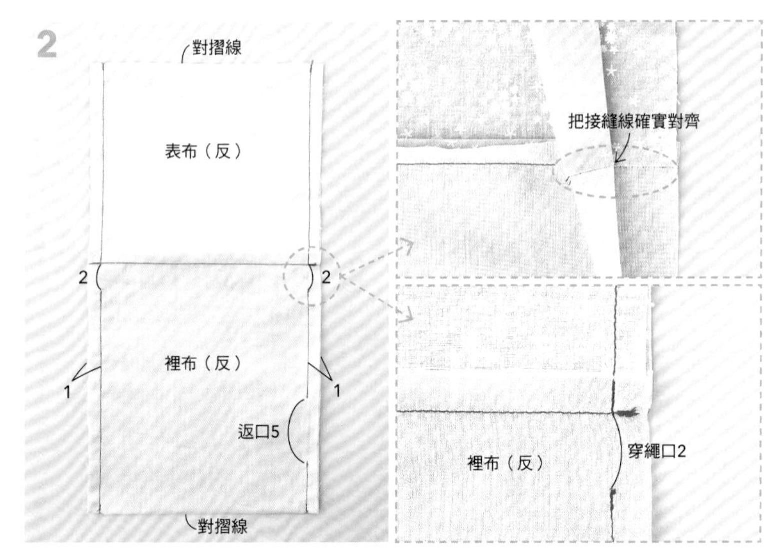

把表布、裡布分別正正相對疊好。留下穿繩口和返口之後把兩側車縫起來。

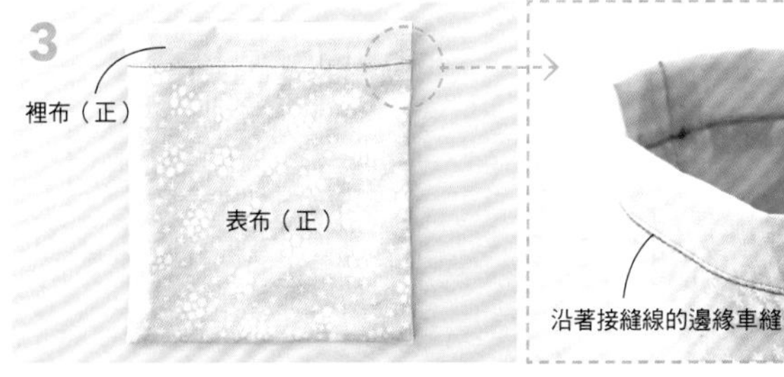

翻回正面之後以ㄇ字形縫法將返口縫合。車縫穿繩位置。

從左右穿入棉繩（各40cm）之後打結。

把口布接合的束口袋

成品：約長16×寬12cm

口布2片
裡布 1片
表布 1片
14
6
30
30
14
14

材料
表布15×35cm、
裡布15×35cm、
口布15cm見方
棉繩80cm（對半剪斷）

1

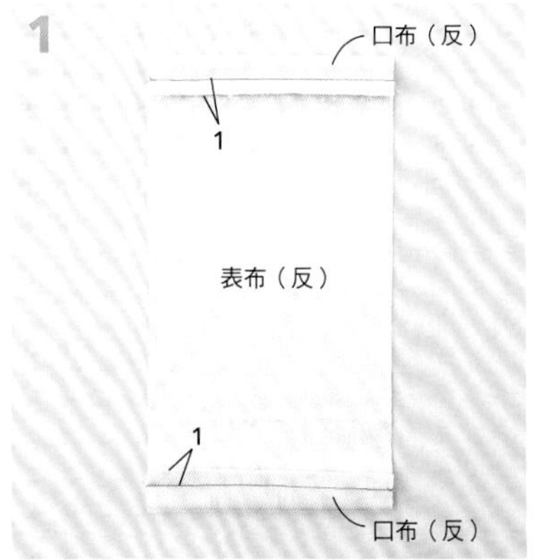

從側面看

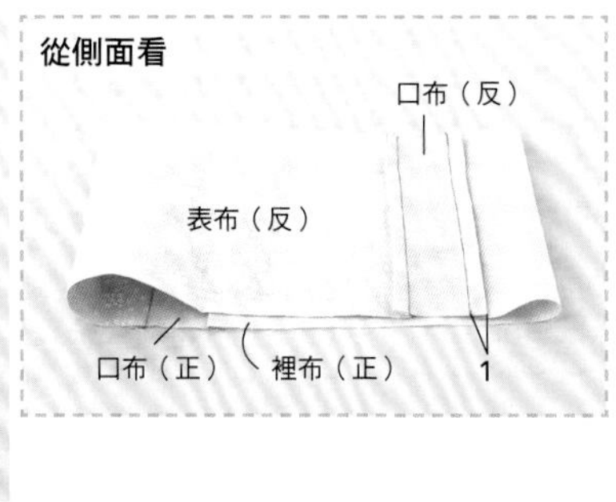

把表布、口布、裡布如照片所示拼接縫合成環狀。

2

對摺線
1
1
表布(反)
穿繩口4
口布(反)
穿繩口4
裡布(反)
返口5
對摺線

把2片口布正正相對疊好，表布、裡布也各自正正相對疊好，留下穿繩口和返口之後把兩側車縫起來。

3

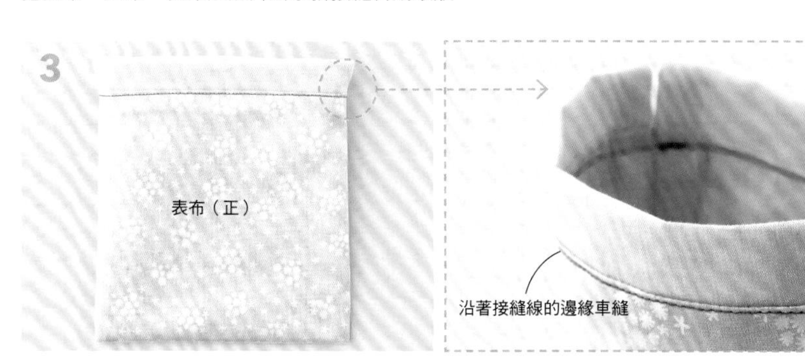

翻回正面之後以ㄇ字形縫法將返口縫合。車縫穿繩位置。

4

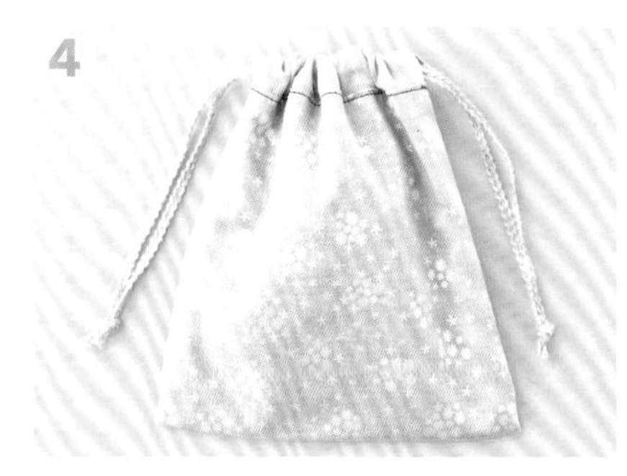

從左右穿入棉繩（各40cm）之後打結。

來做拉鍊化妝包吧

在52頁已介紹過拉鍊的車縫方法，所以這裡利用更實用的化妝包的作法來進行解說。
這裡會介紹各式各樣的變化，多做幾個就可以成為達人了。

基本的化妝包

基本的化妝包是有裡布的扁平造型。在表布和裡布的口側縫上拉鍊，一口氣把側邊車縫起來之後，再將內袋從返口翻回正面就完成了。也可以依照喜好縫出側襠。製作圓孤底的化妝包時，表、裡布要各裁剪2片再縫合起來。

簡單的無側襠化妝包

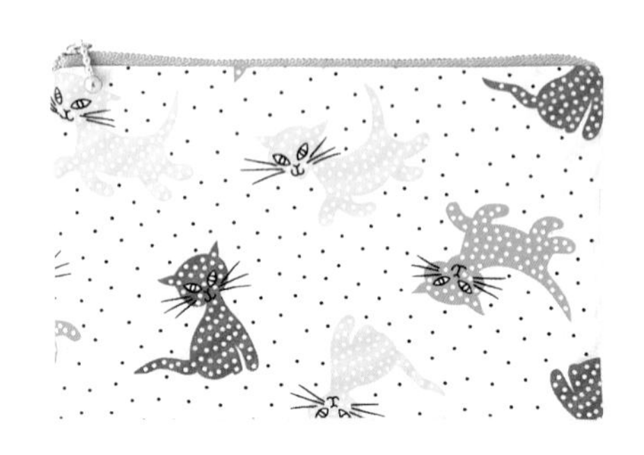

成品：約長13×寬21cm

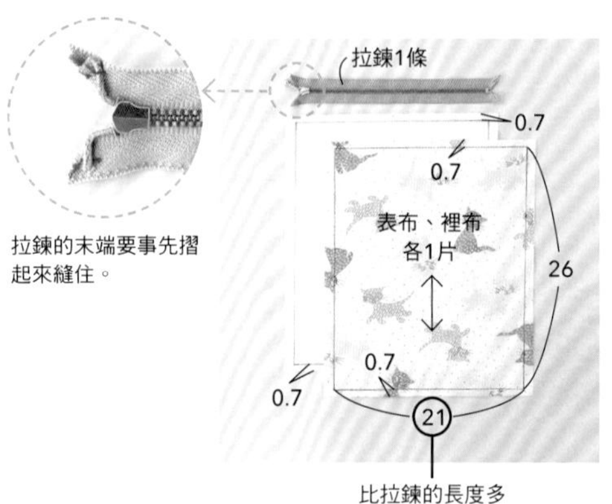

材料
表布25×30cm、
裡布25×30cm、
布襯25×30cm、
20cm拉鍊1條

1

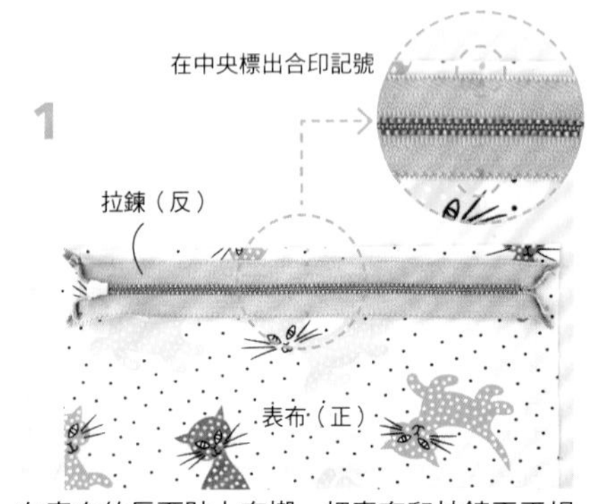

在表布的反面貼上布襯。把表布和拉鍊正正相疊，對齊中央的合印記號。

2

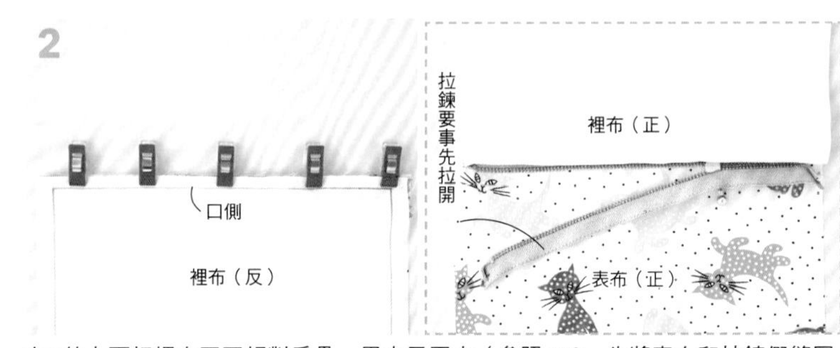

在1的上面把裡布正正相對重疊，用夾子固定（參照P53，先將表布和拉鍊假縫固定也行）。

3

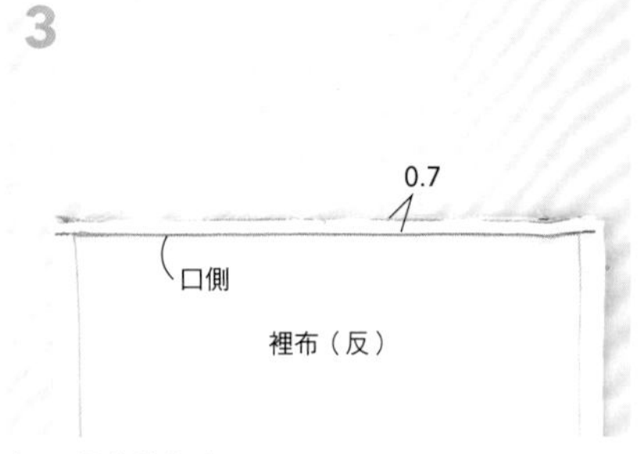

把口側車縫起來。

4

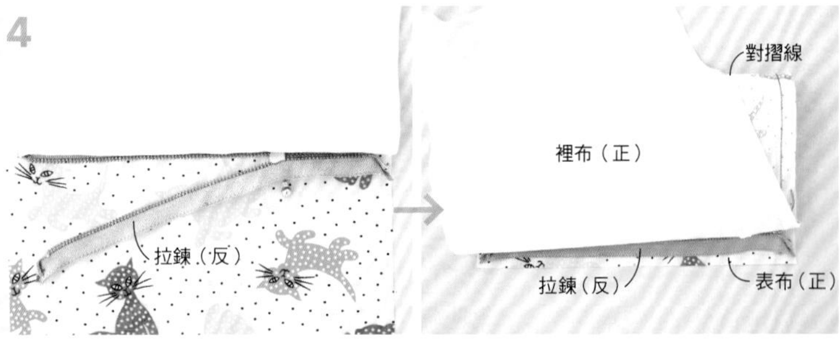

把還沒車縫的拉鍊和表布另一側的口側正正相對疊好。

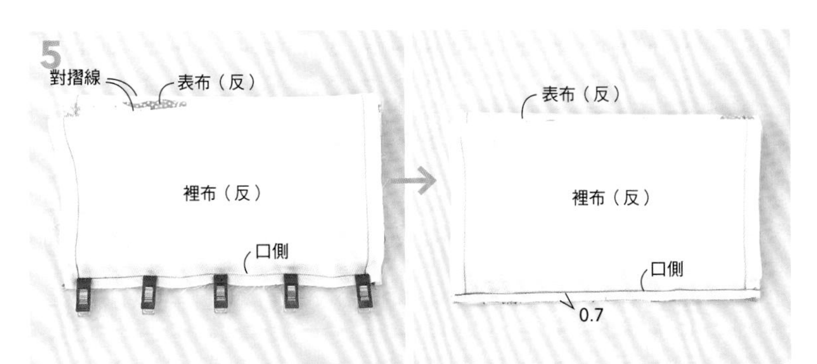

裡布也和2一樣正正相疊車縫起來。

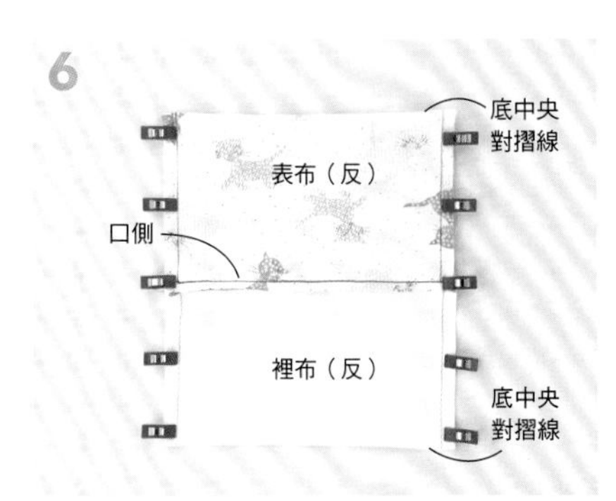

把表布和表布、裡布和裡布分別正正相對疊好，用夾子固定。

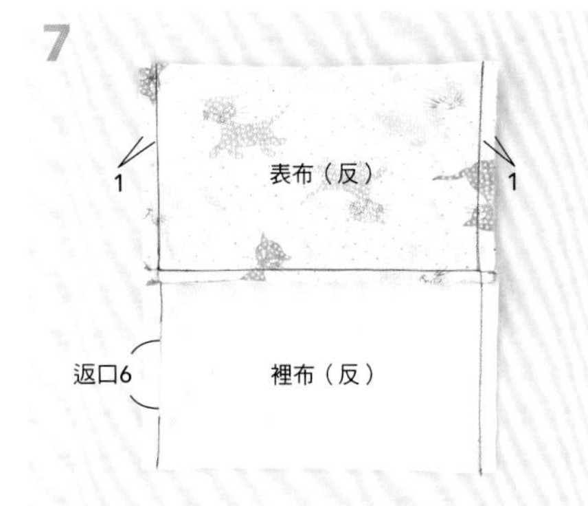

留下返口之後把兩側車縫起來。

翻回正面，將返口縫合。

做出側襠的情況……

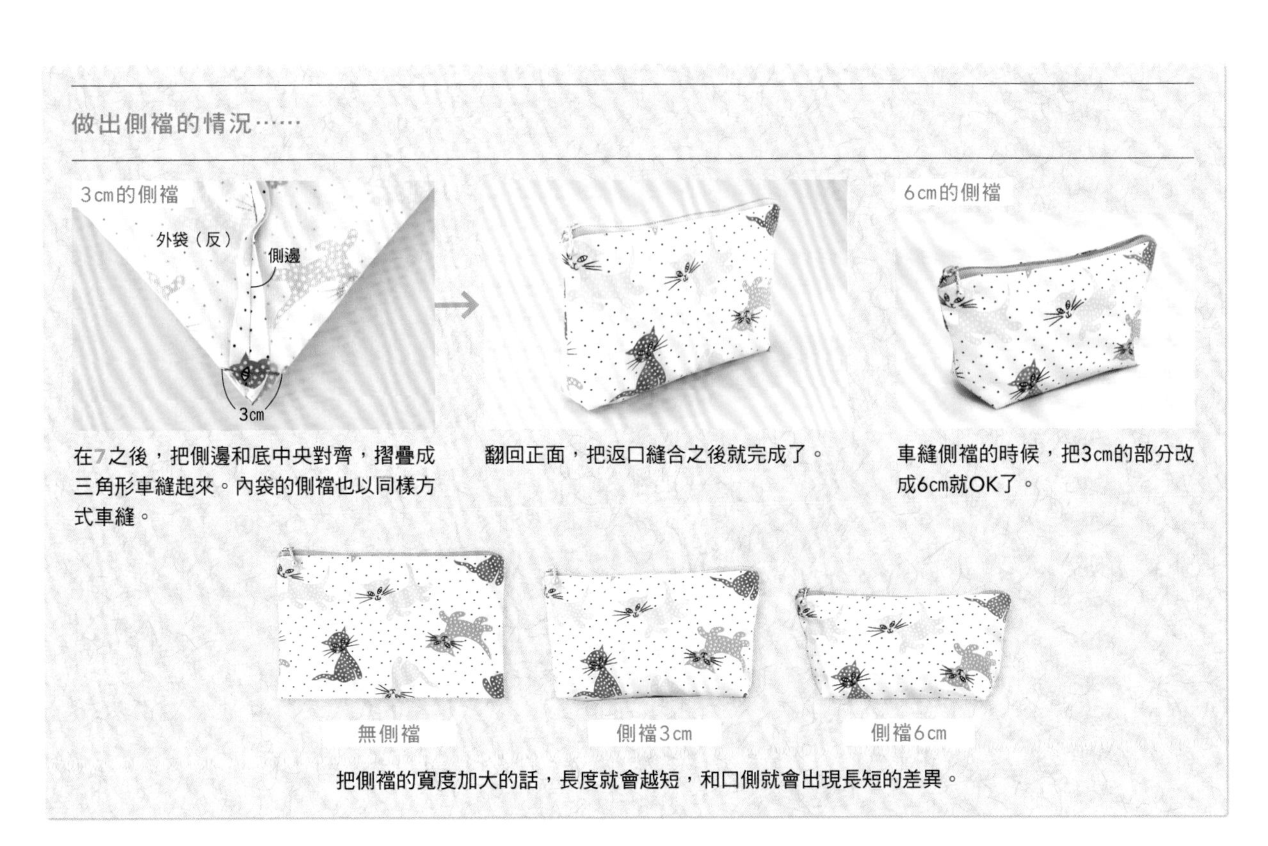

在7之後，把側邊和底中央對齊，摺疊成三角形車縫起來。內袋的側襠也以同樣方式車縫。

翻回正面，把返口縫合之後就完成了。

車縫側襠的時候，把3cm的部分改成6cm就OK了。

無側襠

側襠3cm

側襠6cm

把側襠的寬度加大的話，長度就會越短，和口側就會出現長短的差異。

圓弧底的化妝包

底角為圓弧形的扁平化妝包，只需要把本體剪成前後2片的裁片再縫合起來就OK了。基本的作法和P108的化妝包相同。

成品：約長14×寬21㎝

拉鍊1條

0.7

表布、裡布各2片

有實物大紙型（拉鍊化妝包A）

材料

表布25×35㎝、裡布25×35㎝、布襯25×35㎝、20㎝拉鍊1條

先在中央標出合印記號。

1

裡布（反）

拉鍊是和表布正正相疊

表布（正）

拉鍊（反）

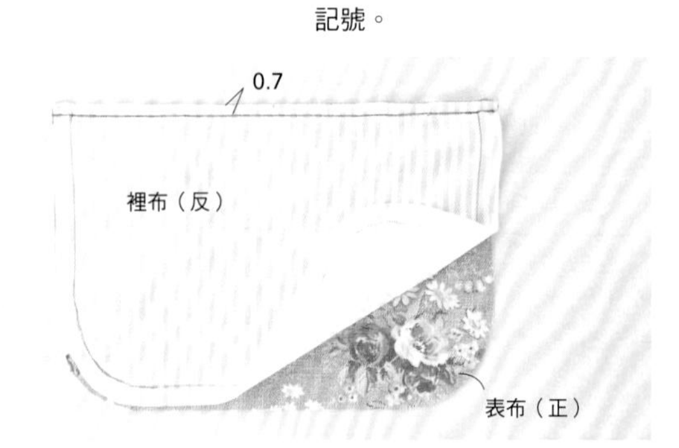

在表布的反面貼上布襯。把表布和裡布正正相對疊好，夾入拉鍊之後車縫口側（在完成之前要先把拉鍊拉開）。

2

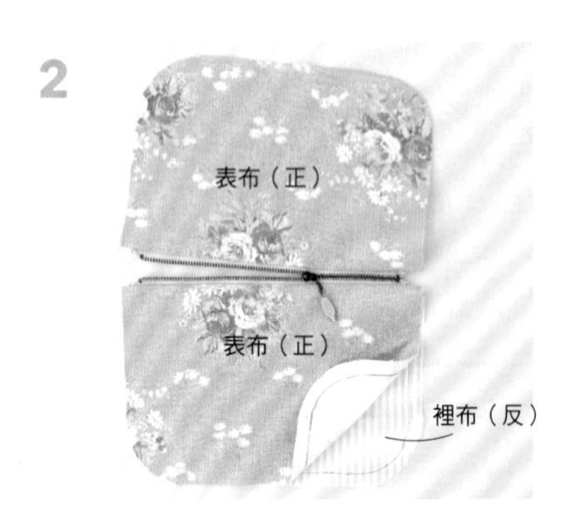

另一側也以同樣方式車縫。

3

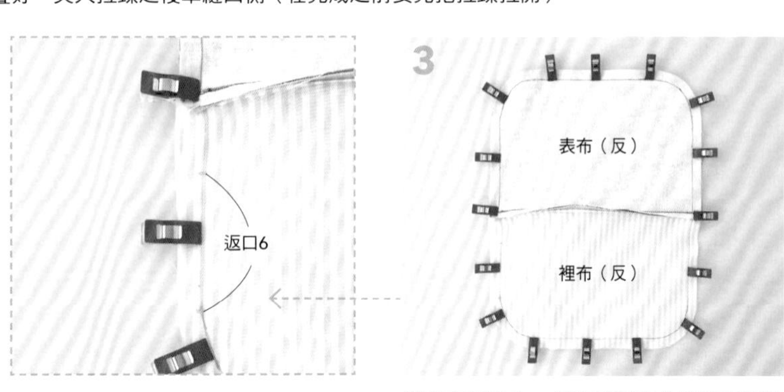

把表布和表布、裡布和裡布分別正正相對疊好，用夾子固定。

4

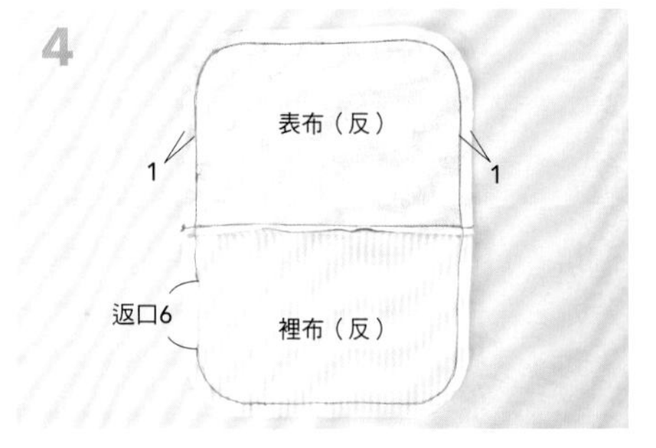

留下返口之後把周圍車縫起來。

5

翻回正面，把返口縫合之後就完成了。

裡布以手縫方式縫合的化妝包

拉鍊短的
化妝包，裡布用
手縫的話
會更簡單！

成品：約長8×寬13cm

材料
表布20×25cm、
裡布20×25cm、
布襯20×25cm、
12cm拉鍊1條

有實物大紙型
（拉鍊化妝包B）

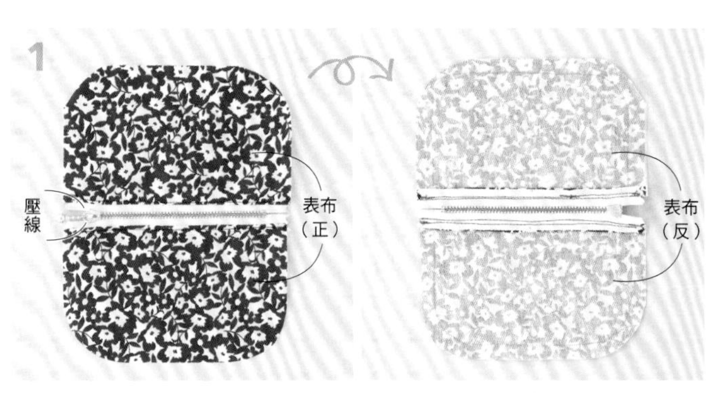

在表布的反面貼上布襯。把表布和拉鍊正正相疊車縫起來，從正面壓線車出縫份。

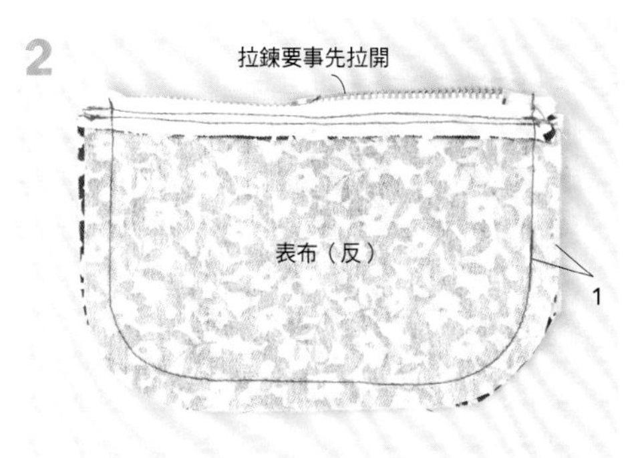

把表布正正相對疊好，留下口側之後將周圍車縫起來，製作外袋。

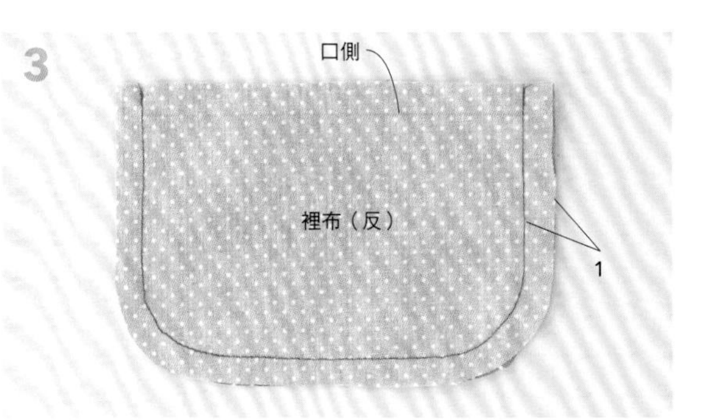

把2片裡布正正相對疊好，留下口側之後將周圍車縫起來，製作內袋。

把內袋口側的縫份摺疊起來，和外袋反反相對疊好，並用珠針固定。

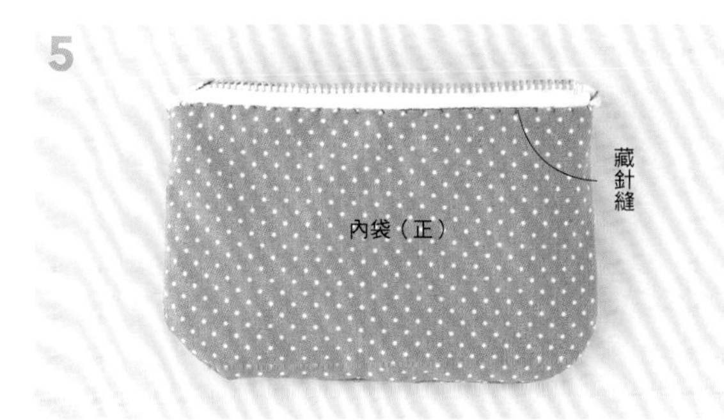

以不影響到外側的方式，把內袋用藏針縫縫在拉鍊上。

翻回正面，把形狀整理好就完成了。

改變側邊的縫法……

在有裡布的基本化妝包上加點巧思。只需稍微改變側邊的縫法，就能做出印象截然不同的化妝包。大受歡迎的「牛奶糖側襠」以及粽子型的化妝包都能在這裡學會唷！

拉鍊在側面的化妝包

把表布和裡布重疊，
一口氣將側邊車縫起來，
再將縫份做滾邊處理。

材料
表布25×30cm、
裡布、滾邊布35×30cm、
布襯25×30cm、
20cm拉鍊1條

成品：約長13.5×寬21cm

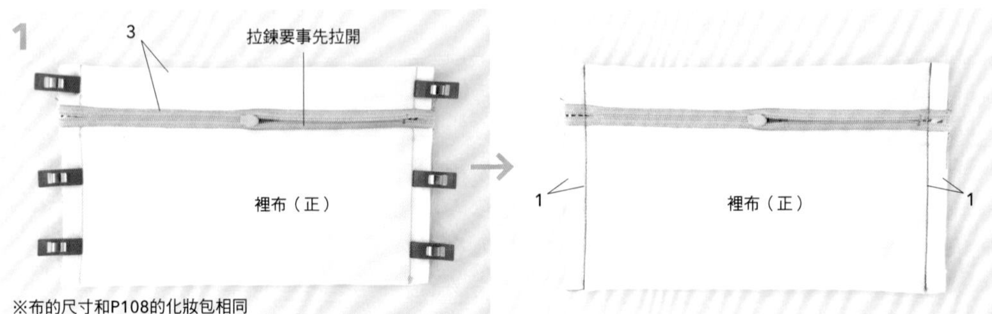

※布的尺寸和P108的化妝包相同

參照P108的無側襠化妝包1～5，以同樣方式製作（拉鍊的末端不需摺疊）。接下來，如照片所示，表布和裡布反反相疊，把表布收進內側、拉鍊移動至指定位置之後，將兩側車縫起來。

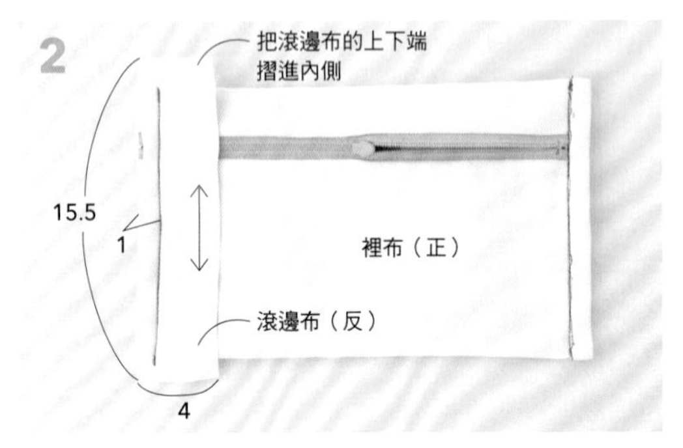

將兩側的縫份部分做滾邊處理。

從拉鍊口翻回正面，把形狀整理好就完成了。

進一步做出側襠的化妝包

尺寸圖

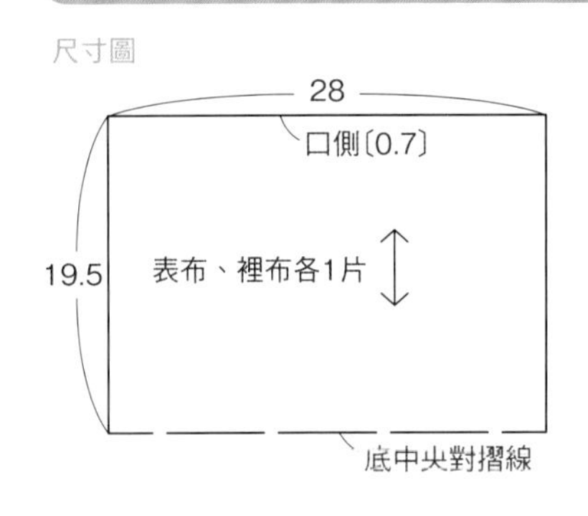

成品：約長10×寬18cm、側襠寬約10cm

材料
表布35×45cm、
裡布、滾邊布45cm見方、
布襯35×45cm、
2.5cm寬的緞帶10cm（對半剪斷）、
30cm拉鍊1條

縫份的滾邊布請準備
4cm寬×12cm 6片

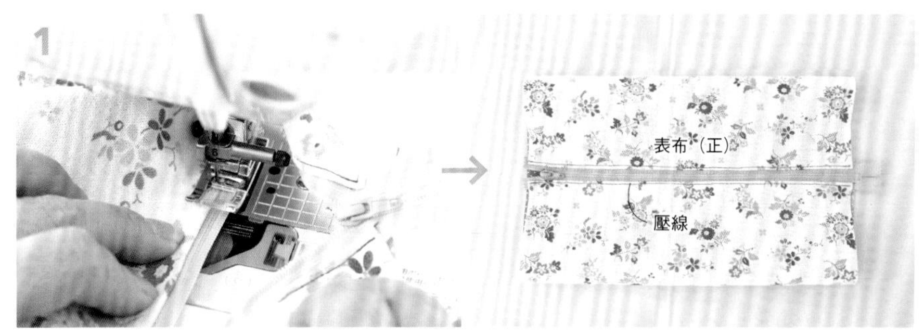

參照P108的無側襠化妝包1～5，以同樣方式製作（拉鍊的末端不需摺疊）。如照片所示，把表布和裡布反反相疊，在口側的邊緣壓線。

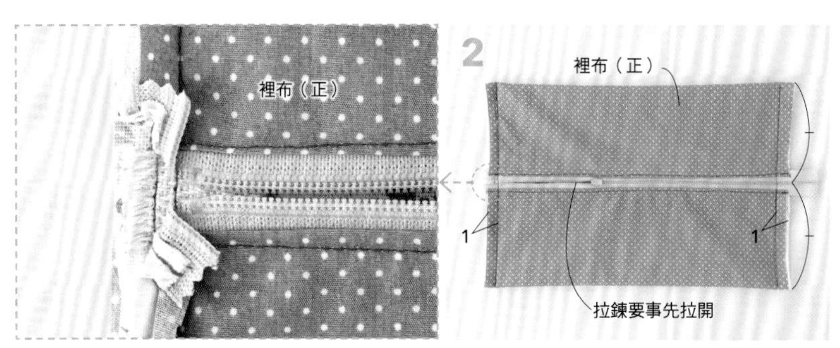

把表布收進內側、拉鍊移動至中央之後，將兩側車縫起來。把拉鍊的末端斜斜地摺起來車縫固定。在兩側的中央分別用對摺的緞帶（各5㎝）朝著內側夾住，假縫固定。

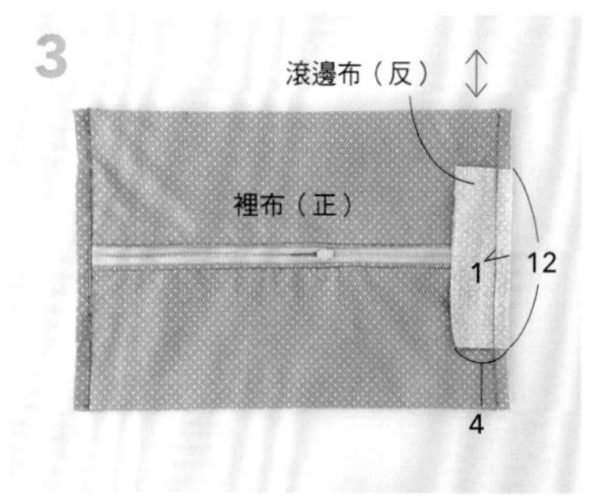

把拉鍊的多餘部分剪掉。將兩側中央的12㎝長的縫份部分做滾邊，製作側襠。

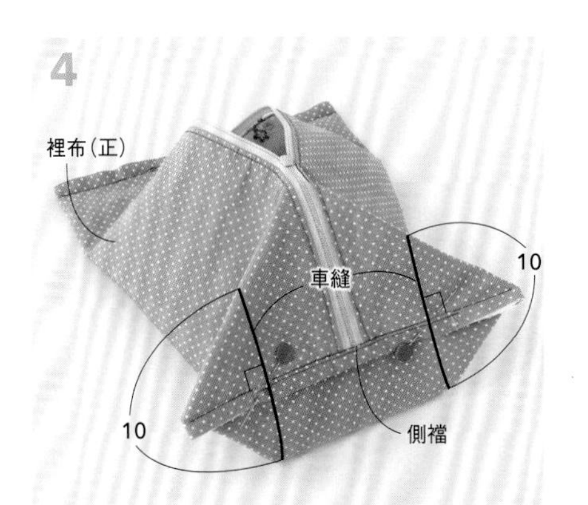

如照片所示摺疊起來，把角摺疊成三角形，車縫10㎝固定。做出側面的高度。

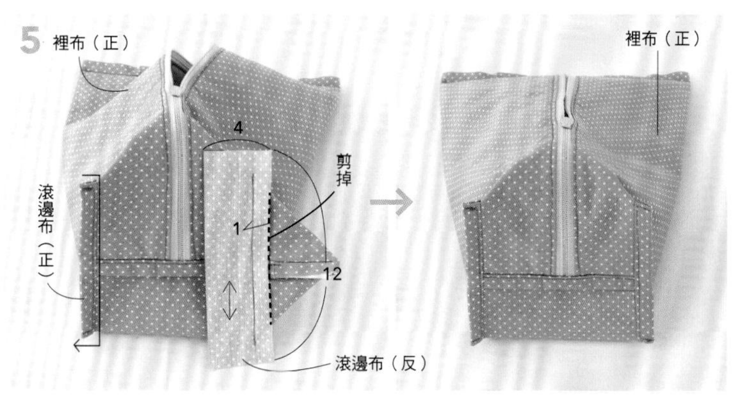

在4的縫線的外側保留1㎝的縫份，多餘的部分剪掉，將縫份滾邊。滾邊布的上下端要摺進內側。

另一側的側襠和側面的高度也以同樣方式製作。翻回正面，形狀整理好，完成。

牛奶糖側襠化妝包

尺寸圖

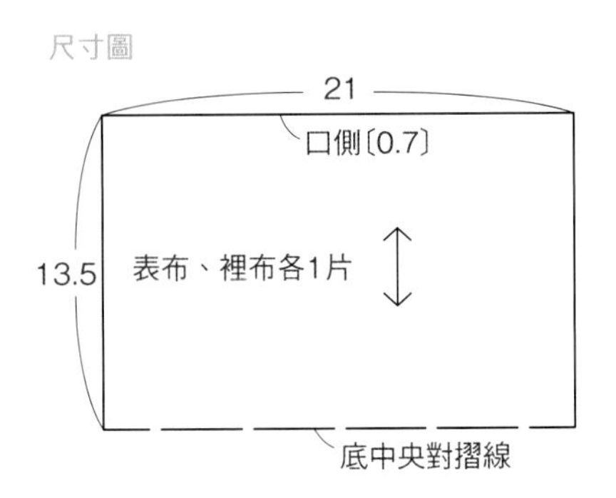

成品：約長7×寬14cm、側襠寬約7cm

材料

表布25×30cm、
裡布、滾邊布30cm見方、
布襯25×30cm、
20cm拉鍊1條

縫份的滾邊布
請準備
4cm寬×9cm
2片

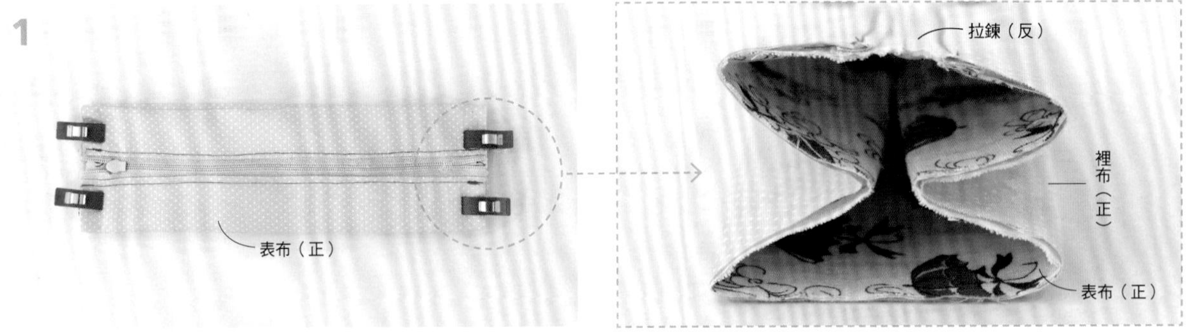

參照P108的無側襠化妝包1～5，以同樣方式製作（拉鍊的末端不需摺疊）。把表布和裡布反反相疊，在口側的邊緣壓線（參照P113的1）。把表布收進內側之後，如照片所示摺疊側邊。

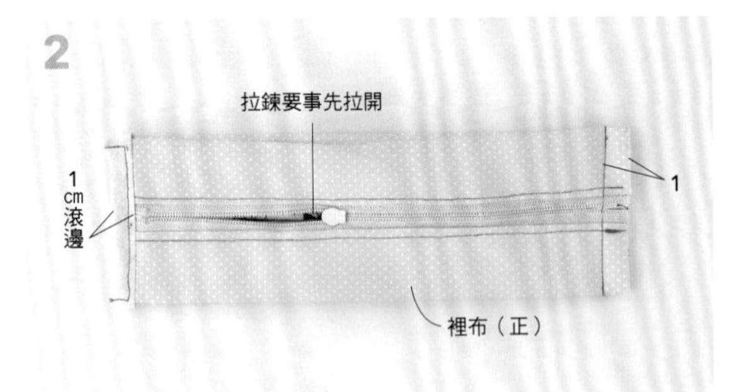

兩側車縫起來之後，用滾邊布（各長9cm×寬4cm）做縫份的滾邊。滾邊布的上下端要摺進內側。

翻回正面，把形狀整理好就完成了。

在裡布的底部留下返口的話，不做滾邊處理也OK

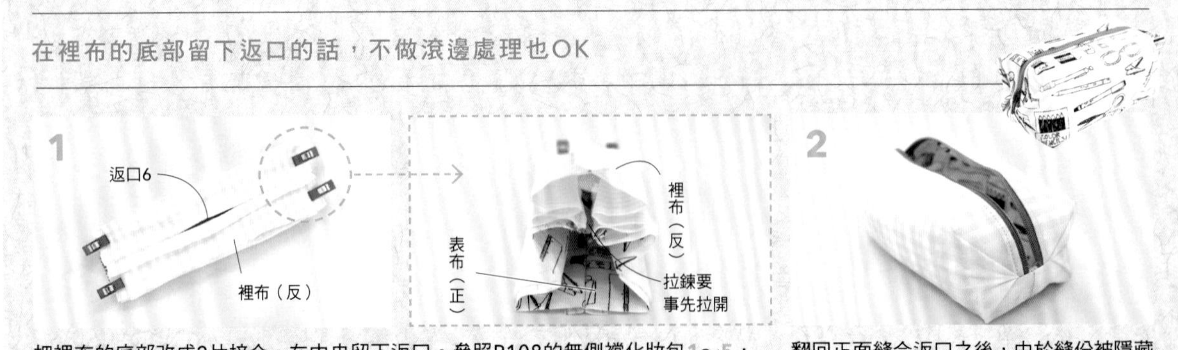

把裡布的底部改成2片接合，在中央留下返口。參照P108的無側襠化妝包1～5，以同樣方式製作。把外袋、內袋在正正相疊的狀態下，如照片所示分別摺好，一起將側邊車縫起來。

翻回正面縫合返口之後，由於縫份被隱藏在內側，所以不必滾邊也OK。

改變左右兩側縫法的化妝包

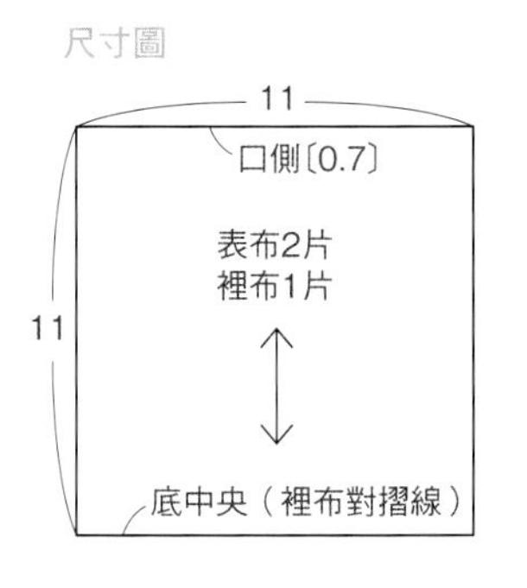

成品：底的1邊約11cm、高約10cm

材料
表布2種各15cm見方、
裡布15×25cm、
布襯30×15cm、
10cm拉鍊1條、
0.5cm寬織帶15cm

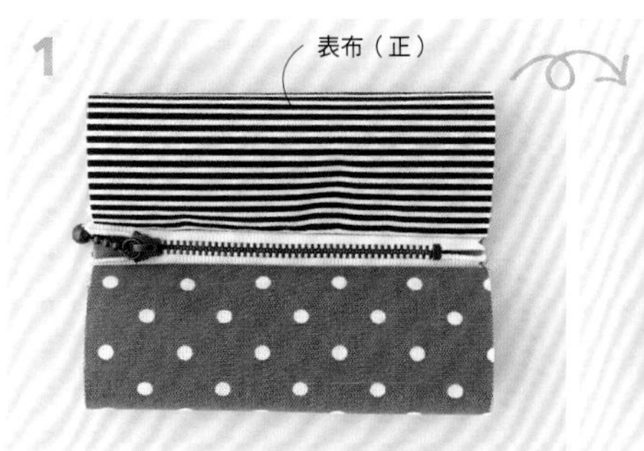

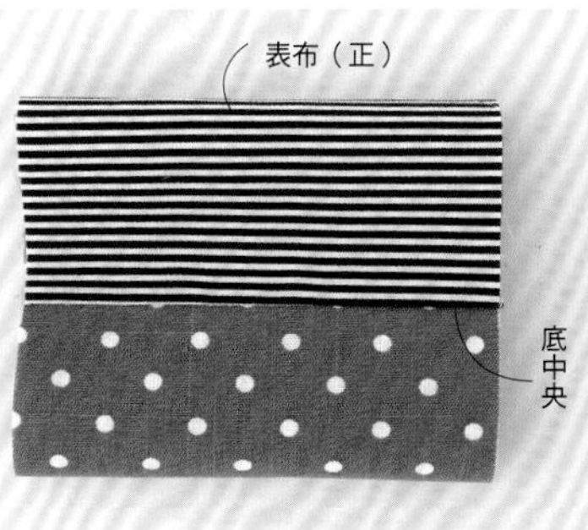

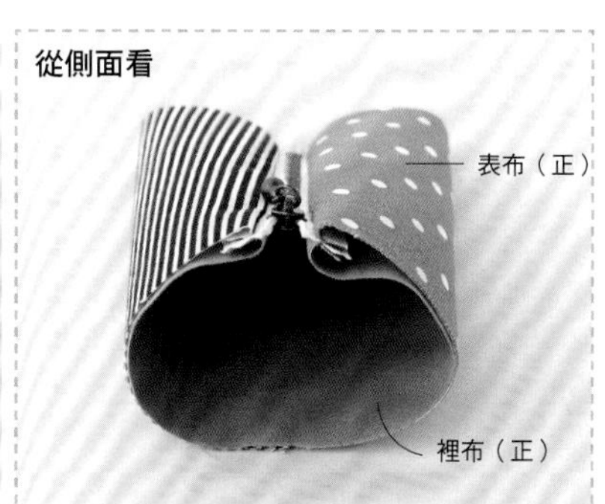

把2片表布正正相對疊好，將底中央車縫起來。參照P108的無側襠化妝包1～5，以同樣方式製作。

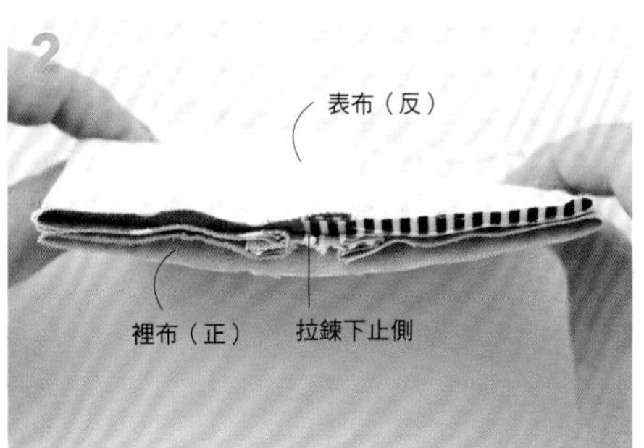

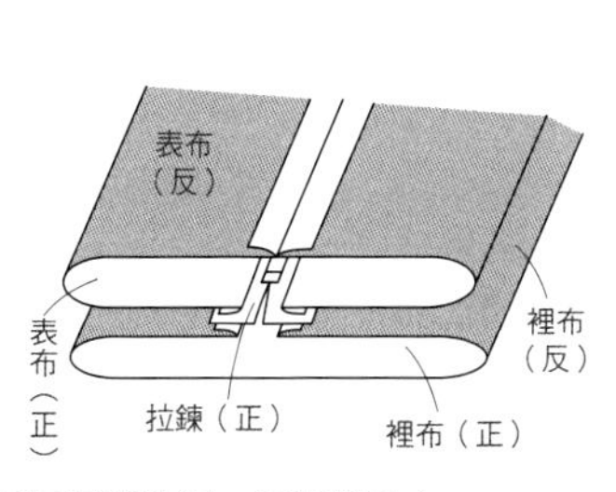

將拉鍊置於中央，表布和表布、裡布和裡布分別正正相對疊好，把拉鍊下止側如插圖所示摺疊起來。

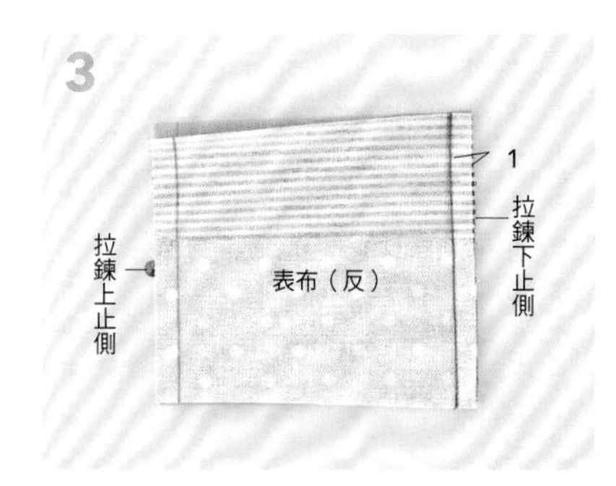

把拉鍊下止側車縫起來。

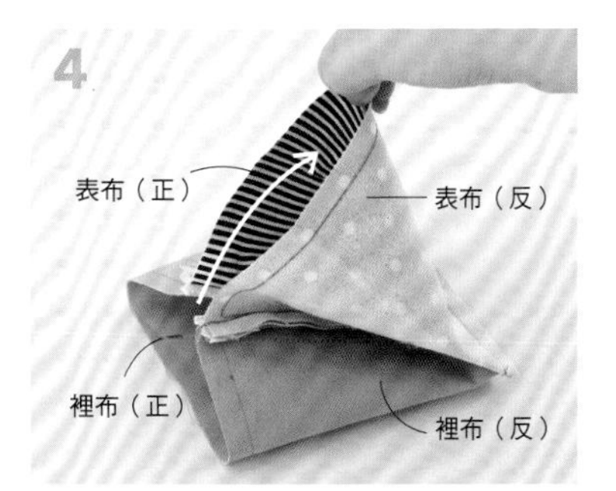

把另一側的側邊如照片所示攤開（拉鍊要事先拉開）。

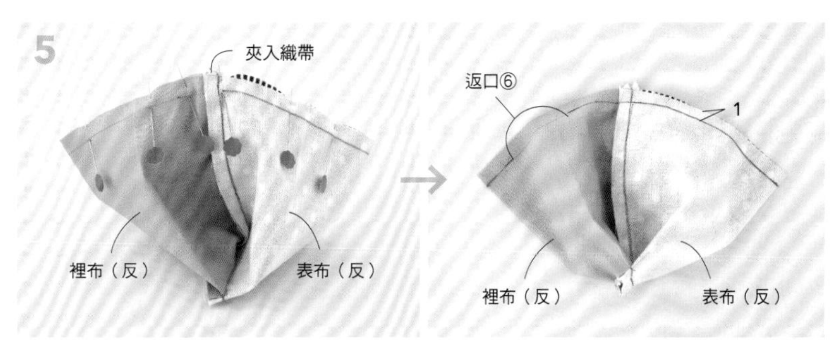

在中央夾入對摺的織帶（15cm）用珠針固定，留下返口之後車縫起來。翻回正面，把返口縫合。

把拉鍊口做成弧形……

把包口做成弧形的話，化妝包立刻充滿了女性化的氛圍。在拉鍊和本體之間標出等間隔的合印記號之後，要從中央開始對齊。圓形化妝包因為彎曲的弧度較大，所以手縫會比車縫來得輕鬆。縫合時避免針腳露出外側是訣竅所在。

微彎圓弧化妝包

成品：約長13.5×寬14㎝、側襠寬約4㎝

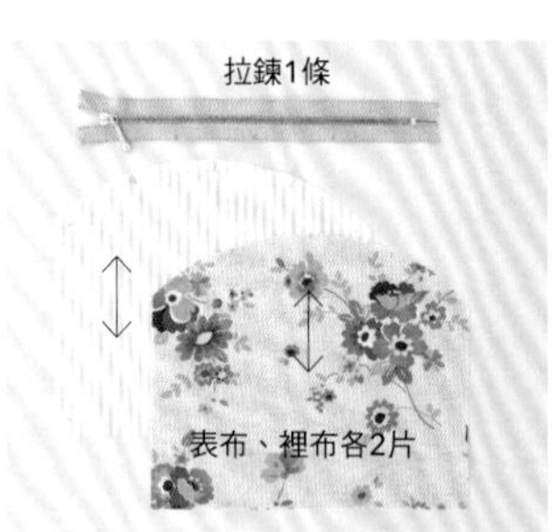

材料
表布45×20㎝、
裡布45×20㎝、
布襯45×20㎝、
20㎝拉鍊1條

有實物大紙型
（拉鍊化妝包C）

1

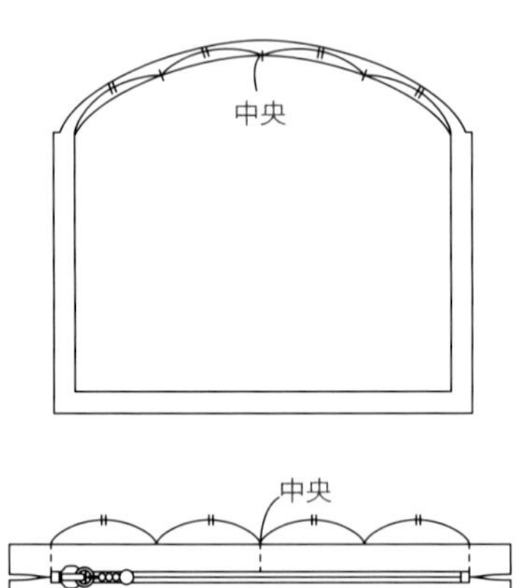

把拉鍊安裝位置彎曲成弧形的時候，表布和裡布要像插圖一樣在大約3個地方標出合印記號。在拉鍊的上止～下止之間也同樣地標出合印記號。

2

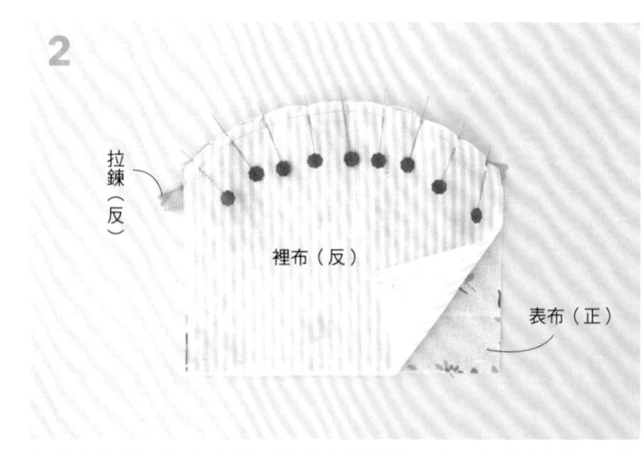

在表布的反面貼上布襯。對齊合印記號之後把表布和拉鍊正正相對疊好，再將裡布重疊上去用珠針固定（參照P53，先將表布和拉鍊假縫固定也行）。

3

拉鍊要事先拉開。作法和P110的化妝包相同。翻回正面之前，先在外袋、內袋的底角各車出4㎝的側襠（側襠的作法參照P109）。

4

翻回正面，把返口縫合。

急彎圓弧化妝包

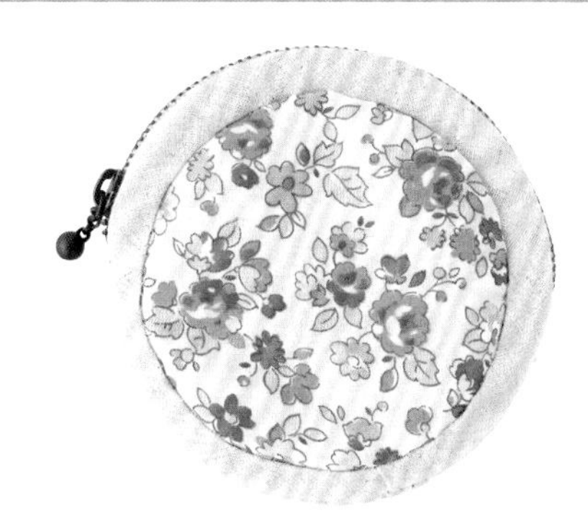

材料
表布25×15㎝、
裡布25×15㎝、
鋪棉25×15㎝、
收邊型1㎝寬斜布條75㎝、
16㎝拉鍊1條

有實物大紙型
（拉鍊化妝包D）

成品：直徑約11㎝

從正面看
是這個感覺

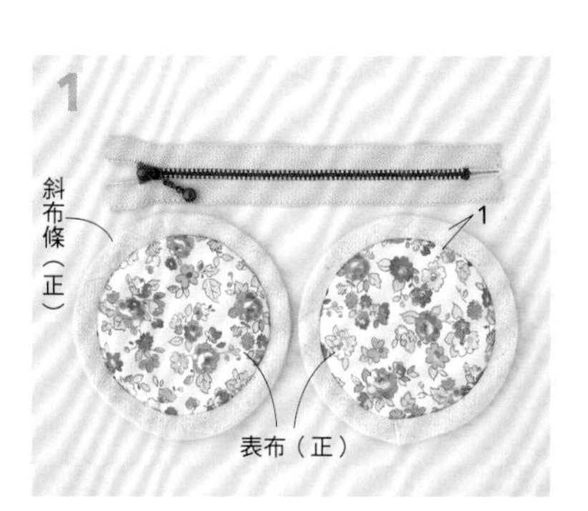

把表布和裡布反反相對疊好，夾入鋪棉之後將周圍滾邊，製作2片本體。

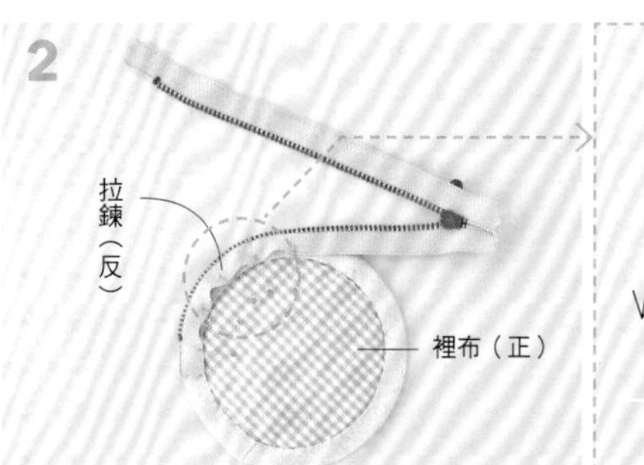

拉鍊（中央）
拉鍊上止

在滾邊的邊緣把拉鍊正正相對疊好，從中央朝著拉鍊上止的方向用珠針固定。

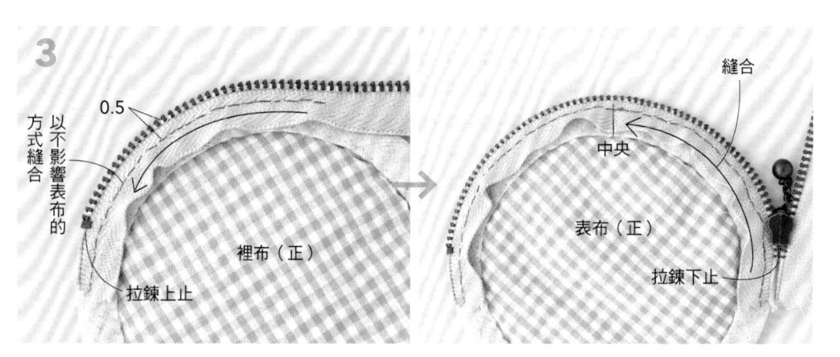

在距離拉鍊鍊齒0.5㎝的內側以半回針縫縫合。接著把另一邊，從中央朝著拉鍊下止的方向用珠針固定之後縫合起來。

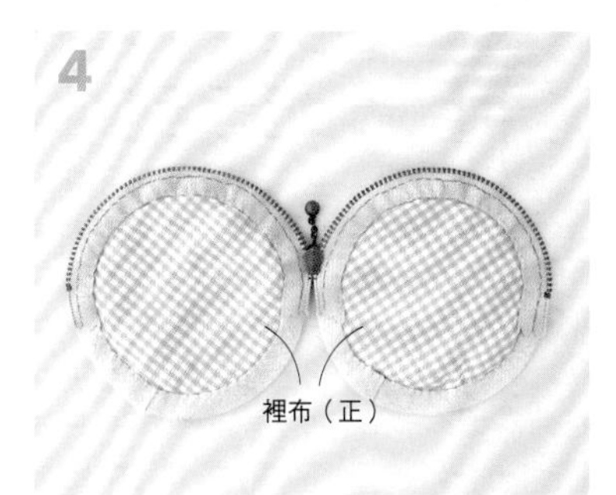

另一側的本體也同樣地，從拉鍊的中央朝著外側分別用珠針固定，縫合起來。

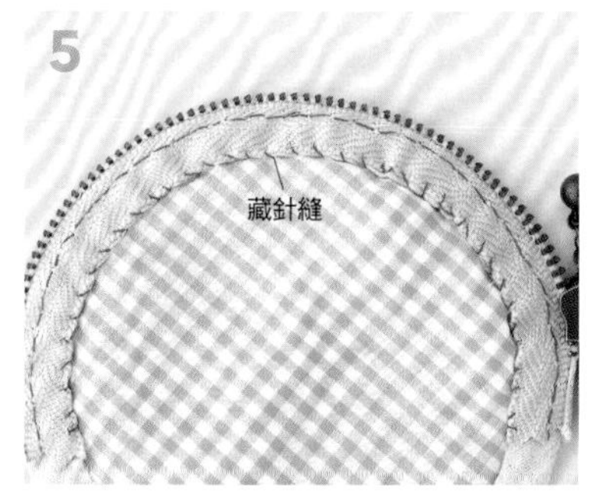

拉鍊的邊緣是挑起裡布以藏針縫縫合。

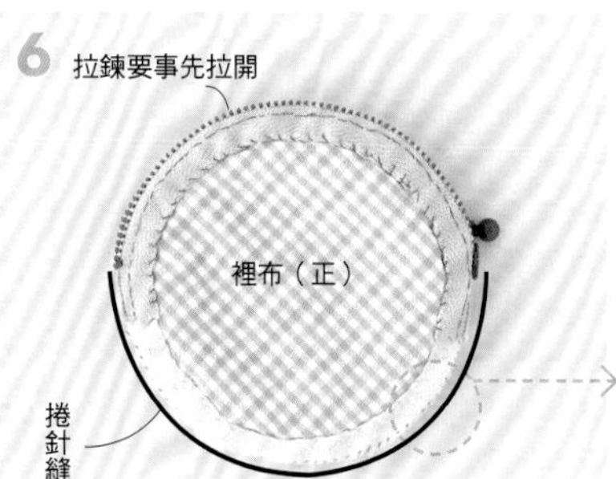

把2片本體的表布正正相對疊好，周圍以捲針縫縫合固定。翻回正面就完成了。

車縫展示型拉鍊

展示型拉鍊的車縫方法在53頁也介紹過，安裝在裡布上的時候，要先把表裡的布縫合，事後再將拉鍊縫在口側的接合線上。細長的筒狀化妝包，由於途中會出現縫紉機車縫不到的地方，所以剩下的部分要以手縫方式完成。

成品：約長4.5×寬16cm、側檔寬約4.5cm

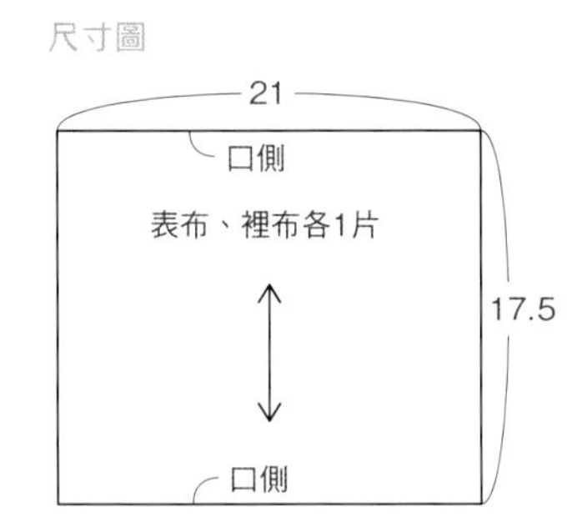

材料
表布25cm見方、
裡布、滾邊布35×25cm、
布襯25cm見方、
20cm蕾絲拉鍊1條

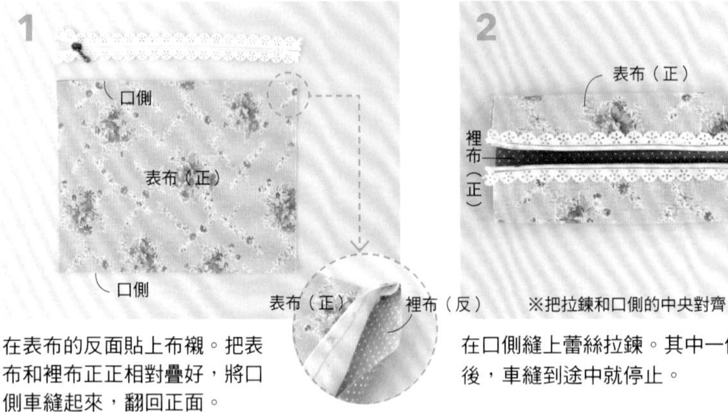

在表布的反面貼上布襯。把表布和裡布正正相對疊好，將口側車縫起來，翻回正面。

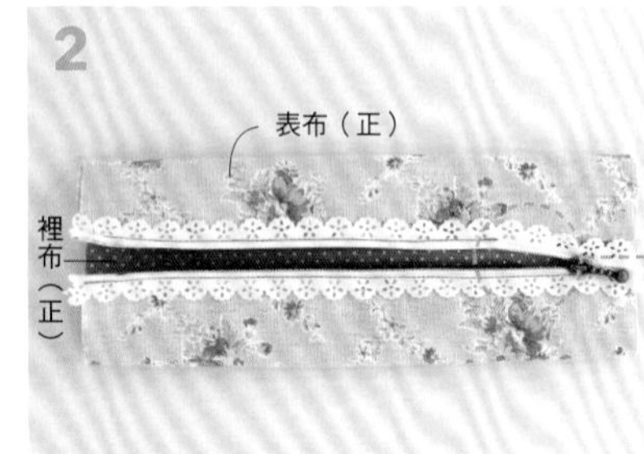

※把拉鍊和口側的中央對齊

來到縫紉機車縫不到的地方就停住

0.4
0.25
0.5
拉鍊（正）

在口側縫上蕾絲拉鍊。其中一側不要縫到最後，車縫到途中就停止。

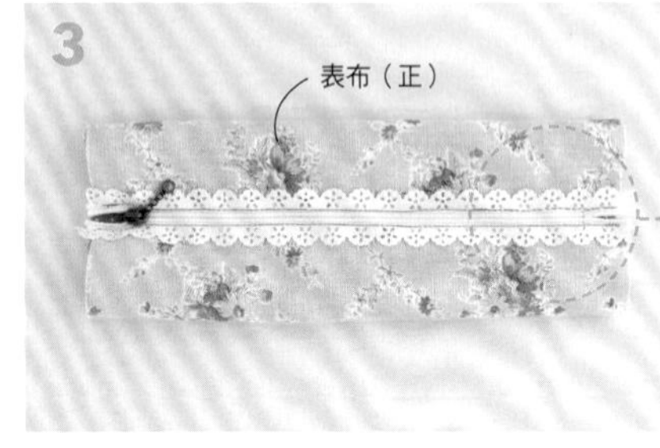

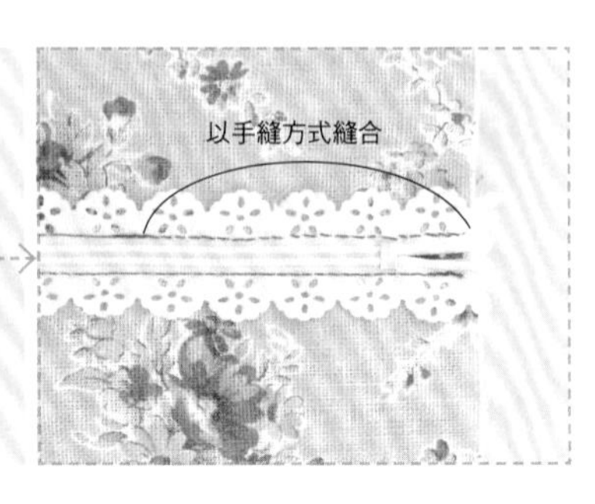

剩下的部分以半回針縫縫合。

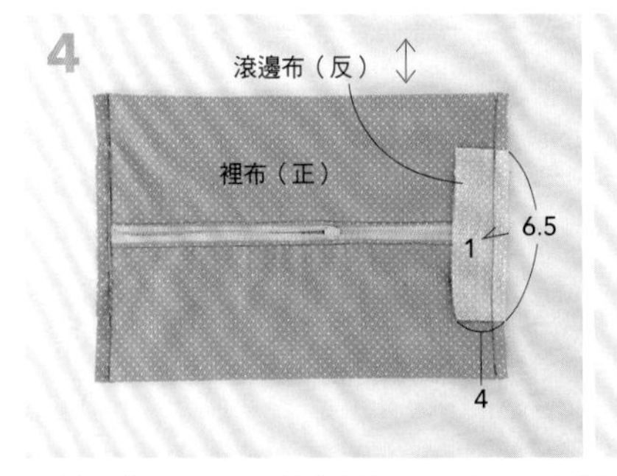

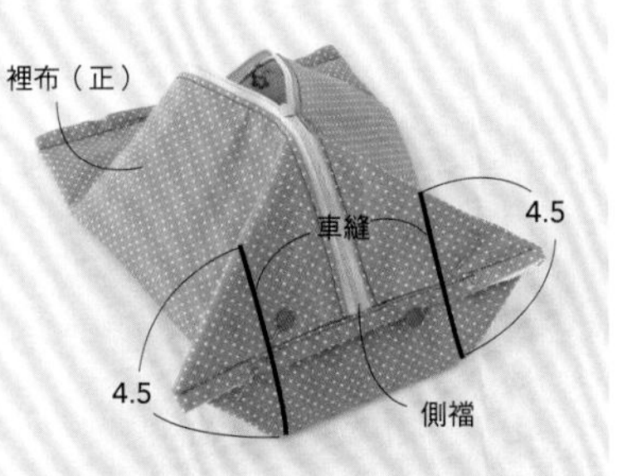

側檔的縫法和P113的化妝包3～5相同。側檔及側面的尺寸請參照照片中的數字。翻回正面，把形狀整理好就完成了。

基本的化妝包和牛奶糖化妝包的用料計算

●拉鍊口0.7㎝、除此之外再加上1㎝縫份的情況。
改變縫份的寬度時，請將縫份量的長度變更之後再進行計算。
●在途中加入拼接部分的情況，拼接縫合時的縫份是必要的。

基本的化妝包

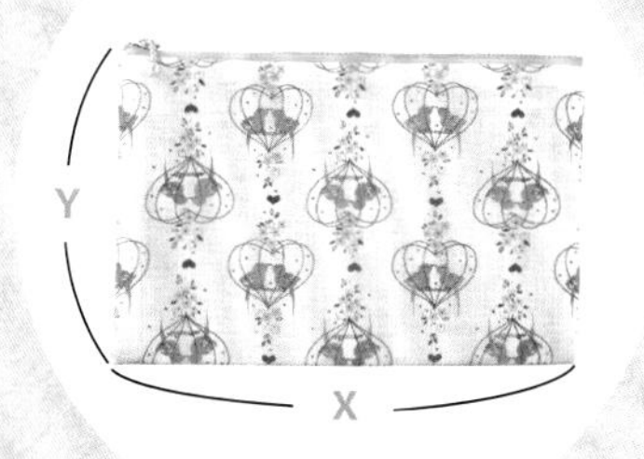

決定成品尺寸的X和Y

底是「對摺線」的情況

● 布的橫向長度是
X＋2㎝（縫份量）

● 布的縱向長度是
Y×2＋1.4㎝（縫份量）

※把底縫合的情況，由於接合處的1㎝縫份是必要的，所以縱向的尺寸要加上2㎝。

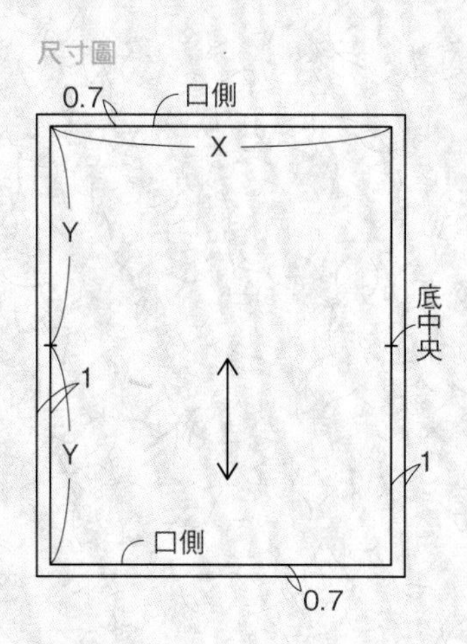

把底縫合的情況（將部件左右並排）

● 布的橫向長度是
（X＋2㎝（縫份量））×2

● 布的縱向長度是
Y＋1.7㎝（縫份量）

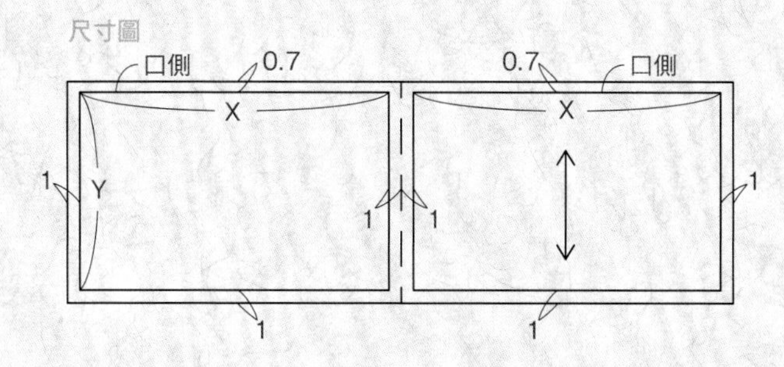

牛奶糖化妝包

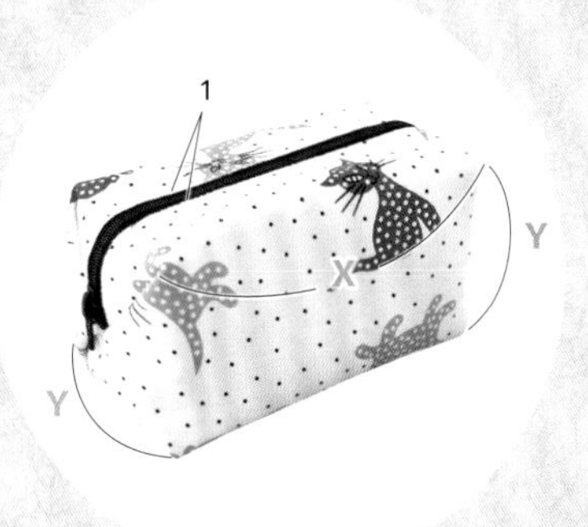

決定成品尺寸的X和Y

● 布的橫向長度是
X＋Y＋2㎝（縫份量）

● 布的縱向長度是
Y×4＋1.4㎝（縫份量）
−1㎝（拉鍊的寬度）

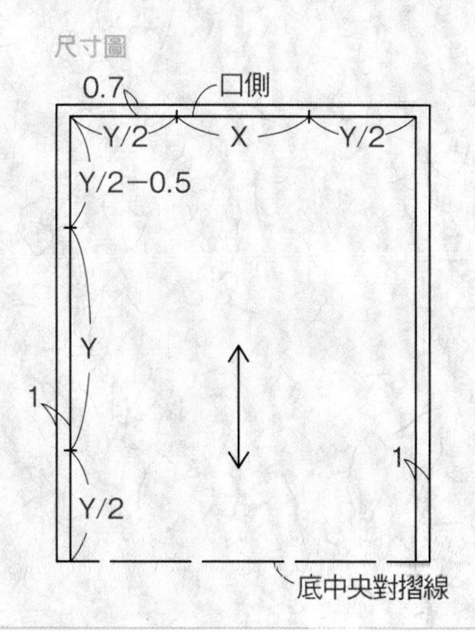

來做蛙口包吧

蛙口包的口金有塞入之後用白膠固定的類型，以及利用口金上的小孔縫合固定的類型。抓住重點，多做幾個之後一定能熟練掌握。

使用塞入式口金

在口金上塗抹白膠，把本體塞入固定的基本口金。做得漂亮的重點，就是把塞入口金空隙的紙繩事先縫在本體上，以及從中央塞入之後再往左右推進。白膠用尖細的瓶口塗抹在溝槽中，壓入時要利用錐子來輔助才會美觀。

弧型口金的蛙口包

成品：約長14×寬16cm、側檔寬約6cm

材料
本體表布35×45cm、本體裡布35×45cm、
口袋表布45×20cm、
提把、口袋裡布45×35cm、
含膠鋪棉35×50cm、
布襯45×20cm、
15cm寬×6.8cm高弧型口金（塞入式）、紙繩

本體的作法見P153
有實物大紙型

參照P153的作法圖解製作本體。

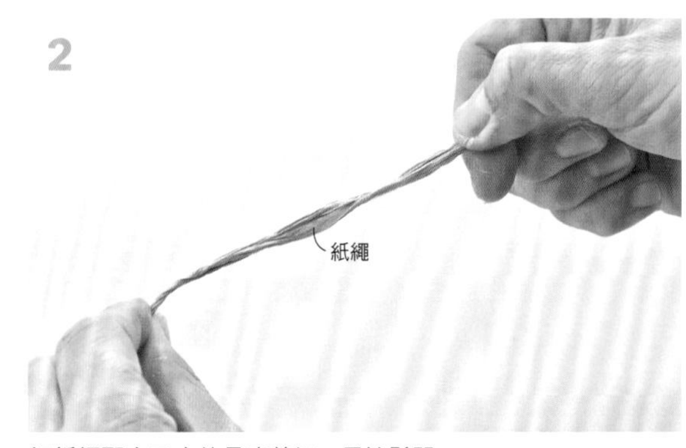

把紙繩配合口金的長度剪好，反捻鬆開。

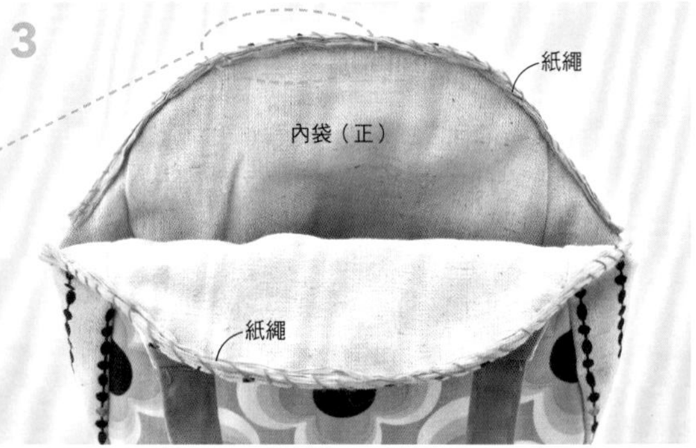

把紙繩縫在內裝側的袋口周圍。為了防止紙繩移動，所以紙繩也要用針穿過

方型塞入式口金的安裝重點

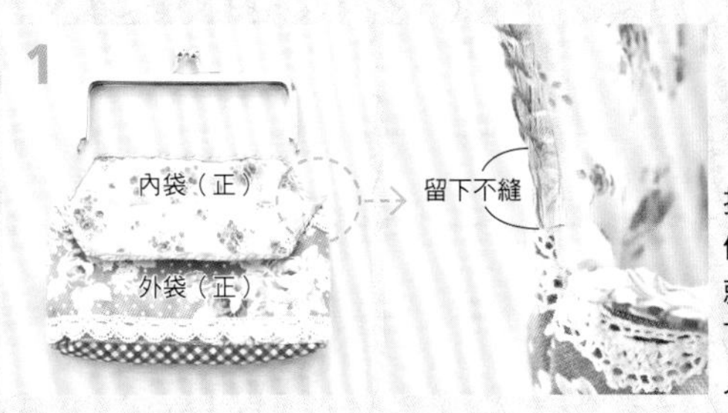

把紙繩縫合固定的時候，若有超出的部分就剪掉，但末端要留下少許不縫，以便摺入口金當中。

2 這裡一定要確實

為了把轉角部分確實地收進溝槽裡，塞入時要用錐子輔助。

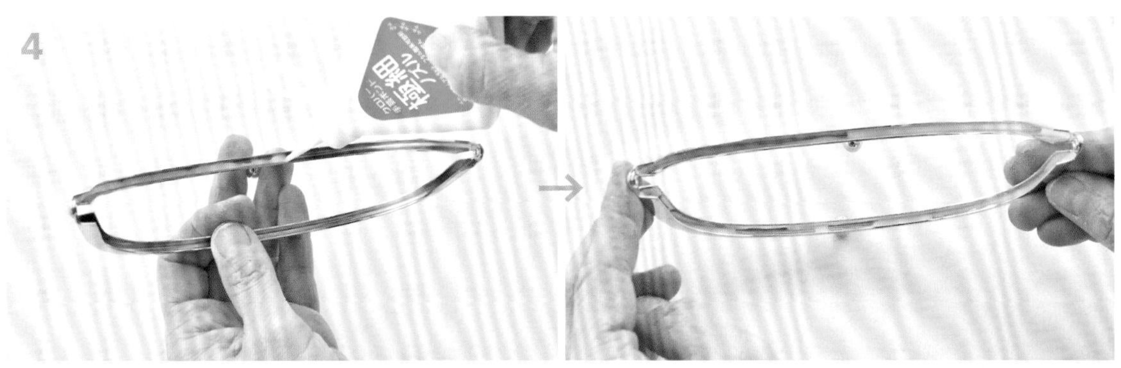

在口金的溝槽裡塗抹白膠。由於一次做好才能防止移動，所以前後方的溝槽都要塗抹白膠。

5 白膠不會馬上乾燥，所以慢慢來沒關係！

從中央往左右

外袋（正）

首先把本體和口金的中央對齊，然後一面留意不要讓中央的位置跑掉，一面往左右一點一點輪流塞入。

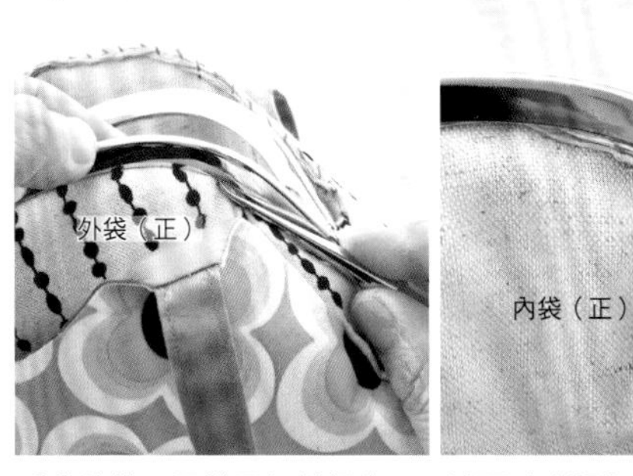

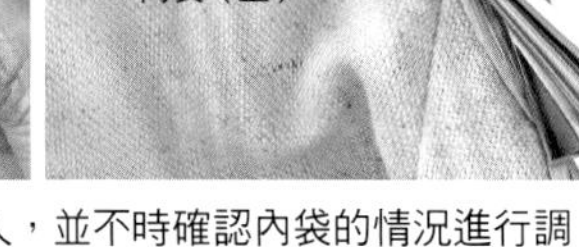

看著外袋、用錐子把紙繩塞入，並不時確認內袋的情況進行調整。一定要把紙繩確實地塞進溝槽的深處。

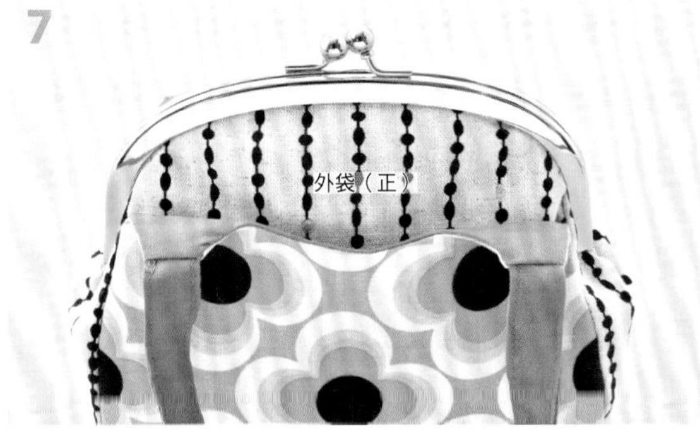

把前面的本體塞入之後的樣子。後面的本體也依照5～6的步驟，塞入口金。

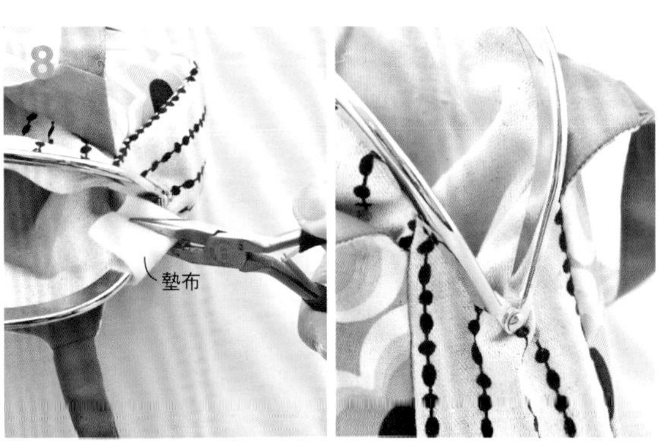

包上墊布用老虎鉗把口金的末端輕輕壓合，將本體固定。靜置到白膠完全乾燥為止。

使用塞入式的特殊造型口金

最近口金的造型變化越來越多，但安裝方法和基本的弧型口金並無不同。紙繩要縫在本體上以便快速完成作業，塞入口金時要從中央往左右進行。

L型口金的蛙口包

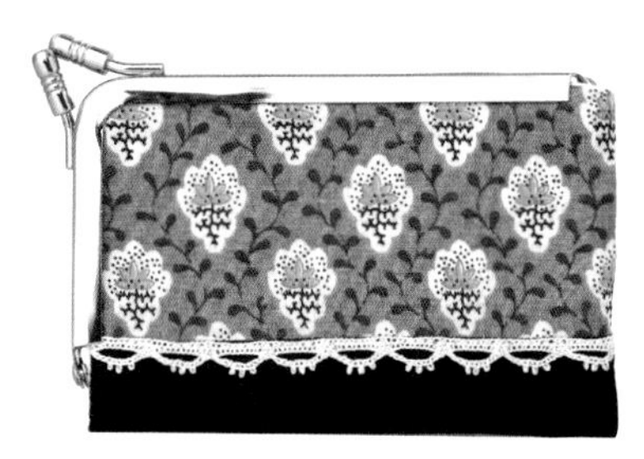

成品：約長7×寬11cm

材料
表布a 20cm見方、
表布b 20×10cm、
裡布15×20cm、
布襯15×20cm、
0.8cm寬蕾絲30cm、
10.5cm寬×6cm高L型口金（塞入式）、紙繩

本體的作法見P155
有實物大紙型

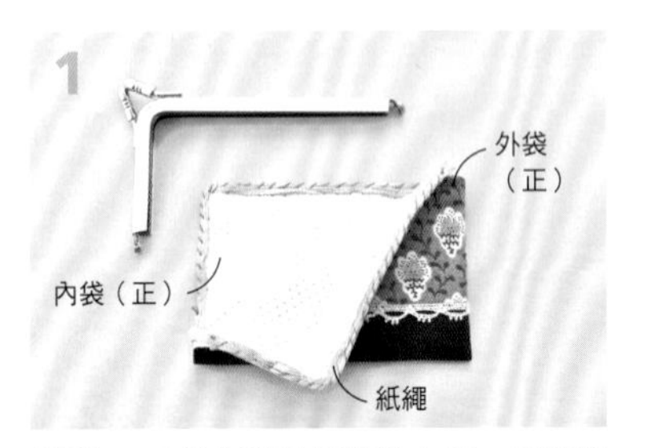

參照P155的作法圖解製作本體，把紙繩縫在內袋側的袋口周圍。

L型的情況，首先是把轉角對齊，然後往縱、橫的方向來塞入。把超出的紙繩剪掉。如果還是稍微看得到的話，就用錐子摺起來藏入口金當中。

附隔層口金的蛙口包

成品：
約長11×寬14cm

材料
表布、隔層70×20cm、裡布35×20cm、緞帶布25×10cm、
含膠鋪棉35×20cm、布襯40×15cm、
11cm寬×6cm高附隔層口金（塞入式）、紙繩

本體的作法見P156
有實物大紙型

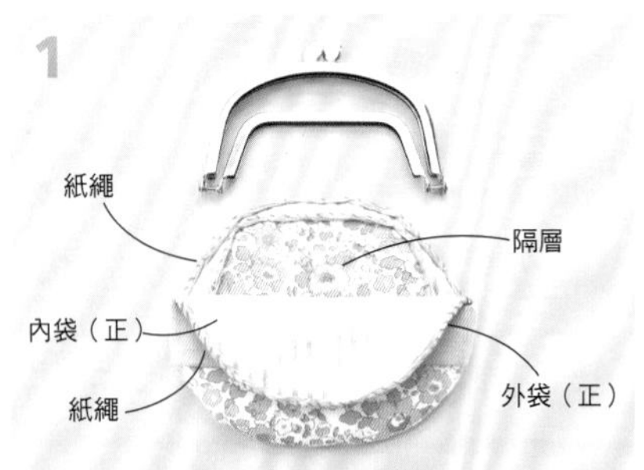

參照P156的作法圖解製作本體，把紙繩縫在內袋側（隔層縫在哪一側都可以）的袋口周圍。

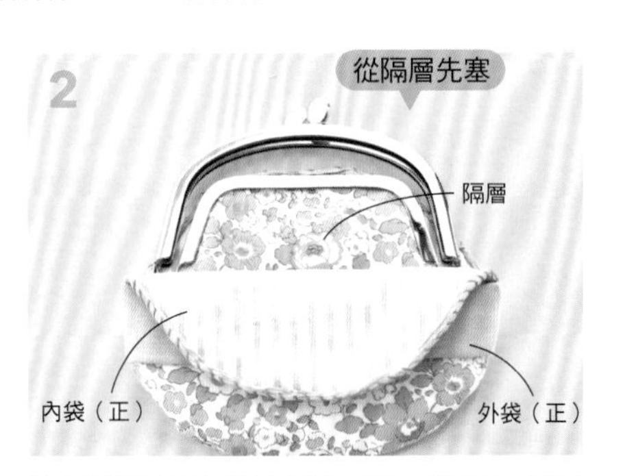

先在隔層的口金塗抹白膠，塞入隔層布。把隔層固定之後，再將外側的口金塗上白膠，塞入布料。

一字型口金的蛙口包

成品：約長10.5×寬11cm

材料

外面a、內面30cm見方、
外面b、側襠、零錢口袋、卡片口袋 50×40cm、
布襯60×40cm、
0.6cm寬蕾絲45cm、
10.7cm寬一字型口金（塞入式）、紙繩

本體的作法見P154

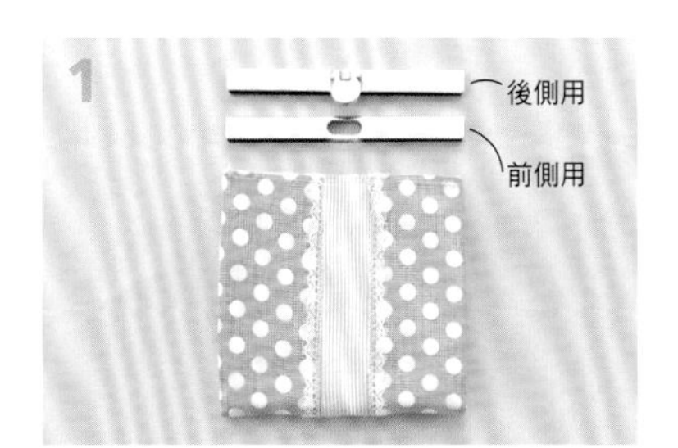

參照P154的作法圖解製作本體。

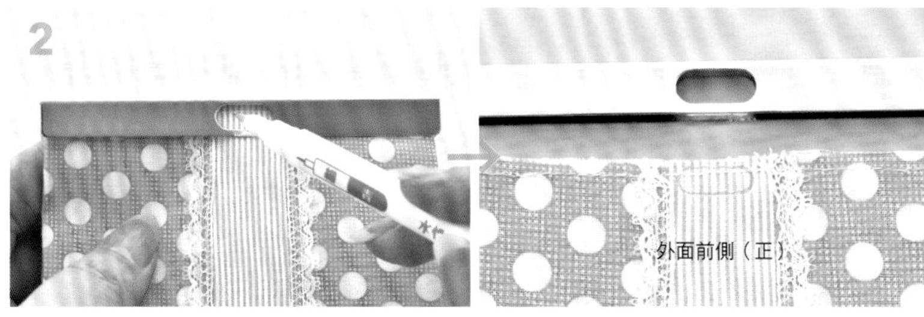

把前側的口金放布本體前面上，在洞的位置做記號。

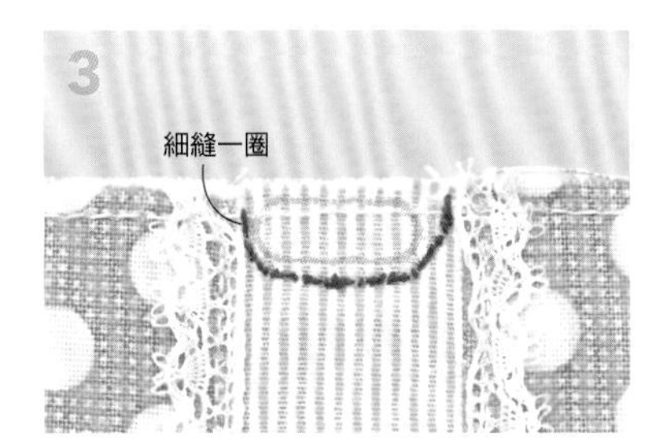

在記號的周圍，用立金縫細縫一圈。

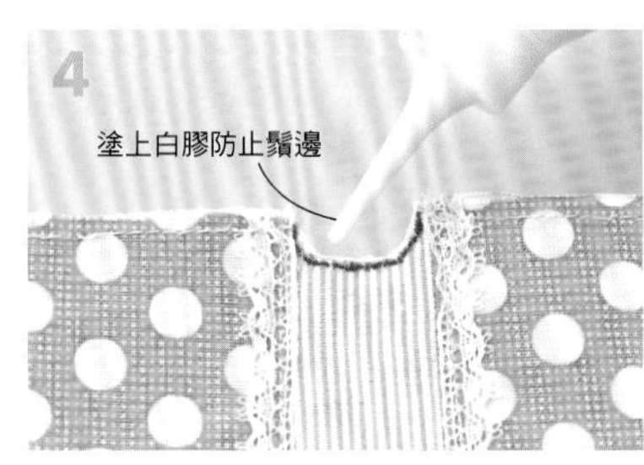

沿著縫線的邊緣剪開，把剪開的布邊塗上白膠。

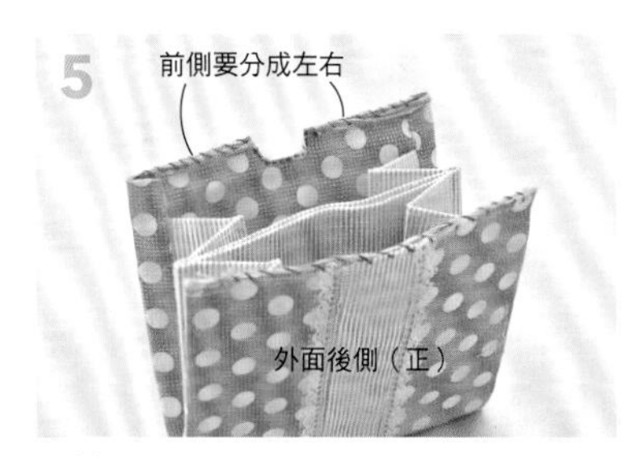

把紙繩縫在口側。

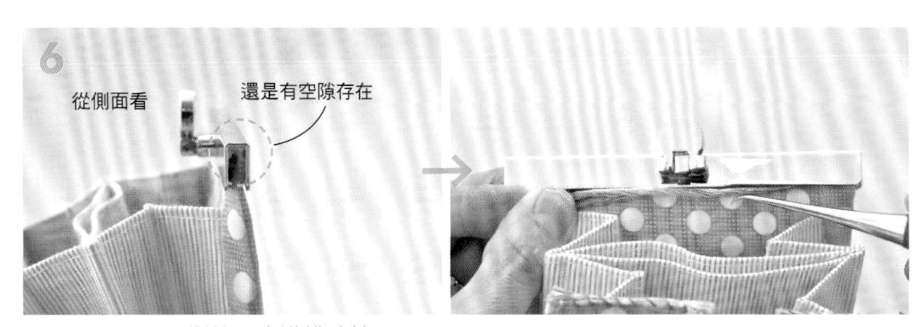

在帶有五金的一側的口金溝槽塗抹白膠，塞入本體的後側。一字型口金的情況因為大多數的溝槽都很深，如果只用1條紙繩的話有時還是有空隙存在。所以必須補充紙繩直到塞滿空隙為止。以同樣的方法把前側的口金固定之後就完成了。

使用手縫式口金

手縫式口金因為口金上有針孔，所以能用針線縫在本體上。還能藉由縫線的顏色以及穿線的方式增添獨創性。這種口金的製作要點，同樣是先從中央塞入再往左右分別縫合固定。不過就算失敗了也能重來，所以不必擔心。

弧型親子口金的蛙口包

成品：約長13×寬18cm

材料

親袋表布前面a、親袋表布後面、子袋表布70×20cm、
親袋表布前面b 15×20cm、
裡布80×20cm、
含膠鋪棉80×20cm、
14cm寬×6.5cm高親子口金（手縫式）、
喜愛的蕾絲、蕾絲花片

本體的作法見P157
有實物大紙型

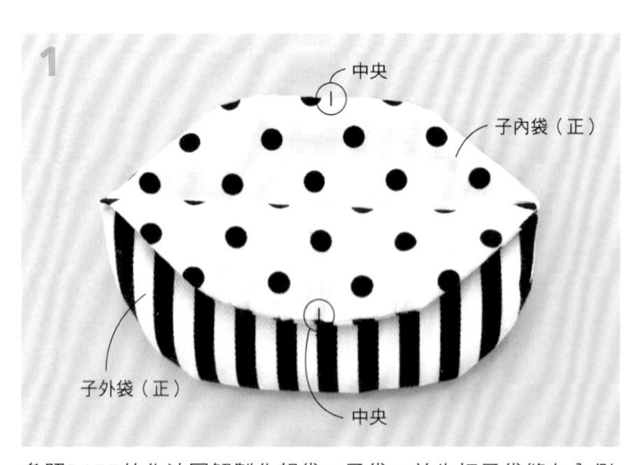

參照P157的作法圖解製作親袋、子袋。首先把子袋縫在內側的口金上。

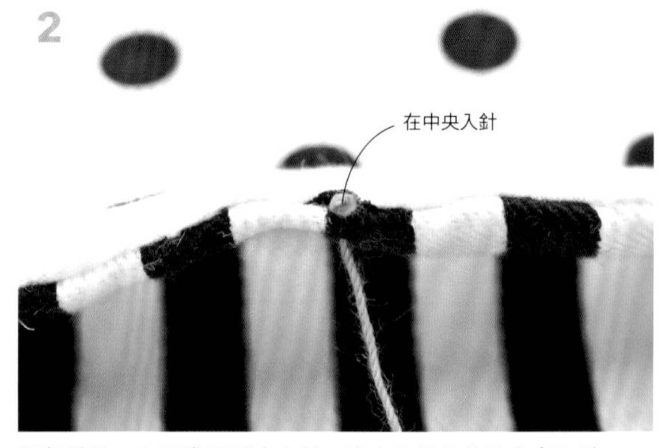

打起針結，在子袋口側中央的、表布和裡布的接合處入針。

從中央往左右分別縫合。把針穿過口金中央的孔，再將子袋塞入口金的溝槽。把針刺入左鄰的孔繼續縫。

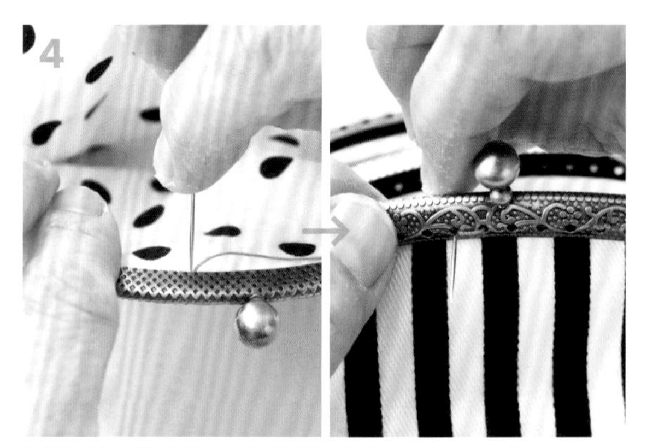

從裡側把線拉出之後，把針刺入邊緣，從在3刺入的同一個孔出針。

方型手縫式口金的安裝重點

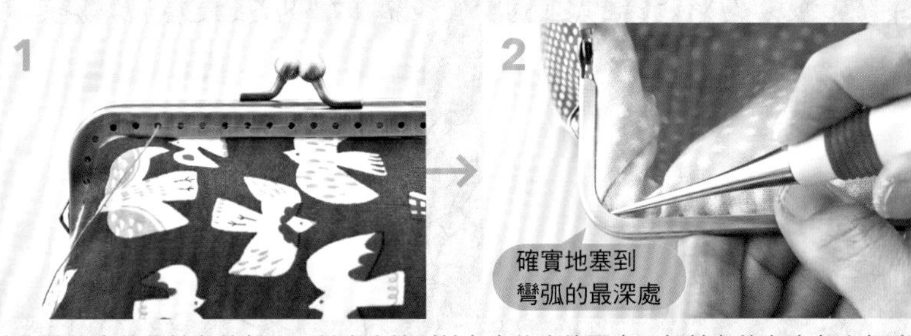

方型要注意的是轉角的部分。從中央縫到轉角之後先停下來，把轉角的布確實地塞到深處。不光是正面，反面也別忘了塞好。

繼續縫到左端的孔為止。打收針結，把結藏入溝槽中。

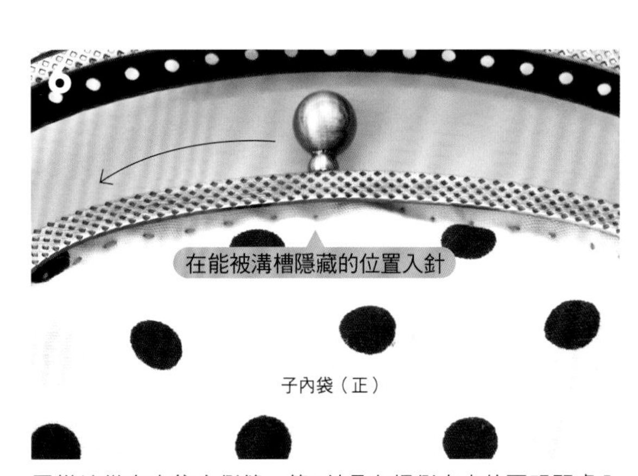

同樣地從中央往右側縫。第1針是在裡側中央的不明顯處入針，從表側中央的孔穿出。

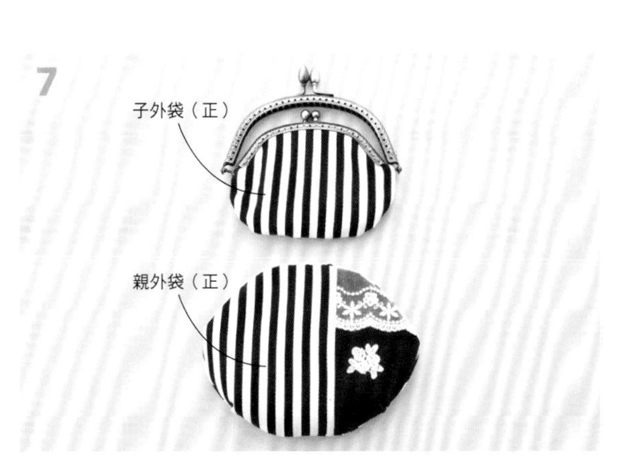

和3～5同樣地縫到口金的右端為止。接著把親袋從下方套住子袋。

把親袋縫在外側的口金上。親袋也一樣，從中央往左右半邊半邊地縫。

來做蛙口包的原版紙型吧

**若能配合口金做出自己喜歡的形狀的紙型，蛙口包的創作範圍會更加寬廣。
下面要介紹的是最基本的2種類型的紙型繪製方法，以及變化的方法。**

基本的弧型蛙口包

弧型口金的紙型，是根據步驟7在左右畫出的角度來決定形狀。不妨多做幾個，找出自己最喜歡的角度。另外，由於紙型是完全依照口金的尺寸製作，所以實際製作本體的時候有個訣竅，就是縫在完成線的線上或是略偏外側的位置以免讓尺寸變小。

成品：約長9.5×寬10㎝

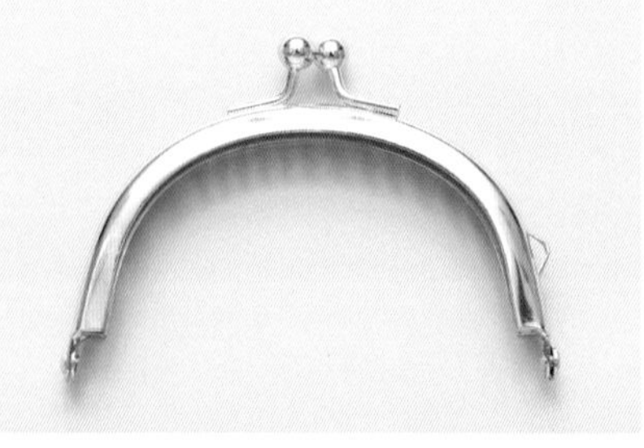

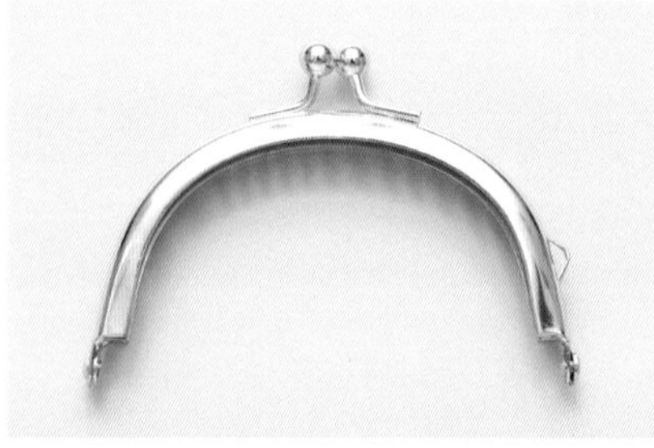

口金
這裡使用的是
寬8㎝×高4.5㎝的口金。

用具
❶ 方格尺 ❷ 方格厚紙板
❸ 量角器 ❹ 鉛筆 ❺ 圓規

本體的作法見P158
有實物大紙型

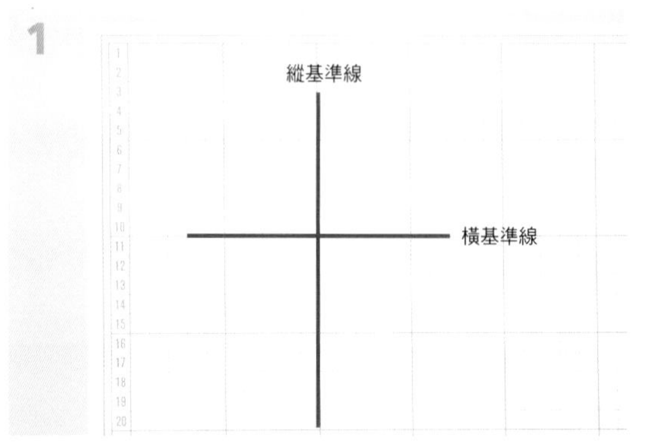

沿著方格的線，畫出十字的基準線。上下左右要留出充裕的空間。

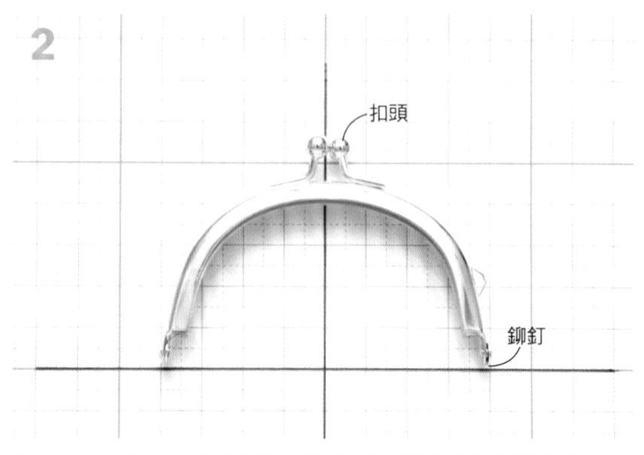

把口金扣頭的中心對準縱基準線，鉚釘對準橫基準線放好。

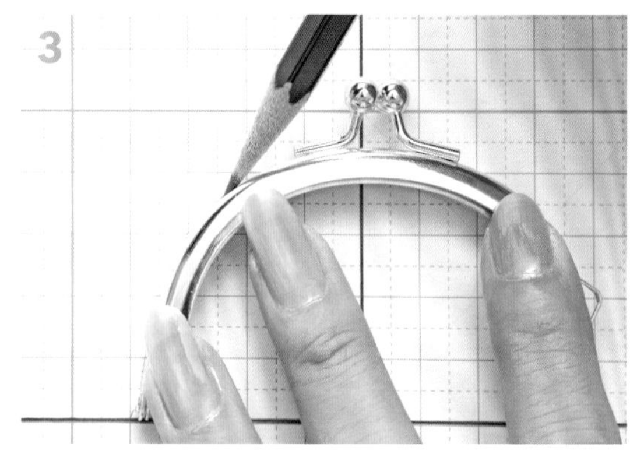

沿著口金的外側用鉛筆畫線。

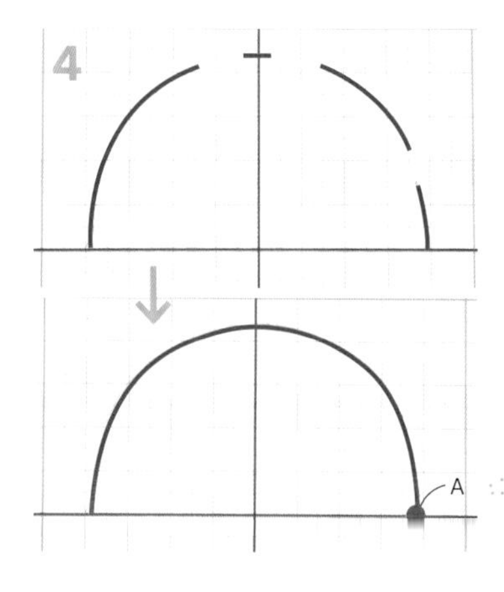

拿掉口金，把斷掉的部分的線連接起來。與橫基準線的交叉點是A。

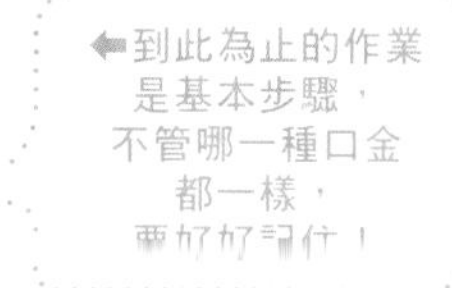

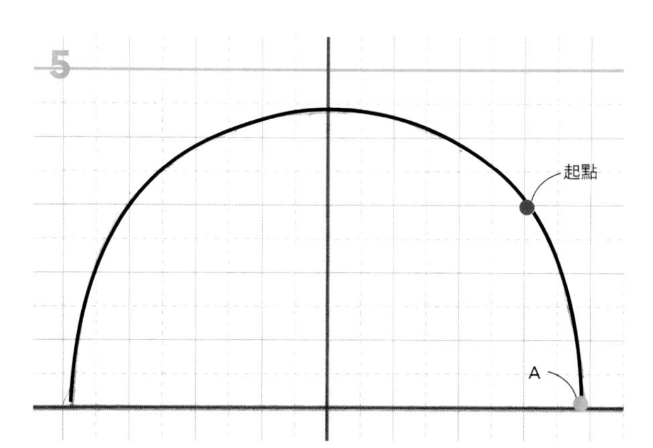

在畫好的線的右半邊的中央一帶決定起點。要注意。位置不要太偏上面也不要太偏下面。

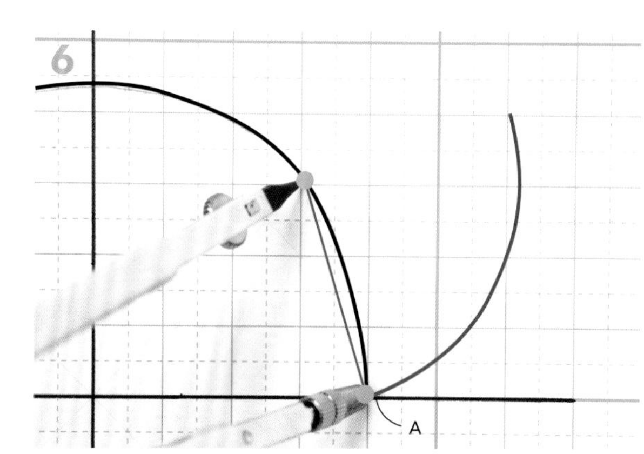

從起點到A畫出直線。以這個長度為半徑，用圓規畫出弧線。

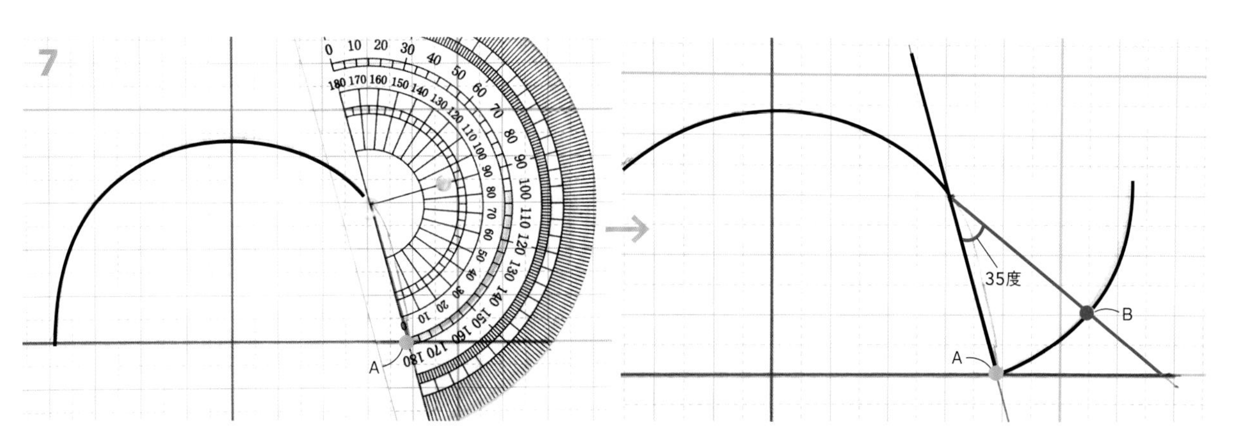

把量角器放在在6畫的直線上，從起點到35度外側畫出直線。這條線和圓規的弧線的交叉點就是B。

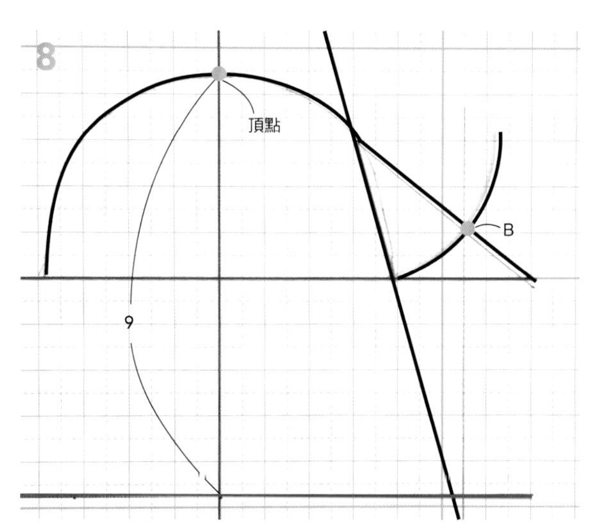

決定蛙口包的完成尺寸。這次是長度9cm，所以在頂點往下9cm的位置畫出橫線。這就是底的位置。

用這裡的角度來改變蛙口包的形狀！

由於實際製作作品嵌入口金之後就會和紙型的形狀變得不同，所以建議先試作看看，以便了解改變長度、寬度或是角度之後會變成什麼樣的形狀。

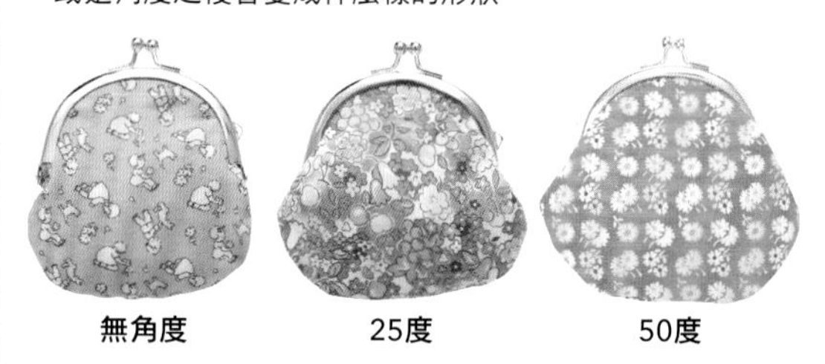

製作步驟接續下一頁

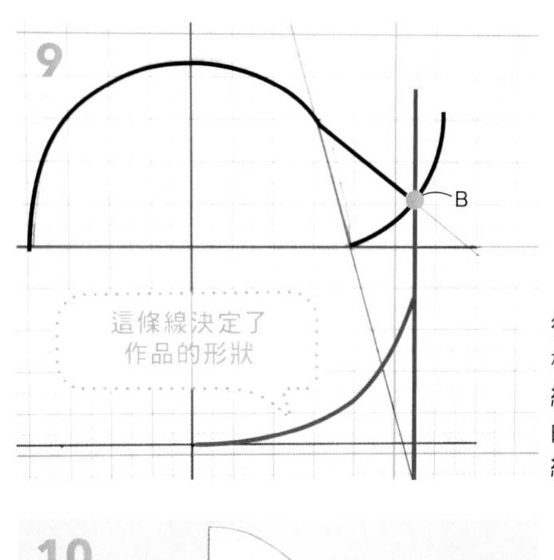

從交叉點B到在8畫的橫線，垂直地畫上一條線。把這條線和底的線的中央以徒手畫出的曲線連接起來。

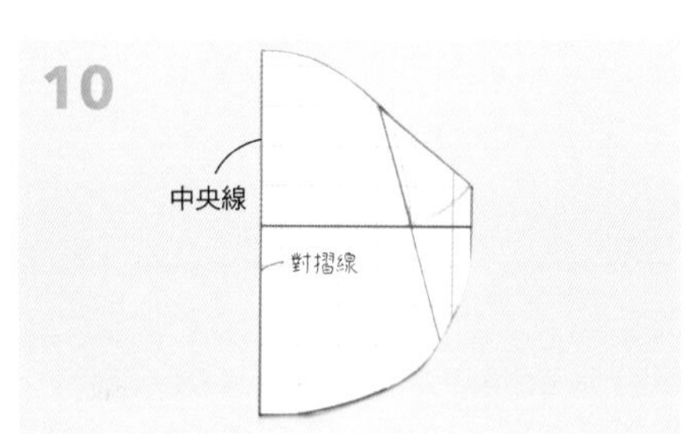

在中央線標示上「對摺線」之後，依照畫好的線條剪下。

和基本的紙型一樣做出本體的紙型之後，從中央線向外擴張1.5cm。這樣就會在左右各增加3cm的縫製空間。製作的時候，在口側縮縫6cm左右之後抽細褶，縮小成3cm。

在側面接上側襠的蛙口包

在口金線條的彎弧位置做布料拼接的附側襠蛙口包。只要靈活運用繪圖紙的方格，就能簡單地讓側面和側襠的尺寸正確配合。

成品：約長10×寬10cm、側襠寬約8cm

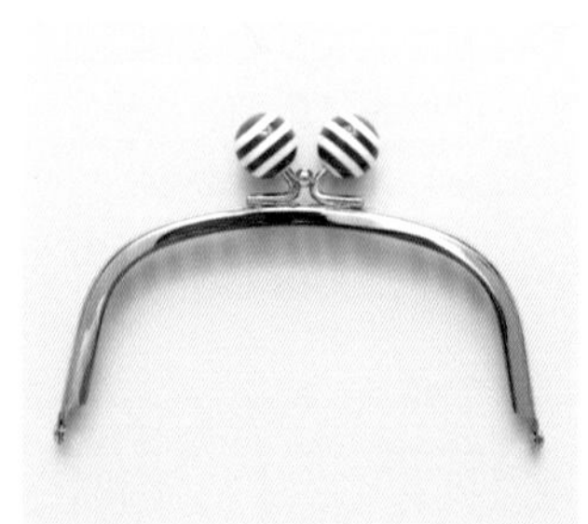

口金
這裡使用的是
寬12.5cm×高5.5cm的口金

本體的作法見P158
有實物大紙型

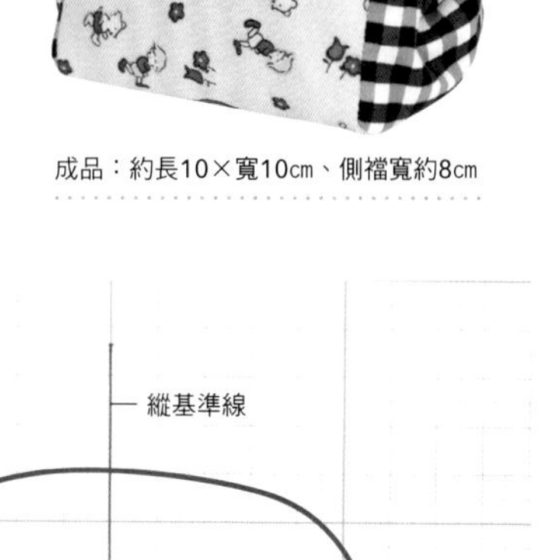

參照P126的1～4，畫出口金的形狀。

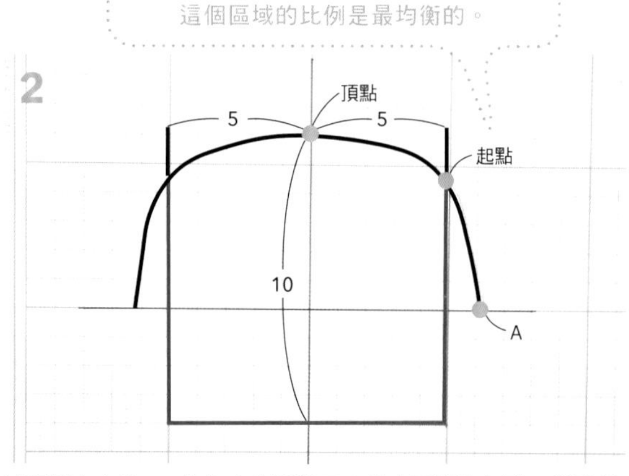

以距離中央各5cm的左右位置與口金的交叉點為起點。從那裡垂直地畫出直線，在距離頂點10cm的位置畫出橫線。

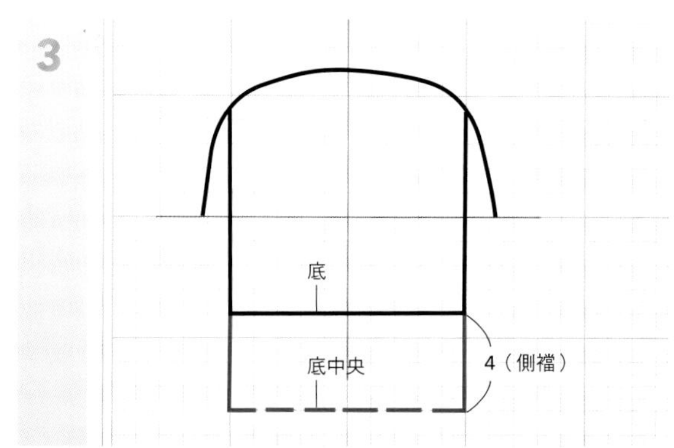

因為側襠是8cm，所以在畫出底側時要追加上這個長度的一半4cm。這裡就是底中央。這樣就完成了側面的紙型。

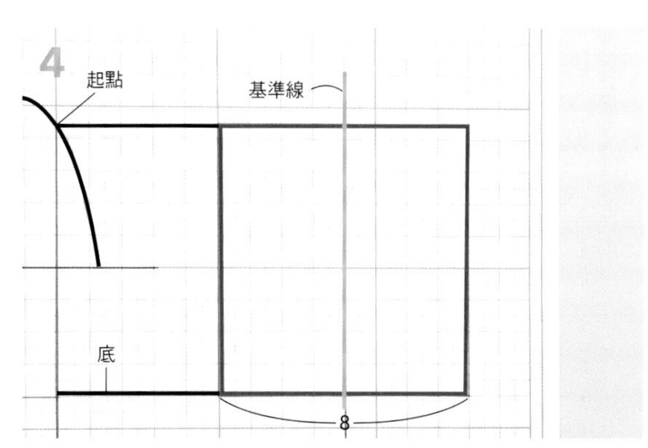

側襠是畫出一個縱向為起點到底的高度，橫向為側襠8cm的長方形，在中央畫一條基準線。

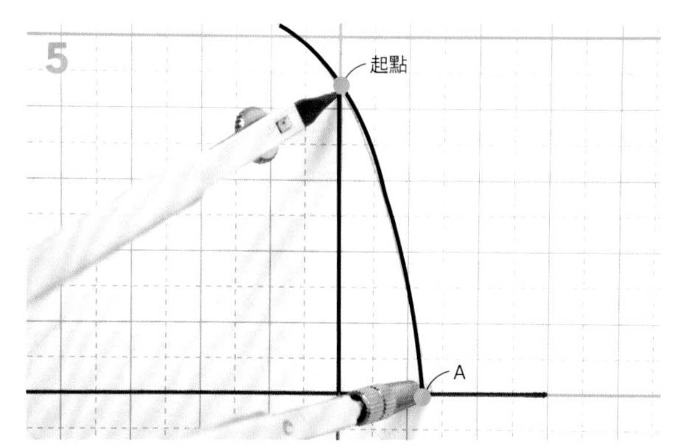

用圓規測量出從本體的起點到交叉點A的長度。

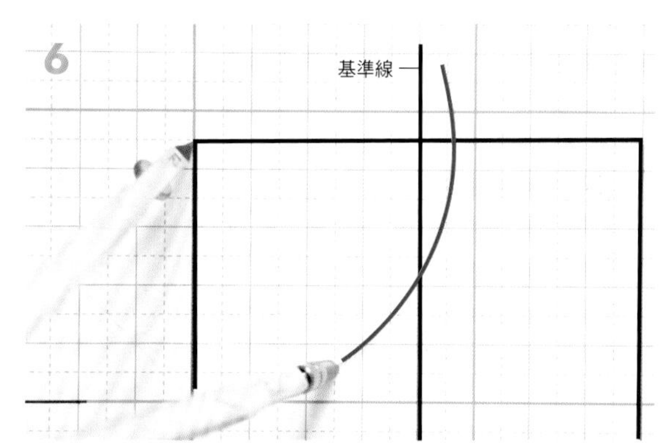

直接把圓規的針移到側襠的左上角，越過中央的基準線畫一道弧線。

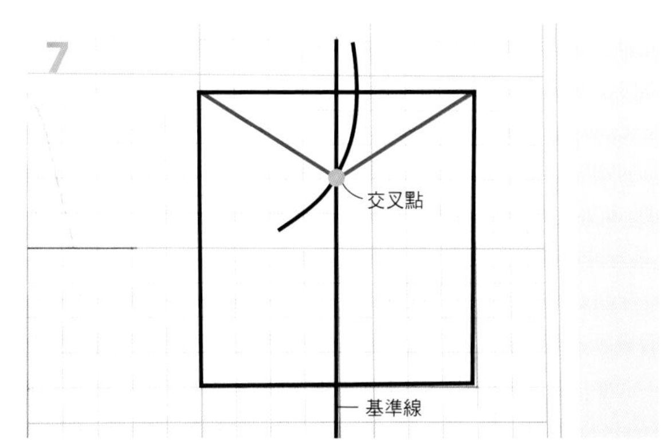

把圓規的弧線與基準線的交叉點、和側襠的角連成直線。右上角也同樣連成直線。側襠的紙型就完成了。

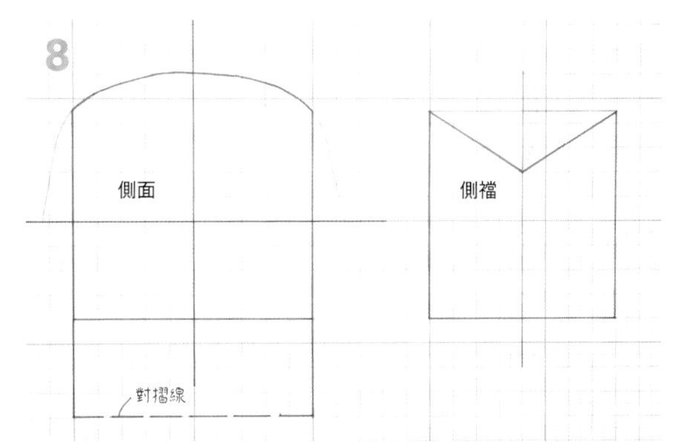

在側面的底中央寫上「對摺線」。沿著線把厚紙板剪下之後，紙型就完成了

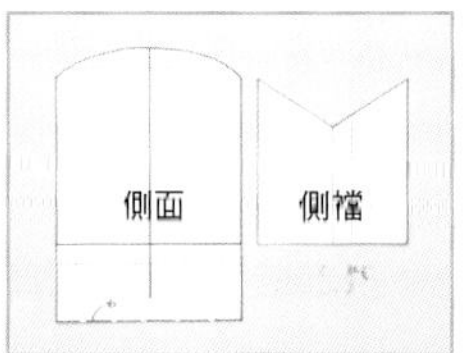

How to make 作法

- 作法圖解中的數字單位是cm。
- 材料以〇×〇cm標示的情況指的是寬×長。
- 用料要多估算一點。
- 在作法頁中標出「有實物大紙型」的作品，
  一部分或全部的部件是利用合訂的實物大紙型來製作。
  未標示的作品，因為部件可用直線裁剪，所以沒有紙型。
  請參照解說圖內的尺寸自行製作紙型，或是直接在布料上畫線來準備。

P71

帆布托特包

成品尺寸：約長32×寬36cm、側檔寬約16cm

☆全部依紙型裁剪

材料

表布用帆布65×90cm、口布65×20cm、裡布90cm見方、3cm寬棉織帶1.8m、標籤、25號繡線。

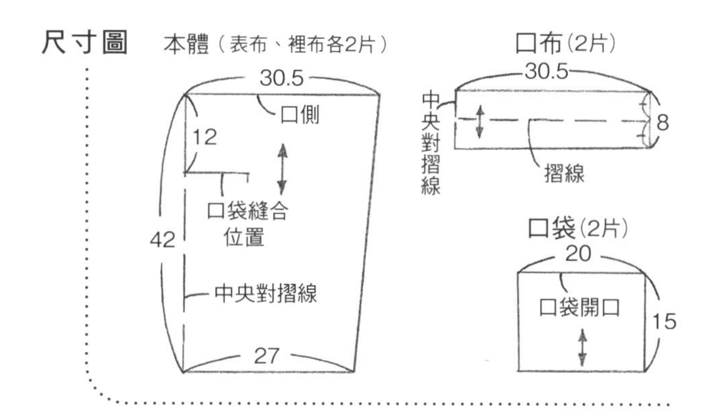

1 製作口袋口側

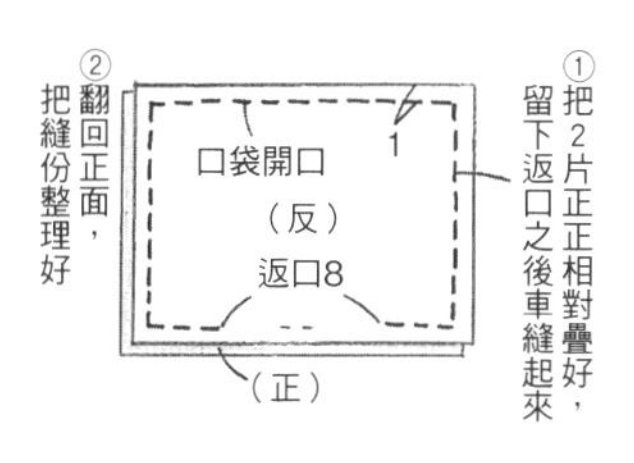

2 製作前面和後面

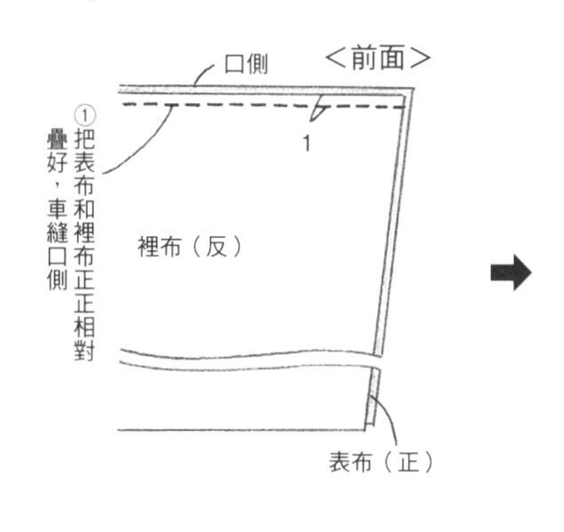

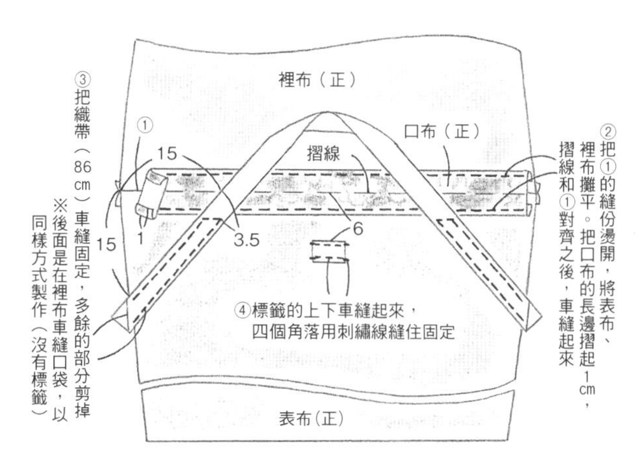

3 組裝

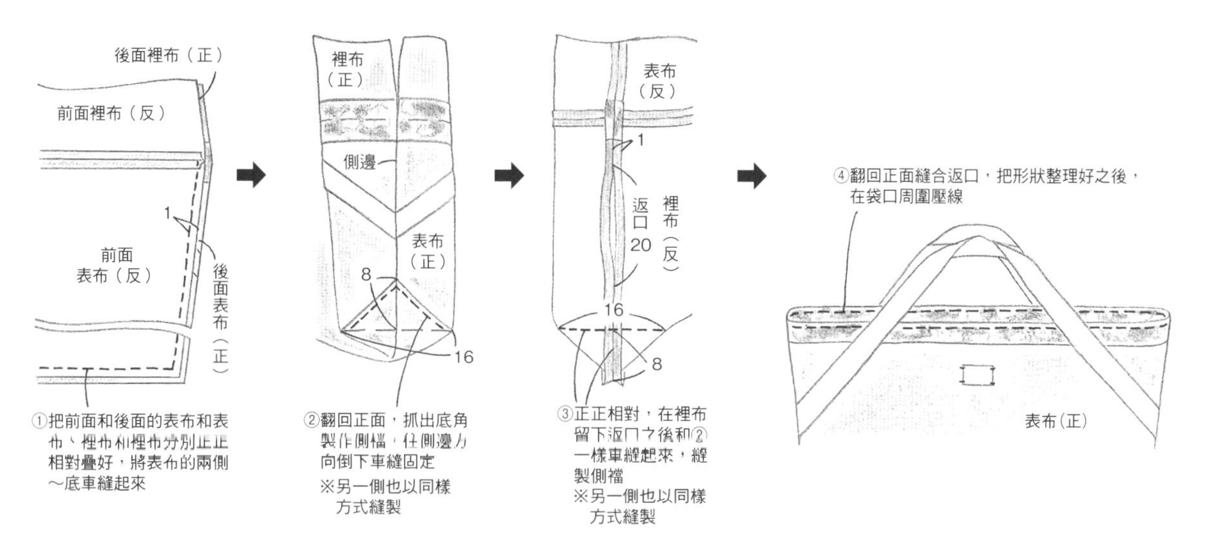

P70

收納貴重物品的隨身小包

成品尺寸：約長22×寬16cm

材料

本體表布・內口袋・背帶用11號帆布30×1.4m、外口袋表布20cm見方、裡布40×50cm、滾邊布・掛耳A布15×25cm、布襯10cm見方、碎布、2cm寬皮帶條5cm、2cm寬D型環1個、1.5cm寬D型環1個、直徑1.4cm插式磁釦2組。

☆縫份除指定以外皆為1cm

1 製作各部件

[背帶]

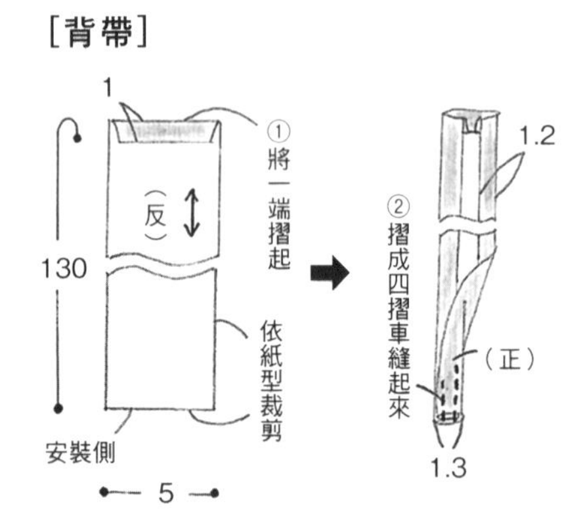

[外口袋]

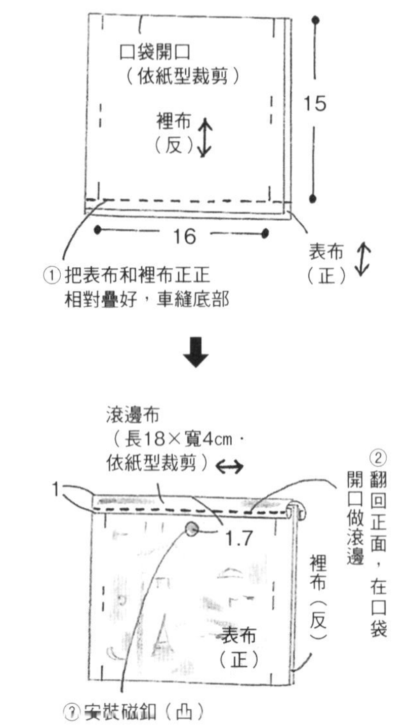

[掛耳A]

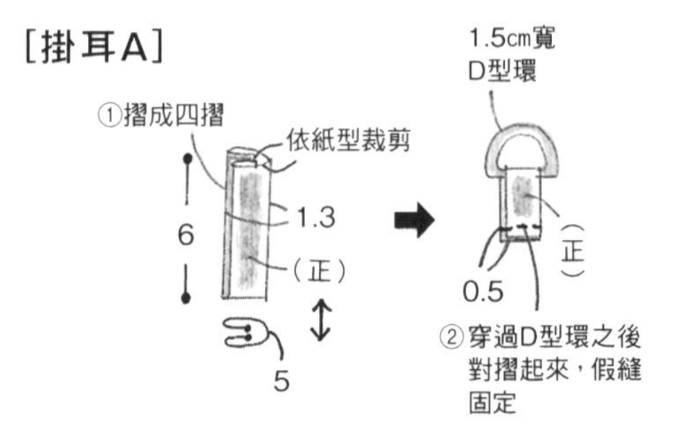

[掛耳B]

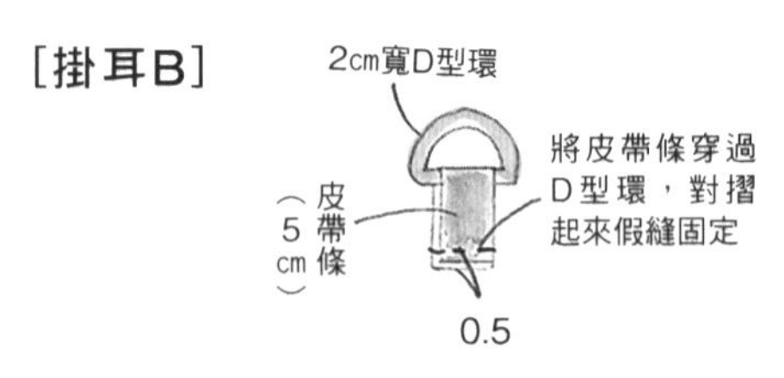

[內口袋]

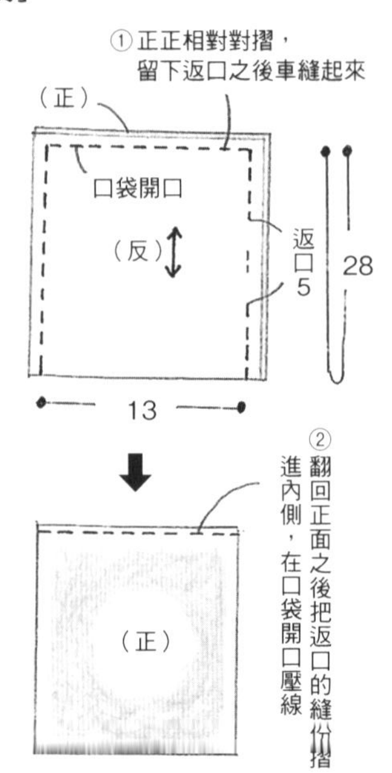

2 製作外袋和內袋

[外袋]

[內袋]

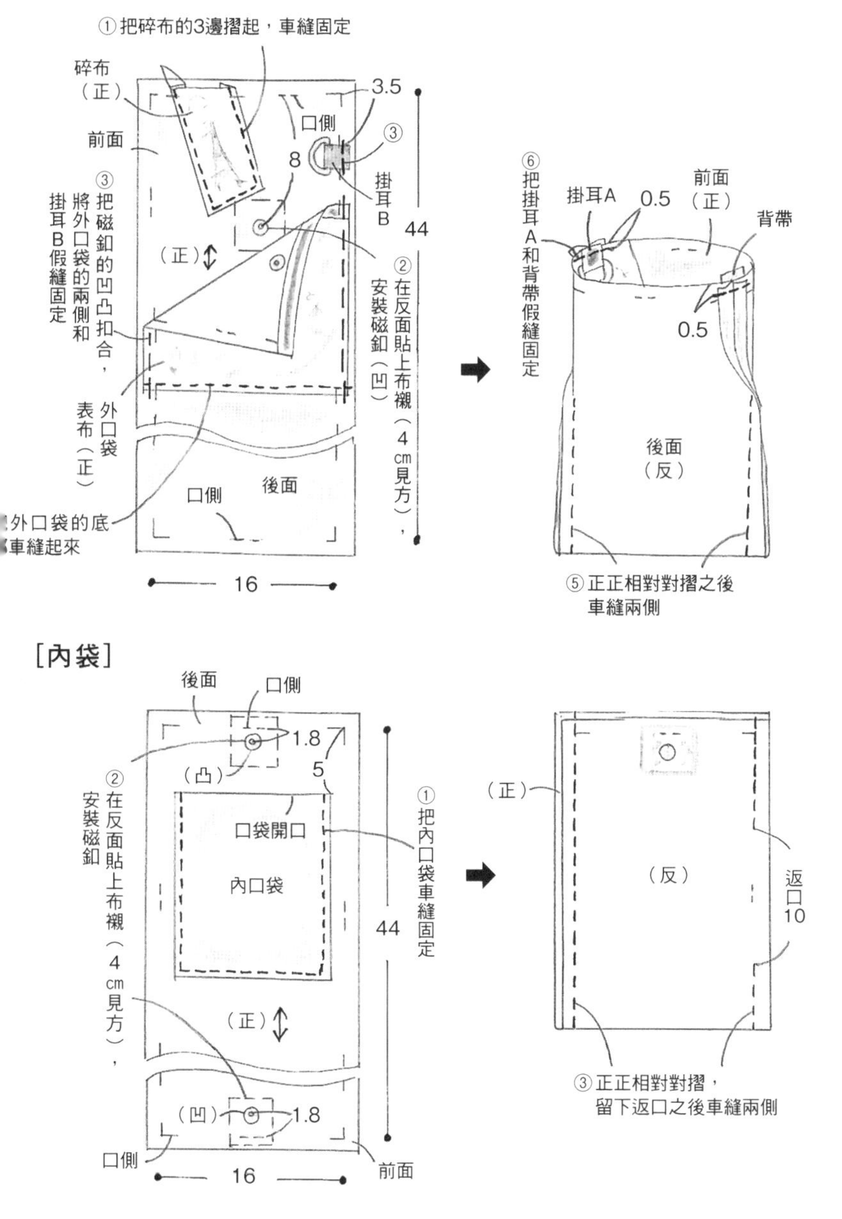

3 組裝

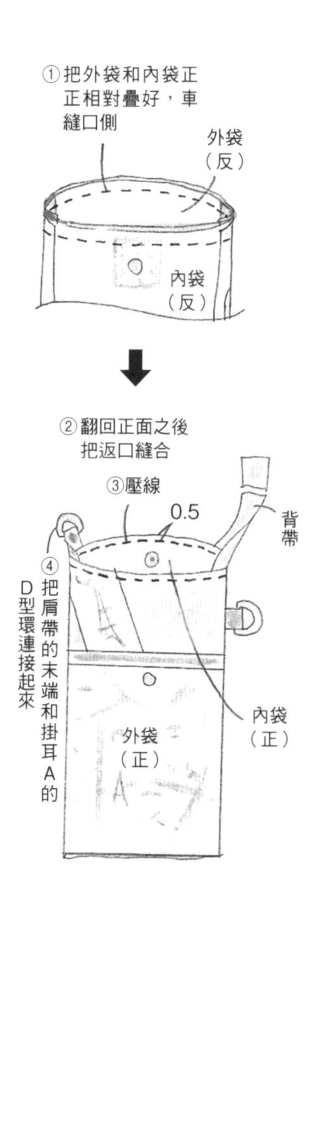

P 76

扁平斜背小包

成品尺寸：約長15×寬21cm

材料

表布・外口袋用防水布55×35cm、裡布55×25cm、側邊布10cm見方、0.5cm寬皮帶條1.5m、直徑1cm四合釦1組、直徑1cm雞眼釦2組、16cm拉鍊1條、標籤、喜愛的吊飾。

☆縫份除指定以外皆為1cm

1 製作前面

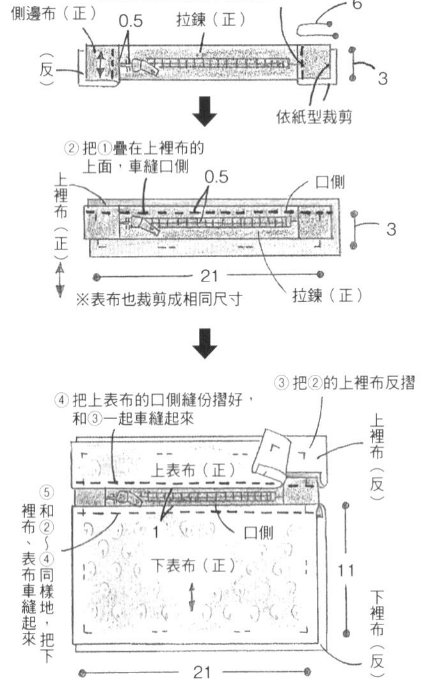

2 製作後面

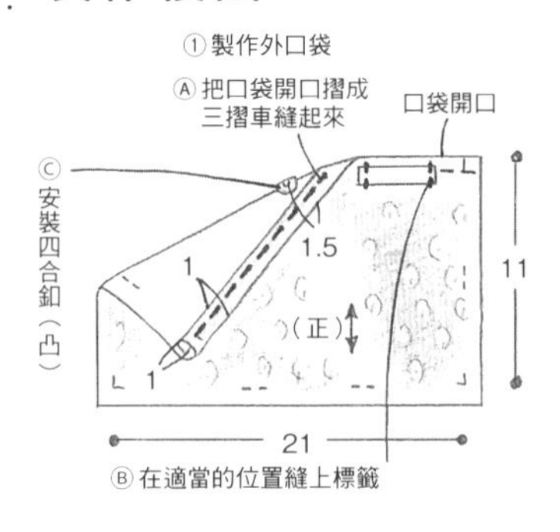

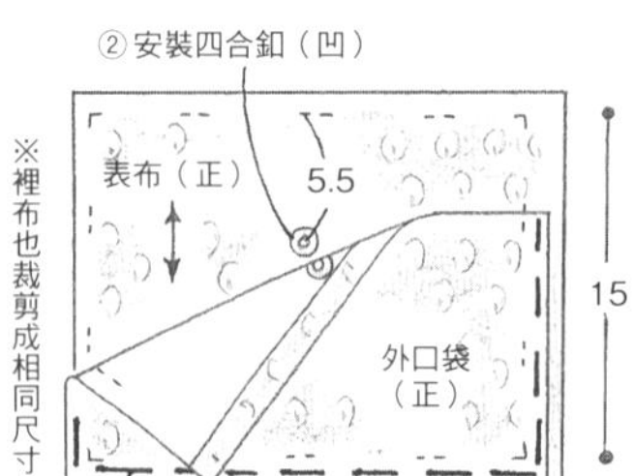

3 組裝

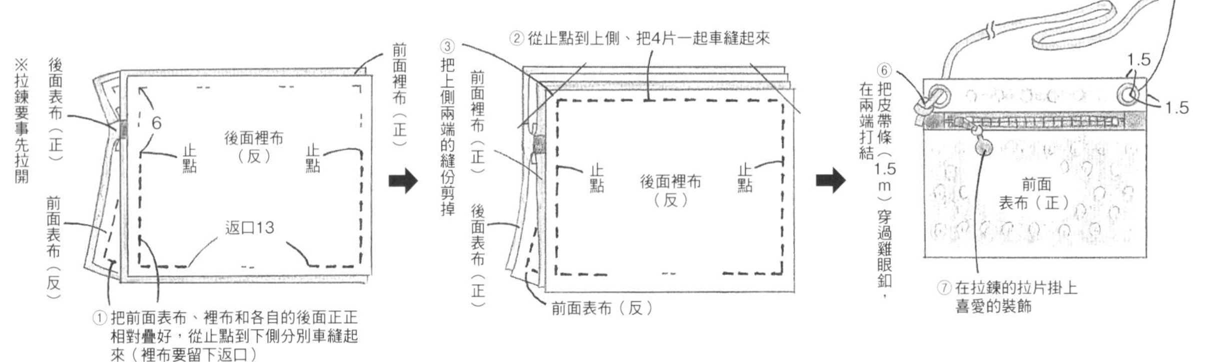

P77

塑膠手提包

成品尺寸：約長19×寬23cm、側襠寬約6cm

有實物大紙型

☆縫份除指定以外皆為0.5cm

材料

本體・提把用塑膠布45×60cm、1.8cm寬織帶70cm、直徑0.8cm固定釦4組、書包扣1組、喜愛的緞帶、飾片。

1 製作提把

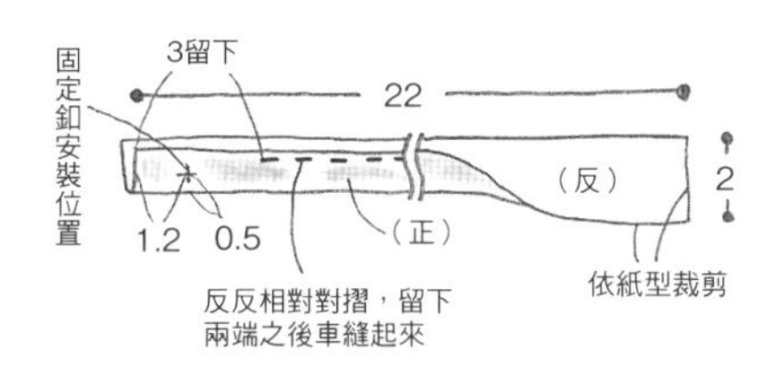

2 製作側面

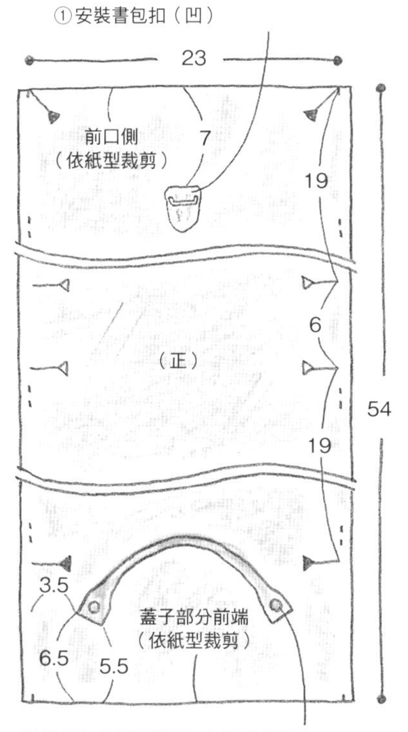

3 組裝

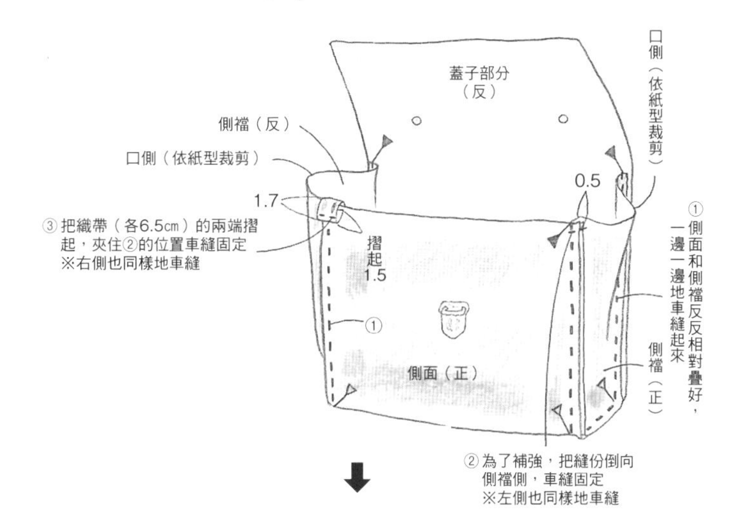

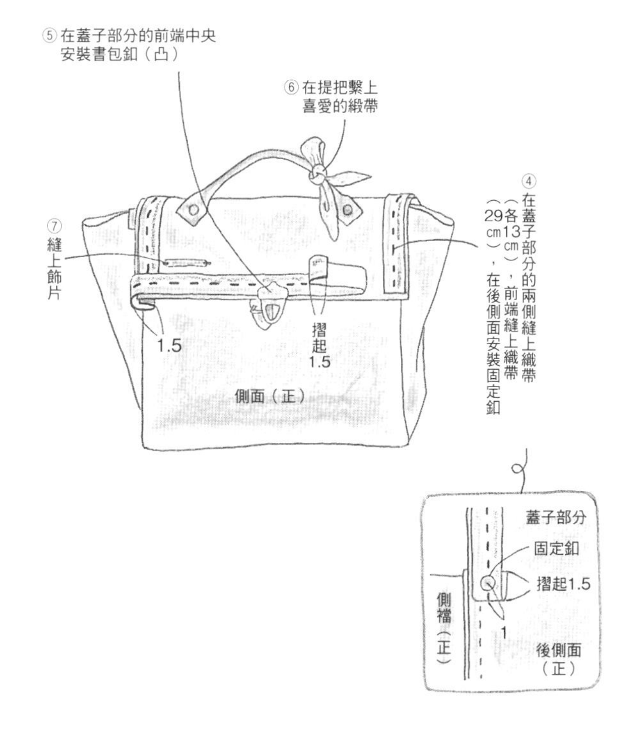

P 76

便當袋&水壺袋

成品尺寸
（便當袋）：約長21.5×寬18cm、側襠寬約12cm
（水壺袋）：約長22×寬7.5cm、側襠寬約7.5cm

材料

便當袋：表布35×60cm、裡布35×60cm、內袋用保溫保冷襯35×60cm、0.7cm寬硬質「塑型條」85cm、2cm寬兩摺斜布條80cm、1.2cm寬緞帶60cm、直徑1.2cm鈕釦1個。

水壺袋：表布・口袋表布・提把40×60cm、裡布・口袋裡布用保溫保冷襯40×60cm。

☆縫份除指定以外皆為1cm

【便當袋】

1 製作活動內袋

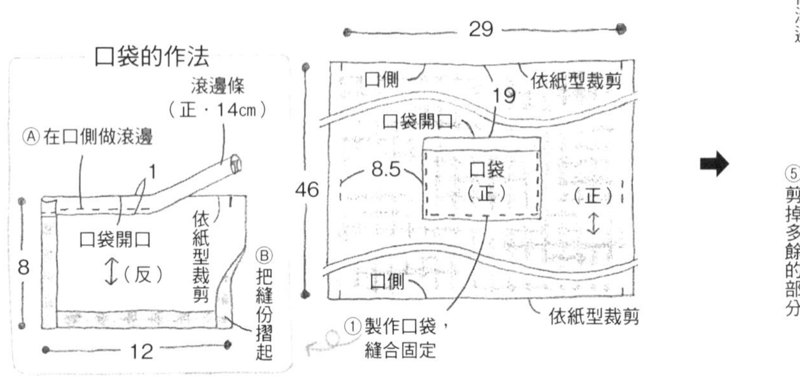

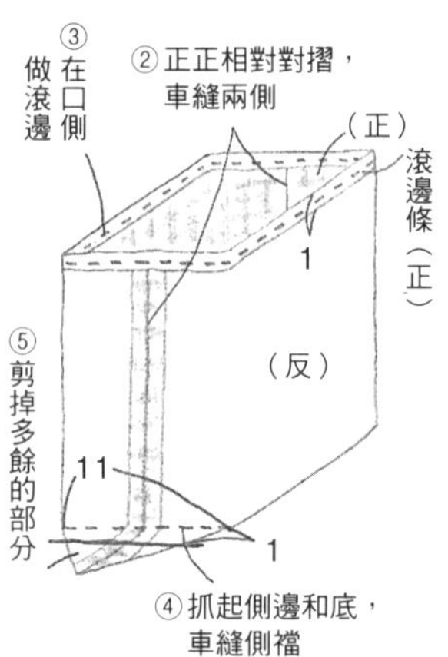

2 製作外袋和內袋

[外袋]

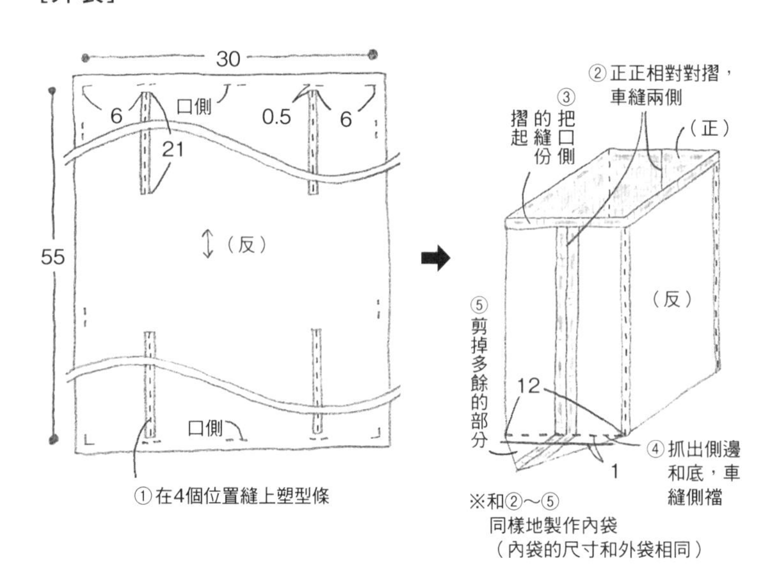

3 組裝

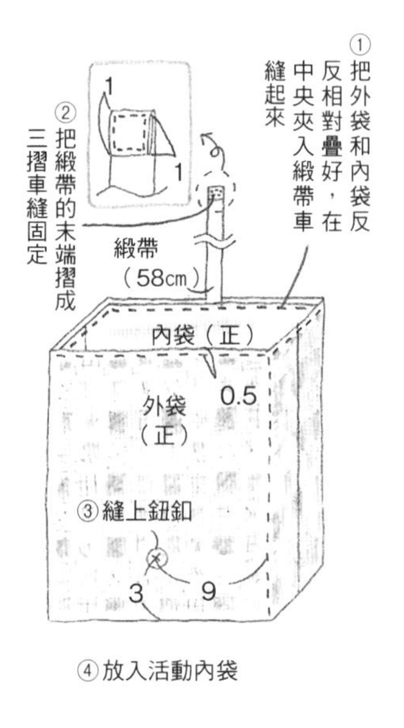

【水壺袋】

1 製作各部件

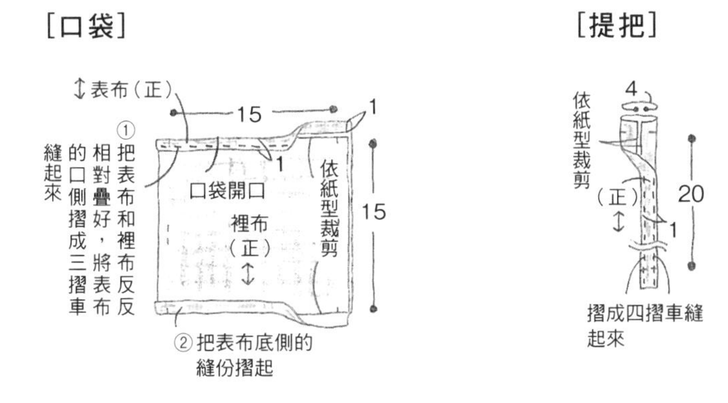

2 製作外袋和內袋

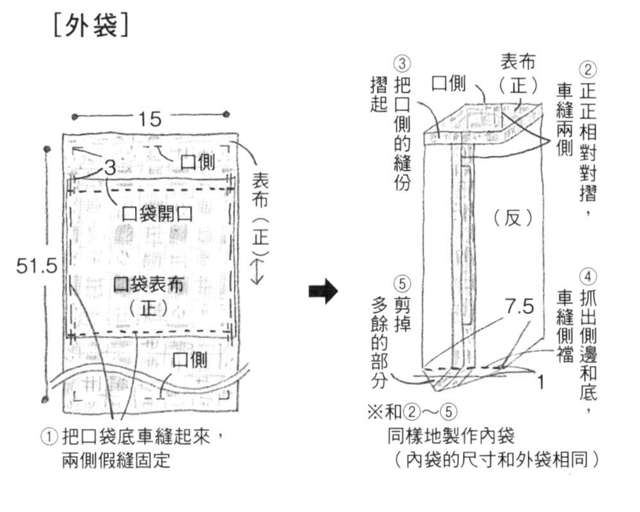

3 組裝

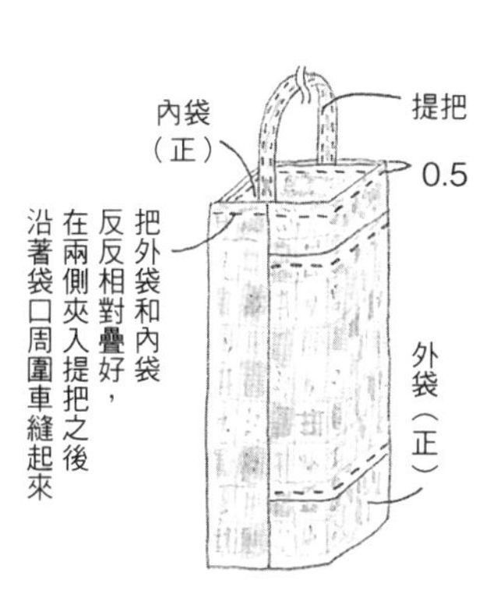

P 77

對摺網布收納包（左）

成品尺寸（閉合狀態）：約長25×寬17㎝

材料

外面表布a 35×30㎝、外面表布b・碎布20×30㎝、內面用鋪棉布40×30㎝、口袋用硬質網布35×30㎝、隔層布・滾邊布15×30㎝、布襯40×30㎝、10㎝寬蕾絲30㎝、20㎝拉鍊2條、2㎝寬兩摺斜布條1.3m、直徑1㎝四合釦2組、標籤。

☆縫份除指定以外皆依紙型裁剪

1 製作口袋

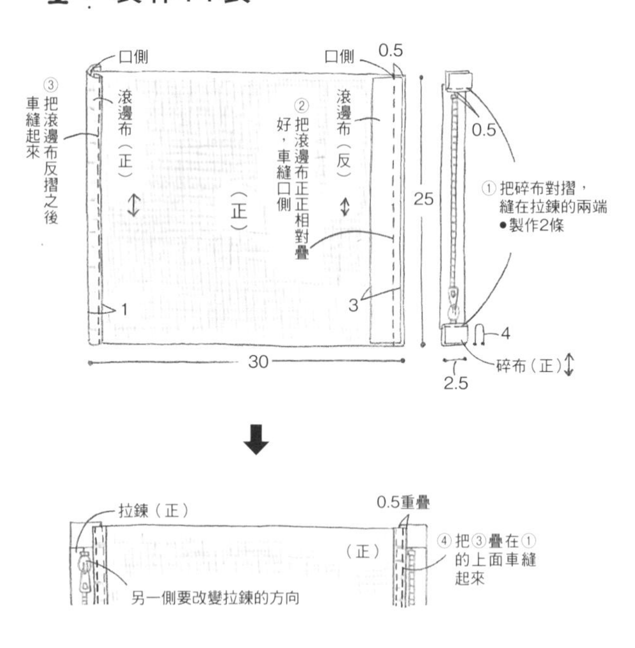

2 製作外面

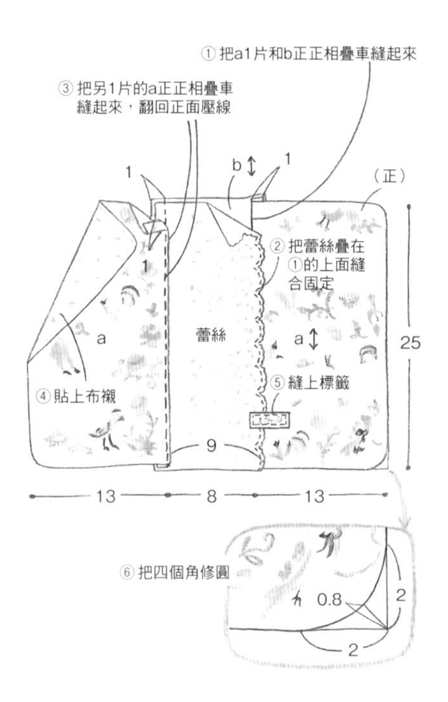

3 製作內面

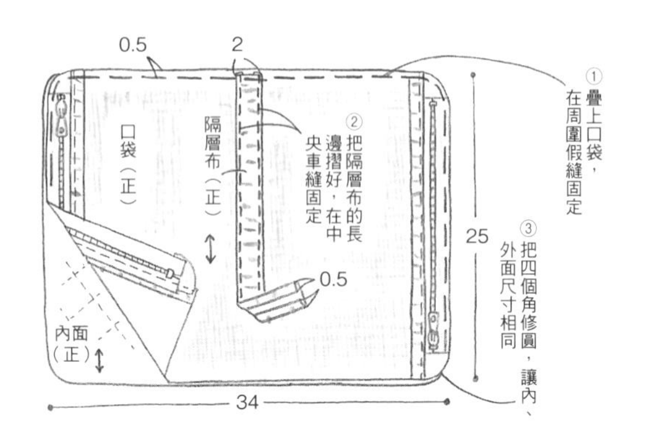

4 組裝

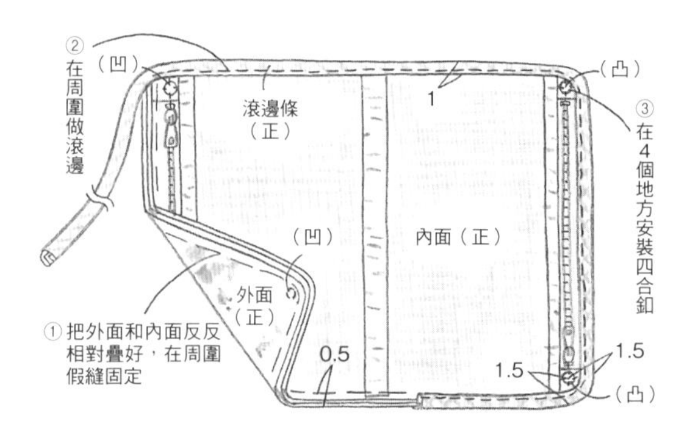

P 80

扁平拉鍊化妝包

成品尺寸：約長14×寬約24.5cm

有實物大紙型

☆縫份為1cm

材料

前面表布a・前面表布c・後面表布60×20cm、前面表布b・裡布80×20cm、含膠鋪棉55×20cm、6cm寬蕾絲20cm、3.5cm寬蕾絲20cm、2.3cm寬蕾絲20cm、20cm拉鍊1條、標籤。

1 製作外袋和內袋

[外袋]

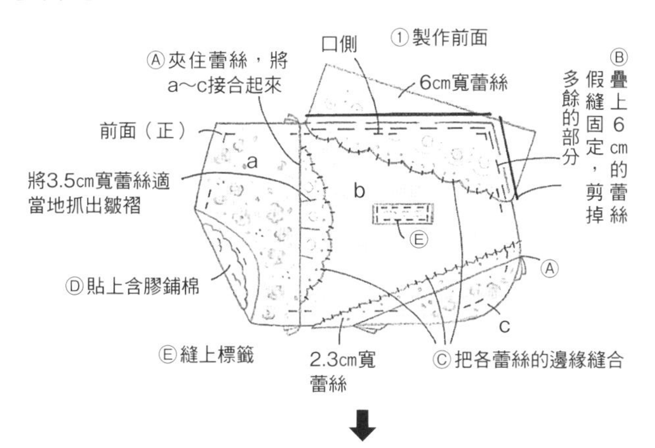

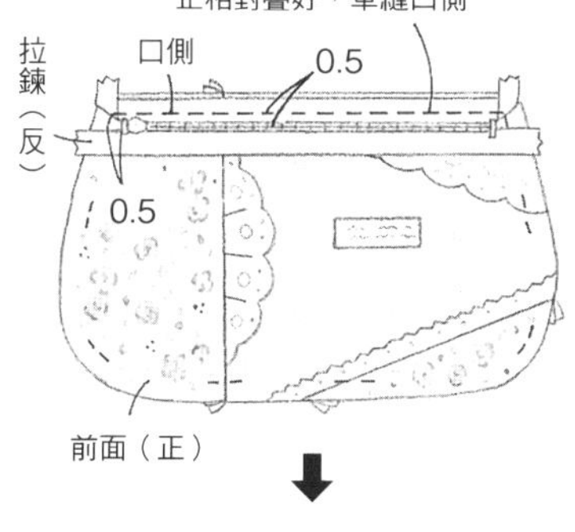

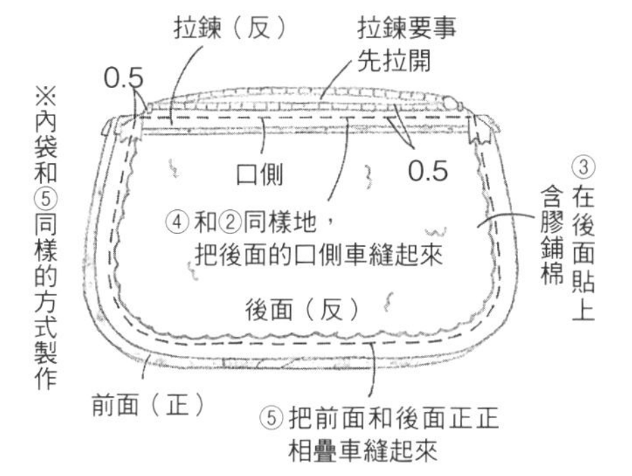

2 組裝

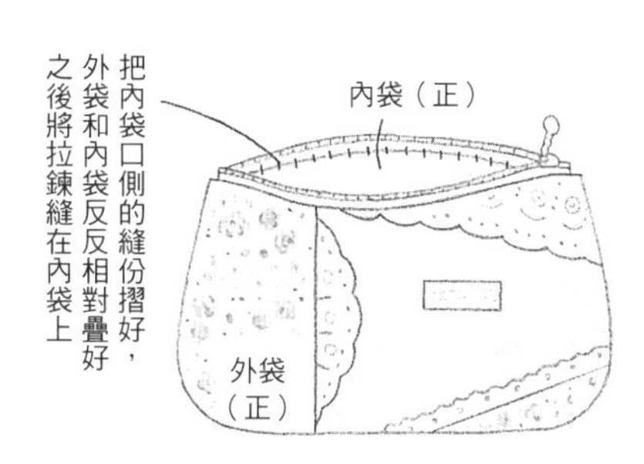

P86

脖圍&同款收納包

成品尺寸：
（脖圍）全長約177cm、（收納包）約長18×寬22cm

☆縫份為1cm

材料

脖圍：本體A用羊毛布60×80cm、本體B用羊毛布60cm見方、本體C用皮草60×65cm。
同款收納包：表布a用皮草30cm見方、表布b・裡布55×45cm、20cm拉鍊1條、喜愛的飾片。

【脖圍】

1 製作各部件

[A]

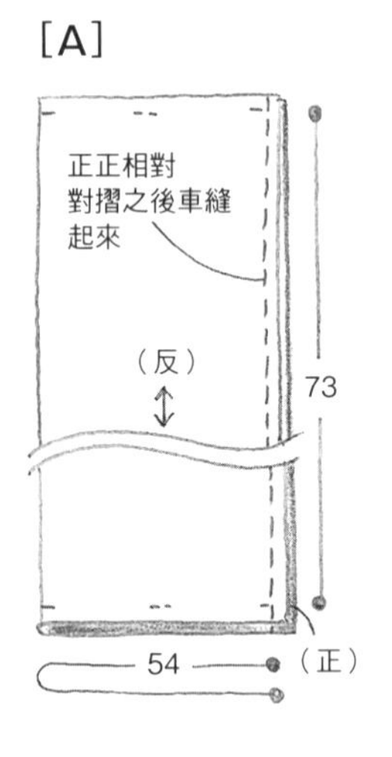

[B]

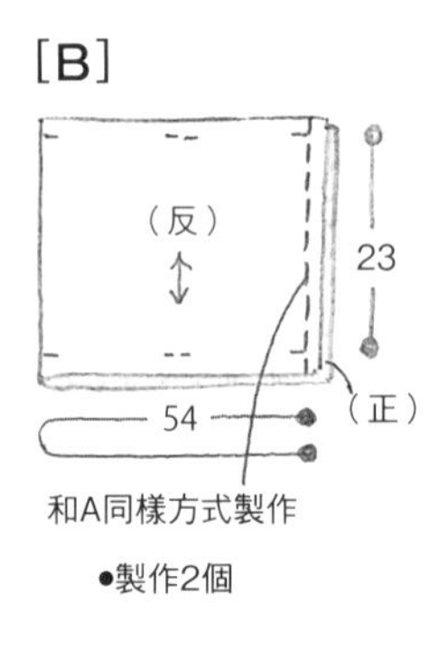

[C]

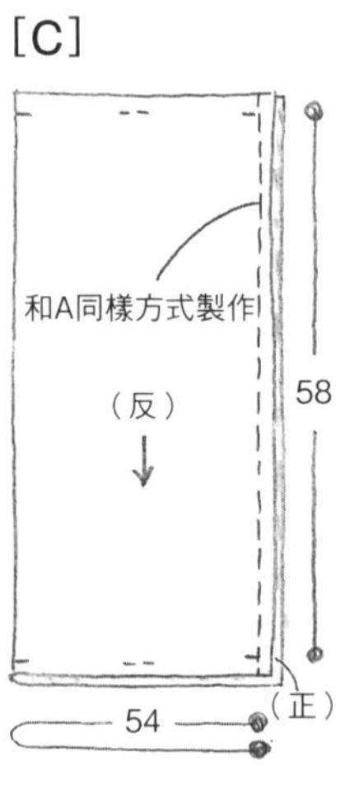

2 組裝

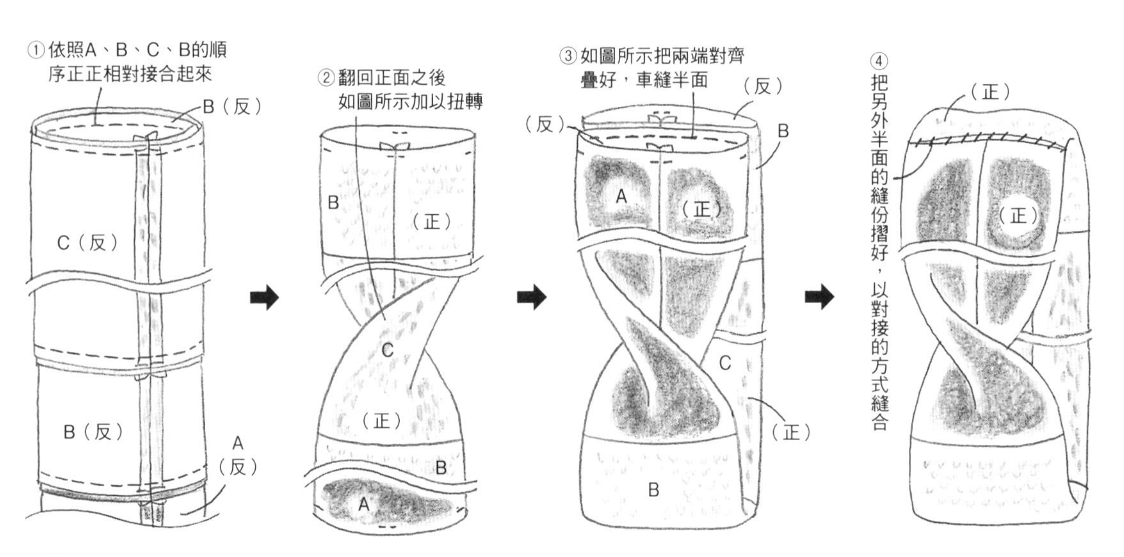

【同款收納包】

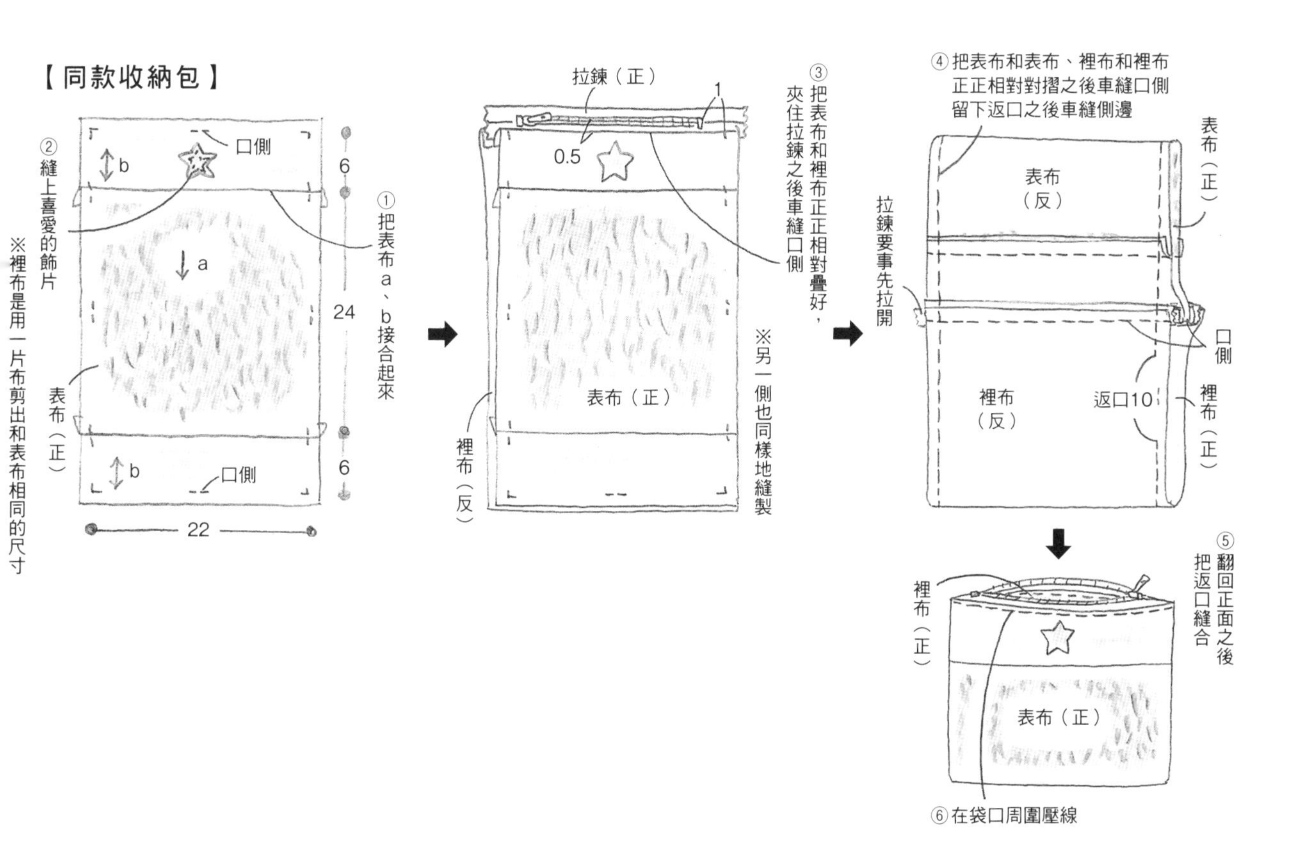

How to make

P80

自然風抱枕套

材料　（1個份）

前面・後面110寬×65㎝、各種蕾絲、45㎝見方枕心。

成品尺寸：約45㎝見方

☆縫份除指定以外皆為1㎝

1 製作前面和後面

[前面]

視整體的平衡感縫上各種蕾絲

45

45

（正）

[後面]

後面A（反）

A:28
B:25

1

1　把開口摺成三摺車縫起來

45

※後面B也同樣地製作

2 組裝

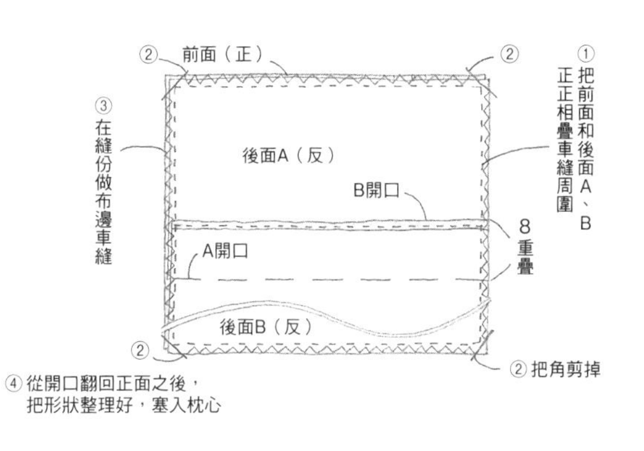

P87

蘇格蘭格紋的暖暖托特包

成品尺寸：
約長22×寬30㎝、側襠寬約15㎝

有實物大紙型

☆縫份除指定以外皆為1㎝

材料

表布用刷毛布70×65㎝、裡布用毛絨布70×65㎝、底布用毛氈布5㎝見方、厚布襯50×65㎝、4㎝寬緞帶35㎝、1㎝寬織帶35㎝、0.4㎝寬皮帶條40㎝、6㎝寬牛角釦1個、直徑3㎝鈕釦1個、標籤、2㎝長簡針。

1 製作提把

①把表布和裡布正正相疊車縫長邊

接合側

裡布（反）

接合側

表布（正）

②翻回正面，把表布反反相對對摺車縫固定

裡布（正）

2.5

對摺線

10

表布（反）

●製作2條

2 製作表布

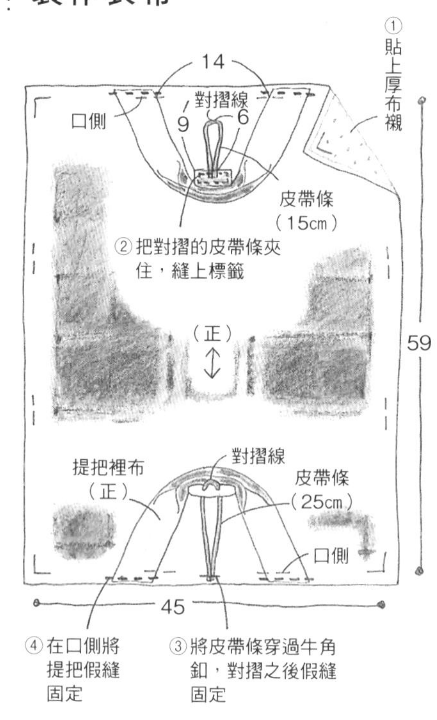

3 組裝

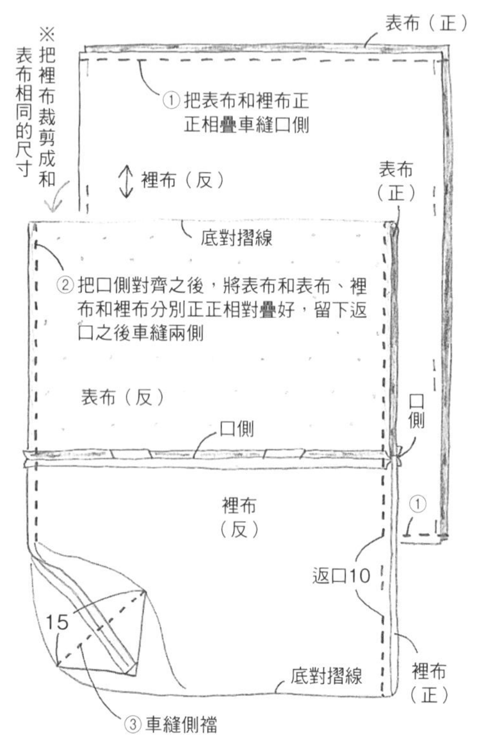

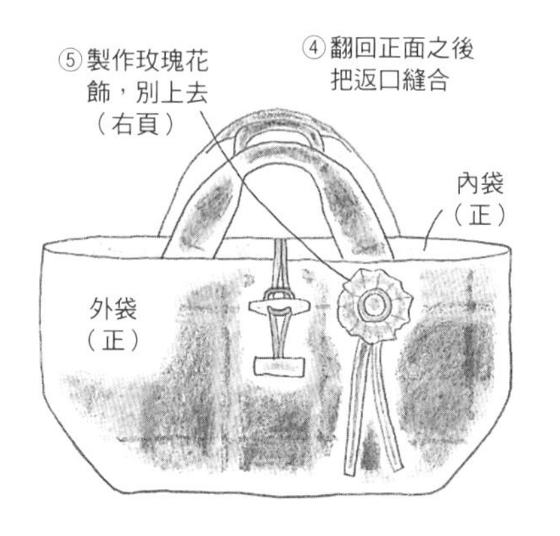

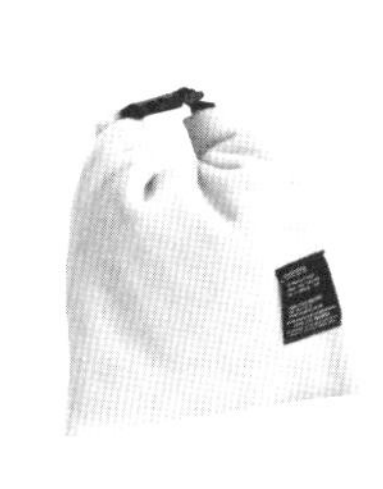

P86

皮草插扣化妝包

成品尺寸：約長31×寬23cm

材料

表布用仿皮草30×70cm、裡布30×70cm、2.5cm寬PP鬆緊帶40cm、2.5cm寬的插扣1組、標籤。

☆縫份為1cm

1 製作外袋和內袋

[外袋]

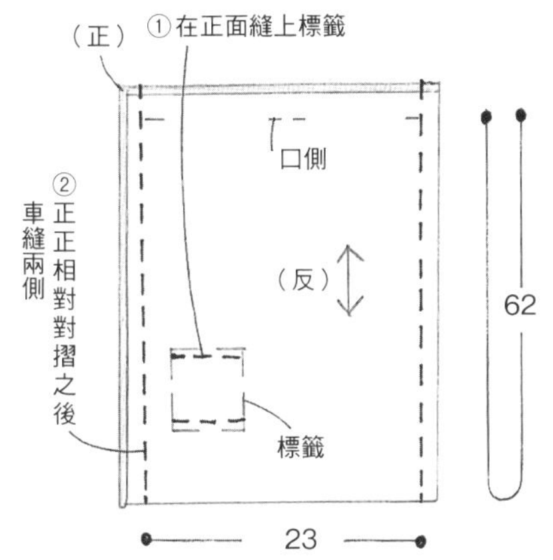

※把內袋裁剪成相同尺寸，和②同樣地製作

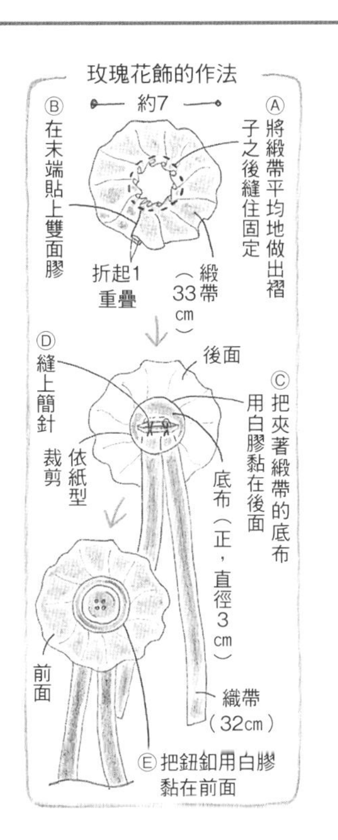

2 組裝

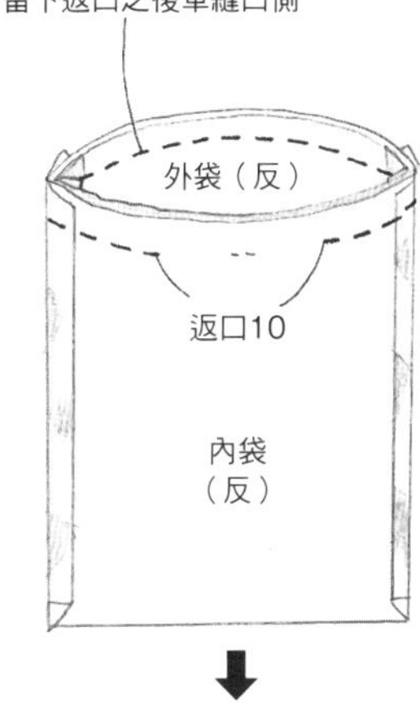

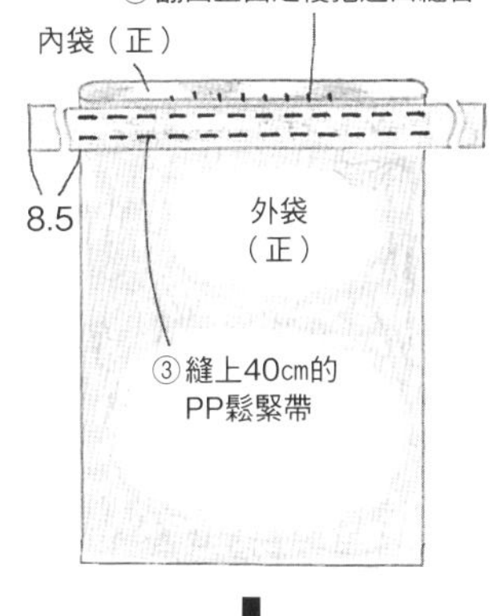

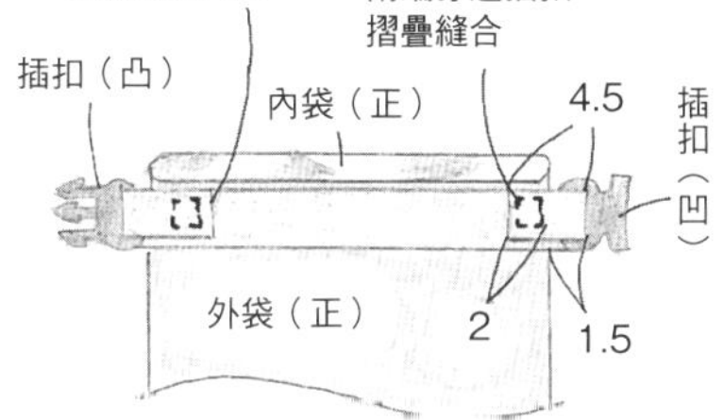

P81

手提包造型化妝包

成品尺寸：約長10.5×寬18cm、側襠約3cm

材料

前面表布a・c・d各15×10cm、前面表布b・後面表布・提把40×30cm、裡布30×35cm、貼布繡底布、8.5cm寬蕾絲20cm、4.5cm寬蕾絲20cm、20cm拉鍊1條、直徑0.7cm固定釦4組、標籤、喜愛的裝飾。

☆縫份為1cm（貼布繡為0.5cm）

1 製作提把

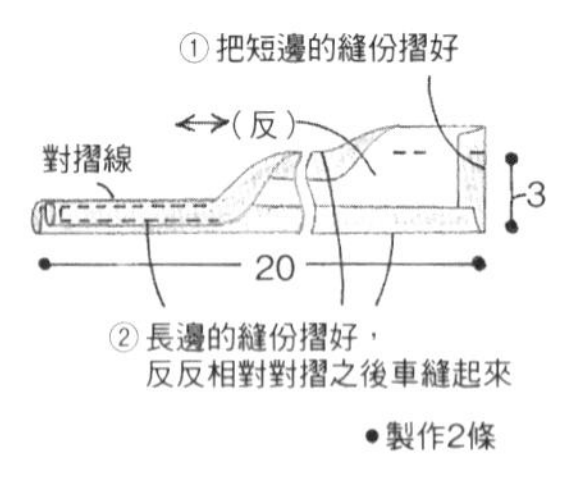

2 製作表布

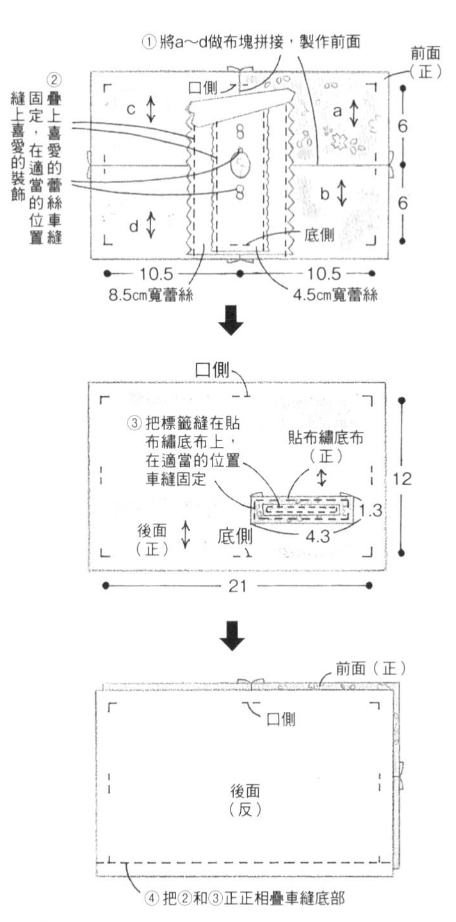

3 組裝

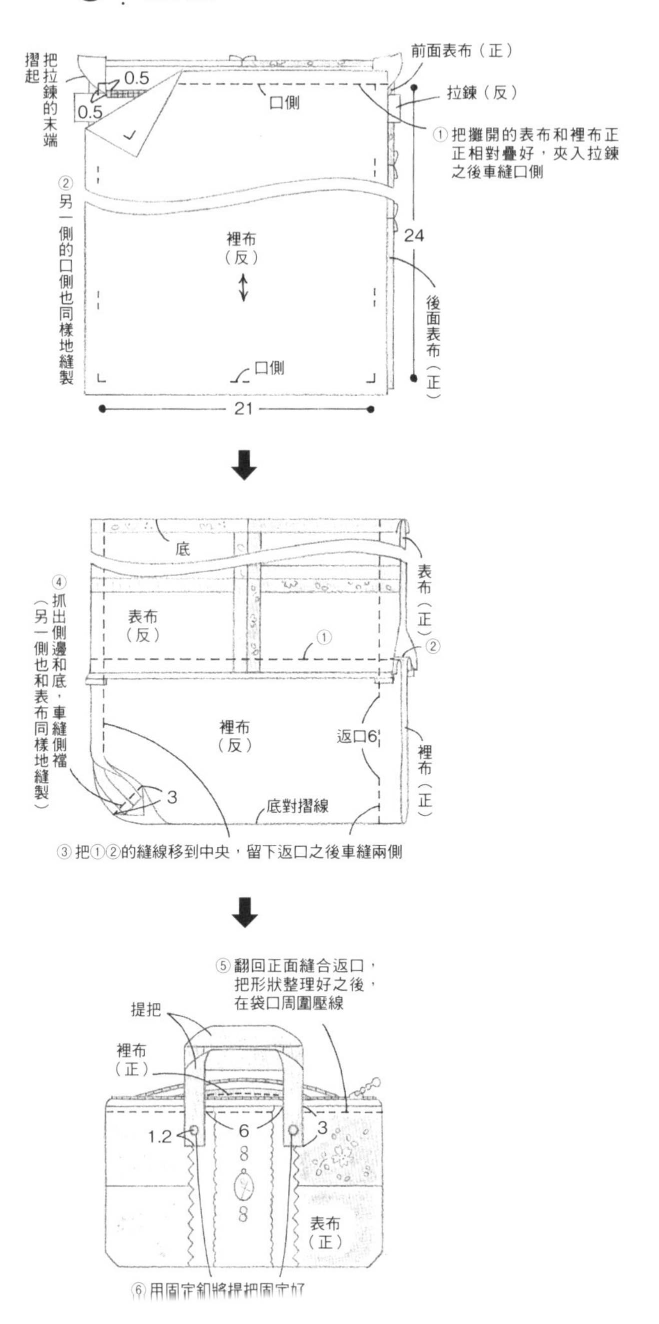

P 90

單把手提包

成品尺寸：約長32×寬39cm

有實物大紙型

材料

表布a・裡布c用丹寧布65×55cm、表布b用羊毛布35×40cm、底座布用羊毛布10cm見方、裡布d用丹寧布90×35cm、提把・貼布繡用皮革15×45cm、布襯65×40cm、中粗毛線。

☆縫份除指定以外皆為1cm（底座、貼布繡底布依紙型裁剪）
刺繡＝中粗毛線1股

1 製作外袋和內袋

[外袋]

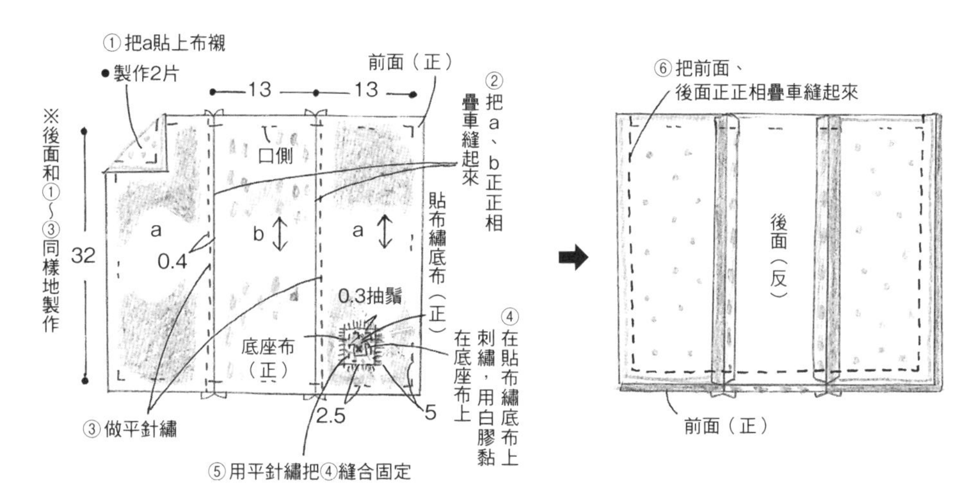

[內袋]

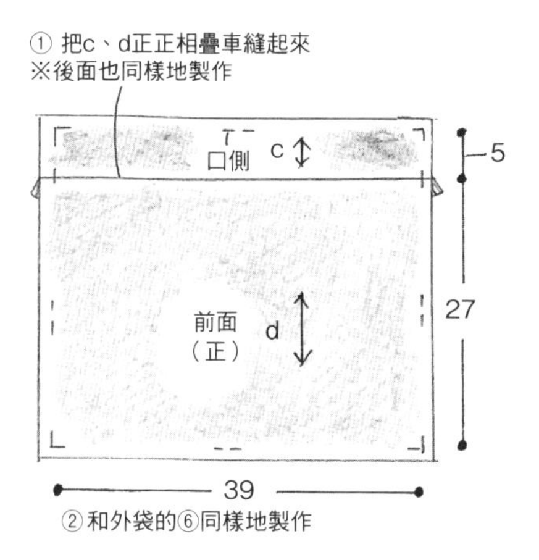

2 組裝

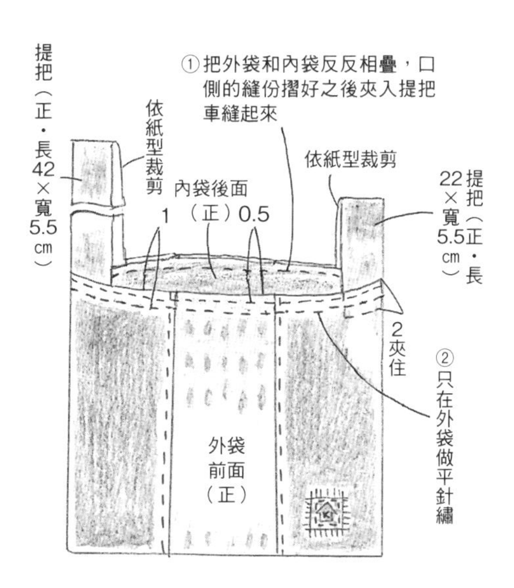

P90
渡假風手拿包

成品尺寸（展開狀態）：約長45×寬34cm、側襠寬約4cm

材料

表布a・提把・掛耳布85×55cm、表布b・裡布85×1m、0.3cm寬皮帶條60cm、0.3cm寬麂皮扁條a 1.2m、0.3cm寬麂皮扁條b 80cm、直徑3cm的裝飾釦1個、直徑1.4cm插式磁釦1組、長3cm牛角釦2個、內徑2.5cmD型環1個、標籤。

☆縫份除指定以外皆為1cm

1 製作各部件

[提把]

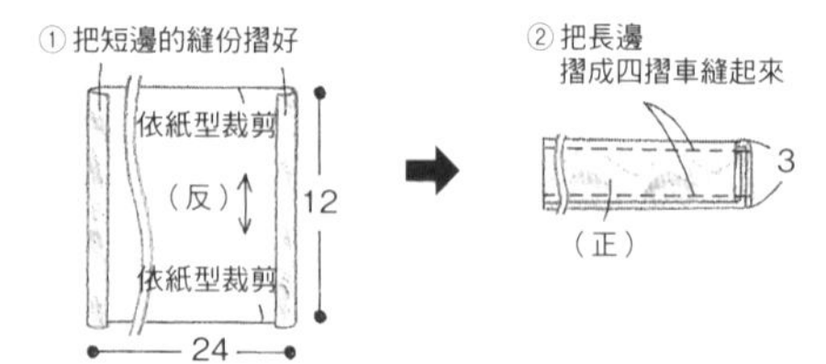

[掛耳]

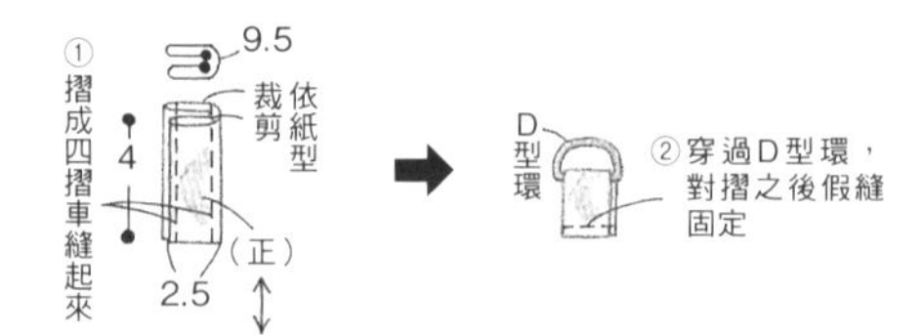

2 製作外袋和內袋

[外袋]

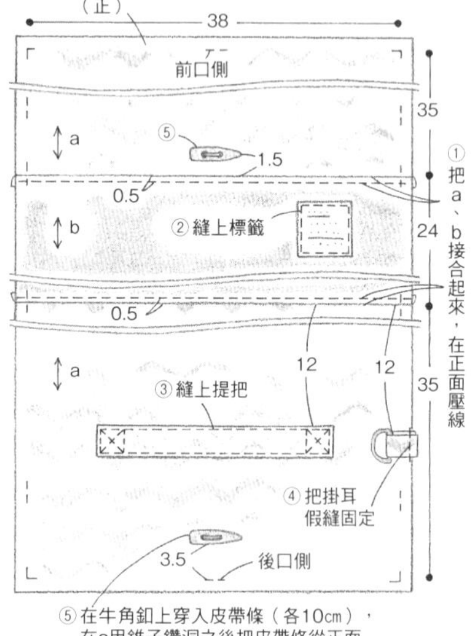

[內袋]

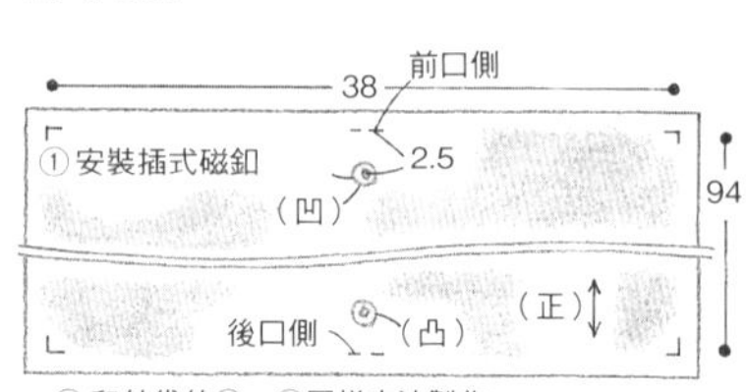

3 組裝

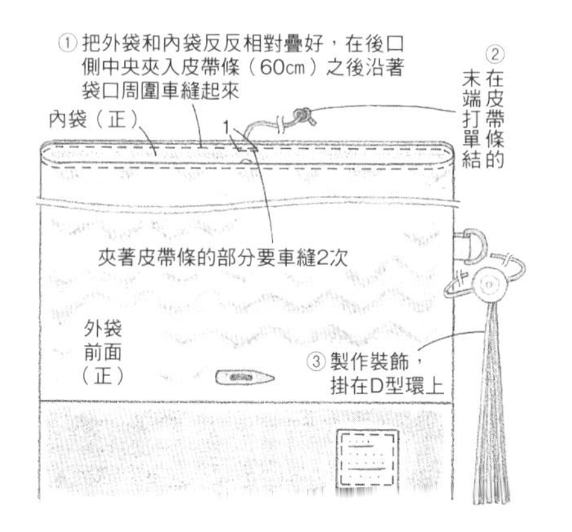

P98

多功能鑰匙包

成品尺寸（展開狀態）：約長12×寬22cm

材料

外面a・外面b・襯布・掛耳表布50×20cm、外面c 15×20cm、內面・掛耳裡布45×20cm、掀蓋15cm見方、補強布用皮革5cm見方、含膠鋪棉30×15cm、2.5cm寬魔鬼氈10cm、直徑1.1cm四合釦1組、3連鑰匙圈五金、標籤。

☆縫份除指定以外皆為1cm

1 製作各部件

[外面]

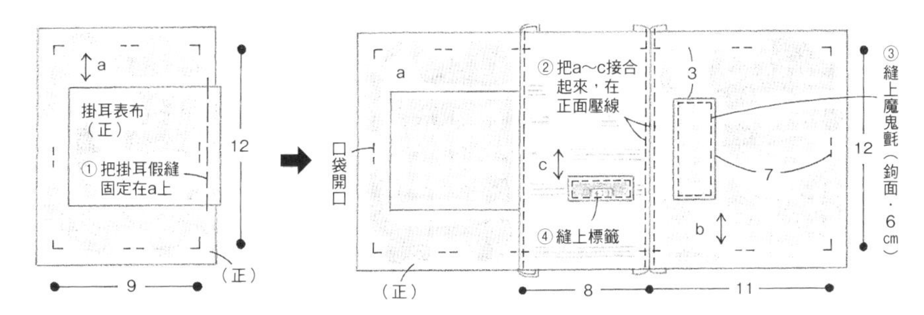

[內面]

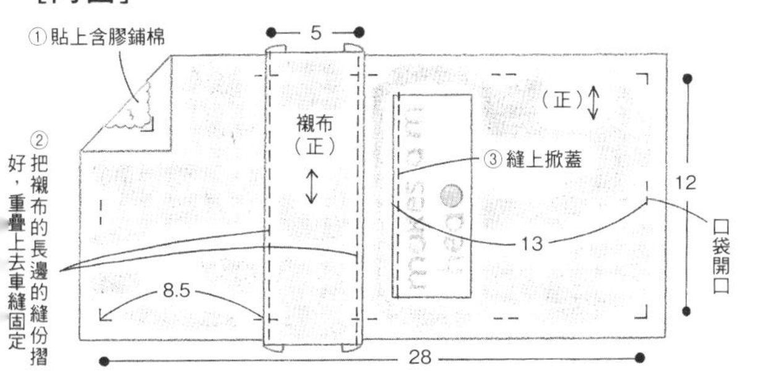

[掀蓋]

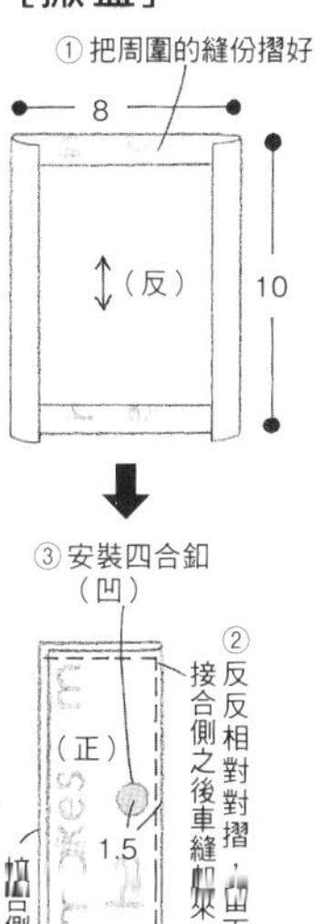

[掛耳]

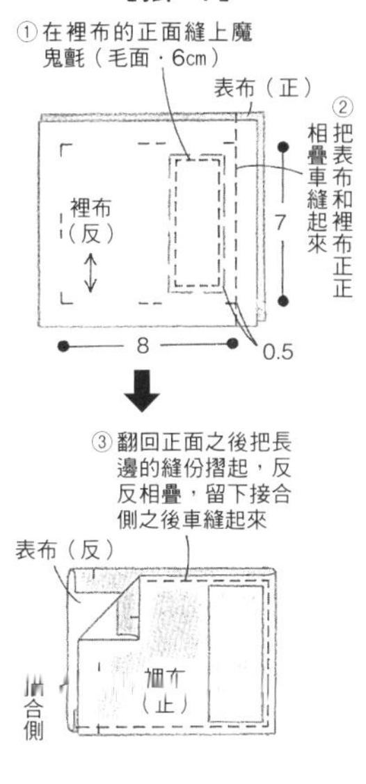

2 組裝

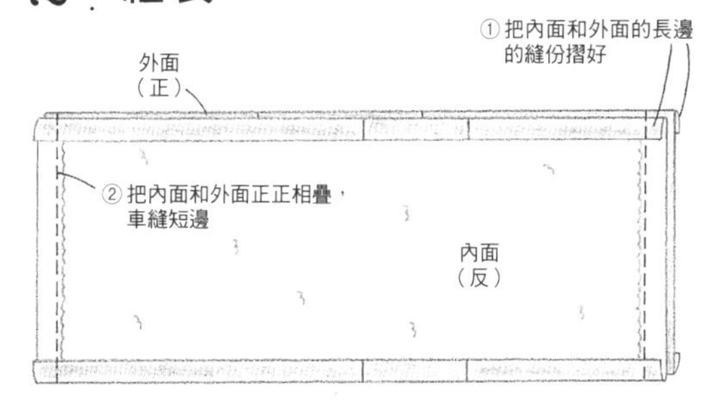

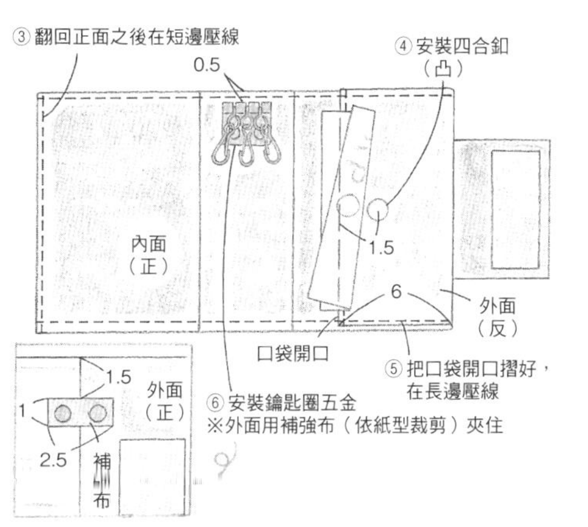

P91 一片式兩用手提包

成品尺寸：
約長38×寬34cm、側檔寬約14cm

有實物大紙型

材料

本體・背帶・內口袋用8號帆布90×1.1m、提把・外口袋・襯布・掛耳布用0.2cm厚皮革40cm見方、2cm寬緞帶2.5m、3cm寬D型環2個、5cm寬日型環1個、5cm寬問號鉤2個、直徑1.8cm雞眼釦1組、直徑0.8cm固定釦17組、直徑0.6cm固定釦6組、直徑0.5cm固定釦1組、直徑1.4cm插式磁釦1組。

☆縫份除指定以外皆為1cm

1 製作各部件

[內口袋]

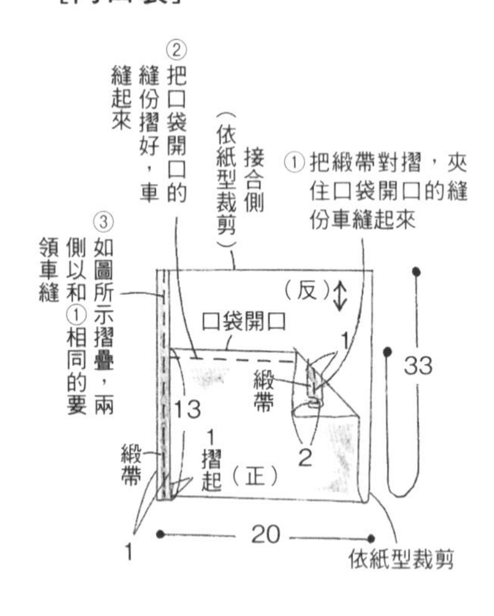

[背帶]

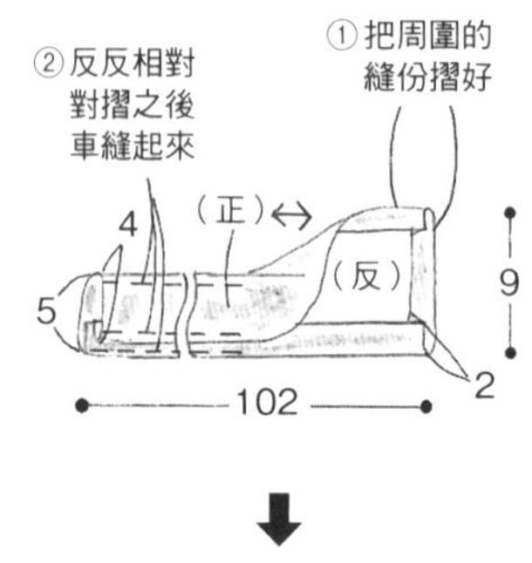

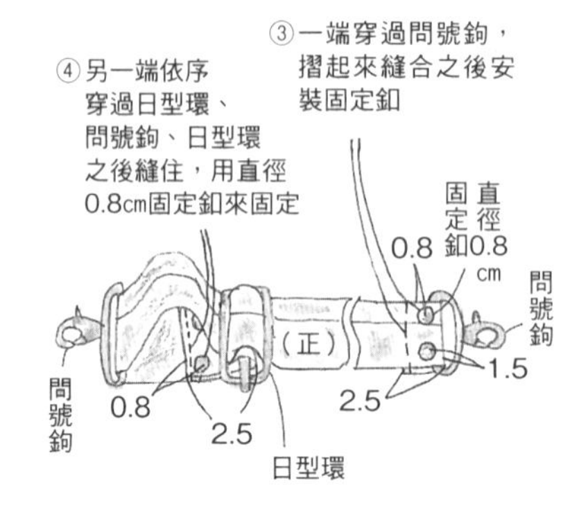

[扣具]

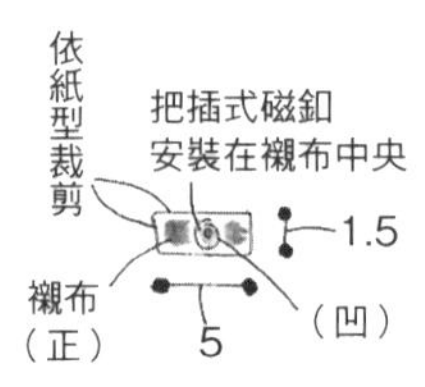

●用插式磁釦（凸）再做1個

2 製作本體、組裝

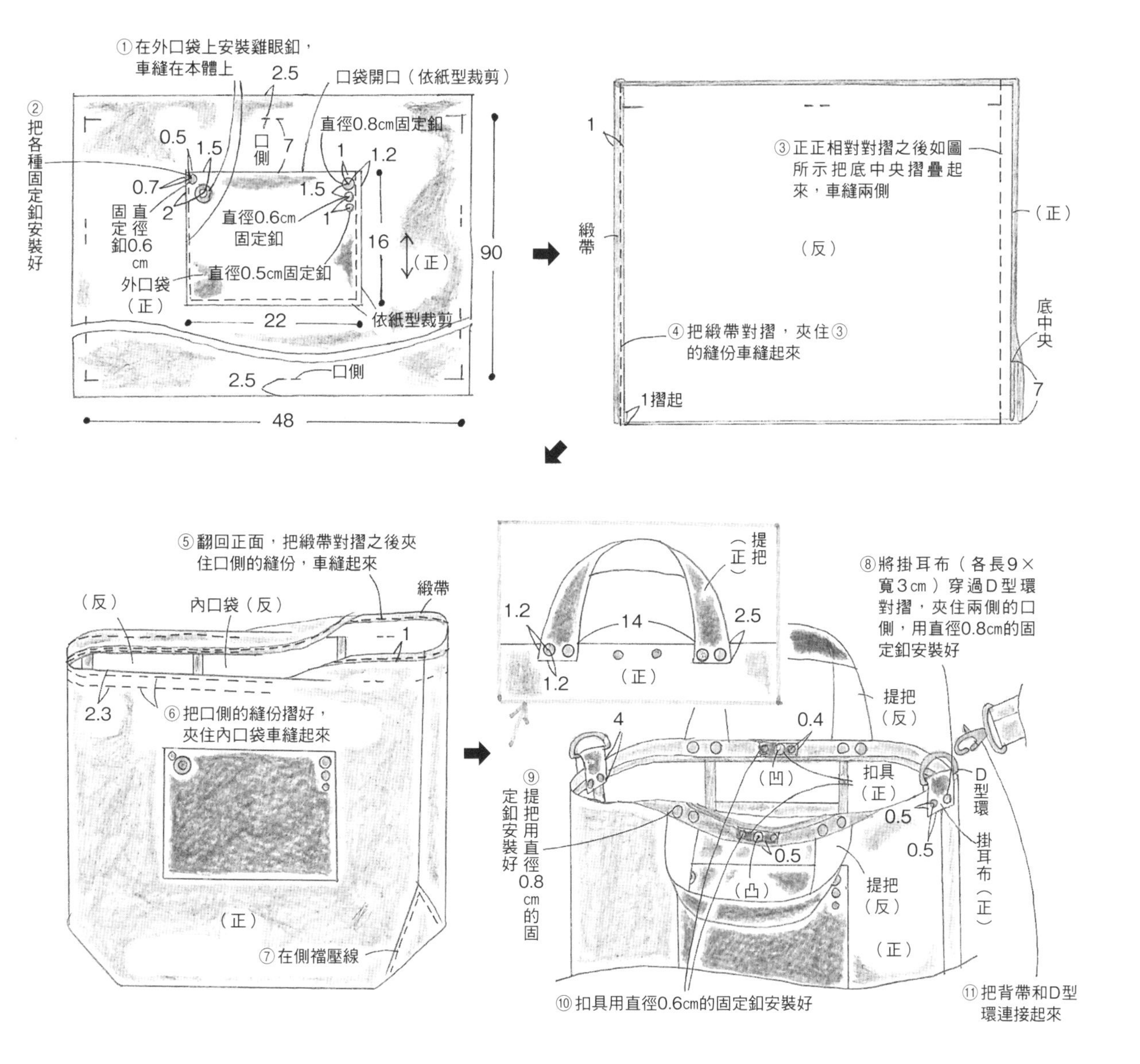

①在外口袋上安裝雞眼釦，車縫在本體上
②把各種固定釦安裝好
口袋開口（依紙型裁剪）
直徑0.8cm固定釦
口側
直徑0.6cm固定釦
固定釦直徑0.6cm
直徑0.5cm固定釦
外口袋（正）
依紙型裁剪
（正）
口側
2.5
0.5
1.5
7
0.7
2
1
1.2
16
90
22
48
③正正相對對摺之後如圖所示把底中央摺疊起來，車縫兩側
緞帶
（反）
（正）
④把緞帶對摺，夾住③的縫份車縫起來
1摺起
底中央
⑤翻回正面，把緞帶對摺之後夾住口側的縫份，車縫起來
（反）
內口袋（反）
緞帶
2.3
⑥把口側的縫份摺好，夾住內口袋車縫起來
（正）
⑦在側襠壓線
提把（正）
14
（正）
⑧將掛耳布（各長9×寬3cm）穿過D型環對摺，夾住兩側的口側，用直徑0.8cm的固定釦安裝好
提把（反）
0.4
（凹）
扣具（正）
D型環
掛耳布（正）
（凸）
⑨提把用直徑0.8cm的固定釦安裝好
⑩扣具用直徑0.6cm的固定釦安裝好
⑪把背帶和D型環連接起來

P99

3用托特包

成品尺寸：
約長37×寬30cm、側檔寬約10cm

材料

本體表布90×50cm、底布・提把・掛耳布用10號帆布110cm寬×50cm、口袋表布・本體裡布b 90×80cm、口袋裡布・本體裡布a 90×75cm、布襯90×50cm、3.8cm寬織帶2.6m、直徑1.8cmO型環6個、直徑1.2cm四合釦1組、直徑1.1cm雞眼釦1組、直徑0.8cm固定釦20個、4cm寬日型環2個、4cm寬問號鉤4個、1cm寬問號鉤1個。

☆縫份除指定以外皆為1cm

1 製作各部件

[前外、後外、後內口袋]

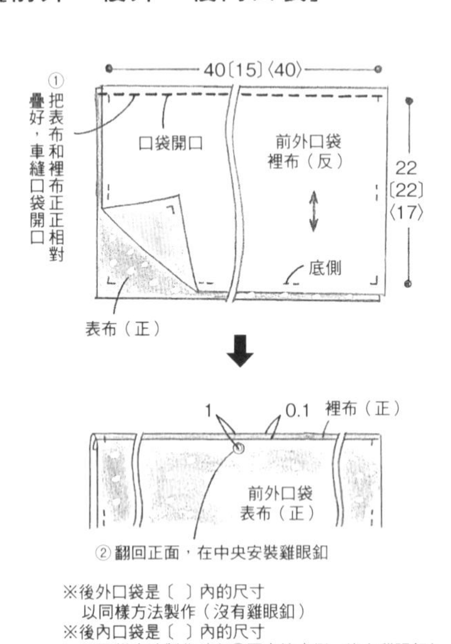

※後外口袋是〔 〕內的尺寸以同樣方法製作（沒有雞眼釦）
※後內口袋是〈 〉內的尺寸以同樣方法製作（在①要車縫底側，沒有雞眼釦）

[前內口袋]

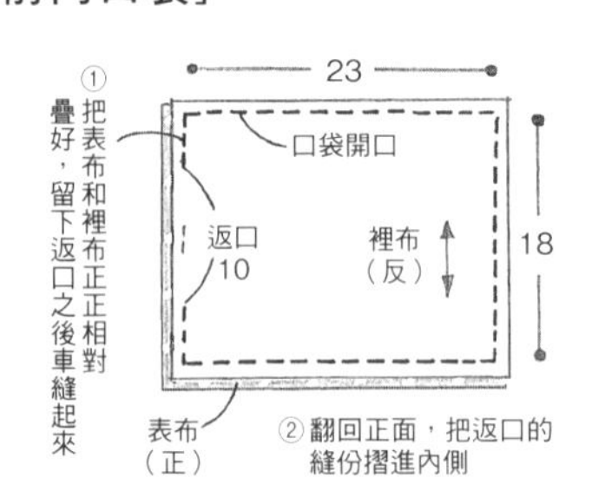

[提把]

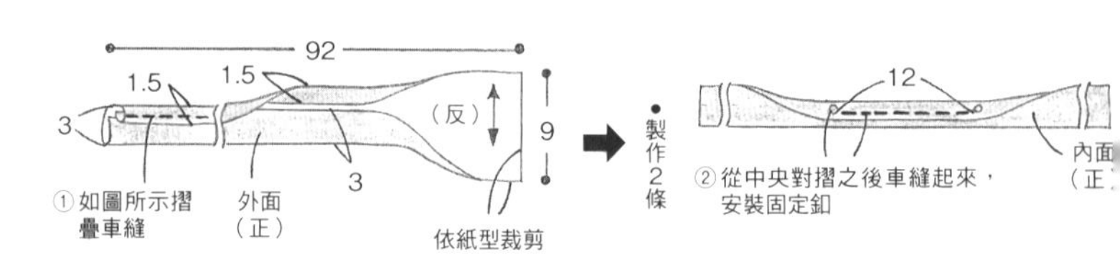

[掛耳A、B]

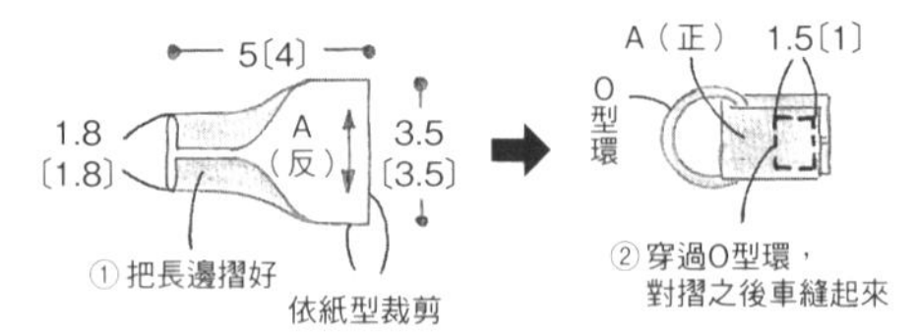

●製作4個
（1個是將1cm寬問號鉤掛在O型環上）

※B是以〔 〕內的尺寸同樣地製作2個

2 製作外袋

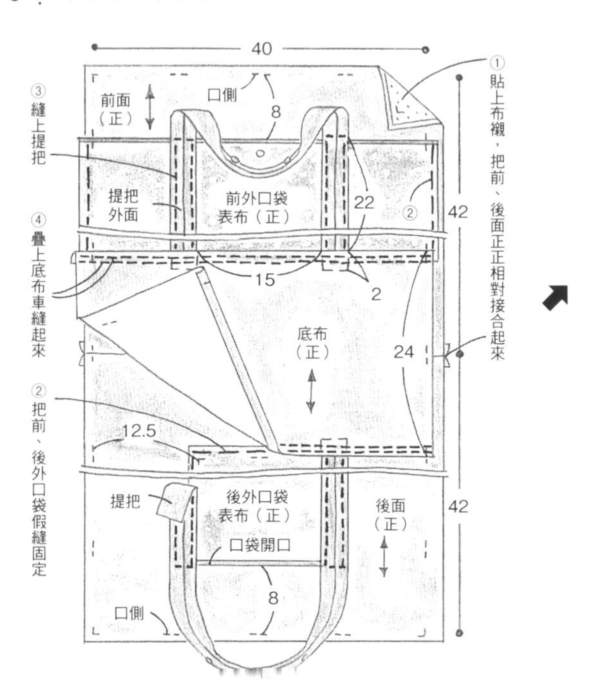

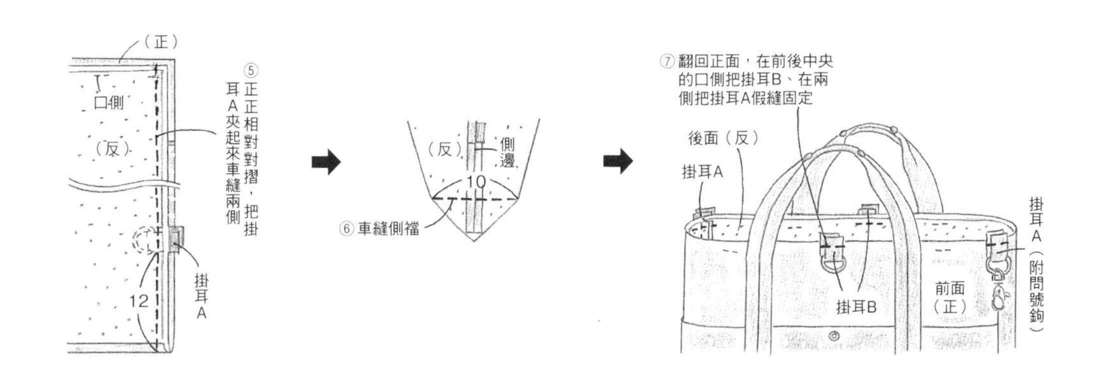

3 製作內袋

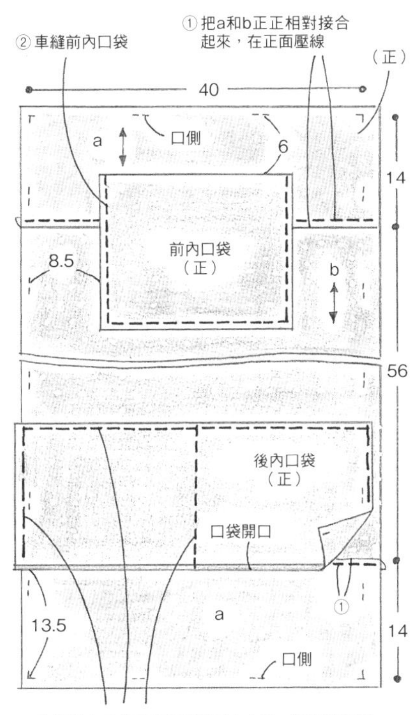

③把後內口袋的兩側假縫固定之後，將底側車縫起來，在中央車縫分隔的壓線

④和外袋的⑤⑥同樣方式縫製（沒有掛耳A）

4 組裝

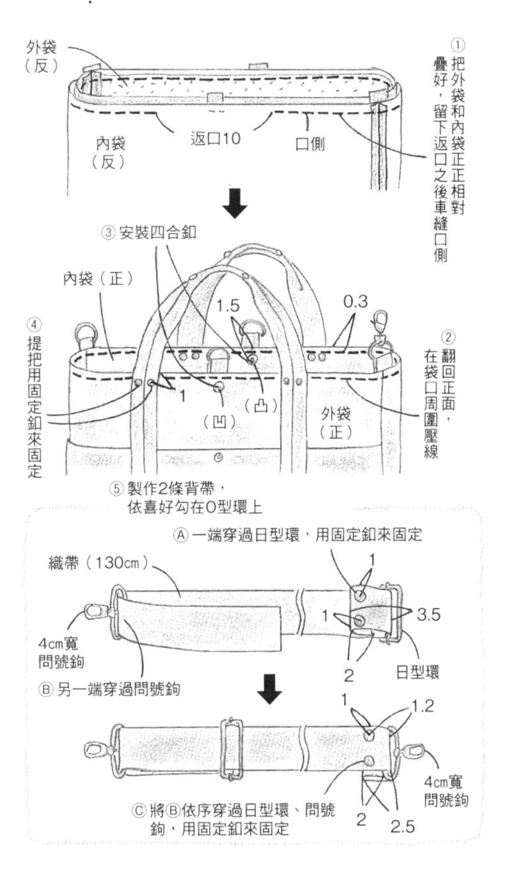

How to make

P98

手縫雞眼釦的托特包

成品尺寸：
約長30×寬31.5㎝、側襠寬約14㎝

有實物大紙型

☆縫份除指定以外皆為1㎝

材料

側面表布75×40㎝、上側襠表布50×40㎝、外口袋用0.1㎝厚皮革20㎝見方、裡布・內口袋110㎝寬×70㎝、側口袋・下側襠表布用牛仔褲1條、2.5㎝寬兩摺斜布條90㎝、內徑2㎝手縫式雞眼釦4組、直徑0.7㎝固定釦2組、2㎝寬附皮帶頭提把1組、附四合釦掛耳1組、標籤2片。

1 製作外袋和內袋

2 組裝

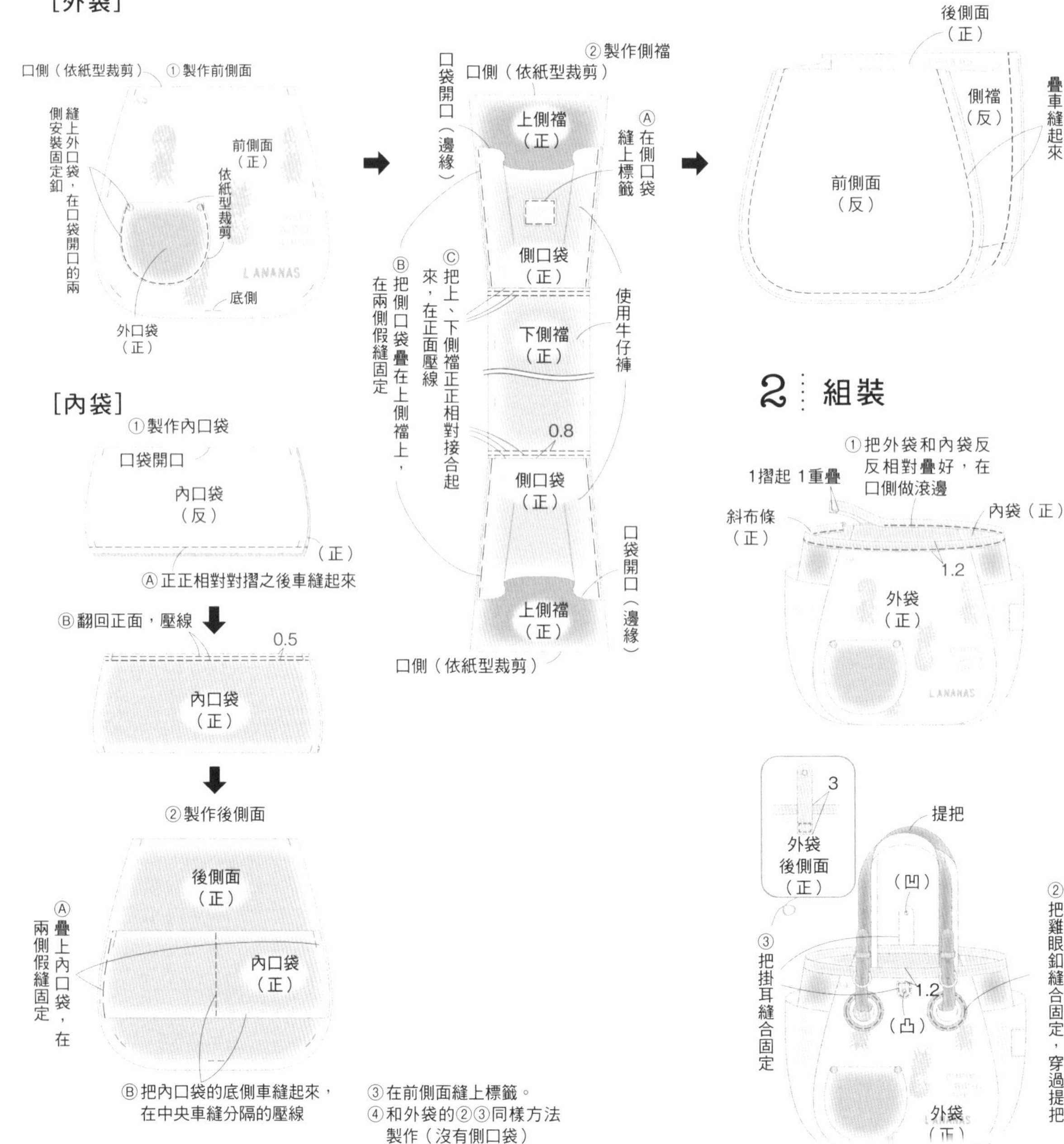

P 120

塞入式弧型蛙口包

成品尺寸：
約長14×寬16cm、側檔寬約6cm

有實物大紙型

材料

本體表布35×45cm、本體裡布35×45cm、口袋表布45×20cm、提把・口袋裡布45×35cm、含膠鋪棉35×50cm、布襯45×20cm、15cm寬×6.8cm高弧型口金（塞入式）、紙繩。

☆縫份除指定以外皆為1cm

1 製作口袋

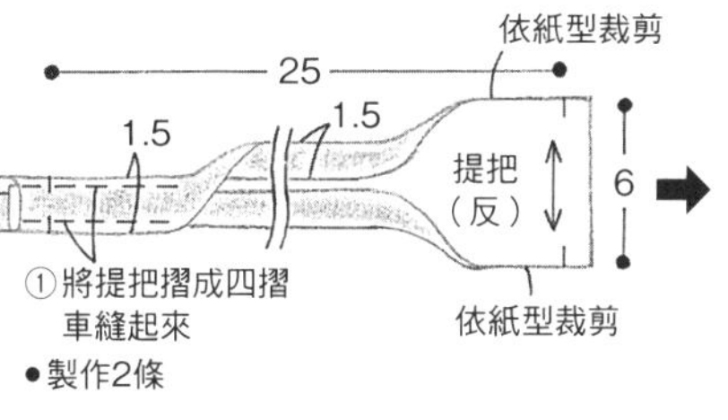

●製作2條

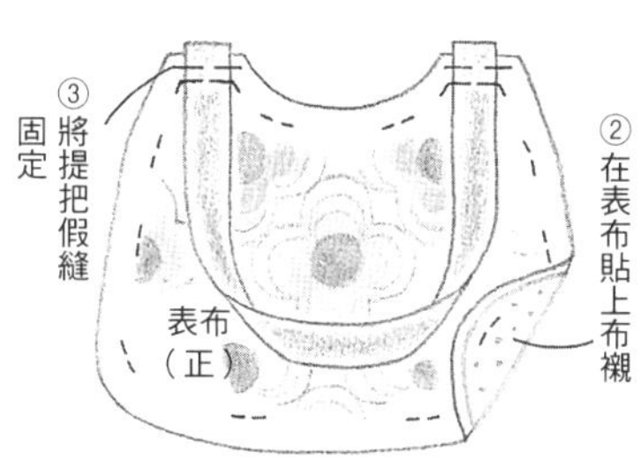

④和③的裡布正正相對疊好，將口袋開口車縫至車縫止點

⑤在車縫止點的旁邊和口袋開口的縫份剪牙口，翻回正面

表布（正）

口袋開口

車縫止點

裡布（反）

●製作2個

2 製作外袋和內袋

[外袋]

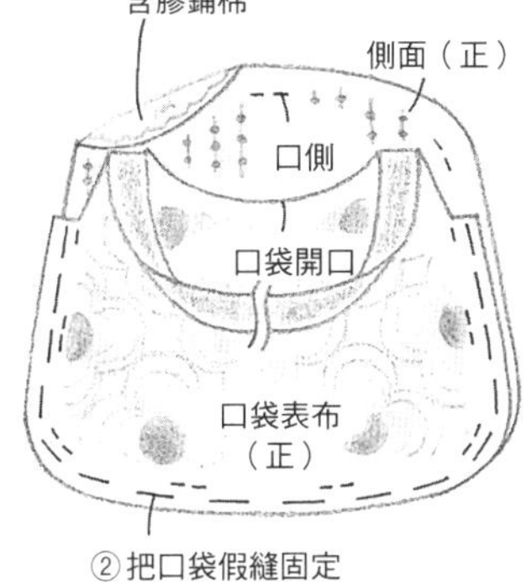

●製作2個

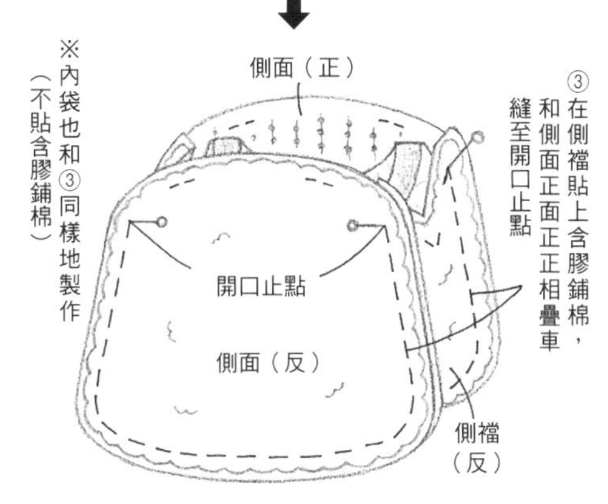

3 組裝

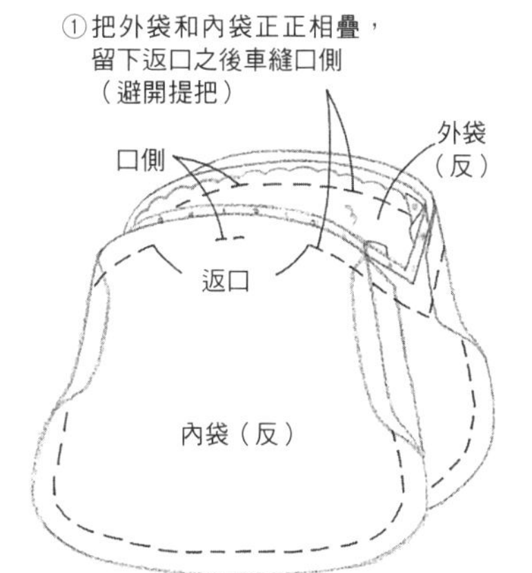

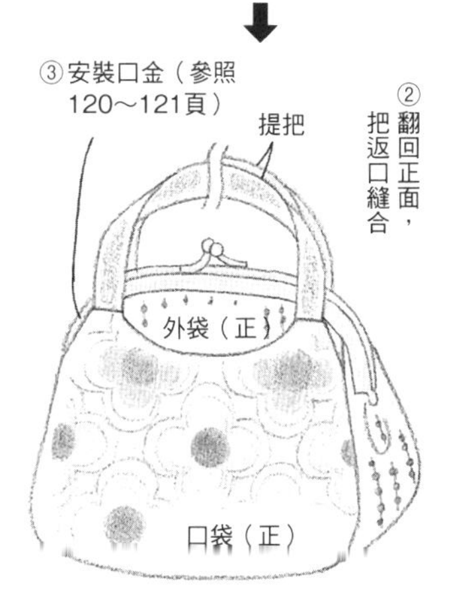

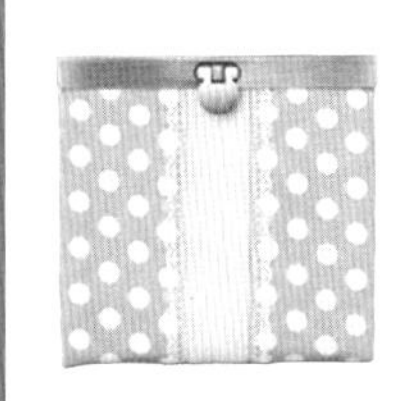

P 123

塞入式一字型蛙口包

成品尺寸：約長10.5×寬11㎝

材料

外面a・內面30㎝見方、外面b・側襠・零錢口袋・卡片口袋 50×40㎝、布襯60×40㎝、0.6㎝寬蕾絲45㎝、10.7㎝寬一字型口金（塞入式）、紙繩。

☆縫份除指定以外皆為1㎝

1 製作各部件

[零錢口袋]

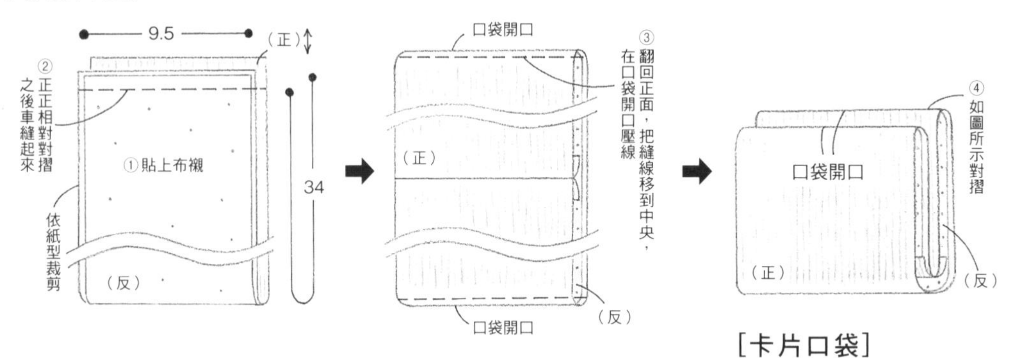

[卡片口袋]

②把長邊的縫份摺好，反反相對對摺之後車縫壓線
①貼上布襯
10.5
（反）
口袋開口
9
•製作2個
（正）
依紙型裁剪

2 製作側襠

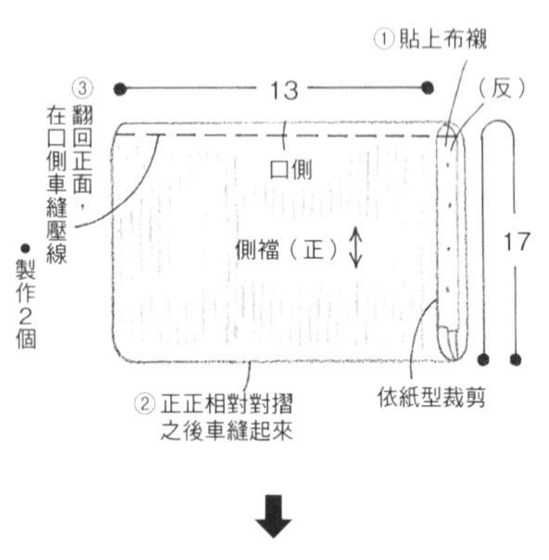

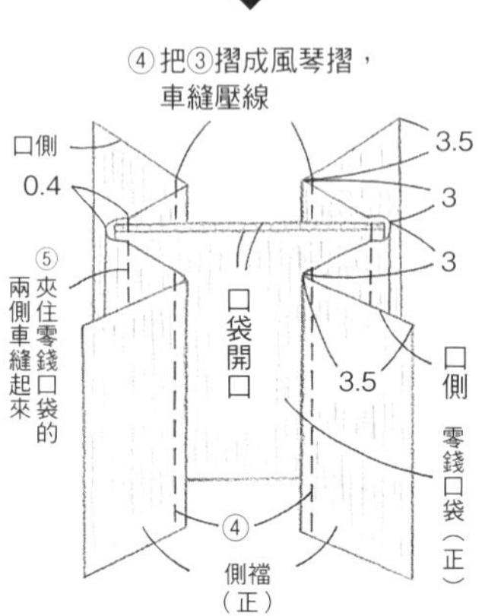

3 製作外面和內面

[內面]

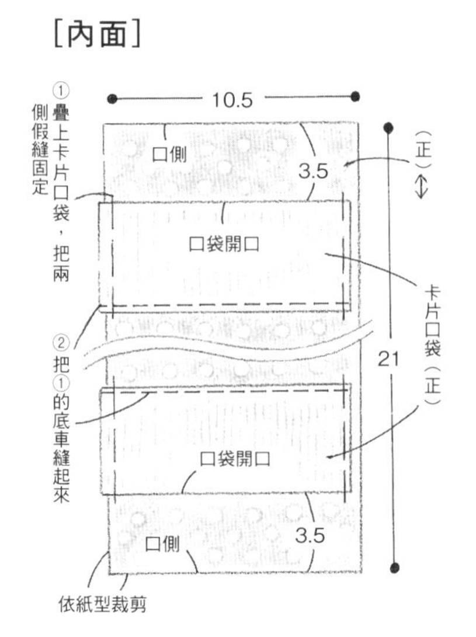

[外面]

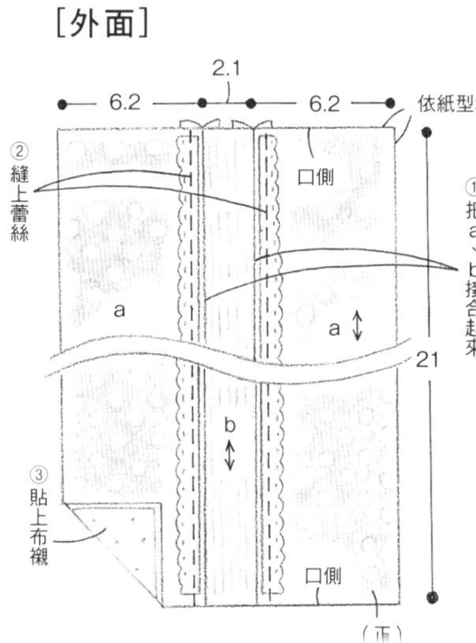

4 組裝

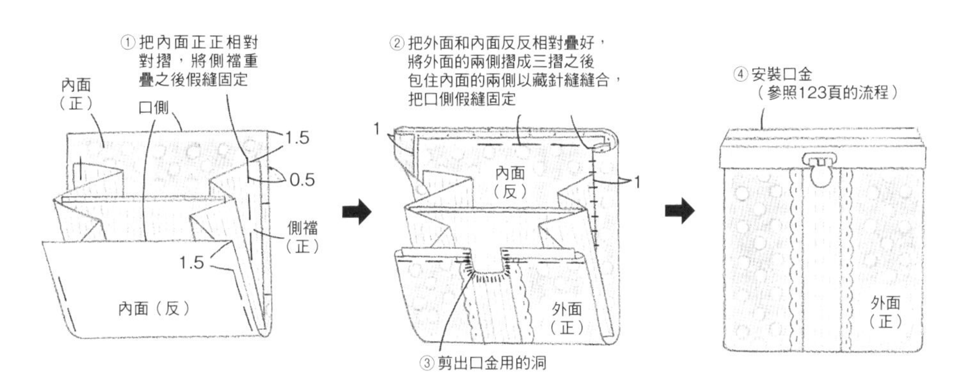

How to make

P 122

塞入式L型蛙口包

成品尺寸：約長7×寬11㎝

有實物大紙型

材料

表布a 20㎝見方、表布b 20×10㎝、裡布15×20㎝、布襯15×20㎝、0.8㎝寬蕾絲30㎝、10.5㎝寬×6㎝高L型口金（塞入式）、紙繩。

☆縫份除指定以外皆為1㎝

1 製作外袋和內袋

[外袋]

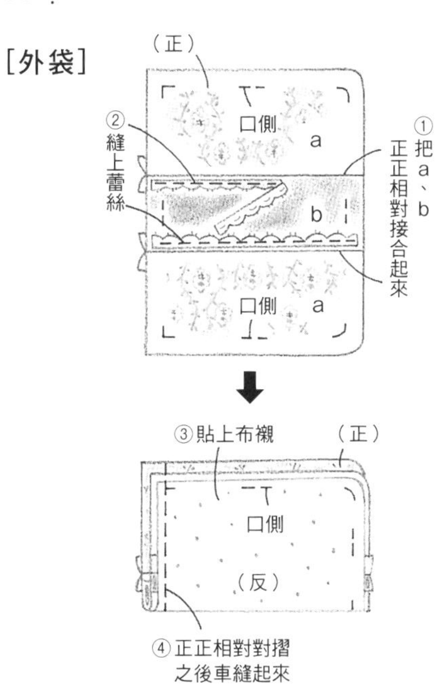

※內袋是用一片布來裁剪，和④同樣方法製作

2 組裝

P 122

塞入式 附隔層蛙口包

成品尺寸：約長11×寬14cm

有實物大紙型

☆縫份除指定以外皆為1cm

材料

表布・隔層70×20cm、裡布35×20cm、蝴蝶結布25×10cm、含膠鋪棉35×20cm、布襯40×15cm、11cm寬×6cm高附隔層口金（塞入式）、紙繩。

1 製作各部件

[隔層]

①在2片貼上布襯
牙口
②正正相對疊好，車縫上側
（正）
（反）
③翻回正面

[蝴蝶結]

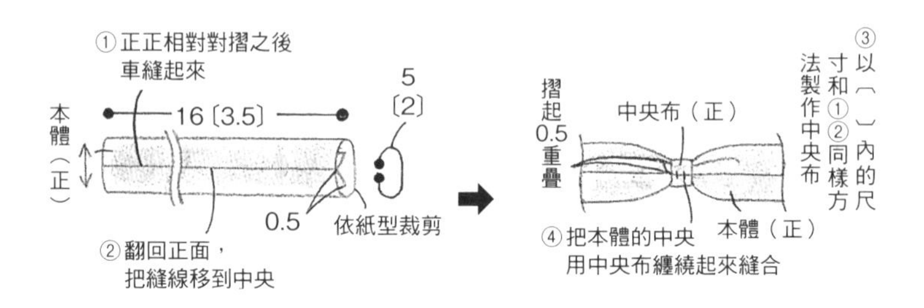

2 製作外袋和內袋

[外袋]

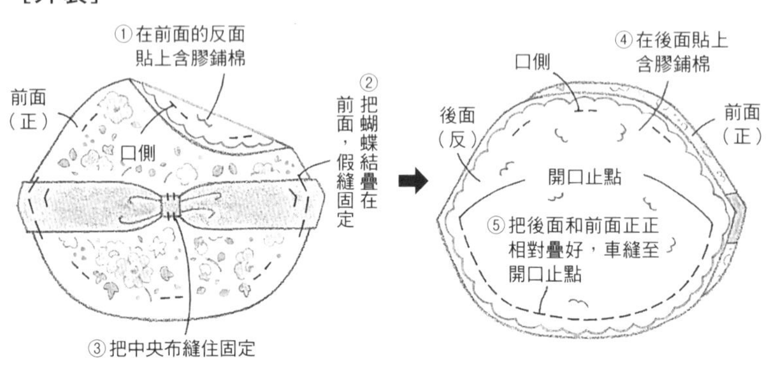

[內袋]

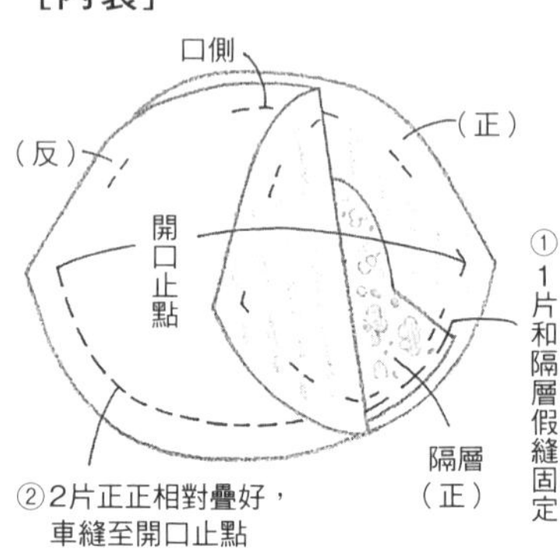

3 組裝

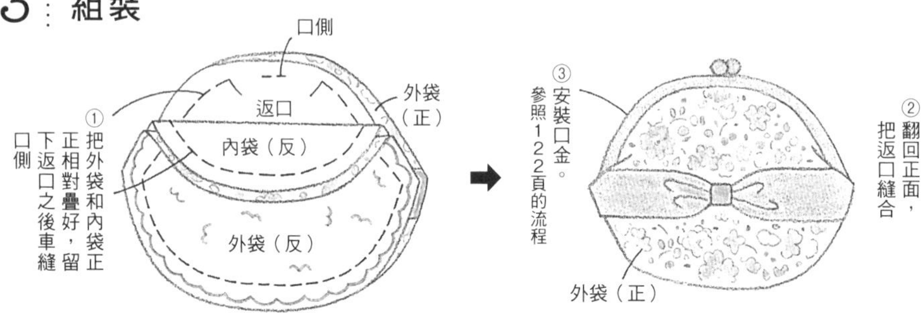

P 124

手縫式 弧型親子蛙口包

成品尺寸：約長13×寬18cm

有實物大紙型

材料

親袋表布前面a・親袋表布後面・子袋表布70×20cm、親袋表布前面b 15×20cm、裡布80×20cm、含膠鋪棉80×20cm、14cm寬×6.5cm高親子口金（手縫式）、喜愛的蕾絲・蕾絲花片。

☆縫份除指定以外皆為1cm

1 製作親袋

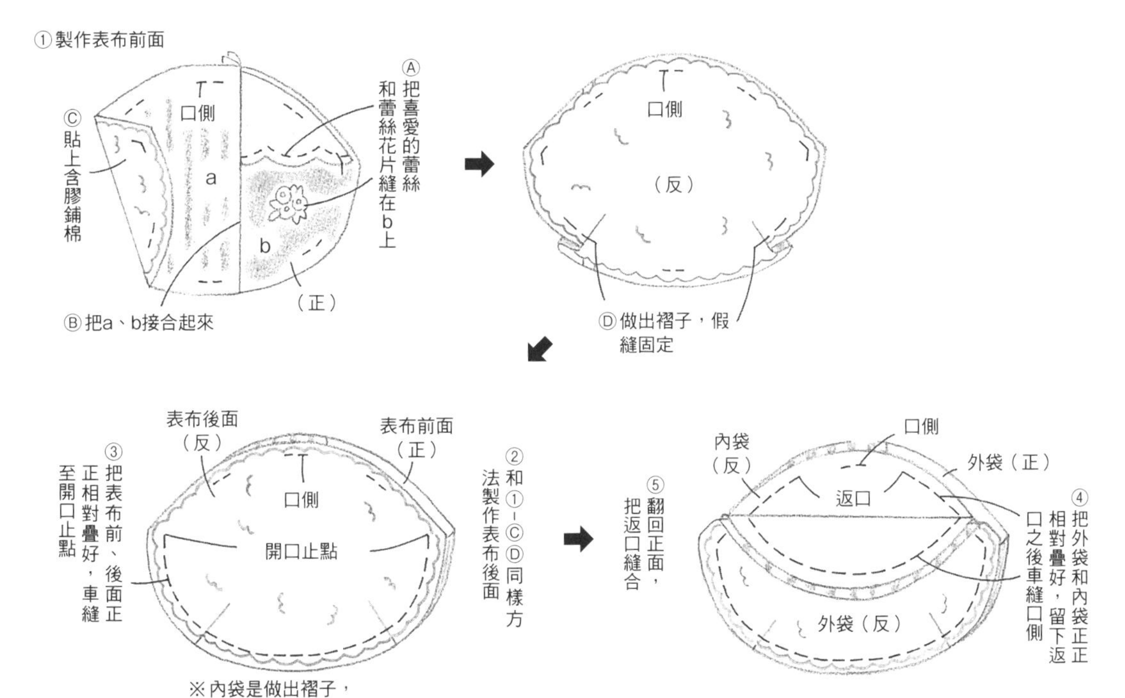

2 製作子袋、組裝

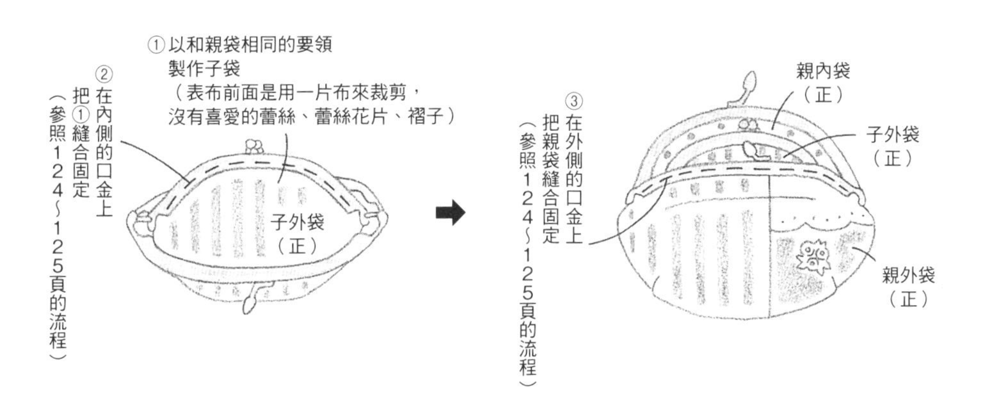

How to make

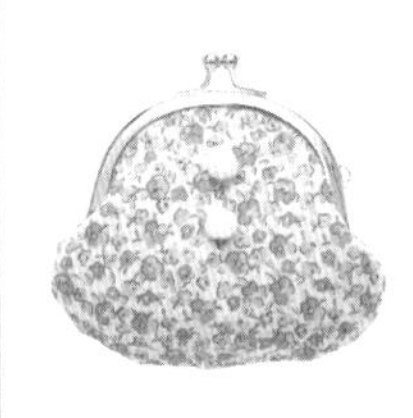

P126
基本的弧型蛙口包

材料

表布30×15㎝、裡布30×15㎝、直徑0.8㎝絨球2個、8㎝寬×4.5㎝高口金、紙繩。

成品尺寸：約長9.5×寬10㎝

有實物大紙型

☆縫份為0.7㎝

1 製作表布和裡布

2 組裝

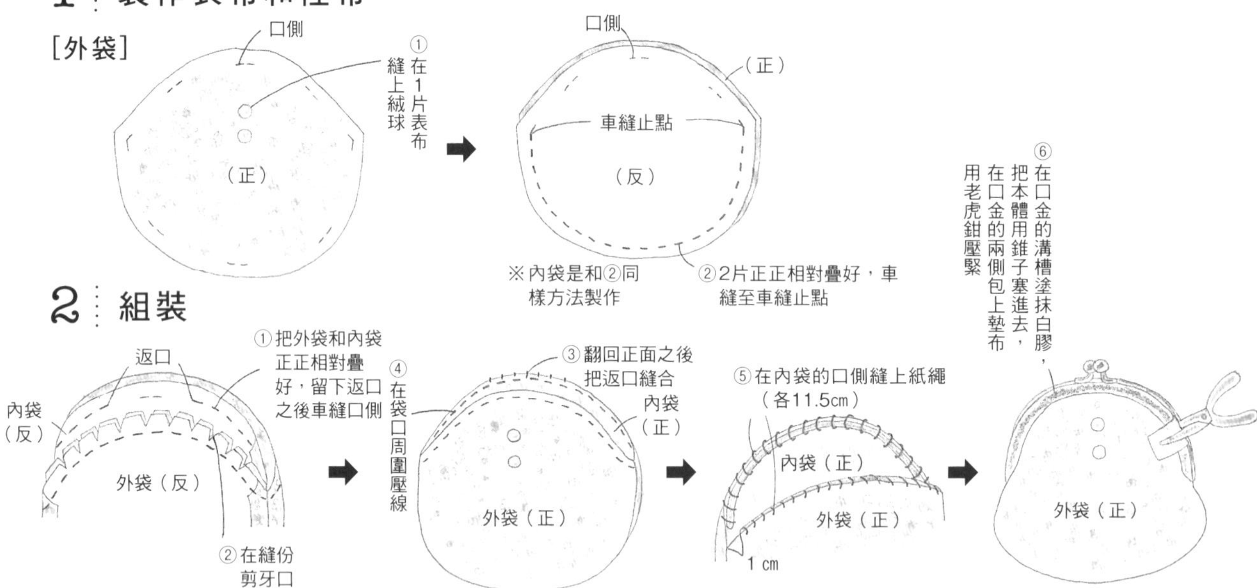

How to make

P128
含側襠蛙口包

材料

側面表布15×35㎝、側襠表布25×15㎝、裡布30×35㎝、含膠鋪棉30×35㎝、喜愛的鈕釦、12.5㎝寬×5.5㎝高口金、紙繩。

成品尺寸：約長10×寬10㎝、側襠寬約8㎝

有實物大紙型

☆縫份為1㎝

1 製作表布和裡布

2 組裝

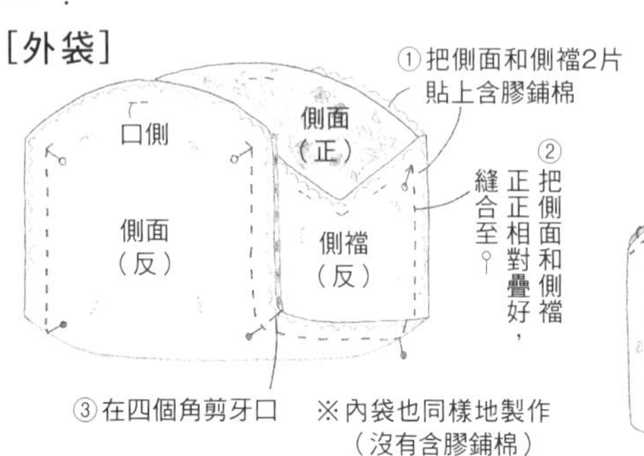

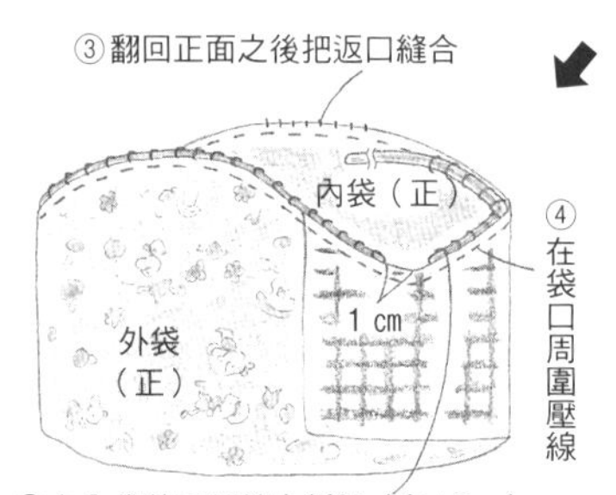

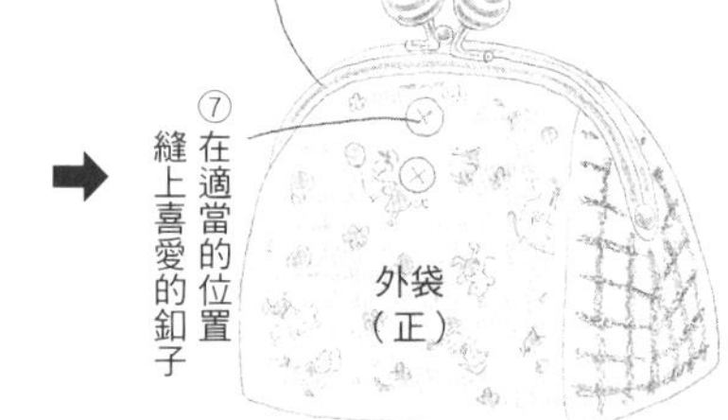

Handmade glossary

布藝手作用語集

● 合印 ➡關聯頁P10
把布料縫合的時候，為了防止2片布料移位而做的記號。

● 開口止點
「開口」的終點位置。

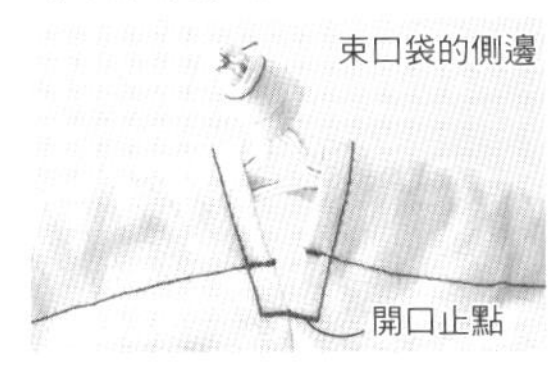

● 墊布 ➡關聯頁P16、28
熨燙的時候，為了避免布料直接接觸到熱度或蒸氣而鋪上的薄布。建議使用不必擔心褪色的素面平布或棉紗布。

● 斜紋織法
經線和緯線比平紋織法更複雜地交錯，質地表面會出現斜向突起條紋的布料織法。如牛仔布及葛城斜紋布等。

● 粗縫
用粗大的針腳（0.4～0.5㎝）車縫。抽細褶或假縫時會用到。

● 1股
手縫的時候，用1股線來縫。

● 布鎮
為了防止布料或紙型移動而壓上的重物。文鎮。

● 裡布
和表布兩片一起縫製的情況，在作品完成後位於內側的布。

● 上線
縫紉機的上側的線。依照穿線指示穿好，再穿過車針的針孔。

● 落機縫
從正面在接合線上車縫。除此之外，也可以沿著接合線的邊緣來車縫。

● 表布
和裡布兩片一起縫製的情況，在作品完成後位於外側的布。一片式作品的情況也稱為表布。

● 返口
製作有裡布的包包或化妝包等的時候，在縫合裡布後為了翻回正面而留下的開口。

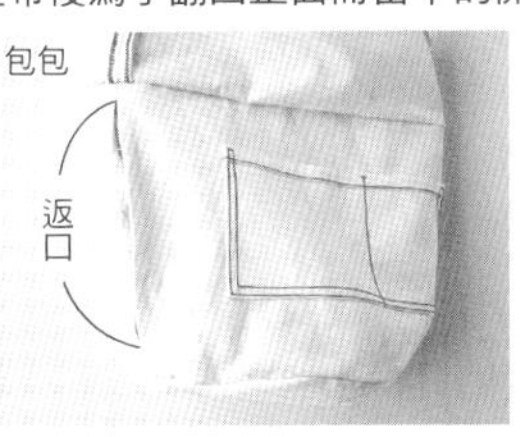

● 回針
車縫的情況，在起點和終點倒回重疊車縫的動作。不回針的話，縫線很可能會逐漸鬆脫。手縫的情況，為了讓縫線更牢固，而回退針目來縫紉的動作。

● 固定釦 ➡關聯頁P94
用來固定包包的提把或是掛耳等的五金配件。主要是使用在受力的部分，或太厚而無法用縫紉機車縫的部分之固定或補強。有時也被當作裝飾使用。

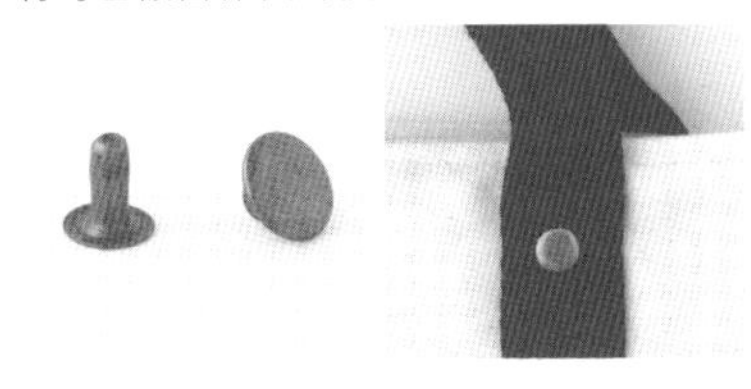

● 紙型 ➡關聯頁P10～13
為了製作作品而描繪的版型紙片。有事先加上縫份的紙型，也有不加縫份的紙型。

● 粉土紙 ➡關聯頁P13、15
用來做記號的紙。夾在布料與紙型、或布料與布料之間，從上面用點線器或鐵筆描摩即可印上記號。

● 對花
使用格子布或大圖案的印花布等的時候，為了讓成品的圖案保持連貫而以對齊花樣的方式來裁剪、車縫。

● 假縫
正式縫紉之前，把縫份等用疏縫線或縫紉機縫合固定。也可以利用白膠、膠水、膠帶或熱接著線等。

● 環 ➡關聯頁P96～97
和其他的五金或部件連接的時候所使用的五金。也有塑膠材質的製品。大多是使用於包包的背帶。

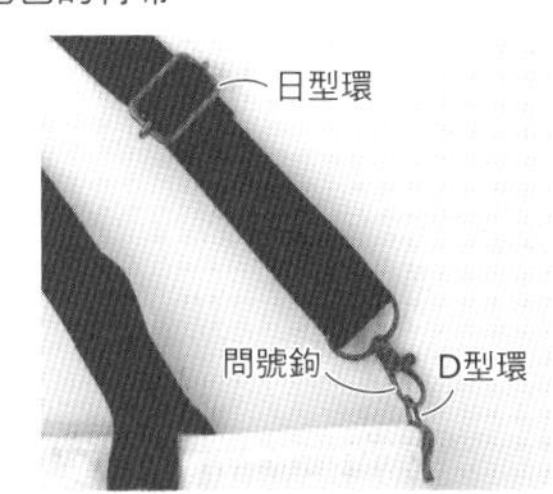

● 細褶 ➡關聯頁P44～47
把縮縫或縫紉機粗縫的線拉緊做出皺褶的技巧。

● 鋪棉布 ➡關聯頁P82～83
在布料和布料間夾入棉襯，再用縫紉機壓線製成的布料。壓線有各式各樣的圖案。

● 含膠鋪棉 ➡關聯頁P26
襯料的一種。用棉花做成的布狀物品。厚薄有多種規格，可依照用途分別使用。

● 包釦
把鋁或塑膠材質的裸釦用布包起來的釦子。尺寸有限，也有專用的材料包。

● 裁剪
把布料剪斷裁開。

● 直接裁剪
不使用紙型，直接在布料上畫線裁剪。

● 下線（底線）
縫紉機下側的線。把線捲在梭子上放入梭床使用，或是放入梭殼之後再進行安裝。

● 疏縫
正式縫紉之前先用疏縫線暫時縫合固定。

● 疏縫線
疏縫用的線。撚度比手縫線小、用力一拉就會斷。無染色的稱為「白線」，有染色的稱為「色線」。

● 做記號 ➡關聯頁P14～15
做出合印等的記號的動作。

●布襯 ➡關聯頁P26～29
貼在布料上的帶膠襯料。貼上布襯之後，布料會變得硬挺，因而能夠做出漂亮的線條，並可防止變形。

●反反相對
把2片的布料相疊，讓雙方的布料以反面對著反面的方式疊合。正面會朝向外側。

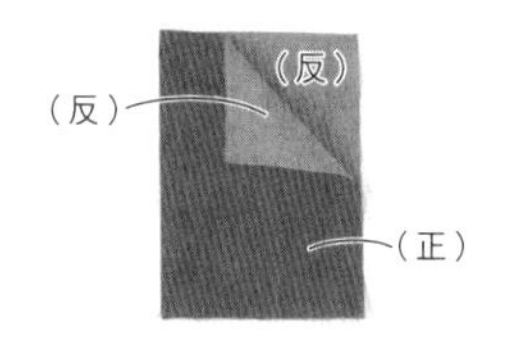

●尖褶 ➡關聯頁P48
把布料抓起來縫合，做出立體感的技巧。從布邊往中央車縫。大多用在手提包或化妝包的角、衣服的胸部以及腰部。

●裁剪配置圖
顯示如何配合布寬、部件裁剪下的圖。

●依紙型裁剪
以不加縫份的方式進行裁剪。有時指的是不需要縫份的裁片。

●裝飾壓褶 ➡關聯頁P49
把布料抓起來摺疊、縫合固定的褶子。由於紙型的線是從正面看的狀態，所記號要做在布料的正面。從紙型的斜線高處往低處摺疊是重點技巧。

●整布 ➡關聯頁P9
製作之前，把布料的經紗和緯紗的歪斜加以矯正，避免完成之後變形的作業。

●完成線
標示完成位置的線。

●鐵氟龍壓布腳 ➡關聯頁P73
縫紉機壓布腳的一種。由於是塑膠材質，所以摩擦力小，車縫防水布或尼龍布等不易滑動的布料時非常方便。

●加網鋪棉
鋪棉的一種，把棉花壓縮成布狀，其中一面結合了網狀材質。不易拉伸，適合用於提把等地方。照片是裁成6cm寬的製品。

●扣具 ➡關聯頁P62～63、95
安裝在手提包或化妝包的開口、以及口袋等處的扣合五金。也有塑膠材質的製品。

四合釦

插式磁釦　暗釦

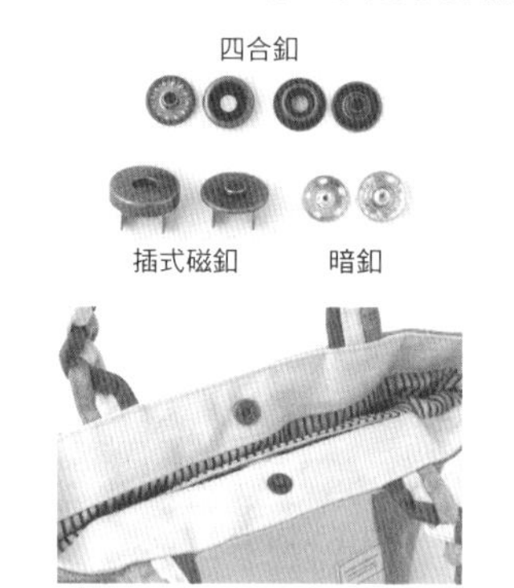

●正正相對
把2片的布料相疊，讓雙方的布料以正面對著正面的方式疊合。反面會朝向外側。

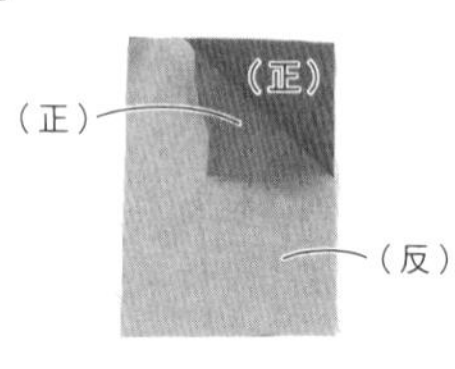

●2股
手縫的時候，用2股的線來縫。

●縫份
為了把布料縫合，在完成線的記號到布邊為止所留出的多餘部分。

●壓倒縫份
將縫份倒向單側。

●攤開縫份
將縫份往兩側張開。

●車縫止點
「車縫」的終點位置。

●車縫線
車縫之後的接合線跡。

●布紋線 ➡關聯頁P10
畫在紙型上的雙箭頭（或單箭頭）記號。配置時要讓布料的直紋（沒有伸縮性的方向）和紙型的這個記號保持一致。

●牽條（襯條） ➡關聯頁P26、83
製作成長條狀的布襯。車縫拉鍊時作為布料的補強，或是貼在針織及皮革等具有伸縮性的布料上來防止拉伸時使用。

●斜布條 ➡關聯頁P54～55
以相對於布邊的45度角（斜紋方向）裁剪成一定寬度的布條。

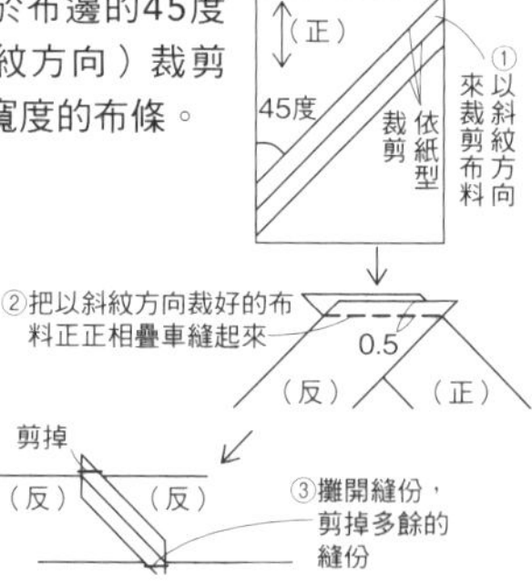

●滾邊 ➡關聯頁P56～59
利用斜布條等包住布邊的處理方法。也被用來作為裝飾。

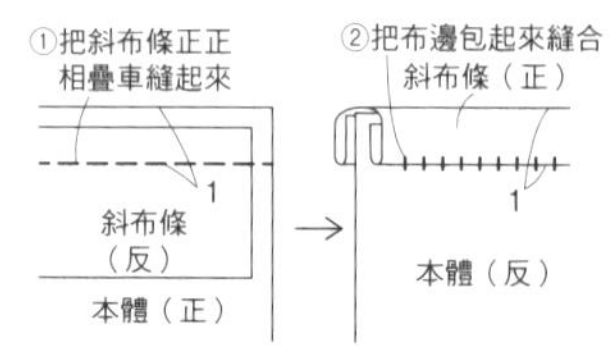

●摺邊縫
把布邊摺起，在摺線上車縫

●雞眼釦 ➡關聯頁P92～93
一種圓形的中空五金。可穿過繩子或織帶作為包包的提把或用於化妝的開合。也可當作裝飾使用。

●平紋織法
由1股經紗和1股緯紗相互交錯製成的布料的織法。例如帆布及平布等，很多布料都是平紋織物。

●布塊拼接
把小塊的布（布塊）正正相對疊合，以平針縫合。拼布的工程之一。

●PVC ➡關聯頁P72
Poly Vinyl Chloride（聚氯乙烯）的簡稱。可用縫紉機車縫的一種柔軟的塑膠布料，厚度及顏色的種類都很多。最近相當受歡迎的手藝材料。

摺成兩摺
把布邊摺疊一次。或是對摺的意思。

從側面看的樣子

布邊車縫
防止裁剪過的布邊綻線的車縫處理。使用縫紉機的鋸齒縫或拷克機。

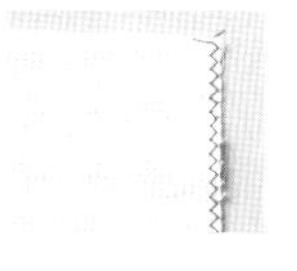

骨筆 ➡關聯頁P15、67
在布料上做記號的工具。先用尺和骨筆在摺疊位置做出痕跡的話，就能輕易地做出摺成三摺等的摺邊。

毛絨布 ➡關聯頁P84～85
主要是以壓克力或聚酯纖維製成的刷毛材質。絨毛短而豐厚，隨著毛色狀態的不同而有羊毛絨、泰迪毛絨等可愛的名稱。

鈕釦孔（釦眼）
用來穿過鈕釦的孔洞。可利用縫紉機，也可採手縫方式製作。

防綻液
用來防止鬚邊綻線的液劑。

梭子

用來捲繞縫紉機下線的線軸。
捲好下線之後安裝在梭床或梭殼中使用。

正式車縫
假縫之後，在完成線上進行車縫的作業。

側檔
為了讓作品展現出立體感的部件或部分。

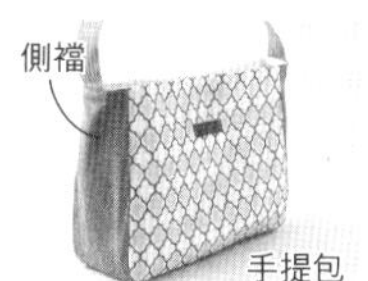

手提包

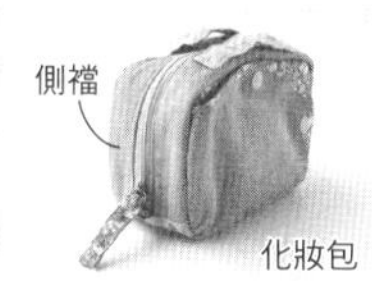

化妝包

珠針 ➡關聯頁P20～21
暫時固定用的針。別在需要縫合的布料上加以固定。

過水 ➡關聯頁P8
為了防止因完成後的洗濯等而出現縮水變形的情況，在製作前先將布料泡水進行預縮的處理。

摺成三摺（三摺邊處理）
把布邊摺疊兩次。

從側面看的樣子

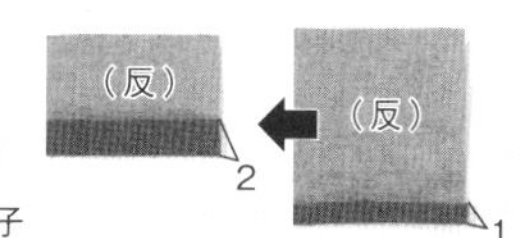

錐子 ➡關聯頁P24～25
一種尖端銳利的工具。做出漂亮的角或做記號時使用。用縫紉機車縫的時候，利用錐子邊送布邊車縫的話，縫起來會更穩定。由於尖端很尖銳，用完之後最好蓋上蓋子。

頂針
手縫的時候，戴在慣用手中指上的東西。即使是針不容穿過的布料，只要把針頂住的話縫起來就會輕鬆許多。

用料
需要使用的布料長度（分量）。

摺成四摺
把布邊朝中央對齊摺疊之後，再次摺疊。大多用於包包的提把。

防水布 ➡關聯頁P72～73
在一般的布料上施以塑料塗層的素材，具有光澤和韌性，防水性也相當優越。除了化妝包等之外，也可用於桌布、墊子等。

拆線器 ➡關聯頁P24
把縫錯的地方拆掉，或開釦眼時所使用的工具。由於尖端十分銳利，用完之後最好蓋上蓋子。

掛耳
用布料或繩子做出的環圈。

點線器 ➡關聯頁P13、15
藉由滾動帶有鋸齒的圓盤，在布料或是紙上做記號的工具。大多是和粉土紙一起使用，製作衣服等大件物品時能提高效率。

輪刀
刀片可轉動的切割器。切口平整，並且能快速地切割布料。也可以重疊起來切割。

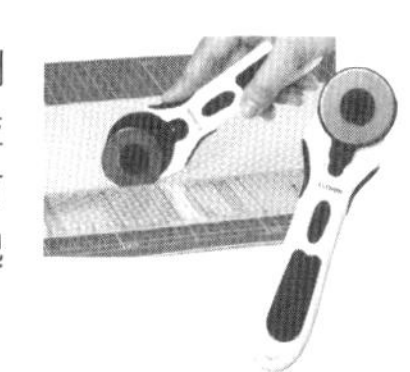

對摺線
把布對摺之後的摺痕部分。

取材協力公司（依50音排序）

岡田織物　http://okadatx.shop-pro.jp/
KAWAGUCHI　https://www.kwgc.co.jp/
清原　https://www.kiyohara.co.jp/store
金亀糸業
クロバー　https://clover.co.jp
ザ・レースセンター原宿　http://www.miyaco.net/lace-1930/
トマト　https://www.nippori-tomato.com/
ナカジマ
日本紐釦貿易　https://www.nippon-chuko.co.jp/
日本バイリーン　http://www.vilene.co.jp/
フジックス　https://www.fjx.co.jp
ブラザー販売　https://www.brother.co.jp/
ベルニナ合同会社（BERNINA LLC）

STAFF

構成　伊藤洋美
設計　ohmae-d
攝影　有馬貴子（本社写真編集室）
作法解說・紙型配置　鈴木愛子　喜川玲子
校閱　K.I.A
責任編輯　池田直子

Special Thanks（依50音排序・省略敬稱）
赤峰清香、猪俣友紀、遠藤亜希子、榿 礼子、
くぼでらようこ、さくらいあかね、鈴木ふくえ、
月居良子、中野葉子、平松千賀子、
May Me（伊藤みちよ）、元西京子，以及其他攝影師、
作家、造型師、製圖、插畫家

【永久保存版】
布手作基礎&應用BOOK
從布料挑選、縫線針法到實作練習，
一生受用的縫紉技巧大全

2022年7月1日初版第一刷發行

編　　著　主婦與生活社
譯　　者　許倩珮
編　　輯　曾羽辰
美術編輯　竇元玉
發 行 人　南部裕
發 行 所　台灣東販股份有限公司
＜地址＞台北市南京東路4段130號2F-1
＜電話＞（02）2577-8878
＜傳真＞（02）2577-8896
＜網址＞http://www.tohan.com.tw
郵撥帳號　1405049-4
法律顧問　蕭雄淋律師
總 經 銷　聯合發行股份有限公司
＜電話＞（02）2917-8022

國家圖書館出版品預行編目（CIP）資料

布手作基礎&應用BOOK：從布料挑選、縫線針法到實作練習,一生受用的縫紉技巧大全/主婦與生活社編著；許倩珮譯. -- 初版. -- 臺北市：臺灣東販股份有限公司, 2022.07
160面；19×25.7公分
ISBN 978-626-329-277-2(平裝)

1.CST: 縫紉 2.CST: 手工藝

426.3　　111008098

本書是以日本主婦與生活社出版之《COTTON TIME》雜誌（No.101～156）中刊載的內容為基礎，經過仔細挑選並重新編輯。作品資訊為取材當時的狀況，之後可能會有變更的狀況，敬請見諒。